U0632755

兖州矿区综机装备配套
技术及应用

黄福昌　倪兴华　李　政　主编

煤炭工业出版社

·北　京·

内 容 提 要

本书全面系统地分析了兖矿集团综机装备配套技术与经验，归纳出综机装备配套影响因素，形成了综机装备优化配套理论。内容主要包括综采工作面成套设备总体配套技术、综采工作面"三机"设备选型、兖矿综机装备典型配套、兖矿综掘设备、国内外综机装备现状与发展趋势等部分。

本书可供从事综采综掘生产的工程技术人员和管理干部使用，也可作为煤矿大专院校的参考教材。

编 委 会 名 单

前　　言

综采（放）生产技术工艺以高产高效、安全高效为特征。综采工作面成套设备是高产高效矿井建设的核心，工作面参数的合理性、成套装备的可靠性及合理优化配套是实现矿井高产高效开采的关键因素。搞好综采（放）工作面设备的选型，搞好工作面设备优化配套，使之适应采掘工作面的地质条件和开采工艺，使设备的能力得到充分的发挥，可以最大限度地实现高产高效与安全高效。

本书收集整理了近20年来兖州矿区应用过的成熟和典型成套设备资料，通过对兖矿集团薄煤层、较薄煤层、中厚煤层、厚煤层、松软煤层、含硫化铁硬结核体煤层等地质条件下综机装备的配套特点、三机配套关系、设备主要技术参数、使用过程、经济社会效益、工作面生产能力和矿井生产能力要求等的分析，采用量化指标和统计图表等数学模型进行应用效果评价，从理论上分析出综机装备配套的关键影响因素，归纳提炼出影响综机装备配套的要素，形成综机装备优化配套理论。对兖州矿区各种地质条件下典型综机装备配套进行总结与后评价分析，从中总结出兖州矿区综机装备配套的成功点、薄弱点和不足之处，结合国内外综机装备的发展趋势，为今后的设备配套提供技术上的经验与理论指导。

全书的编写工作从2008年3月开始，在2年多的时间里，参加编写的同志通过认真的调查研究，较全面地汇集了有关经验、数据和资料，内容丰富，技术先进，既有深度又有广度。这项工作既是对过去的总结，同时也将对兖矿集团综采（放）生产技术的管理和进一步发展起到重要的作用。

本书可供兖矿集团从事综采综掘生产的工程技术人员和管理干部参阅，从而加深了解典型综机配套装备的基本结构、基本原理、基本参数、基本适用条件。一方面可以服务矿区本部的设备选型配套工作；另一方面作为培训教材和技术参考资料，可以为对外开发的矿井先期的设备配套提供参考，使国内的煤炭机械制造业借此进一步熟悉矿井生产和使用设备的现状，为他们的设计和生产提供参考依据，在一定程度上提高煤炭机械制造的质量水平。同时，本书还可作为煤矿大专院校的参考教材。

本书在编写过程中，参考和摘录了有关综采生产管理方面的书刊、论文和文件等资料，特此向其编者表示衷心感谢。

由于成书时间跨度大，涉及范围广，加之编者水平所限，书中错误之处在所难免，恳请广大读者予以批评指正，以期在将来的系列出版中予以更正。

编　者

2011 年 2 月

目　　次

1 综采工作面成套设备总体配套技术

1.1 综采设备总体配套目的

综采设备总体配套是综采工作面单机设计、采区设计和采煤工艺设计的依据，是实现工作面综合机械化生产的一个重要环节，是实现综采工作面安全生产和高产高效的关键。因此要实现综采工作面的安全高效生产，就必须解决配套设备各单机间的能力匹配和空间几何关系配套，使成套设备的性能与采煤工艺和工作面条件相适应。

综采设备只有结合综采工作面的实际情况，选择那些技术性能可靠、参数合理、经济合理的设备进行配套，使综采设备配套工作在采煤、支护和运输等环节得到最佳匹配效果，才能实现工作面的最大生产能力和安全生产。特别是要把工作面"三机"——采煤机、刮板输送机和液压支架配套搞好，否则综采生产将无法进行，勉强生产也不能获得好的效果。

总之，综采设备总体配套的目的是使工作面设备适合特定的煤层地质条件，在采煤、支护和运输等环节之间保证有最佳匹配效果，满足工作面开采生产能力要求，提高工作面的开机率，最大限度地发挥成套装备与技术的综合效能，实现工作面的安全生产和高产高效。目前随着我国综采设备数量和机型增多，综采工作面设备总体配套显得尤为重要，"三机"配套工作做得越扎实，设备配套优化越完善，设备性能就会发挥得越充分，综采生产效率就越高，对安全高效生产的保障就越有利。

1.2 综采设备总体配套内容

1.2.1 综采工作面"三机"几何关系配套

综采设备间相互联接尺寸与空间位置关系的配套主要包括：

（1）输送机与支架的相互关联尺寸，如推移机构与输送机间的联接销轴、销孔大小、联接头的制备等。

（2）输送机与平巷转载机的相对位置尺寸。

（3）输送机与过渡支架的相对位置。

（4）输送机与支架顶梁或前探梁的相对位置及空间尺寸。

（5）支架顶梁的梁端距。

（6）过渡支架与端头支架的相对位置及端头支架与转载机的相对位置。

（7）端头支架与平巷中其他辅助设备的相对位置。

（8）防倒防滑装置与支架、输送机的联接尺寸及相对位置。

（9）采煤机与输送机及支架间的相对静止或运动位置关系。

（10）采煤机牵引方式与输送机配套关系。

以上相互位置关系必须考虑周全，否则将影响工作的高效进行。在此，主要针对

"三机"配套所涉及的主要几何位置关系进行阐述。

采煤机、刮板输送机和液压支架间的配套尺寸关系如图 1－1 所示。

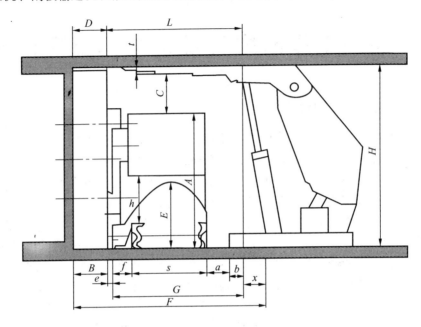

图 1－1　综采设备配套尺寸关系

从安全角度出发，支架前柱到煤壁的无立柱空间宽度 F 应愈小愈好，其计算式为

$$F = B + e + G + x \tag{1-1}$$

$$G = f + s + a + b \tag{1-2}$$

式中　B——截深，即采煤机滚筒的宽度；

e——煤壁与铲煤板之间的空隙距离，为了防止采煤机在输送机弯曲段工作时滚筒切割铲煤板，此空隙距离 $e = 100 \sim 200$ mm；

x——立柱斜置产生的水平增距，可按立柱最大高度的投影计算；

G——输送机宽度；

f——铲煤板的宽度，一般为 $150 \sim 240$ mm；

s——输送机中部槽的宽度，由输送机型号确定；

a——电缆槽和导向槽的宽度，通常为 360 mm；

b——前柱与电缆槽之间的距离，为了避免输送机倾斜时而挤坏电缆，以及保证司机操作时的安全，此距离应大于 $200 \sim 400$ mm。

由于底板截割不平，输送机产生偏斜，为了避免采煤机滚筒截割到顶梁，支架梁端与煤壁应留有无支护的间隙 D，此处间隙为 $200 \sim 400$ mm，煤层薄时取小值，厚时取大值。

从前柱到梁端的长度 L 应为

$$L = F - B - D - x \tag{1-3}$$

根据上述尺寸配套计算，对长梁结构支架的最小长度为 2 m 左右。

在空间高度上，支架最小高度 H 可表示为

$$H = A + C + t \tag{1-4}$$

式中　　t——支架顶梁厚度；

　　　　A——采煤机机身高度、输送机高度和采煤机底托架高度 h（自输送机中部计算起）之和，但底托架高度要保证过煤高度 $E > 250 \sim 300$ mm；

　　　　C——采煤机机身上部的空间高度，此空间高度一是为了便于司机观察和操作，二是为了留有顶板下沉量，以便采煤机能顺利通过。

1.2.2　综采工作面"三机"性能配套

"三机"性能配套主要解决各设备性能间互相协调与制约的问题，从而充分发挥设备性能，以满足生产的需要，如采煤机底托架与输送机槽的匹配效果，采煤机摇臂与输送机头尾的匹配与自开切口斜切进刀的需要，输送机挡煤板与支架推移千斤顶的联接方式，以及液压支架的移架速度与采煤机牵引速度匹配等。

另外，性能配套中还要特别注意各种配套设备技术指标中的电源电压、液压系统压力等应在设备配套时尽量统一，以减少送往工作面的水管及电缆等管线品种、规格，使其便于布置、使用、维修和管理。

1.2.3　综采工作面"三机"生产能力配套

同一种系统中配套设备间都存在一定的生产能力关系，认真搞好配套设备间的能力配套是很重要的环节。工作面生产能力取决于采煤机的破煤能力，而工作面输送机、液压支架和其他设备的生产能力都要大于采煤机的生产能力，通常按富余 20% 考虑。就综放工作面"三机"而言，要保证采煤工作面高产，工作面刮板输送机的生产能力应大于采煤机的平均破煤能力；就综放工作面而言，前、后刮板输送机能力应随采放比的不同而合理匹配，液压支架的移架速度大于采煤机的工作速度。

综采工作面的生产能力，可按下列程序计算。

1. 核算工作面所需的小时生产能力

根据目前国内生产水平，一般按年产 1 Mt 来确定生产能力是比较适应的。据此计算出全年 300 个工作日的日生产能力，即 3333 t/d，工作面需要的小时生产能力的计算式为

$$Q_h = \frac{Q_d k}{(N - M)ts} \tag{1-5}$$

式中　　Q_h——工作面小时生产能力，t/h；

　　　　Q_d——工作面日生产能力，t/d；

　　　　k——生产不均衡系数，取 $1.1 \sim 1.25$；

　　　　N——日作业班数；

　　　　M——每日的检修班数；

　　　　t——每班工作时数；

　　　　s——时间利用系数，目前一般为 $0.2 \sim 0.3$。

2. 核算采煤机可实现的生产能力

采煤机可实现的生产能力的计算式为

$$Q_s = 60 V_1 H B \gamma \tag{1-6}$$

式中　　Q_s——采煤机可实现的生产能力，t/h；

　　　　V_1——牵引速度，m/min；

　　　　H——平均采高，m；

B——截深，m；

γ——煤的视密度，t/m³，一般取 1.446 t/m³。

3. 核算工作面刮板输送机可实现的生产能力

工作面刮板输送机可实现的生产能力的计算式为

$$Q_c = 3600 F \psi \gamma V_2 \qquad (1-7)$$

式中　Q_c——刮板输送机可实现的生产能力，t/h；

F——中部槽货载截面积，m²；

ψ——装载系数，一般为 0.65 ~ 0.90；

γ——煤的装载散密度，t/m³；

V_2——刮板输送机链速，m/s。

4. 前部刮板输送机输送能力 Q_g 与采煤机平均破煤能力 Q_{lm} 的匹配

采煤机以平均速度 V_j 割煤时的平均破煤能力 Q_{lm} 为

$$Q_{lm} = 60 B H_t V_j \gamma C_1 \qquad (1-8)$$

式中　Q_{lm}——采煤机平均破煤能力，t/h；

B——采煤机截深，m；

H_t——采高，m；

γ——煤体视密度，t/m³；

C_1——采煤机割煤采出率。

工作面前部刮板输送机的输送能力 Q_g 应满足：

$$Q_g \geqslant K_y' K_v K_c' Q_{lm} \qquad (1-9)$$

$$K_v = \frac{v}{v - V_j} \qquad (1-10)$$

$$K_c' = 1 + \frac{U_a \sigma_c}{V_j} \qquad (1-11)$$

式中　Q_g——前部刮板输送机的输送能力，t/h；

K_y'——考虑运输方向及倾角的系数；

K_v——考虑采煤机与刮板输送机同向运行时的修正系数；

v——刮板输送机的链速，m/s；

K_c'——采煤机割煤速度不均匀性系数；

σ_c——割煤速度标准差，m/min；

U_a——标准正态分布关于 a 的上侧分位数。

5. 前、后部刮板输送机输送能力的匹配

采煤机平均循环割煤时间 t_{cp} 为

$$t_{cp} = \frac{L_s + 2L' + L_m}{V_j} + 3t_d + t' \qquad (1-12)$$

式中　t_{cp}——采煤机平均循环割煤时间，min；

L_s——工作面长度，m；

L'——刮板输送机弯曲段长度，m；

L_m——采煤机两滚筒中心距，m；

t_d——采煤机返向时间，min；

t'——工作面端头作业影响时间，min。

要保证采放平行作业，则应满足：

$$t_f = t_{cp} \quad\quad\quad (1-13)$$

式中 t_f——工作面平均循环放煤时间，min。

因此，工作面平均放煤速度 v_f 为

$$v_f = \frac{L_f}{\left[(L_s + 2L' + L_m)/V_j\right] + 3t_d + t'} \quad\quad\quad (1-14)$$

式中 L_f——放顶煤区段长度，m。

与采煤机割煤能力配套的工作面平均放煤能力 Q_f 为

$$Q_f = 60 H_f B \rho C_2 (1 + C_g) v_f \quad\quad\quad (1-15)$$

式中 H_f——顶煤厚度，m；

C_2——顶煤采出率；

C_g——放出顶煤的含矸率。

选择工作面后部刮板输送机的能力 Q'_g 应满足：

$$Q'_g \geqslant K_f K'_y Q_f \quad\quad\quad (1-16)$$

式中 K_f——工作面放煤流量不均匀系数。

由式（1-8）、式（1-14）和式（1-15）可得前、后部刮板输送机的能力之比 A_{mf} 为

$$A_{mf} = \frac{Q_{lm}}{Q_f} = \frac{H_t C_1 \left[L_s + 2L' + L_m + (3t_d + t') V_j \right]}{H_f C_2 (1 + C_g) L_f} = K_{cf} K'_j \quad\quad\quad (1-17)$$

$$K_{cf} = \frac{H_t}{H_f}$$

式中 K_{cf}——综放工作面采放高度比；

K'_j——落煤与放煤能力系数，根据观测资料统计计算，一般取 1.3 ~ 1.4。

由式（1-17）可知，影响综放工作面前、后部刮板输送机输送能力之比的主要因素是采放高度比 K_{cf}。前、后部刮板输送机输送能力之比 A_{mf} 对不同煤层厚度及采放高度比的取值见表 1-1。

表1-1 前、后部刮板输送机输送能力匹配关系

煤层厚度/m	6	7	8	9	10
采高/m	2.8	3.0	3.2	3.3	3.5
K_{cf}	1:1.14	1:1.33	1:1.55	1:1.73	1:1.86
A_{mf}	1:0.8	1:1	1:1.2	1:1.3	1:1.4

1.2.4 综采工作面"三机"寿命配套

由于综采工作面配套设备是一个复杂的工作系统，在生产条件下每种设备都必须正常运转，才能充分发挥设备的效能。我们说的寿命配套是针对各种设备必要的大修周期而言，也就是说各种综采设备的大修周期从理论上讲应当相同，但实际上只能要求它们相接近。否则在工作面生产过程中交替的更换设备进行大修，或者是设备"带病"运转，将对工作面的正常生产和设备造成极大的影响或损坏。

一般，对液压支架通常以使用时间来衡量，对采煤机常用连续截煤长度来衡量，而对刮板输送机则常用过煤量来衡量，这样没有一个统一的标准来衡量不同设备的大修周期，也就无法对设备提出寿命配套的要求。因此，应根据我国目前设备设计制造水平和采煤工作面生产水平，综合考虑综采"三机"设备寿命配套（即设备大修周期）。在配套过程中，发现某种设备不能满足生产所需要的寿命时，应找出问题和解决的措施，以求实现寿命上的配套要求。有关设备的使用寿命问题涉及许多现代化设计方法，大量实测数据的分析，以及设备或机组的可靠性研究等问题，同时应将信息科学、计算机技术和控制理论应用于综采设备，实行对其工作状态的监测、故障诊断和预报、运行参数的控制，才能有效地提高综采设备的可靠性，以保证工作面持续稳定高产。

1.3 综采设备选型配套影响因素

煤层地质条件对综采设备选型及生产能力有很大影响。因此，在选择综采成套设备之前，必须了解具体煤层地质条件对设备选型的影响。煤层地质条件包括煤层厚度、煤层倾角、煤层顶底板岩性、煤层埋藏范围及深度、煤层数目、层间距离、煤层构造、煤层硬度、含水量、含瓦斯量、煤层自燃倾向、煤尘爆炸危险等。

一般说来，煤层硬度、煤层厚度、煤层倾角等对采煤机械选型和参数确定有影响；煤层厚度、煤层倾角对工作面输送设备结构和参数有影响；煤层厚度、煤层倾角、硬度及围岩性质等对支架选型、支护强度确定、结构参数和型式选择等都有影响。

1.3.1 煤层厚度对综采设备选型及生产能力的影响

煤层厚度主要影响下列参数选择：采煤机械工作机构的最小结构高度、调高范围及装机功率；采煤机机身高度及过机空间，对于薄煤层还影响过煤空间高度；支架的结构高度、伸缩比和支护强度。

在薄煤层中，由于受煤层薄、人员活动空间小等限制，实现采煤机械化比较困难，特别是在小于 0.8 m 的薄煤层中。通常，采高大于 0.8～1.0 m 时，采煤机可选用骑槽方式；采高在 0.6～0.8 m 时，采煤机必须选用爬底板方式，或者用刨煤机。刨煤机结构简单、操作方便，是薄煤层采煤机械化中常用的一种采煤机械。

薄煤层液压支架常采用支撑式或支撑掩护式，但由于薄煤层顶板的水平推力及挡矸问题已不突出，支架矮，可伸缩量相应减少，可采用双伸缩立柱来解决。顶梁及底座应尽可能减少高度，以利于采煤机及人员活动。

中厚煤层是综采机械化开采的最有利条件，我国生产的综采成套设备可以满足该厚度煤层的要求。当煤层厚度大于 2.5 m、顶板有侧向推力或水平推力时，应选用抗扭能力强的液压支架。煤层有片帮显现，特别是煤层厚度大于 3.5 m、大采高工作面的支架应装有防片帮装置。煤层厚度变化大时，应选择调高范围较大的采煤机和支架。对于厚度大于 4.5 m 的厚煤层，在采放比大于 1 的情况下，其他条件具备时也可试用放顶煤开采。

支架支护强度与煤层厚度有关，一般说来，煤层厚度越大，支架支护强度越高，见表 1 - 2。为了提高支架的可靠性，当前国内外生产的液压支架的支护强度都高于表 1 - 2 中所列数据。

依我国矿压观测资料，用同一煤层不同采高综采工作面实测数据进行类比，可用式（1 - 18）求得支架工作阻力。

表 1-2　煤层厚度与支架支护强度的关系

国别	项目	单位	煤层厚度与支护强度的关系				
德国	采高	m	1	2	3	4	5
	支护强度	kPa	120	240	360	480	540
日本	采高	m	1		2		3
	支护强度	kPa	115		239		345
英国	采高	m	<0.9		0.9~2.0		>2.0
	支护强度	kPa	<140		<260		>340
独联体	采高	m	<1		1~2		>2
	支护强度	kPa	<200		<300		>400

$$P_b = P_a + (M_b - M_a)P_v \qquad (1-18)$$

式中　P_b——欲求采高支架工作阻力，kN/架；

　　　P_a——已知采高支架工作阻力，kN/架；

　　　M_b——欲求支架工作阻力工作面采高，m；

　　　M_a——已知支架工作阻力工作面采高，m；

　　　P_v——每米采高支架工作阻力变化值，kN/m。

1.3.2　煤层倾角对综采设备选型及生产能力的影响

随着煤层倾角增大，用于工作面运煤的能耗在减少，但支架、输送机及采煤机的防滑、防倒问题在突出，综采生产能力受到限制。

如前所述，煤层倾角直接影响支架的稳定性。煤层倾角增大，支架倾倒、下滑，输送机下滑均会发生，必须采取防倒、防滑措施。它给液压支架制造和回采工艺、安全生产等方面都带来了麻烦。煤层倾角大，且使用普通液压支架进行回采时，如对支架不进行改进或不采取必要措施，回采是十分困难的。

对综采最有利的煤层倾角为 0°~12°。这时可不考虑设备自重影响。现有采煤机械化设备都可以成功地在此条件下沿走向或沿倾斜方向工作。

在干燥条件下，金属对金属的摩擦因数为 0.23~0.3，其相应的摩擦角为 13°~17°；金属对底板的摩擦因数为 0.35~0.4，其相应的摩擦角为 18°~20°。因此，煤层倾角大于12°时，采煤机要装防滑装置，而支架及输送机在煤层倾角小于 16°时是不会下滑的。但在潮湿条件下，摩擦因数会降低，煤层倾角大于 8°时，采煤机要有防滑装置；煤层倾角大于 12°时，支架及输送机也要有防滑装置；煤层倾角大于 16°时，支架应同时有防倒、防滑及调架装置。

由于煤对钢板的摩擦因数为 0.3~0.5，因此在煤层倾角为 36°~40°时，煤可沿钢槽下滑运输。煤对底板的摩擦因数为 0.7~0.8，故煤层倾角大于40°时，煤可沿底板进行重力运输，而不必采用工作面输送设备。

在倾斜煤层中实行综采，机组下滑力很大，除用端头支架加强对输送机机头、机尾的锚固外，对液压支架还需设置必要的调架千斤顶，防滑、防倒装置，用以增加支架的稳定性。

在急倾斜煤层中，煤或岩石能沿底板自溜，开采后不仅煤层顶板会垮落，而且底板也会滑移、垮落，从而增加了工作的复杂程度。采煤机割煤时，采煤机呈吊挂状，需有可靠的安全绞车；采煤机牵引导向和支架支护的可靠性均要有确实的保证。因此，开采急倾斜煤层时综采工作面常沿走向或沿伪斜方向布置，以减小工作面的坡度，以利于增加设备工作的安全性，提高设备生产能力，提高工作面生产效率。

1.3.3 煤层硬度对综采设备选型及生产能力的影响

煤层硬度是影响采煤机械功率的主要因素，也是选择采煤机械工作机构型式的主要依据。对于截割阻抗系数 $A \leqslant 1.8$ kN/cm 的软和中硬脆性煤适用刨煤机开采；对于截割阻抗系数 $A = 1.8 \sim 2.4$ kN/cm 的中硬煤，最有效的机器是采煤机或大功率刨煤机；对于截割阻抗系数 $A > 2.4 \sim 3.6$ kN/cm 的中硬煤、硬煤及黏性煤，宜采用大功率采煤机。

煤的强度、脆性及裂隙节理发育程度对顺利实现放顶煤综采是十分重要的。煤质中硬以下（即 $f < 2$）最好。移架后顶煤能及时垮落的煤层，选用双输送机开天窗放顶煤支架实现中位放煤，效果良好；移架后顶煤块度较大的煤层，选用双输送机插板式放顶煤支架实现低位放煤，效果良好；松软煤层选用单输送机开天窗放顶煤支架实现高位放煤，效果良好。相反，在松软煤层中选用双输送机开天窗放顶煤支架效果不佳；在硬度较大的煤层中选用双输送机开天窗放顶煤支架效果不好。

1.3.4 顶板稳定性对综采设备选型及生产能力的影响

顶板稳定性对采煤机械选择关系很大，刨煤机适用于允许暴露时间为 $2 \sim 3$ h 以上，允许暴露宽度为 0.6 m 以上的中等稳定顶板且煤不粘顶的条件。同样，在选用采煤机时，若顶板不稳定，则宜采用机身长度较小、输送机宽度较窄的浅截深机组，以减少无立柱空间宽度及采煤机顶部悬顶面积。

顶板稳定性决定着所选支架的支护强度及架型，或者说支架选型是否合理取决于支架与围岩相互作用关系，并直接影响着综采工作面的经济效益。实测表明，不同类级顶板综采矿压特点不同，对支架设计的要求也不同。

依据我国主要矿区不同类级顶板矿压特点，其合理液压支架型式可按表 1-3 选择。

表 1-3 顶板稳定性与液压支架选型的关系

	稳定程度	不稳定	中等稳定		稳 定		坚 硬
直接顶特征	岩层	页岩、砂页岩	泥页岩、砂页岩		砂页岩、砂岩		砂岩、砾岩
	$N = \dfrac{直接顶厚度}{采高}$（倍）	$N > 3 \sim 5$	$0.5 < N \leqslant 3 \sim 5$		$0.5 < N \leqslant 3 \sim 5$ 或 $N \leqslant 0.5$		$N < 0.5$
基本顶特征	来压等级	I （缓和）	II （明显）		III （强烈）		IV （剧烈）
	初次来压步距/m	< 25	$25 \sim 50$		> 50 或 $25 \sim 50$		> 50
	周期来压步距/m	< 7	$7 \sim 15$		$16 \sim 25$		> 25
	动载系数	< 1.2	$1.21 \sim 1.5$		$1.51 \sim 1.8$		> 1.8
煤层特征	采高/m	约 2.7	2.5	$3 \sim 4$	< 2.5	> 2.5	< 2.5
	倾角/(°)	< 14	< 12	< 18	< 12	< 12	< 12
架型	结构特点	短托梁掩护支架	柱支掩梁掩护支架	柱支顶梁掩护支架	支撑式支架 支撑掩护支架	支撑掩护支架	强力支架
	适应顶板类级	I ～ II$_{1-2}$	II$_2$		II ～ III$_{2-3}$		III ～ IV$_{3-4}$

1.3.5 底板稳定性对综采设备选型及生产能力的影响

若底板松软、起伏不平，或岩性为黏土及炭质黏土页岩，遇水膨胀，则不宜选用刨煤机；相反，若底板松软，则有利于采煤机割岩通过。底板出现台阶，采煤机容易适应，刨煤机则较困难。因此，刨煤机对断层落差较大，且数量较多的煤层不适用。

我国实践证明，底板岩石组成、结构及岩石力学性质是支架选型不可忽视的条件，且是影响综采生产能力的重要因素。根据我国煤层底板岩石抗压强度，对于不同底板选用不同架型（表1-4）。但在选型时，要区别具体支架结构型式和参数。如同属支撑式支架、节式支架就不适用于软底板，而垛式支架能够用于软底板；整体底座又较分体底座适用于松软底板。对于掩护式支架，带插腿的能够适应较软底板。总之，根据底板条件选型，主要应当依据底座的结构型式，合力作用点在底座上的位置，以及支架对底板的比压分布而定。

表1-4 不同底板条件下适用的架型

岩 石	松软黏土岩、页岩（或松软煤层）	较软黏土岩、页岩等（或煤）	一般黏土岩、页岩、砂页岩、砂岩（煤）
抗压强度/MPa	<2.0	>2.0	>4.0
架型	掩护式支架（短顶梁、柱支顶梁）	掩护式支架、支撑掩护式支架	支撑及强力支撑式支架、支撑掩护式支架

我国把缓倾斜工作面主采煤层的底板分成五类，适用于各类底板的液压支架见表1-5。

表1-5 以适应不同底板类别的液压支架的设计要求

底板类别		分 类 指 标			一般岩性	对液压支架设计的要求及支架架型
名称	代号	容许比压 q_c/MPa	穿透度 β_c/mm^{-1}	单向抗压强度 R_c/MPa		
极软	I	<3.0	<0.203	<7.22	充填砂、泥岩、软煤	插腿掩护式支架、支撑掩护式支架
松软	II	3.1~6.6	0.21~0.45	7.34~11.51	泥页岩、煤	支撑掩护式支架、掩护式支架
较软	III$_a$	6.6~9.6	0.45~0.65	11.51~15.09	中硬煤、薄层状页岩	掩护式支架
	III$_b$	9.6~16.1	0.65~1.09	15.09~22.84	硬煤、致密页岩	架型不限，但需验算底板比压
中硬	IV	16.1~32	1.09~2.17	22.84~41.79	致密页岩、砂质页岩	架型不限
坚硬	V	>32	>2.17	>41.79	厚层砂质页岩、粉砂岩、砂岩	架型不限

1.3.6 煤层埋藏稳定性对综采设备选型及生产能力的影响

实践证明，煤层埋藏越平稳，综采效果越好。

我国大量经验教训表明，断层及其性质对支架、采煤机械等使用好坏有决定性的影响，断层落差大，综采设备通不过；断层条数多，综采工作面搬家次数多。这都影响综采生产能力发挥，许多低产综采实例均与此有关。

如按地质构造稳定性作为选择采煤工艺的指标，则可按下列四类选取：

Ⅰ类——地质构造稳定，采面走向长 400～500 m 以上，适于综采；

Ⅱ类——地质构造较稳定，采面走向不足 400 m，适于普机采煤；

Ⅲ类——地质构造不稳定，断层较多，煤层变化大，只适于长壁炮采；

Ⅳ类——地质构造极不稳定，断层很多，煤层厚度及倾角变化很大，拉不出长壁采面，只能用落垛等不正规采煤法开采。

1.3.7 煤层瓦斯含量对综采设备选型及生产能力的影响

对于高瓦斯矿井，必须考虑支架通风断面能否保证通过足够的风量。如果围岩条件允许调整架型，则应选用通风断面大的支架。支撑式支架通风断面一般说来最大，其次是支撑掩护式支架，掩护式液压支架通风断面最小。如果围岩条件不允许调整架型，则要采取降低割煤速度（如采用不等速割煤）缩短工作面及减少煤壁暴露面积等办法，弥补支架过风断面不足。此时，必然要影响综采生产能力，特别是高产工作面，由于推进速度快，瓦斯涌出量加大，往往使综采高产受到限制。

1.3.8 煤层含水性对综采设备选型及生产能力的影响

开采含水量大的煤层易造成巷道中煤泥积聚，甚至使运输系统故障增多，使综采生产难于正常进行。当工作面有大量淋水时，常使底板变软，尤其是底板为黏土质岩石时，受水浸成泥状，使采煤机及输送机下沉，支架底座下陷而难于工作。当工作面有大量涌水时，会给俯斜开采的倾斜长壁工作面、刨煤机工作面及薄煤层工作面的回采增加更大的困难。

1.4 综采设备选型与配套原则

综合机械化开采设备配套是能否实现采煤工作面达到高产高效和安全生产的关键。为此，对于综合机械化开采设备选型与配套的主要要求是在采煤、支护和运输几个主要环节之间保证有最佳的匹配效果，并且能安全、协调、可靠地工作，从而保证综采工作面能较好地发挥出综合性的整体技术经济效益。因此，综采采煤设备、运输设备和支护设备的选择，工作面过渡支架的选型、设计与布置，以及平巷端头支护设备的选型、设计等，都是综采设备配套首先要解决的问题。而对于综放开采来讲，由于综放开采是用采煤机采煤和利用放顶煤液压支架放煤的一种新的厚煤层采煤方法，因此它与一般中厚煤层综合机械化采煤相比，有其自身的特点和规律。它的这种特殊性决定了在设备配套方面有一定的技术难度。所以，综放开采设备配套是比较复杂的，需要通过进一步的实践和研究加以完善。

综采设备配套受多方面综合因素的影响和制约，从煤层赋存和开采条件来看，包括地质构造及其成因，生成年代，煤层厚度，煤层倾角，煤层硬度，煤层层理、节理发育程度，煤层顶底板岩性，直接顶厚度及垮落情况，工作面矿压显现规律，煤层中瓦斯含量，以及自然发火期等；从采煤工艺来看，包括采煤高度，工作面长度与走向长度，以及采煤方法与步骤等。此外，综采设备配套还要充分考虑国家对煤炭资源采出率的要求，并且还要对各种配套设备的主要技术性能、可靠性程度，综采工作面劳动组织，各种设备的投资费用及费用的回收期等进行全面综合地考虑。

总之,综采设备要结合综采工作面的具体实际情况,经过深入研究和严格的论证,选择那些技术性能可靠、参数合理、投资费用低、经济合理的设备进行配套,以使综采设备配套工作在采煤、支护和运输等几大环节得到最佳匹配效果。

1.4.1 选型与配套基本原则

综采设备选型与配套受多种因素影响和约束,事实上是一个系统工程问题,也是一个最佳优化组合的问题。为保证选型与配套取得最佳综合效果,实现综采工作面总体设计目标,设备配套应符合如下几项原则:

(1) 应以综采工作面总体设计中的年设计生产能力作为设备选型与配套的第一原则,并应把近期的设计能力与中长期目标有机地结合起来。

(2) 成套设备必须满足高产、高效、高采出率要求,各设备的生产能力要留有足够的富裕系数。采煤机、输送机、转载机、带式输送机的生产能力必须逐步递增,形成喇叭口状;支架推进速度必须满足采煤机割煤速度要求。技术性能为配套的第二原则,各主要设备间的空间位置即几何关系配套的科学合理为第三原则。

(3) 认真研究综采采区、工作面的地质条件,包括煤层厚度、结构、倾角、顶底板岩性,煤的层理及节理发育情况,以及水文地质、瓦斯含量等。

(4) 各主要配套设备的技术性能要满足工作面设计年产量的要求,而且相互之间协调与配合应科学合理,使其发挥最佳的生产效能。

(5) 应遵循工作面总体设计中的设备投资费用原则。注意不能因费用因素降低设备配套档次,迁就凑合。

(6) 应遵循在配套选型时先考虑国内同类型设备的原则,搜集有关使用信息数据或进行必要的实地考察;认真了解这些设备达到设计能力的程度,开机率,故障原因及薄弱环节,安全可靠程度,以便作为订货时提出的改进依据。

当国内配套设备不能满足要求时,可考虑引进某些关键设备,以满足整体性能配套。保证各个零部件生产质量,并且注重外购件的质量,如密封件、轴承、减速器、各类阀、控制系统等。

(7) 综采生产工艺与配套设备之间,以及各种配套设备之间,应能相互适应与协调。

(8) 择优选厂订货。应认真考察配套设备生产厂、公司等企业,在制造能力、技术水平、产品质量保证、试验检测手段、交货期、价格及用户信誉与售后服务等方面是否满足要求。

1.4.2 主要设备选型与配套原则

综合机械化采煤是一个多工序、多环节的采煤过程,工作面采煤、运煤及支护(包括排头支架及端头支护)构成了综合机械化采煤的最重要的几个环节。因此,这些环节上主要设备的功能、生产效率及质量与使用寿命是决定综合机械化开采能否达到预期效果的关键,所以应依据煤层赋存及矿井生产技术条件选用可靠的具有良好使用效果的综采成套设备。

1. 液压支架选型

液压支架是综放设备的核心,也是在所有配套设备中能明显区别于普通综采设备且具有本质特征的唯一特殊类型设备。液压支架的配套是工作面设备配套选型的首要任务,液压支架的适应性是决定综放工作面能否顺利进行,实现安全高效的先决条件。进行支架配套选型时，一般根据以下原则：

（1）支护强度应与工作面矿压相适应。支架的初撑力和工作阻力要适应直接顶和基本顶岩层移动产生的压力，将空顶区的顶底板移近量控制到最低程度。

（2）支架结构应与煤层赋存条件相适应。

（3）支架应有足够的通风断面和必要的人行通道；支护断面应与通风要求相适应，保证有足够的风量通过，而且风速不得超过《煤矿安全规程》的有关规定。

（4）液压支架应与采煤机、刮板输送机等设备相匹配。支架的宽度应与刮板输送机中部槽长度相一致，推移千斤顶的行程应比采煤机截深大 50～100 mm，支架沿工作面的移架速度应能跟上采煤机的工作牵引速度，移架速度还应满足生产指标的要求，支架的梁端距应为 350 mm 左右。

（5）煤层倾角大于 15°时，液压支架必须采取防倒、防滑措施；煤层倾角大于 25°时，必须有防止煤或矸石窜出刮板输送机伤人的措施。

（6）支架应配备有效的灭尘装置。

（7）支架应配备大流量液压控制系统，以加大移架力，提高移架速度。

（8）支架管路系统较为复杂，液压系统和管路布置应简洁整齐。

2. 采煤机选型配套原则

采煤机配套应依据煤层赋存条件和工作面参数，生产能力能够达到工作面设计能力，满足与刮板输送机、液压支架相匹配进行。采煤机配套的具体原则如下：

（1）适合特定的煤层地质条件，并且采煤机采高、截深、功率、牵引方式等主要参数选取合理，有较大的适用范围。

（2）采煤机截割功率和牵引功率能满足使用要求，整机工作性能可靠。

（3）牵引速度适宜，且有与刮板输送机相匹配的牵引机构。

（4）采煤机的卧底量应满足使用要求。

（5）截割部应配备有强力有效的喷雾灭尘装置。

（6）能切割到刮板输送机端部，处理端部底煤并能自动开切口，以减少采煤辅助时间。

（7）操纵系统完善，除随机手动控制外，还应能随机集中控制，并配备齐全的保护装置。

（8）满足工作面设计生产能力要求，采煤机实际生产能力要大于工作面设计生产能力，满足与刮板输送机和液压支架的匹配要求。

（9）采煤机技术性能良好，工作可靠性高，各种保护功能完善。

（10）采煤机使用、检修、维护方便。

3. 刮板输送机选型配套原则

工作面刮板输送机是综采工作面的关键设备，刮板输送机的选择主要是以采煤机最大生产能力为基数，保证工作面运煤的可靠性和耐用性，并兼顾设备启动、保护和控制性能。刮板输送机配套的具体原则如下：

（1）输送机的输送能力应满足工作面设计生产能力的需要，且应与采煤机生产能力相匹配，选择刮板输送机应以工作面最大生产能力乘以 1.2 的不均衡系数作为基数。

（2）为了配合滚筒采煤机自开切口，应尽可能选用短机头输送机和短机尾输送机，但是机头架和机尾架中板的升角不宜过大，以减少通过压链块时的能耗。

（3）输送机应能适应工作面倾角要求，倾角大时应配备有防滑装置。

（4）输送机的结构应能保证采煤机的行走配套要求。

（5）输送机应符合转载机对卸载方式的配套要求。

（6）输送机要根据刮板链的负荷情况决定链条数目，结合煤质硬度、块度、运量选择链条结构型式（单链、双边链、双中心链等）；煤质较硬、块度较大时优先选用双边链，煤质较软时可选用单链或双中心链。

（7）输送机中部槽的结构。选择铸焊结合高强度中部槽，一般优先选用封底式。封底式阻力小，主要适用于底板较松软的条件。

（8）结构型式一般与采煤机相配套，输送机中部槽的结构应与工作面底板条件相适应，并应考虑能与采煤机底托架和行走机构尺寸相匹配。

4. 工作面巷道设备选型配套原则

工作面巷道运煤设备是把综采工作面机采落的煤运出区段的设备，主要由转载机、破碎机、可伸缩带式输送机组成。对这些设备的主要要求是以能满足工作面设计的原煤输出能力为基本选型配套原则。目前，为了实现综采工作面高产高效，工作面巷道运煤设备的输送能力都应等于或略大于采煤机生产能力。

5. 综采工作面其他设备选型配套

综采设备选型与配套的主要原则是在采煤、支护和运输几个主要环节之间保证有最佳的匹配效果，并且能安全、协调、可靠地工作，从而保证综采工作面能较好地发挥出综合性的整体技术、经济效益。因此，综采设备选型配套除了考虑采煤机、液压支架、刮板输送机、带式输送机的选型设计，还应考虑转载机、破碎机、端头支护、喷雾泵、乳化液泵、信号通信、配电设备等的选择。同时，还要考虑工作面与平巷的连接方式、巷道断面及布置、通风要求等问题。只有综合考虑采煤、通风、矿压等各种因素，才能正确选择配套设备，达到高效率、高产量、安全生产和降低成本的目的。

2 综采工作面"三机"设备选型

2.1 概述

综采设备是综合机械化采煤工作面机电设备的总称。综采工作面成套设备以采面所需设备为核心，一般情况下，其成套机械和电气设备布置如图2-1所示。综采设备将各种相对独立的机械合理地组合在一起，在工艺过程中协调工作，使采煤工作面的破、装、运、支全部工序实现机械化。综采设备包括滚筒采煤机或刨煤机，可弯曲刮板输送机，液压支架，各种供电、供液设备，以及其他辅助设备。

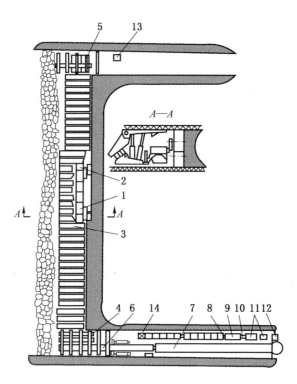

1—滚筒采煤机；2—刮板输送机；3—液压支架；4—下端头支架；5—上端头支架；6—转载机；7—可伸缩带式输送机；
8—配电箱；9—乳化液泵站；10—设备列车；11—移动变电站；12—喷雾泵站；13—液压安全绞车；14—集中控制台

图2-1　滚筒采煤机综采工作面设备布置图

综采工作面主要设备及功能如下所述。

1. 采煤机

采煤机是完成破煤、装煤工序的一种机械设备，当前普遍使用的是可调高的双滚筒采煤机，它可以骑在可弯曲刮板输送机上沿工作面穿梭割煤，一般截深为600 mm或

800 mm，最大截深可达1000 mm。

2. 刮板输送机

可弯曲刮板输送机是完成工作面运煤的机械，同时它还作为采煤机械的导轨，以及液压支架与推移输送机的支点。

3. 液压支架

液压支架是以高压液体为动力，由若干液压元件（液压缸和阀件）与一些金属结构件组合而成的一种支撑和控制顶板的采煤工作面设备，用于支护、移架、推移输送机和控制顶板。

4. 端头支架

端头支架是用于加强工作面端部（上、下出口）顶板支护的液压支架。

5. 过渡支架

过渡（或称排头）支架是用于可弯曲刮板输送机机头、机尾放置电动机、减速箱和液力耦合器处支护顶板的液压支架，它比工作面中间架滞后一个步距，顶梁长于中间架一个步距。

6. 转载机

转载机是20~60 m长的刮板输送机，它的一端与工作面输送机机头相搭接，另一端骑在可伸缩带式输送机机尾上，其作用是将刮板输送机运出的煤炭转移到带式输送机上，它可随工作面的推进进行整体移动，转载机常配备破碎机。

7. 可伸缩带式输送机

可伸缩带式输送机是工作面运输巷中的运煤设备，通过其储带装置，可调节输送机的长度，当工作面进行前进式或后退式回采时，能做到伸长或缩短。

8. 乳化液泵站

乳化液泵站是供给液压支架和其他液压装置压力液的动力设备。

除以上设备外，上端巷道中还设有运送设备和材料的单吊车，或搬运绞车，以及在倾斜角度较大时防止采煤机下滑的液压安全绞车；下端巷道中设有供电移动变电站和配电点，以及刮板输送机和巷道转载机的监视、控制、通信、照明的集中控制台。

如上所述，综采成套设备主要由采煤机、液压支架、刮板输送机、转载机、破碎机及带式输送机等组成，这些设备不是孤立的"单机"，而是结构上需要相互配合、功能上需要相互协调的有机整体，具有较强的配套要求和较高的可靠性要求。组成综采成套设备的每一种机械设备，都有严格限定的适用条件，选型不当会导致设备不配套、生产效率低、经济效益差。因此，设备的正确选型设计是充分发挥其效能，实现综采工作面高产高效、经济安全运行的前提。

选型工作是一项复杂的系统工程，涉及地质学、岩石力学、采矿学、机电等多门学科，同时又是提高综采工作面矿井效率和效益的前提所在。目前的选型设计还是以"经验类比"为主，虽然基本上能够满足生产需要，但在某些环节上还存在着严重的不合理现象，如移架循环时间长，不能满足采煤机牵引速度的要求；有些选型设计参数是符合要求的，但在实际使用中无法达到或实现，如液压支架初撑比一般为0.5~0.8，而在实际应用中仅为0.25~0.4。这说明，综采工作面"三机"配套不能停留在简单的"经验类比"上，而应开发研制综采设备选型的专家系统，避免在选型设计中受决策者个人偏见或感情色彩的影响。同时还要对系统中的主要环节进行动态优化设计，使其设计参数与实际运行参数得到统一。现行国内外高产高效综采工作面装备能力的配比关系如下：刮板输送机与采煤机的功率配比应为1:1，最好为1.2:1～1.4:1，这样才能把输送机的事故减少到最低限度。综采设备的能力应以工作面生产能力为基础，采煤机、刮板输送机、运输巷可伸缩带式输送机的生产能力一般按工作面生产能力分别乘以系数1.2、1.3、1.4来确定。需要说明的是，上述各种配套关系不是唯一的，也就是说，采煤机、液压支架、刮板输送机的选型完全可以用性能和能力相似的同类产品所代替。而在实际生产中，即使采用相同综采设备的不同工作面或不同矿井，其实际生产能力和全员效率也会存在较大差距，这主要是由于矿井的开采条件、组织管理水平存在着客观的差距。如果客观条件不具备，即使选择生产能力很高的配套设备，也远不能达到提高生产能力的目的。高产高效综采工作面的设备选型应从实际出发，因地制宜，根据开采条件选用相应的配套设备。

2.2 液压支架选型

液压支架是在摩擦支柱和单体液压支柱等基础上发展起来的工作面机械化支护设备，它不仅能可靠、有效地支撑和控制工作面顶板，隔离采空区，防止矸石窜入工作面，保证作业空间，并且能够随着工作面的推进而机械化移动，不断地将采煤机和输送机推向煤壁，从而满足了工作面高产高效和安全生产的要求。液压支架的总重和初期投资费用占工作面整套综采设备的60%～70%，因此液压支架是综采技术中的关键设备之一。液压支架具有强度高、支护性能好、移架速度快、安全可靠等优点，能使采煤工作面达到高产量、高采出率和高工效，能大大降低劳动强度，降低成本和掘进率，实现安全生产。

2.2.1 液压支架结构、类型和型号
2.2.1.1 液压支架结构

液压支架是一种以液压为动力实现升降、前移等运动，用于支撑和维护顶板，提供安全作业空间的支护设备。目前我国使用的液压支架种类很多，由于其结构部件及组合方式不同而形成不同的种类。

液压支架的基本部件包括顶梁、立柱、底座、掩护梁、推移装置及护帮装置等，如图2－2所示。

1. 顶梁

顶梁是直接与顶板接触，承受顶板压力，并为立柱、掩护梁、挡矸装置等提供必要连接点的部件。顶梁的结构型式直接影响到支架对顶板的支护性能。支架常用的顶梁型式有三种：整体顶梁、铰接顶梁和楔形结构顶梁。铰接顶梁的前段称为前梁，后段称为主梁，主梁一般简称顶梁。

2. 立柱

立柱是液压支架实现支撑和承载的主要部件，它直接影响支架的工作性能。液压支架的发展对立柱的长度、缸径、密封、类型等诸多方面提出了许多新的要求，按其伸缩的级数，立柱有单伸缩式、双伸缩式及三伸缩式（较少用）三种。其中单伸缩式立柱有不带机械加长杆和带机械加长杆两种类型，主要由缸体、活柱、加长杆（只有带机械加长杆的立柱才有）、导向套、密封件和连接件等组成。

3. 底座

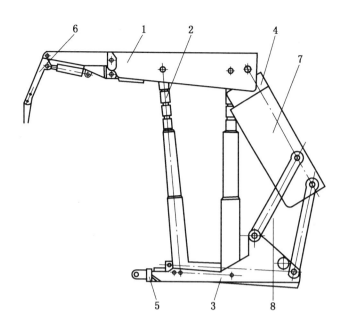

1—顶梁；2—立柱；3—底座；4—掩护梁；5—推移装置；6—护帮装置；7—活动侧护板；8—连杆

图 2-2 液压支架结构简图

底座是将支架承受的顶板压力传至底板并稳固支架的承载部件，也是构成四连杆机构的四杆件之一。因此，要求底座应具有足够的强度和刚度，对底板起伏不平的适应性要强，对底板的平均接触比压要小，要有一定的重量和面积来保证支架的稳定性，同时还要有一定的排矸能力。支架底座常用形式有三种，即整体式刚性底座、底分式刚性底座和铰接式分体底座，其中铰接式分体底座已较少采用。

4. 掩护梁

掩护梁是掩护式和支撑掩护式支架的重要承载构件，其作用是隔离采空区，掩护工作空间，防止采空区垮落的矸石进入工作面；同时，承受采空区部分垮落矸石的纵向载荷及顶板来压时作用在支架上的横向载荷；当顶板不平整或者支架倾斜时，掩护梁还将承受扭转载荷。

5. 推移装置

推移装置是液压支架必备的辅助装置，负担着推移刮板输送机和移架任务。推移装置由推移杆、推移液压缸和连接头等主要零部件组成，其中推移杆是决定推移装置形式和性能的关键部件。推移杆的常用型式有正拉式短推移杆和倒拉式长推移杆两种。

6. 护帮装置

一般截割高度超过 3.5 m，煤层节理发育、质软或顶板压力较大时，往往会出现煤壁片帮和梁端冒顶，影响综采效率和威胁工人安全，特别是在破碎顶板、松软中厚及厚煤层条件下问题更为严重，所以需要设置护帮装置。护帮装置安装在顶梁前端下部，一般由护帮千斤顶和护帮板组成。护帮装置主要有两种类型：一类是简单铰接式，另一类是四连杆式。

2.2.1.2 液压支架类型

液压支架的种类很多，常用的分类方法包括：按其对顶板的支护方式和结构特点不同，可分为支撑式支架、掩护式支架、支撑掩护式支架和特种支架；按适用工作面截割高度范围，可分为薄煤层支架、中厚煤层支架和大采高支架；按液压支架在工作面的位置，可分为工作面支架、过渡支架（排头支架）和端头支架；按适用采煤方法，可分为一次采全高支架、放顶煤支架、铺网支架和充填支架；按控制方式，可分为本架控制支架、邻架控制支架和成组控制支架。

1. 支撑式支架

支撑式支架的立柱支撑在顶梁上，没有掩护梁。支撑式支架是出现最早的一种架型，按其结构和动作方式的不同，支撑式支架又分为垛式支架和节式支架两种结构型式，如图 2-3 所示。垛式支架每架为一整体，与输送机联接并互为支点整体前移，是在发展液压支架时早期使用的液压支架，目前使用甚少，它是支架中 4 根以上立柱位于同一矩形顶梁下呈垛状布置的支撑式支架。节式支架由 2~3 个框节组成，移架时，各节之间互为支点交替前移，输送机用与支架相连的推移千斤顶推移，节式支架由于稳定性差，现已基本淘汰。

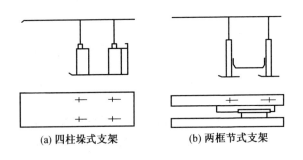

(a) 四柱垛式支架　　　　　　(b) 两框节式支架

图 2-3　支撑式支架结构

支撑式支架利用立柱与顶梁直接支撑和控制工作面的顶板。其顶梁较长，长度多在 4 m 左右；立柱较多，一般为 4~6 根，并呈垂直布置；支架后部有挡矸装置；采用箱式底座并有复位装置，以保证支架的稳定性。这类支架支撑力大，切顶性能好，作业空间和通风断面大，但抵抗水平载荷的能力较差，架间不接触、不密封，容易漏矸，安全性差，适用于直接顶稳定或坚硬，基本顶周期来压明显或强烈，且水平力小、底板也较硬的煤层。

2. 掩护式支架

掩护式支架是以单排立柱为主要支撑部件并带有掩护梁的液压支架，一般用于直接顶中等稳定以下、顶板周期来压不强烈的采煤工作面。根据立柱布置和支架结构特点，掩护式支架分为支掩掩护式支架和支顶掩护式支架两种。

1) 支掩掩护式支架

支掩掩护式支架的立柱通过掩护梁对顶板进行间接支撑，支架的支撑效率低，顶梁短，控顶距小；多数在顶梁与掩护梁之间设有平衡千斤顶，少数支架只设机械限位装置；顶梁后端与掩护梁构成的"三角带"易卡住矸石，影响顶梁摆动，故一般在顶梁后端挂有挡板，导致作业空间狭窄，通风面积小；采用整体刚性底座，有插腿式和非插腿式两种型式，如图 2-4 所示。插腿式配用专门的下部带托架的输送机，支架底座前部较长，伸入输送机下部，对底板的比压小，是不稳定顶板和软底板工作面的主要架型；非插腿式配用通用型输送机，底座前端对底板的比压大，使用较少。

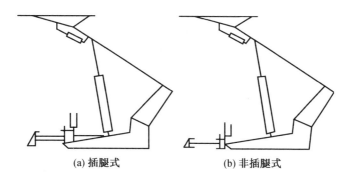

(a) 插腿式   (b) 非插腿式

图 2-4 支掩掩护式支架

2）支顶掩护式支架

支顶掩护式支架的立柱支撑在顶梁上，立柱经过顶梁直接对顶板进行支撑，支撑效率高；顶梁比支掩掩护式支架长，顶梁后端与掩护梁铰接，作业空间和通风断面积均大于支掩掩护式支架；顶梁和掩护梁侧面都装有活动侧护板，挡矸性能好；多数支架将平衡千斤顶设在顶梁与掩护梁之间，如图 2-5a 所示，少数支架将平衡千斤顶设在底座与掩护梁之间，如图 2-5b 所示；支架底座前端对底板的比压较大；顶梁有分式铰接顶梁和整体刚性顶梁；底座有刚性底封式、刚性底开式和分式底座三种。

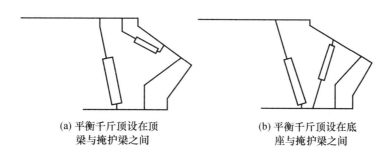

(a) 平衡千斤顶设在顶   (b) 平衡千斤顶设在底
梁与掩护梁之间   座与掩护梁之间

图 2-5 支顶掩护式支架

掩护式支架利用立柱、顶梁与掩护梁来支护顶板和防止垮落岩石进入工作面。其顶梁较短，立柱较少，多呈倾斜布置，掩护梁用四连杆机构与底座连接。这类支架掩护性和稳定性较好，调高范围大，但支撑力较小，切顶性能差，适用于顶板松散不稳定或中等稳定，底板较松软，基本顶周期压力不明显，瓦斯含量少，顶板破碎的煤层。

掩护式支架的结构特点是有一个较宽的掩护梁以挡住采空区的矸石进入作业空间，其掩护梁的上端与顶梁铰接，下端通过前、后连杆与底座连接。底座，前、后连杆，以及掩护梁形成四连杆机构，以保持稳定的梁端距和承受水平推力。立柱的支撑力间接作用于顶梁或直接作用于顶梁上。掩护式支架的立柱较少，且为倾斜布置，以增加支架的调高范围，支架的两侧有活动侧护板，可以把架间密封。通常顶梁较短，一般为 3.0 m 左右。

掩护式支架的支护性能是支撑力较小，切顶性能差，但由于顶梁短，支撑力集中在靠近煤壁的顶板上，所以支护强度较大且均匀，掩护性好，能承受较大的水平推力，对顶板反复支撑的次数少，能带压移架。但由于顶梁短，立柱倾斜布置，故作业空间和通风断面小。

3. 支撑掩护式支架

支撑掩护式支架是在支撑式支架和掩护式支架的基础上发展起来的，兼有这两种架型的主要技术特征。在结构和性能上综合了支撑式支架和掩护式支架的特点，它以支撑为主、掩护为辅，适用于直接顶中等稳定、稳定和坚硬，周期压力强烈，底板软硬均可，煤层倾角一般不大于25°，煤层厚度为 1~4.5 m，瓦斯涌出量适中的采煤工作面。

支撑掩护式支架的结构特点：顶梁由前梁和主梁组成，顶梁长，有整体刚性和分式铰接两种，有些顶梁带外伸或内伸的伸缩梁；立柱为两排，可前倾或后倾，4 根立柱支撑在顶梁（掩护梁）和底座之间；掩护梁的上端与顶梁铰接，下端用连杆与底座相连；多数支架有双人行通道，通风断面大；支撑合力在顶梁后部，支撑力大，切顶能力强；底座为整体刚性结构件，有底封式和底开式两种；支架的立柱倾斜度小，支撑效率高，但调高范围较小，适应煤层厚度的变化能力不如掩护式支架；通常工作中前、后排立柱受载不均，在同样煤层地质条件下要求其工作阻力和支护强度应高于掩护式支架；液压系统中的动力缸和控制元件多，操作较复杂，影响移架速度。

根据支架的结构特点，支撑掩护式支架可分为支顶支撑掩护式和支顶支掩支撑掩护式两种，如图 2-6 所示。

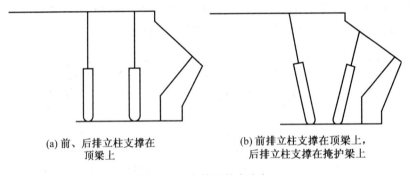

(a) 前、后排立柱支撑在 顶梁上

(b) 前排立柱支撑在顶梁上，
后排立柱支撑在掩护梁上

图 2-6　支撑掩护式支架

4. 特种液压支架

特种液压支架是为满足某些特殊要求而发展起来的液压支架，如放顶煤液压支架、铺网液压支架、铺网放顶煤液压支架及大倾角液压支架等，其在结构形式上仍属于上述某种基本架型。

2.2.1.3　液压支架的型号

液压支架的型号是液压支架的性能、技术参数、型号等的具体体现。根据 MT/T 154.5—1996《液压支架产品型号编制和管理办法》规定：液压支架产品型号主要由产品类型代号（用汉语拼音字母 Z 表示）、第一特征代号（用于一般工作面支架时，表明支架的架型结构；用于特殊用途支架时，表明支架的特殊用途）、主要参数代号（依次为支架工作阻力、支架的最小高度和最大高度 3 个参数，均用阿拉伯数字表示，参数与参数之间用"/"符号隔开，参数量纲分别为 kN 和 dm，高度值出现小数时，最大高度舍去小数，最小高度四舍五入）组成，如果难以区分，再增加第二特征代号和设计修改序号。如果用产品类型代号、第一特征代号、第二特征代号、主参数仍难以区别或需强调某些特征时，则用补充特征代号。补充特征代号进一步用支架的结构特点，主要部件的结构特点或者支架控制方式来区分。一般根据需要可设 1~2 个，但力求简明，以能区别为限。型号编制如图 2-7 所示。第一特征代号见表 2-1，第二特征代号见表 2-2，液压支架补充特征代号见表 2-3。

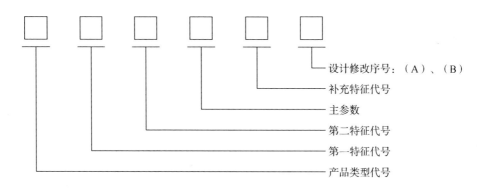

设计修改序号：（A）、（B）
补充特征代号
主参数
第二特征代号
第一特征代号
产品类型代号

图 2-7　液压支架型号编制

表 2-1　液压支架第一特征代号

用　　途	产品类型代号	第一特征代号	产品名称
一般工作面支架	Z	Y	掩护式支架
		Z	支撑掩护式支架
		D	支撑式支架
特种用途支架	Z	F	放顶煤支架
		P	铺网支架
		C	充填支架
		G	过渡支架
		T	端头支架
		Q	大倾角支架

表 2-2　液压支架第二特征代号

用途	产品类型代号	第一特征代号	第二特征代号	注　　解
一般工作面支架	Z	Y	Y	支掩掩护式支架
			省略	支顶掩护式支架，平衡千斤顶设在顶梁与掩护梁之间
			Q	支顶掩护式支架，平衡千斤顶设在底座与掩护梁之间
		Z	省略	四柱支顶支撑掩护式支架
			Y	二柱支顶二柱支掩支撑掩护式支架
			X	立柱"X"型布置的支撑掩护式支架
		D	省略	垛式支架
			B	稳定机构为摆杆的支撑式支架
			J	节式支架

表 2-2（续）

用途	产品类型代号	第一特征代号	第二特征代号	注　　　解
特殊用途支架	Z	F	D	单输送机高位放顶煤支架
			Z	中位放煤支架
			省略	低位放煤支架
			G	放顶煤过渡支架
			T	放顶煤端头支架
		P	省略	支撑掩护式铺网支架
			Y	掩护式铺网支架
			G	铺网过渡支架
			T	铺网端头支架
		G	省略	支撑掩护式过渡支架
			Y	掩护式过渡支架
		T	省略	偏置式端头支架
			J	中置式端头支架
			H	后置式端头支架
		Q	省略	支撑掩护式大倾角支架
			Y	掩护式大倾角支架

表 2-3　液压支架补充特征代号

补充代号特征	说　　　明
R	用于支掩掩护式支架，表示插腿式
C	用于工作面支架，表示长框架推移装置
L	整体顶梁
G	固定侧护板
F	用于工作面支架，表示底分式刚性底座或分式铰接底座 用于放顶煤过渡支架或端头支架，表示具有放煤功能
K	表示中心距为 1.75 m 的宽型支架
T	抬底座装置
D	用于一般工作面支架，表示电液控制系统
H	反四连杆机构
B	摆杆机构
W	用于放顶煤支架，表示大尾梁形式 用于铺网支架，表示铺设宽网
Q	架前铺网
J	机械化联网
X	用于工作面支架，表示楔形顶梁 用于放顶煤过渡支架，表示悬臂式

表2-3（续）

补充代号特征	说　明
Z	用于各种工作面支架，表示中心距为1.2 m的窄形支架
S	用于工作面放顶煤支架，表示四连杆机构 用于端头支架，表示三列式
Y	两柱放顶煤支架
M	配套采煤机截深大于或等于800 mm

支撑掩护式支架型号编制示例，如图2-8所示。

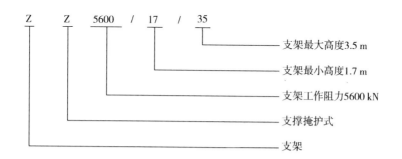

图2-8　液压支架型号编制示例

2.2.2　液压支架主要工作参数的确定

1. 支护强度和工作阻力

支架有效工作阻力与支护面积之比定义为支护强度。顶板所需的支护强度取决于顶板的等级和煤层厚度。我国已制定了不同顶板等级的支护强度标准，支护强度除可按规定选用外，还可按经验公式估算，即

$$q = KM\rho g \times 10^{-5} \tag{2-1}$$

式中　q——支护强度，MPa；

　　　K——作用于支架上的顶板岩石厚度系数，一般取5～8；

　　　M——截割高度，m；

　　　ρ——岩石密度，一般取2.5×10^3 kg/m³；

　　　g——重力加速度，取9.8 m/s²。

支架支撑顶板的有效工作阻力为

$$R = qF \times 10^3 \tag{2-2}$$

式中　R——工作阻力，kN；

　　　F——支架的支护面积，m²。

$$F = (L + C)(B + K) \tag{2-3}$$

式中　L——支架顶梁长度，m；

　　　C——梁端距，m；

　　　B——支架顶梁宽度，m；

K——架间距，m。

2. 支架高度

一般应首先确定支架适用煤层的平均截割高度，然后确定支架高度。

支架最大结构高度

$$H_{\max} = M_{\max} + S_1 \qquad\qquad (2-4)$$

支架最小结构高度

$$H_{\min} = M_{\min} - S_2 \qquad\qquad (2-5)$$

式中　$M_{\max}$——煤层最大截割高度，mm；

　　　$M_{\min}$——煤层最小截割高度，mm；

　　　S_1——考虑伪顶垮落的最大厚度，对于大采高支架取 200～400 mm，对于中厚煤层支架取 200～300 mm，对于薄煤层支架取 100～200 mm；

　　　S_2——考虑周期来压时的下沉量，移架时支架的下降量和顶梁上、底板下的浮矸厚度之和，对于大采高支架取 500～900 mm，对于中厚煤层支架取 300～400 mm，对于薄煤层支架取 150～250 mm。

支架的最大结构高度与最小结构高度之差为支架的调高范围。调高范围越大，支架适用范围越广。但过大的调高范围给支架结构设计造成困难，可靠性降低。因此，支架最大结构高度和最小结构高度取值应符合规定。

3. 支架的伸缩量和伸缩比

根据支架的伸缩量，可以确定立柱的行程。在工作面采高变化较大时，要用双伸缩立柱或采用机械加长段。

液压支架最大结构高度与最小结构高度之比称为伸缩比，即

$$K = \frac{H_{\max}}{H_{\min}} \qquad\qquad (2-6)$$

伸缩比反映了支架对采高变化的适应能力，伸缩比愈大表示适应煤层变化的能力越大。一般采用单伸缩立柱时，伸缩比为 1.6 左右。薄煤层中伸缩比为 2.5～3.0，中厚煤层中伸缩比应不小于 1.4～1.6。两柱掩护支架的伸缩比可达 3.0，支撑掩护支架的伸缩比可达 2.0～2.5。

4. 初撑力

支架的初撑力是指在泵站工作压力作用下，支架全部立柱升起，顶梁与顶板接紧时支架对顶板的支撑力。初撑力的作用是减缓顶板的早期下沉速度，增加顶板的稳定性，使支架尽快进入恒阻状态。

初撑力计算公式为

$$P_c = \frac{\pi}{4} D^2 p_b n \cos\alpha \times 10^{-3} \qquad\qquad (2-7)$$

式中　P_c——初撑力，kN；

　　　D——支架立柱的缸径，m；

　　　p_b——泵站的工作压力，MPa；

　　　n——每架支架立柱的数量；

　　　α——立柱对顶板垂线的倾斜度。

支架初撑力的大小取决于泵站的工作压力、立柱缸径和立柱的数量，其大小对支架的支护性能和设备成本有直接影响。提高初撑力对顶板管理是有益的，较高的初撑力可使支架较快地达到工作阻力，减慢顶板的早期下沉速度，增加顶板的稳定性；但是，提高初撑力又必须选用较高压力的乳化液泵站，耐压较高的管路、液压元件和系统，使设备成本增加。

在选取初撑力时应考虑以下几点：

（1）直接顶顶板中等稳定以下，支架的初撑力一般应为工作阻力的70%~80%。

（2）机道上方的顶板稳定性较好时，适当的顶板下沉有利于减少顶板在采空区的悬顶面积，故初撑力不宜过高，但不应低于工作阻力的55%。

（3）对于基本顶来压强烈的工作面，为避免顶板大面积悬顶垮落时冲击负荷损坏机械设备，初撑力应适当加大，一般不低于工作阻力的75%。

（4）当支架用于厚煤层的下分层时，若初撑力太小，在移架时容易形成大量的网兜而难于控顶，初撑力一般取采高的2~3倍的岩石重力。

5. 梁端距和顶梁长度

梁端距指移架后顶梁端部至煤壁的距离。梁端距是考虑由于工作面顶板起伏不平造成输送机和采煤机的倾斜，以及采煤机割煤时垂直分力使摇臂和滚筒向支架倾斜，为避免割顶梁而留的安全距离。支架高度越大，梁端距也应越大。

当采用即时支护方式时，一般大采高支架梁端距应取350~480 mm，中厚煤层支架梁端距应取280~340 mm，薄煤层支架梁端距应取200~300 mm。

顶梁长度受支架类型、配套采煤机截深（滚筒宽度）、刮板输送机尺寸、配套关系及立柱缸径、通道要求、底座长度、支护方式等因素的制约。减小顶梁长度，有利于减小控顶面积，增大支护强度，减少顶板反复支护次数，保持支架结构紧凑，减轻质量。

6. 底座宽度和底板比压

底座宽度一般为1.1~1.2 m。为提高横向稳定性和减少对底板的比压，厚煤层可加大到1.3 m左右。底座中间安装推移装置的槽宽，与推移装置的结构和千斤顶缸径有关，一般为300~380 mm。

支架的底板比压也是确定支架性能的一个重要参数，特别是遇到软底板煤层时，对底板比压应予以重视。架型结构和底座结构要随之产生相应变化。

7. 中心距和宽度

支架中心距一般等于工作面刮板输送机的一节中部槽长度。目前，液压支架的中心距大部分采用1.5 m。大采高支架为提高稳定性，中心距可采用1.75 m；轻型支架为适应中小煤矿工作面快速搬家的要求，中心距可采用1.25 m。

支架宽度是指顶梁的最小和最大宽度。宽度的确定应考虑支架的运输、安装和调架要求。支架顶梁一般装有活动侧护板，侧护板行程一般为170~200 mm，当支架中心距为1.5 m时，最小宽度一般取1400~1430 mm，最大宽度一般取1570~1600 mm；当支架中心距为1.75 m时，最小宽度一般取1650~1680 mm，最大宽度一般取1850~1880 mm；当支架中心距为1.25 m时，如果顶梁带有活动侧护板，则最小宽度取1150~1180 mm，最大宽度取1320~1350 mm；如果顶梁不带有活动侧护板，则宽度一般取1150~1200 mm。

8. 覆盖率

支架覆盖率是顶梁接触顶板的面积与支架支护面积的比值，即

$$\delta = \frac{BL}{(L+C)(B+K)} \times 100\% \qquad (2-8)$$

覆盖率的大小与顶板性质有关，一般对于不稳定顶板不小于85%~95%，对于中等稳定顶板不小于75%~85%，对于稳定顶板不小于60%~70%，否则会引起冒顶。

9. 移架力和推移刮板输送机力

移架力与支架结构、质量、煤层厚度及顶板性质等有关。一般薄煤层支架的移架力为100~150 kN，中厚煤层支架为150~300 kN，厚煤层支架为300~400 kN，推移刮板输送机力一般为100~150 kN。

2.2.3 液压支架适用条件

液压支架架型的选择，主要取决于液压支架的力学特性能否适应矿井的顶、底板条件和地质条件。具体选择可根据原煤炭部（81）煤科字第429号文件关于试用《缓倾斜煤层工作面顶板分类》来选取。

2.2.3.1 采场顶板分类

采煤工作面的围岩包括煤层上方的顶板和底板。不同赋存条件的煤层具有不同的顶、底板岩层，而不同的顶、底板岩层对工作面顶板控制有不同程度的影响。在实际工作中，为了有效地进行工作面顶板的控制，需要研究采煤工作面围岩的关系，把顶、底板岩石根据其不同特征进行分类，以便针对不同类型顶、底板的特点，采取不同的控制方法，选用不同类型的液压支架。采场围岩的顶、底板按照它和煤层的相对位置及其特征，可分为伪顶、直接顶、基本顶、直接底及基本底等。它们的机械性质和运动特征对工作面支护设备选型和支护参数选择至关重要。

1. 基本顶分级

采场支架的选型和支架参数的选择由基本顶级别确定，基本顶级别按基本顶来压强弱划分。基本顶来压强弱取决于垮落带岩石对采空区充满程度 N（直接顶厚度 $\sum h$ 与采高 M 的比值）及基本顶来压步距 L，见表2-4。

表2-4 基本顶来压强度分级表

分 级	I	II	III	IV
基本顶来压显现	不明显	明显	强烈	极强烈
指 标	$N > 3 \sim 5$	$0.3 < N \leqslant 3 \sim 5$, $L = 25 \sim 50$ m	$0.3 < N \leqslant 3 \sim 5$, $L > 50$ m; $N \leqslant 0.3$, $L = 25 \sim 50$ m	$N \leqslant 0.3$, $L > 50$ m

$N > 3 \sim 5$，这种基本顶的垮落或错动对工作面支架受力无多大影响，为无周期来压或周期来压不明显的顶板。

$0.3 < N \leqslant 3 \sim 5$ 且 $L = 25 \sim 50$ m，这时基本顶的悬露与垮落都将对工作面支架有严重影响，称为周期来压严重的顶板。

$N \leqslant 0.3$ 且 $L > 50$ m，由于基本顶特别坚硬，因而常能在采空区悬露上万平方米而不垮落。当其垮落时则在工作面形成剧烈的矿山压力显现，从而要求采取特殊措施加以控制。

基本顶为石灰岩层时，常常可能出现下位的石灰岩层发生垮落而上位的石灰岩层则呈现缓慢下沉现象或全部呈现缓慢下沉现象，从而出现各种不同的矿山压力显现。如有时可能有强烈的周期来压，有时则不一定，因此其分类将根据具体情况而定。

2. 直接顶分类方案及其指标

为了直接反映支架对直接顶控制的难易程度，还必须对直接顶进行分类。分类指标按反映顶板稳定性的岩石单向抗压强度（R_c）与节理裂隙间距（I）和分层厚度（h）综合而成的强度指标（D）来确定，可将直接顶分为四类，见表2-5。

表2-5 直接顶稳定性分类

类 别		I	、II	III	IV	
		不稳定顶板	中稳定顶板	稳定顶板	坚硬顶板	
主要指标	强度指标 D	≤30	31~70	71~100	>120	无直接顶，岩层厚度在2~5 mm以上，R_c>60~80 MPa，I 和 h 分别大于1 m
参考指标	直接顶初次垮落步距 l/m	≤8	9~18	19~25	>25	

强度指标 D 的计算公式为

$$D = 10R_c C_1 C_2 \tag{2-9}$$

式中　R_c——岩石单向抗压强度，MPa；

C_1——节理裂隙影响系数；

C_2——分层厚度影响系数。

C_1、C_2 可按所测量的节理裂隙间距（I）和分层厚度（h）分别由表2-6及表2-7查得。

表2-6 I 与 C_1 的关系

I/m	0.1	0.2	0.3	0.4	0.5	0.6
C_1	0.3	0.32	0.34	0.37	0.39	0.41
I/m	0.7	0.8	0.9	1.0	1.1	1.2
C_1	0.43	0.46	0.48	0.50	0.52	0.55

表2-7 h 与 C_2 的关系

h/m	0.1	0.2	0.3	0.4	0.5	0.6
C_2	0.24	0.25	0.27	0.29	0.3	0.32
h/m	0.7	0.8	0.9	1.0	1.1	1.2
C_2	0.33	0.35	0.36	0.38	0.39	0.41

测定岩石单向抗压强度 R_c 的岩样可取自采空区，制作成直径为48~56 mm、高径比为1.8~2.2的试样，然后按标准在实验室测定。

节理裂隙间距 I 以在巷道内肉眼可见的最发育的一组构造裂隙为准。用测定的有代表性的 10 ~ 15 个观测数据的平均值作为计算指标。

分层厚度 h 指的是不同岩性的岩层间和同一岩层内沿层理的离层面间距。可以在巷道、工作面控顶区或采空垮落区观测统计有代表性的 10 ~ 15 个数据，用它的平均值作为分类的计算指标。如果最下面的岩层厚度大于 1 m 时，就以该层为准。否则，取直接顶下位岩层 1.5 ~ 2 m 内各分层厚度的平均值。

为了预防可能出现的测量和计算误差，在直接顶分类中可采用工程指标——直接顶初次垮落步距（l）对分类指标进行检验，见表 2 - 5。

直接顶初次垮落步距（l）以直接顶冒高超过 1 ~ 1.5 m、占全工作面 1/2 以上时，从工作面切顶线到开切眼煤壁之间的距离作为分类计算指标。如果工作面长度 a 与 l 之比小于 3 时，可采用等效步距 $l' = \dfrac{al}{a + l}$ 作为分类的参数指标。

目前难于控制的是 I 类顶板中极易破碎的顶板及 IV 类顶板中极为坚硬的顶板，这两类顶板控制时均要采用相应的特殊措施，最新研究的顶板分类已进一步将其分出，以便进一步完善其控顶措施。

2.2.3.2　支架适用条件

1. 掩护式支架适用条件

在我国，掩护式支架多用于顶板比较破碎的工作面，通常适用于基本顶来压强度较低（动载系数 $K_D < 1.5$），周期来压步距较为稳定，顶板比较破碎，顶板压力较小，底板比较坚硬，采高较大，但不易片帮的煤层。为扩大掩护式支架的使用范围，可通过提高支架初撑力和切顶能力，改进并完善梁端支护和防片帮装置，借此提高对基本顶来压的适应能力，改善梁端支护，防止煤壁片帮。从矿压特点来看，掩护式支架使用效果良好的条件见表 2 - 8。

表 2 - 8　使用效果良好的掩护式支架的一般使用条件

架　型	基本顶来压呈现	动载系数	顶板稳定程度	顶板下沉系数/（mm·m^{-1}）	采高/m
短托梁	缓和	<1.2	破碎	>30	约 2.7
柱支顶梁	明显	1.2 ~ 1.5	较稳定	<25	<4.0

注：顶板下沉系数是每米采高每米推进度的顶板下沉量。

2. 支撑掩护式支架适用条件

支撑掩护式支架与掩护式支架相比，其优点如下：适应基本顶来压能力强（$K_D > 1.5$）；由于实际初撑力和支护强度高，支护效率高、效果好；顶梁尾部支撑能力大，切顶能力强，有利于控制坚硬顶板；底座前端比压小，适于松软底板。其不足之处主要是由于顶梁较长，前端支撑能力略低于掩护式支架。从矿压特点来看，支撑掩护式支架适用条件比掩护式支架宽。支撑掩护式支架可适于 I ~ IV 级基本顶、2 ~ 4 类直接顶板。

3. 支撑式支架适用条件

支撑式支架仅适用于基本顶来压强度大，而水平推力小的稳定或坚硬顶板，见表 2 - 9。

有关的说明如下：

（1）计算液压支架支护强度时的支护面积应为支架中心距×（顶梁长度＋移架后的端面距）。表2-9中括号内数字系掩护式支架顶梁上的支护强度，设计和选用时应根据括号内数字除以支撑效率，即为所需的支架总阻力。表中所列的支护强度根据各矿实际可允许±5%的波动范围。

（2）表2-9中支护强度栏内的1.3、1.6和2为基本顶分级的增压系数，即Ⅱ、Ⅲ、Ⅳ级来压强度与Ⅰ级来压强度的增压比值，是根据同类型顶板统计分析所得。Ⅳ级顶板由于地质条件变化较大，故只给出最低值2，一般可以根据实际情况确定其适宜值。

（3）表2-9中采高系指最大采高，具体采高的支护强度可根据表内值用插值法确定。

（4）充填法和厚煤层的下分层工作面的支护强度可以根据实际情况自行确定。

表2-9　各类顶板使用支架架型及支护强度

基本顶级别		Ⅰ			Ⅱ			Ⅲ				Ⅳ
直接顶级别		1	2	3	1	2	3	1	2	3	4	4
液压支架架型		掩护式	掩护式	支撑式	掩护式	掩护式或支撑掩护式	支撑式	支撑掩护式	掩护式	支撑式或支撑掩护式	支撑式或支撑掩护式	支撑式（采高小于2.5 m）或支撑掩护式（采高大于2.5 m）
液压支架支护强度/(kN·m⁻²)	采高1 m	300			1.3×300			1.6×300			>2×300	应结合深孔爆破、软化顶板等措施处理采空区
	采高2 m	350（250）			1.3×350（250）			1.6×350			>2×350	
	采高3 m	450（350）			1.3×450（350）			1.6×450			>2×450	
	采高4 m	550（450）			1.3×550（450）			1.6×550			>2×550	

4. 放顶煤支架适用条件

1）煤层厚度及倾角

缓倾斜放顶煤的最佳煤层厚度为5.5～10 m，超过10 m时，应采用分层放顶煤开采。因为小于5.5 m时，采出率低、含矸多；大于10 m时，顶煤垮落不完全，丢煤多或产生大块堵塞放煤门。急倾斜煤层厚度应为15～20 m以上，水平分层开采其分段高度一般为10～12 m。煤层倾角为0°～15°时，是综放开采的最佳倾角；倾角为15°～25°的煤层使用综放开采时，液压支架要考虑防倒防滑装置；倾角为45°～90°的煤层应采用水平分层分段开采。

2）顶、底板岩石性质

顶板应具备采后能及时垮落的岩性。采空区不悬顶，岩石垮落的充填高度不小于采放高度；底板要能承受相应的压力，使液压支架不插底，能及时移架。

3）煤的硬度和节理

适于综放开采的煤层普氏系数一般为 $f=1\sim3$。煤的硬度较低时，顶煤易垮落；煤的硬度较高时，只要节理裂隙发育，顶煤同样也能垮落，节理裂隙发育的煤层一般可冒放性较好。

4）煤层中的夹石层

一般情况下，夹石层硬度大于煤层硬度，在顶煤中的夹石厚度大于 300 mm，节理不发育时，顶煤不易垮落或垮落成大块状，放煤困难，故不宜采用综采放顶煤开采。

2.2.4 放顶煤液压支架特点及其适应性分析

对于截割高度在 $5\sim20$ m 且厚度变化不规则的特厚煤层，可以考虑采用顶煤垮落法进行开采，顶板支护设备采用放顶煤液压支架。放顶煤液压支架是放顶煤综采的关键设备，也是在所有配套设备中能明显区别于普通综采设备且具有本质特征的唯一特殊类型设备，深入研究放顶煤液压支架的特点及其适应性，以便更好地选型和设计，无疑是十分重要的。

2.2.4.1 放顶煤液压支架的分类

按与液压支架配套的输送机的台数，放顶煤液压支架可分类如下：

$$
放顶煤液压支架
\begin{cases}
单输送机
\begin{cases}
插底式 \\
不插底式
\end{cases} \\
双输送机
\begin{cases}
开天窗式
\begin{cases}
单铰接式 \\
四连杆式
\end{cases} \\
插板式
\begin{cases}
前四连杆 \\
后四连杆
\end{cases}
\end{cases}
\end{cases}
$$

按放煤口位置，放顶煤液压支架可分类如下：

$$
放顶煤液压支架
\begin{cases}
高位（单输送机开天窗式） \\
中位（双输送机开天窗式） \\
低位（双输送机插板式）
\end{cases}
$$

2.2.4.2 高位放顶煤液压支架

1. 高位放顶煤液压支架特点

高位放顶煤液压支架是指单输送机、短顶梁、掩护梁开天窗高位放煤的掩护式支架。这类支架的特点如下：

（1）支架结构简单，采煤机割的煤和放落的顶煤由同一部输送机运出，端头维护空间小，整个工作面设备布置与普通长壁工作面相同，便于维护管理，减少事故发生点。

（2）支架的长度较短，结构紧凑，稳定性和封闭性都较好。

（3）掩护梁放煤口尺寸大，可达 2000 mm × 800 mm，有利于顶煤的放出。

（4）由于顶梁短（约 1.2 m），放煤口位置距煤壁较近，因此，对煤层冒放性的要求较高。一方面，要求梁端顶煤要完整、不冒顶、不片帮；另一方面，在顶梁后即是放煤口，要求顶煤破碎，能顺利放出。

（5）放煤槽在放煤状态时与底座呈 35°夹角，难以达到 40°。试验表明，在钢质表面，干燥的散煤安息角约为 25°，如果遇上仰采，当仰采角度为 10°时，就开始出现放煤流动不畅，向左右溢出，大部分落在输送机采空侧，严重影响放煤工序的进行和顶煤的运出。

（6）支架在放煤时，正常人行通道基本上被切断，减少了工作面安全出口。

（7）由于是高位放煤，煤尘很大，但支架通风断面较小，使得防灭尘的工作量大，要求高。

（8）采放同用一部输送机，不能平行作业，影响产量的提高。

单输送机放顶煤液压支架可分为插底式和不插底式两种，插底式的单输送机放顶煤液压支架底座长，对底板的比压分布均匀，前端比压小，对俯采也能适应。但是由于支架底座插在输送机下面，抬高了中部槽，装煤效果不好，只好增加采煤机跑空刀工序来装煤，不利于产量的提高，处于放煤状态时无人行通道。其回采工艺为推移刮板输送机—割煤—拉架—放煤。不插底的单输送机放顶煤支架，前端对底板的比压大，特别是在截深较大时（如 800 mm），要求底板要坚硬。使用这种支架时，采煤机装煤效果好，提高了有效工作时间，放煤状态时人行道基本畅通，通风断面大。

2. 高位放顶煤液压支架适应性分析

高位放顶煤液压支架顶梁短，在软煤层中使用有可能因顶煤冒空使顶梁失去有效的支撑，而且作为掩护式支架，前端对底板的比压较大，易发生扎底，不插底式支架更为如此，因此，高位放顶煤液压支架不适合在软煤层中使用。

高位放顶煤液压支架主要用于缓斜厚煤层中，在地质条件、管理水平较好的矿区，可以取得很好的技术经济效果。

高位放顶煤液压支架对以下地质条件比较适应：

（1）煤层普氏系数 $f = 1.5 \sim 2$，煤层节理比较发育。

（2）煤层厚度不宜太厚，以 $6 \sim 8$ m 为宜，以利于顶煤的破碎，如果煤层节理裂隙发育良好，开采厚度可以增加。

（3）布置工作面和制定采煤工艺时，避免仰采或减小仰采，使仰采角度不大于 $10°$，以保证顺利放煤。

（4）底板抗压入强度较强，顶板能随采随冒，以保证工作面推进速度和较高的采出率。

在急斜条件下，矿山压力较小，煤的冒放性好，且不易冒顶、片帮，在水平分段开采时使用高位放顶煤支架是可行的。

2.2.4.3 中位放顶煤液压支架

1. 中位放顶煤液压支架的特点

中位放顶煤液压支架是指双输送机运煤，在掩护梁上开放煤口、中位放煤的支撑掩护式液压支架。中位放顶煤液压支架是当前我国应用数量较多、分布面较广的综放支护设备。中位放顶煤液压支架已不仅是一种单纯维护工作面空间的支护设备，还是一种依靠矿山压力破碎煤体，具有放煤功能的综采设备。中位放顶煤液压支架按其结构型式可分为单铰点式和四连杆式两类。这类支架的特点如下：

（1）支架稳定性和密封性好，抗偏载和抗扭能力大，不易损坏。

（2）放煤口距煤壁远，有助于工作面前方顶煤的维护。支架顶梁长，有利于反复支撑顶板，增加顶煤的破坏程度。支撑底座长，可减小支架对底板的比压，且分布较为均匀。

（3）采放分别使用两部输送机，可以实现平行作业。

（4）受放煤口尺寸的限制（一般为 1500 mm×900 mm），架与架之间有三角煤放不下来，即所谓的"脊背损失"，同时放煤口易发生大块煤堵塞现象。

（5）后输送机放在支架底座上，后部空间有限，大块煤通过困难，且移架阻力较大。

（6）掩护梁不能摆动，二次破煤的能力差。

四连杆机构联接的支架最大特点如下：支架在调高范围内，顶端的运动轨迹为双纽线，其水平方向的变化量很容易控制在 100 mm 以内，这使支架在调高幅度较大的情况下能有效地控制端面距，同时，在倾斜煤层条件下，四连杆机构的抗扭性能要优于单铰接机构。

单铰接联接支架的顶端运动轨迹是一条圆弧，在支架调高范围内，端点的水平位移相当大，可达到 500 mm 以上，故在普通综采支架上基本不用。在放顶煤开采条件下使用时，由于其机采采高变化不大，所以端面距变化也不大，但却发挥了结构简单、封闭性和稳定性好的长处，与四连杆机构相比，使后部输送机具有较大的过煤空间和维修空间。这种联接形式被广泛使用在放顶煤液压支架的设计中。但是，这种支架的底座在制造过程中材料利用率低，相比之下支架成本要高。

针对中位放顶煤支架的弱点，采取了以下改进措施：

（1）推广单铰点式支架，解放被四连杆式支架前连杆所占据的空间。尽量抬高掩护梁与底座铰点的高度，增大后部空间。

（2）在后部输送机的后帮上安装铲煤板，拉架时将煤铲入输送机内，防止挤坏中部槽。

（3）设计适用于中硬煤层的能主动破煤的放煤机构，即把直动式插板改为由千斤顶推拉作用的摆动式放煤板，起到一定的破碎顶煤的作用。

2. 中位放顶煤液压支架的适应性

中位放顶煤液压支架的适应性强，在各种煤层条件下均有成功的实例，取得了很好的技术经济效益。

在急斜条件下选用中位放顶煤液压支架时应注意以下事项：

（1）由于中位放顶煤支架体积和质量较大，运输和移架较困难，应考虑在长工作面和长度变化不大的工作面使用。

（2）急斜条件下的矿山压力不大，支架的支护强度及工作阻力应适当。支架强度可选在 0.5~0.6 MPa 之间，工作阻力选在 3000 kN 左右，以利于减少支架体积和质量，降低造价。

（3）急斜条件下顶煤的冒放情况较好，放煤机构不求多功能，但要简单可靠，放煤口要大，如 1200 mm×900 mm。

普通的缓斜中硬厚煤层都可选用中位放顶煤液压支架，特别是在矿压显现剧烈、有悬顶危险的条件下，中位放顶煤液压支架比低位放顶煤液压支架更为优越。现在中位放顶煤液压支架在缓斜中硬煤层中使用的主要问题是放煤问题，以东北地区和山西省最为突出。主要有两种情况：第一种情况是煤层的层节理裂隙不发育，顶煤在架后悬顶，不能及时垮落；第二种情况是顶煤或夹石虽然垮落，但块度大，盖住或卡住放煤口。上述情况主要应从开采工艺上解决，如合理确定顶煤高度，震动爆破或高压注水软化，压裂煤体等。从支架设计上采取的途径如下：对于第一种情况，应适当降低初撑力，加速顶煤离层；加长顶梁，增加支架对顶煤反复支撑的次数，使顶煤破碎垮落；对于煤的层节理很不发育，架后悬顶严重的，需要借助于特殊的辅助破煤装置，国内外对此均有所研究，但大多结构复杂，造价较高，而且只适用于 5 m 左右厚的煤层。对于第二种情况，可以增大放煤口或在放煤口设置主动破煤机构。

中位放顶煤液压支架目前是"三软"条件下放顶煤综采工作面最合适的架型。由于"三软"条件下放煤开采主要是解决支架"封得住，站得稳，走得动"的问题，而中位放顶煤支架正是具备了这方面的优点。

为使中位放顶煤支架从功能上更适于"三软"煤层开采，从设计上主要考虑以下几点：

（1）保证支架对顶煤完全、严密的封闭，避免架前漏煤。

（2）顶梁端点位移曲线采用前倾式。使支架在矿压下给顶煤一个向煤壁的力，有助于顶煤保持完整性。

（3）减少底板比压，且减少架内积煤，一方面要加大底座与底板的接触面积，另一方面要尽量打开底座中部封板，排除架内浮煤。目前的办法是在底座中部加罩，减少漏煤的存积，反向布置推移千斤顶，让推杆把浮煤推到底座尾部。

（4）保证后立柱及其联接机构不受损坏。

（5）配置有效的灭尘系统，研究新的防灭尘方法。

2.2.4.4 低位放顶煤液压支架

1. 低位放顶煤液压支架的特点

低位放顶煤液压支架是一种双输送机运煤，在掩护梁后部铰接一个带有插板的尾梁，低位放顶煤的支撑掩护式液压支架。这类支架有一个可以上下摆动的尾梁（摆动幅度在45°左右），用以松动顶煤，并维持一个破煤空间。尾梁中间有一个液压控制的放煤插板，用于放煤和破碎大块煤，具有连续的放煤口。这类支架具有许多特点，通过不断改进，适应性增强，具有良好的推广前景。其主要特点如下：

（1）由于其具有连续的放煤口，放煤效果好，没有"脊背损失"，采出率高。

（2）和其他支架相比，从煤壁到放煤口的距离最长，经过顶梁的反复支撑和在掩护梁上方的垮落，使顶煤破碎较充分，对放煤极为有利。

（3）后部输送机沿底板布置，浮煤容易排出，移架轻快，同时尾梁插板可以切断大块煤，使放煤口不易堵塞。

（4）低位放煤使煤尘减少。

（5）前四连杆低位放顶煤液压支架的抗扭及抗偏截能力差，支架的稳定性较差。

（6）尾梁摆动力和向上的摆角较小，破煤和松动顶煤的能力差。

这类支架的原始型式是前四连杆式，在矿压较小的急斜水平分段开采时比较适应，为使这种架型在缓斜长壁工作面中发挥其优势，近几年来做了如下的探索：

（1）把四连杆的上联接位置由顶梁上改在掩护梁上，使支架底部和上部的联接位置更接近扭转力矩的作用点，增加了支架强度，减少了支架的损坏，形成了目前在缓斜工作面大量使用的后四连杆式低位放顶煤液压支架。

（2）大幅度加强前四连杆本身及其与顶梁、底座的联接强度，这种做法增加了支架的质量，有的重达20 t以上，但设计时容易实现加大后部运输空间和增加破煤能力。

（3）增大后部空间和尾梁向上摆动的力，使其在较硬煤层中使用时也可让顶煤顺利放落和运出。

（4）后四连杆前连杆设计为 Y 型，后连杆设计为 I 型，增大了支架前、后人行道的宽度并加大了后部的人员工作与维护空间。

（5）把后部输送机千斤顶耳座与底座的联接改为活联接，改善了运输状况。在后部输送机与千斤顶之间增加了结构件推杆，以避免后部输送机与千斤顶活塞杆弯曲并防止输送机和支架下滑。

前四连杆式支架和后四连杆式支架相比，前四连杆式支架稳定性及抗扭性较差，但其后部空间较大，且质量也轻。

2. 低位放顶煤液压支架的适应性

前四连杆式支架在急斜水平分段放顶煤综采中取得了成功，如对四连杆及有关联接件再进一步增加强度，成为定型设备，可以不考虑在急斜条件下使用后四连杆式支架。

缓斜中硬难放煤层在选型时考虑到低位放顶煤液压支架的强度低，有不成功的实例，往往选用中位放顶煤液压支架，但受到放煤口的限制，实际上也未能很好解决其放煤问题。仔细研究各类放煤支架，就会发现，只有前四连杆式支架具备大幅度摆动掩护梁破煤的条件。有的低位放顶煤液压支架采取强化四连杆及联接销轴，把摆动掩护梁的千斤顶一端布置在底座上，而不是布置在顶梁上，尽管这种架型尚无满意的效果，但这种探索无疑是很有意义的。

后四连杆式支架在煤层普氏系数 $f = 2$ 左右，层节理比较发育的缓斜厚煤层中使用取得很大成功。这种架型与设计先进的过渡支架配合使用，创出了新水平，被广泛推广使用。

2.2.5 液压支架选型原则

液压支架的选型，其根本目的是使综采设备适应矿井和工作面的条件，投产后能做到高产、高效、安全，并为矿井的集中生产、优化管理和最佳经济效益提供条件，因此必须根据矿井的煤层、地质、技术和设备条件进行选择。

（1）支架结构应与煤层赋存条件相适应。一般情况下可根据顶板的级别查表 2-9 直接选出架型。

（2）支护强度应与工作面矿压相适应。支架的初撑力和工作阻力要适应直接顶和基本顶岩层移动产生的压力，将空顶区的顶底板移近量控制到最低程度。

（3）支护断面应与通风要求相适应，保证有足够的风量通过，而且风速不得超过《煤矿安全规程》的有关规定。对瓦斯涌出量大的工作面，应优先选用通风面积大的支撑式或支撑掩护式支架。

（4）当煤层厚度超过 1.5 m，顶板有侧向推力或水平推力时，应选用抗扭能力强的支架，一般不宜选用支撑式支架。

（5）当煤层厚度达到 2.5 ~ 2.8 m 以上时，需要选择有护帮装置的掩护式或支撑掩护式支架。煤层厚度变化大时，应选择调高范围较大的掩护式双伸缩立柱的支架。

（6）应使支架对底板的比压不超过底板允许的抗压强度。在底板较软条件下，应选用有抬底装置的支架或插腿掩护式支架。

（7）液压支架应与采煤机、刮板输送机等设备相匹配。支架的宽度应与刮板输送机中部槽长度一致，推移千斤顶的行程应较采煤机截深大 100 ~ 200 mm，支架沿工作面的移架速度应能跟上采煤机的工作牵引速度，移架速度还应满足生产指标的要求，支架的梁端距应为 350 mm 左右。

（8）在同时允许选用几种架型时，应优先选用价格便宜的支架。

（9）断层十分发育，煤层变化过大，顶板的允许暴露面积在 5~8 m² 之间，时间在 20 min 以上时，暂不宜采用综采。

2.2.6 影响液压支架选型的因素

此外，在选型时还应考虑不同架型和结构的支架与围岩力学相互作用、支撑力矩、底板比压等特点，选择合适的掩护式和支撑掩护式液压支架，见表 2-10 至表 2-12，各类级顶板综采工作面矿压特性及对支架选型的要求见表 2-13，厚煤层开采综采工作面矿压特点及对支架选型的要求见表 2-14。

表 2-10　不同结构液压支架的力学特征比较

支架型式		结构特征	主要力学特征	对围岩适应性评价
掩护式	支掩式	二柱支掩掩护式	支架承载力较小，底板比压均匀，主动水平力较大	基本顶Ⅰ、Ⅱ级岩层组合
	支顶式	二柱支顶掩护式	支架承载力大，稳定性好，底座尖端比压较大，对顶板的主动水平力大，前端支撑力大	适应直接顶 1、2、3 类，基本顶Ⅰ、Ⅱ、Ⅲ级，底板Ⅱ级以上，Ⅰ级底板需限制支架对底板尖端比压
支撑掩护式	支顶支掩	四柱（或三柱）支顶支掩式	稳定性好，抗水平力强，比压均匀，但支撑能力利用率低	主要适应 2、3 类直接顶，Ⅱ、Ⅲ级基本顶
	支顶式	四柱"X"型	顶梁合力调节范围大，伸缩比大，承载力高	主要适于薄煤层
		四柱支撑掩护式	承载力大，切顶能力强，比压较均匀	主要适于 2、3、4 类直接顶，Ⅱ、Ⅲ、Ⅳ级基本顶，底板类别不限

表 2-11　支架选型要素及评价

要素		支架型式		支撑掩护式	支撑式		顶梁结构		
		插底掩护式	一般掩护式		垛式	节式	a	b	c
支架围岩适应性	直接顶没落倾向	优	良	良	差	差	差	良	优
	基本顶周期来压	差	良	优	优	良	优	良	差
	底板压入倾向	良	差	优	优	优	—	—	—
	防煤壁片帮	优	良	良	差	差	差	良	优
	通风断面	差	良	优	优	优	—	—	—
	顶梁前端支撑力	优	良	良	差	差	差	良	优
	顶梁后端切顶力	差	良	优	优	优	优	良	良
	对顶板遮盖率	优	优	优	差	差	差	良	优
	隔绝采空区能力	优	优	优	差	差	差	良	优
	横向稳定性	良	优	优	差	差	—	—	—

表 2-11（续）

要　素		支架型式		支撑掩护式	支撑式		顶梁结构		
		插底掩护式	一般掩护式		垛式	节式	a	b	c
支架围岩适应性	对采高适应性	良	优	优	良	良	—	—	—
	支撑效率	差	良	优	优	优	—	—	—
	支护强度	良	良	优	优	优	—	—	—
	对倾角适应性	良	优	良	良	差	—	—	—

表 2-12　围岩类型与支架选型建议

直接顶类别	基本顶来压级别	底板类别	液压支架架型	
			1	2
1	I	I、II	支掩掩护式	轻型支顶掩护式
	II	I、II	支顶掩护式	支掩掩护式
2	I、II	I、II	支顶掩护式	支掩掩护式
	III	I、II	支顶掩护式	支掩掩护式
3	I、II、III	I、II	支撑掩护式	支顶掩护式
4	II、III	III、IV	支撑掩护式	支顶掩护式
	IV	IV、V	强力支撑掩护式（短顶梁，大流量安全阀）	

表 2-13　各类级顶板综采工作面矿压特性及对支架选型的要求

类级	I_{1-2}、II_{1-2} 顶板	III_{3-4}、IV_{3-4} 顶板
综采工作面矿压特点	1. 基本顶来压步距小（单柱、两柱掩护式支架和四柱支撑掩护式支架初次来压步距分别为 24.5 m 和 32.7 m，周期来压步距分别为 13.2 m、15.3 m 和 18.4 m），直接顶随放顶随垮落。采空区无悬顶，垮落块度较小，支架受水平推力破坏小 2. 基本顶来压强度低（单柱、两柱掩护支架和四柱支撑掩护支架初次来压时动载系数分别为 1.45、1.27 和 1.36，平均为 1.36，周期来压时动载系数分别为 1.25、1.32 和 1.31，平均为 1.29），支架受载小而均匀 3. 综采工作面围岩稳定性差，一般说来顶板破碎度和片帮深度，随液压支架柱数增多而减少，单柱掩护支架采面围岩稳定性最差，但四柱液压支架采面围岩稳定性好时才适应。其表现为顶底板循环移近量及其速度、顶板破碎等均比顶板坚硬、来压强烈时大 4. 受移架影响范围大，对于循环顶底板移近量、移架影响大于采影响，两者相比约为 2：1，若割煤使支柱增加载荷 5～10 t，则移架时作用在邻架上的载荷平均增长 10～12 t，距移动支架 5～6 m 的区间内，就显出了移架影响	1. 基本顶来压步距大（初次和周期来压最大分别为 160 m 和 42 m），顶板大面积垮落（初次垮落和周期垮落面积最大分别为 25871 m² 和 7008 m²），顶板呈层状垮落。一次垮落厚度较大，对支架受载影响较大（基本顶来压时支护强度最高可达 146.4 t/m²，最大支护阻力平均可达 556 t/架） 2. 基本顶来压强度高、支架受载平时富裕较多，来压时受载加大，基本顶初次来压强度大至发生冲击地压，周期来压时动载系数最大为 2.9。一般均大于 1.5，甚至发生冲击地压 3. 液压支架前后柱工作阻力分布不均匀，特别在基本顶来压时后柱高于前柱，在此条件下多采用四柱支架，后柱受载最高时比前柱高 4 倍。由此可见，基本顶来压时，支架作用点靠近支架后部 4. 综机采面围岩稳定性好 5. 支架受水平推力损坏严重

表2-13（续）

类级	I_{1-2}、II_{1-2}顶板	III_{3-4}、IV_{3-4}顶板
对支架选型的要求	1. 利用较高初撑力，提高支架支撑效率，确保采面顶板移架后早期移近量小，移近速度低，提高梁端距空顶处顶板稳定性 2. 利用四连杆机构，控制端面顶板，使其双纽线选取最佳段为支架工作范围，确保采面端面靠支架有较强的控制能力 3. 利用伸缩梁或可旋转180°的挑梁，在移架前、采煤后及时支护刚刚暴露的梁前顶板，减少顶板早期破坏 4. 利用顶梁侧护板等护顶装置，提高支架对顶板的封闭程度，以此提高支架护顶能力，防止破碎岩块窜入回采空间 5. 利用护片帮装置，减少片帮深度和面积，从而提高煤壁稳定性 6. 利用完善的挡矸装置，防止采空区矸石窜入回采空间，确保移架顺利 7. 利用灵活、快速的操纵阀，保证移架速度快，利用邻架操作，保证移架工安全	1. 利用较大支撑能力，使后柱阻力高于前柱；确保支架具有足够的切顶能力，能有效地对付强烈的基本顶来压 2. 利用四连杆机构，增强抵抗水平推力的能力，防止立柱毁坏 3. 利用四连杆机构，使支架尽量减少梁端距 4. 用掩护梁挡好采空区矸石，防止矸石窜入支架工作空间，利用侧护板防止窜矸漏矸 5. 利用大流量安全阀，确保支架受冲击载荷时少受损坏

表2-14 厚煤层开采综采工作面矿压特点及对支架选型的要求

采煤法	倾斜分层下行垮落采煤法	整层垮落开采法（大采高支架）
综采矿压特点	一、下分层采面上覆岩层运动特点 1. 分层越向下，上覆岩层初次垮落步距越短 2. 尽管逐层向下，还有周期来压显现，但步距减少 3. 垮落带和断裂带高度与采高之比均随分层向下而减少，"两带"高度与采高之比逐层向下减少幅度越来越小，趋于定值 4. 分层越向下，地表下沉越均匀连续。地面下沉范围越大 二、下分层回采空间矿压显现特点 1. 下分层回采空间顶底板移近量均比上分层大 2. 人工顶板和再生顶板下分层顶底板移近量随远离煤壁呈正比增加，其组成主要是支柱压入顶、底板深度，其占35% ~50% 3. 下分层采面移架对顶底板移近影响显著，沿采面长度方向向上或向下各波及15 m左右，下分层无工序影响高于上分层 4. 一般说来，上、下分层采面选用同一架型时，初撑力和工作阻力都是下分层低于上分层。但应注意下分层移架可导致支架受载不均 5. 下分层基本顶周期来压缓和，并逐层向下减弱，支架受载小而均匀	1. 加大采高，不一定改变直接顶分类，即直接顶岩层强度越大，厚度越厚。即使采高达4.15 ~4.7 m，直接顶稳定性也不降低 2. 在类似的煤层赋存条件下，加大采高，不一定改变直接顶初次垮落步距，但随采高加大，此步距可能减少，来压强度及影响范围可能加大 3. 基本顶初次和周期来压步距均随采高加大而增大，直接顶稳定时，基本顶来压持续时间和范围都随采高加大而减少 4. 直接顶中等稳定时基本顶初次来压强度高于基本顶周期来压强度。相反，直接顶稳定时，基本顶初次来压强度低于基本顶周期来压强度 5. 沿大采高采面长度方向顶板压力中部最大两端较小，其片帮深度也是中部最大，两端较小 6. 大采高支架立柱受载不均，特别是四柱支撑掩护支架。因此，可能造成支架歪斜倾倒，支架掩护梁开焊，受力部件变形、断裂等。使支架和采面工作状态变坏。两柱掩护支架在非正常工作状态下，平衡千斤顶扭坏也是严重的

表 2－14（续）

采煤法	倾斜分层下行垮落采煤法	整层垮落开采法（大采高支架）
对支架选型的要求	1. 利用较高的支架初撑力，防止顶板早期破碎，利用带压移架防止支架反复支卸破坏顶板，产生网兜，尽量保证再生顶板和人工顶板的稳定性 2. 利用及时迅速的移架，减少下分层顶板暴露时间和面积，防止顶板冒落、流矸 3. 利用防倒装置，防止支架歪斜倾倒 4. 利用四连杆和侧护板及人工顶板等提高支架护顶能力，以防梁端和其他部位漏矸、窜矸，威胁人和设备安全、影响生产 5. 设置机械铺联网和向采空区洒水，保证人工顶板铺设质量或提高破碎岩石再生能力、提高人工顶板和再生顶板强度 6. 为了适应下分层采高变化大，立柱伸缩比较大为好	1. 利用四连杆机构，控制端面顶板，选取双纽线最佳段为支架工作范围，要求采面端面附近支架有较强的控制能力 2. 利用外套式伸缩梁或可旋转180°的挑梁，及时支护顶板 3. 尽量采用非插腿式底座，并加大底座面积，必要时可加提底座装置 4 在井下运输和制造工艺允许的条件下，立柱伸缩比不必太大 5 支架应有较高的初撑力和足够富裕的工作阻力 6. 必须装备有效的防煤壁片帮装置，提高煤壁稳定性，并要利用侧护板提高支架的封闭顶板的能力 7. 必须有完善的防倒、防滑装置，对于排头架的锚固不可少 8. 推移机构要排矸性能好，推移力量大 9. 提高泵站压力和流量，满足快速移架的要求 10. 邻架快速移架

2.3 采煤机选型

对于复杂的成套设备，必须把主机和辅机区别开，明确各自的功能和作用。首先要集中精力解决好主机的选型问题。采煤机械是综采成套设备的主机，采煤机械选型是综采设备选型配套的首要问题。影响采煤机械选型的主要因素是煤层的力学特性和厚度。为了使用好采煤机械，需要了解确定采煤机械主要技术性能参数的方法，对采煤机械的技术装备水准作出正确的选择。

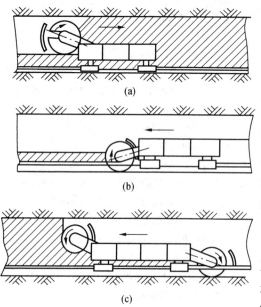

图 2－9 滚筒采煤机工作原理

2.3.1 采煤机结构

在综采工作面使用的采煤机械类型有滚筒采煤机、刨煤机、连续采煤机、螺旋采煤机等类型。滚筒采煤机是以装有截割刀具并绕水平轴线旋转的截割滚筒为工作机构的采煤机。

1. 滚筒采煤机工作原理

采煤机的割煤是通过螺旋滚筒上的截齿对煤壁进行切割实现的。采煤机的装煤是通过滚筒螺旋叶片的螺旋面进行装载的，将从煤壁上切割下的煤运出再利用叶片外缘将煤抛到刮板输送机中部槽内运走，如图 2－9

所示。

单滚筒采煤机的滚筒一般位于采煤机下端，以使滚筒割落下的煤不经机身下部运走，从而可降低采煤机机面（由底板到电动机上表面）高度。单滚筒采煤机上行工作时，滚筒割顶部煤并把落下的煤装入刮板输送机，同时跟机悬挂铰接顶梁，割完工作面全长后，将弧形挡煤板翻转180°；接着，机器下行工作，滚筒割底部煤及装煤，并随之推移刮板输送机。

双滚筒采煤机工作时前滚筒割顶部煤，后滚筒割底部煤。因此双滚筒采煤机沿工作面牵引一次，可以进一刀，返回时，又可进一刀，即采煤机往返一次进二刀，这种采煤法称为双向采煤法。

2. 滚筒采煤机结构

尽管滚筒采煤机的结构型式很多，但其基本结构、组成大致是相同的，一般由电动机、截割部、行走部和辅助装置等组成。双滚筒采煤机结构如图2-10所示。

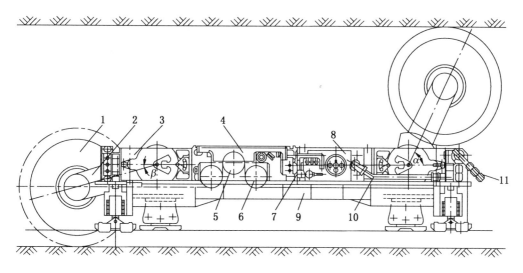

1—螺旋滚筒；2—摇臂；3—固定减速器；4—牵引部减速器；5—传动链轮；6—导向链轮；
7—中间箱；8—电动机；9—底托架；10—冷却喷雾装置；11—拖缆装置

图2-10 双滚筒采煤机的组成

3. 滚筒采煤机类型

目前，国内外滚筒采煤机的种类甚多，分类方式也各不相同。按滚筒数目分类，有单滚筒和双滚筒采煤机；按牵引方式分类，有钢丝绳牵引、链牵引和无链牵引采煤机；按牵引控制方式分类，有机械牵引、液压牵引和电牵引采煤机；按牵引机构设置方式分类，有内牵引和外牵引采煤机；按机身与工作面输送机的配合导向方式分类，有骑槽式和爬底板采煤机；按总体结构布置方式分类，有截割电动机纵向布置和横向布置滚筒采煤机。各种类型采煤机的分类方式、特点及适用范围见表2-15。

4. 滚筒采煤机布置方式

滚筒采煤机常见的总体布置方式有下列几种。

有链牵引采煤机的总体布置方式如图2-11所示。

表 2-15 滚筒采煤机的分类方式、特点及适用范围

分类方式	采煤机类型	特点及适用范围
按滚筒数目	单滚筒采煤机	机身较短,重量较轻,自开切口性能较差,适宜在高档普采及较薄煤层工作面中使用
	双滚筒采煤机	调高范围大,生产效率高,适用范围广
按煤层厚度	厚煤层采煤机	采高大于 3.5 m 的采煤机,机身几何尺寸大,调高范围大
	中厚煤层采煤机	采高为 1.3~3.5 m 的采煤机,机身几何尺寸较大,调高范围较大
	薄煤层采煤机	采高小于 1.3 m 的采煤机,机身几何尺寸较小,调高范围小
按电动机布置方式	单(双)电动机轴向(纵向)平行煤壁布置采煤机	机身较长,电动机功率既用作截割动力,也用于牵引传动,功率分配合理,电控系统简单
	多电动机垂直(横向)煤壁布置采煤机	机身较短,主电动机与牵引电动机分开设置,检修方便,电控系统较复杂
按调高方式	固定滚筒采煤机	靠机身上的液压缸调高,调高范围小
	摇臂调高式采煤机	调高范围大,卧底量大,装煤效果好
	机身摇臂调高式采煤机	机身短而窄,稳定性好,但自开切口性能差,卧底量较小,适应煤层起伏变化小,顶板条件差等特殊地质原因
按机身设置方式	骑槽式采煤机	适用范围广,装煤效果好,适用于 1.1~4.5 m 的中厚或中厚以上煤层工作面
	爬底板采煤机	适用于 0.55~0.9 m 的薄或极薄煤层工作面
按牵引控制方式	机械牵引采煤机	元件单一,维护检修方便
	液压牵引采煤机	控制、操作简便,功能齐全,适用范围广
	电牵引采煤机	控制、操作简便,传动效率高,适用于各种地质条件工作面
按牵引方式	钢丝绳牵引采煤机	牵引力较小,一般适用于中小型矿井的普采工作面
	锚链牵引采煤机	中等牵引力,安全性差,适用于中厚煤层工作面
	无链牵引采煤机	工作平稳、安全,结构简单,适应倾斜煤层开采
按使用煤层条件	缓倾斜煤层采煤机	设有特殊的防滑装置,适用于倾角 5° 以下的煤层工作面
	倾斜煤层采煤机	牵引力较大,具有特殊设计的制动装置,与无链牵引机构相配,适用于倾斜煤层工作面
	急倾斜煤层采煤机	牵引力较大,有特殊的工作机构与牵引导向装置,适用于急倾斜煤层工作面
按工作面布置方式	长壁采煤机	机身较长,适用于长壁工作面
	短壁采煤机	机身短,适用于短壁工作面前进式开采,连续采煤机是典型机型
按牵引机构设置方式	内牵引采煤机	结构紧凑,操作安全
	外牵引采煤机	机身长度短,维修方便

表 2 - 15（续）

分类方式	采煤机类型	特点及适用范围
按滚筒布置形式	滚筒平行于煤壁（水平滚筒）切割的采煤机	可自开切口，调高方便，通用型采煤机都属这一类
	滚筒垂直于煤壁（垂直滚筒或立滚筒）切割的采煤机	可沿煤层层理切割，截割力小，块度大，但调高困难，俄罗斯有此机型

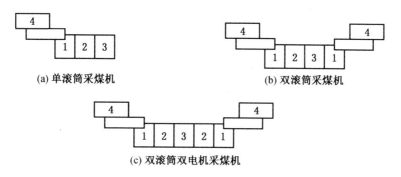

(a) 单滚筒采煤机　　(b) 双滚筒采煤机

(c) 双滚筒双电机采煤机

1—截割部；2—电动机；3—牵引部；4—滚筒

图 2 - 11　有链牵引采煤机的总体布置方式

无链牵引采煤机的总体布置方式如图 2 - 12 所示。

多电机采煤机总体布置方式如图 2 - 13 所示。

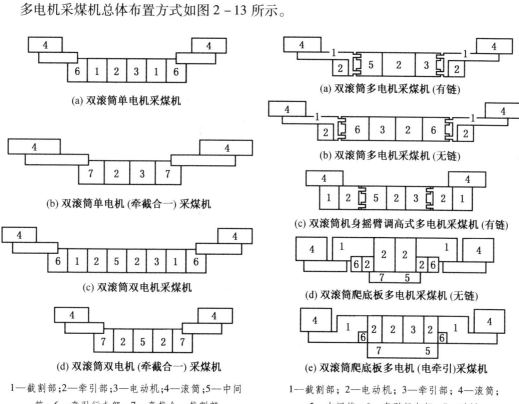

(a) 双滚筒单电机采煤机

(b) 双滚筒单电机 (牵截合一) 采煤机

(c) 双滚筒双电机采煤机

(d) 双滚筒双电机 (牵截合一) 采煤机

1—截割部；2—牵引部；3—电动机；4—滚筒；5—中间
箱；6—牵引行走部；7—牵截合一截割部

图 2 - 12　无链牵引采煤机的总体布置方式

(a) 双滚筒多电机采煤机 (有链)

(b) 双滚筒多电机采煤机 (无链)

(c) 双滚筒机身摇臂调高式多电机采煤机 (有链)

(d) 双滚筒爬底板多电机采煤机 (无链)

(e) 双滚筒爬底板多电机 (电牵引)采煤机

1—截割部；2—电动机；3—牵引部；4—滚筒；
5—中间箱；6—牵引行走部；7—过桥

图 2 - 13　多电机采煤机总体布置方式

5. 采煤机型号

采煤机的产品型号由产品系列代号和派生机型代号两部分组成。型号用阿拉伯数字和汉语拼音字母混合编制，其排列方式如图2-14所示。

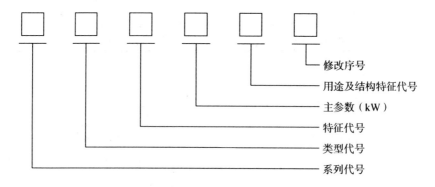

图2-14 采煤机型号编制

采煤机型号见表2-16，M表示采煤机，特征代号G表示滚筒式。

表2-16 采 煤 机 型 号

序 号	用 途 及 结 构 特 征	代 号
1	适用于薄煤层	B
	适用于中厚煤层以上	省略
2	适用于煤层倾角35°以下	省略
	适用于煤层倾角35°~55°（大倾角）	Q
3	基型	省略
	高型	G
	矮型	A
4	双滚筒	省略
	单滚筒	T
5	骑槽式	省略
	爬底板	P（省略B）
6	摇臂摆角小于120°	省略
	摇臂摆角大于120°（短壁式）	N（省略T）
7	牵引链或钢丝绳牵引	省略
	无链牵引	W
8	内牵引	省略
	外牵引	F
9	液压调速牵引	省略
	电气调速牵引	D

2.3.2 采煤机选型分类

采煤机的工作参数规定了滚筒采煤机的适用范围和主要技术性能，它们既是设计采煤机的主要依据，又是综采成套设备选型的依据，实际选型过程中可根据现场的状况进行选型。

1. 根据煤的坚硬度选型

采煤机适于开采普氏系数 $f < 4$ 的缓倾斜及急倾斜煤层。对普氏系数 $f = 1.8 \sim 2.5$ 的中硬煤层，可采用中等功率的采煤机，对黏性煤及普氏系数 $f = 2.5 \sim 4$ 的中硬以上的煤层，应采用大功率采煤机。

普氏系数 f 只反映煤体破碎的难易程度，不能完全反映采煤机滚筒上截齿的受力大小。有些国家采用截割阻抗 A 表示煤体抗机械破碎的能力，截割阻抗标志着煤岩的力学特征，根据煤层厚度和截割阻抗，可按表 2-17 选取装机功率。另外，装机功率也可按现有采煤机进行类比选取。

表 2-17 煤层厚度与装机功率的关系

煤层厚度/m	采煤机装机功率/kW	
	单 滚 筒	双 滚 筒
0.6 ~ 0.9	0 ~ 50	0 ~ 100
0.9 ~ 1.3	50 ~ 100	100 ~ 150
1.3 ~ 2.0	100 ~ 150	150 ~ 200
2.0 ~ 3.0	150 ~ 200	200 ~ 300
3.0 ~ 4.5		300 ~ 450
4.5 ~ 6.3		450 ~ 900

2. 根据煤层厚度选型

采煤机的最小截割高度、最大截割高度、过煤高度、过机高度等都取决于煤层的厚度。煤层厚度分为 4 类。

1）极薄煤层

煤层厚度小于 0.8 m。最小采高在 0.65 ~ 0.8 m 时，只能采用爬底板采煤机。

2）薄煤层

煤层厚度为 0.8 ~ 1.3 m。最小采高在 0.75 ~ 0.90 m 时，可选用骑槽式采煤机。

3）中厚煤层

煤层厚度为 1.3 ~ 3.5 m。开采这类煤层的采煤机在技术上比较成熟，根据煤的坚硬度等因素可选择中等功率或大功率采煤机。

4）厚煤层

煤层厚度在 3.5 m 以上。由于大采高液压支架及采煤、运输设备的出现，厚煤层一次采全高综采工作面取得了较好的经济效益。适应于大采高的采煤机应具有调斜功能，以适应大采高综采工作面地质及开采条件的变化；此外，由于破煤块度较大，采煤机和输送机应有大块煤破碎装置，以保证采煤机和输送机的正常工作。

分层开采时，采高应控制在 2.5~3.5 m 范围内，以获得较好的经济指标，采煤机可按中厚煤层条件并根据分层开采的特点选型。

当采用厚煤层放顶煤综采工艺时，在长度大于 60 m 的长壁放顶煤工作面，采煤机选型与一般长壁工作面相同。

3. 根据煤层倾角选型

煤层按倾角分为近水平煤层（小于 8°）、缓倾斜煤层（8°~25°）、倾斜煤层（25°~45°）和急倾斜煤层（大于 45°）。

骑槽或以中部槽支承导向的爬底板采煤机在倾角较大时还应考虑防滑问题。当工作面倾角大于 15° 时，应使用制动器或安全绞车作为防滑装置由于无链牵引采煤机在全工作面滚轮始终与齿条或齿轨啮合，且牵引部液压马达设有制动装置，采煤机不会下滑，因此应优先选用无链牵引采煤机。

4. 根据顶、底板性质选型

顶、底板性质主要影响顶板管理方法和支护设备的选择，因此，选择采煤机时应同时考虑选择何种支护设备。例如，不稳定顶板，控顶距应当尽量小，应选用窄机身采煤机和能超前支护的支架。底板松软时，不宜选用拖钩式刨煤机、底板支承式爬底板采煤机和混合支承式爬底板采煤机，而应选用靠输送机支承和导向的滑行刨煤机、悬臂支承式爬底板采煤机、骑槽工作的滚筒采煤机和对底板接触比压小的液压支架。

2.3.3 采煤机主要工作参数的确定

采煤机的基本参数规定了采煤机的适用范围和主要技术性能，它们既是设计采煤机的主要依据，又是综合机械化采煤工作面成套设备选型的依据。采煤机的选型计算主要包括截深、截割高度、设计生产率等。

1. 采煤机滚筒截深

采煤机截割机构（如滚筒）每次切入煤体内的深度称为截深。它决定工作面每次推进的步距，是决定采煤机装机功率和生产率的主要因素，也是支护设备配套的一个重要参数。

截深与截割高度有很大关系。截割高度较小，工人行走艰难时，采煤机牵引速度受到限制，因此，为了保证适当的生产率，宜用较大的截深（可达 0.8~1.0 m）。反之，截割高度很大时，煤层容易片帮，顶板施加给支护设备的载荷也大，此时限制生产率的主要因素是输送能力。截深的选择还要考虑煤层的压张效应。当被截割的煤体处于压张区内时，截割功率明显下降。一般压张深度为煤层厚度的 0.4~1.0 倍。脆性煤取大值，韧性煤取小值。当滚筒截深为煤层厚度的 1/3 时，截割阻抗比未被压张煤的截割阻抗小 1/3~1/2。为了充分利用煤层压张效应，中厚煤层截深一般取 0.6 m 左右。近年来，大功率电牵引采煤机的截深向大的方向发展，截深为 0.8 m 左右的已相当多，部分截深已达 1.0 m。加大截深的目的是为了提高生产率，减少液压支架的移架次数，但加大截深必然造成工作面控顶距加大，因此必须提高移架速度和牵引速度，并做到及时支护。

在薄煤层中由于工作条件差，牵引速度不能太大，为了达到高的生产率，在顶板条件允许时，可将截深加到 0.75~1.0 m。在厚煤层中受输送机生产率的限制，可适当减小到 0.5 m，这对缩小控顶距、避免发生冒顶和片帮事故也有好处。

当用单体支柱支护顶板时，金属顶梁的长度应是采煤机截深的整数倍。

2. 截割高度

采煤机工作时在工作面底板以上形成的空间高度称为截割高度。采煤机的截割高度应与煤层厚度的变化范围相适应。采煤机产品说明书中的"截割高度"往往是滚筒的工作高度，而不是真正的截割高度。考虑到顶、底板上的浮煤和顶板下沉的影响，工作面的实际截割高度要减小，一般比煤层厚度 H_t 小 0.1～0.3 m。为保证采煤机正常工作，截割高度 H 范围为

$$H_{max} = (0.9～0.95)H_{t,max} \qquad H_{min} = (1.1～1.2)H_{t,min} \qquad (2-10)$$

下切深度是滚筒处于最低工作高度时，滚筒截割到工作面底板以下的深度。要求一定的下切深度是为了适应工作面调斜时割平底板，或采煤机截割到输送机机头和机尾时能割掉过渡槽的三角煤。下切深度一般取 100～300 mm。

3. 生产率

采煤机的理论生产率，也就是最大生产率，是指在额定工况和最大参数条件下工作的生产率。理论生产率为

$$Q_t = 60HBv_q\rho \qquad (2-11)$$

式中　　H——工作面平均截割高度，m；

　　　　B——截深，m；

　　　　v_q——采煤机截煤时的最大牵引速度，m/min；

　　　　ρ——煤的实体密度，一般取 1.35 t/m³。

采煤机的实际生产率比理论生产率低得多，特别是采煤机的可靠性对生产率影响更为突出。采煤机的生产率主要取决于采煤机的牵引速度，生产率与牵引速度成正比。而牵引速度的快慢，受到很多方面的影响，如液压支架移架速度、输送机的生产率等，同时还受瓦斯涌出量和通风条件的制约。

考虑到采煤机进行必要的辅助工作，如调动机器、更换截齿、开切口、检查机器和排除故障等所占用时间后的生产率，称为技术生产率 Q，其计算式为

$$Q = k_1Q_t \qquad (2-12)$$

式中　　k_1——与采煤机技术上的可靠性和完备性有关的系数，一般为 0.5～0.7。

实际使用中，考虑了工作中发生的所有类型的停机时间，如处理输送机和支架的故障，处理顶、底板事故等，从而得到采煤机每小时的实际生产率 Q_2：

$$Q_2 = k_2Q \qquad (2-13)$$

式中　　k_2——采煤机在实际工作中的连续工作系数，一般为 0.6～0.65。

为了满足工作面开采实际生产能力要求，采煤机实际生产能力要大于工作面设计生产能力 10%～20%。

4. 采煤机牵引速度

牵引速度又称行走速度，是采煤机沿工作面移动的速度，它与截割电动机功率、牵引电动机功率、采煤机生产率的关系都近似成正比。采煤机截煤时，牵引速度越高，单位时间内的产煤量越大，但电动机的负荷和牵引力也相应增大。在采煤过程中，需要根据被破煤的截割阻抗和工况条件的变化，经常调整牵引速度的大小。牵引速度的上限受电动机功率、装煤能力、液压支架移架速度、输送机输送能力等限制。当截割阻抗变小时，应加快牵引，以获得较大的切屑厚度，增加产量；当截割阻抗变大时，则应降速牵引，以减小切

屑厚度，防止电动机过载，保证机器正常工作。为此，牵引速度应是无级的，至少是多级的，并且能随截割阻抗的变化自动调速。

牵引速度是影响采煤机生产率的最主要参数。牵引速度有两种，一种是截割时的牵引速度，另一种是调动时的牵引速度。前者由于截割阻抗是随机的且变化较大，需通过对牵引速度的调节来控制电动机功率的变化范围和大小，通过自动调速使电动机功率保持近似恒定，防止过载；后者为减少调动时间，增加截割时间，速度较高。液压牵引采煤机截割时的牵引速度一般为 5～6 m/min；电牵引采煤机截割时的牵引速度一般都可达到 10～12 m/min，最高牵引速度已达 54.5 m/min。截煤时，牵引速度一般不超过 5～6 m/min，而较大的牵引速度只用于调动机器和装煤。

选择工作牵引速度时，首先应考虑采煤机的生产能力应与采区输送设备的输送能力相适应，以便使采下的煤能顺利地运出去；此外，还应考虑采煤机的负荷，以免机器过载。

1）根据工作面设计生产能力选择

由式（2-11）可得牵引速度 v_q 为

$$v_q = \frac{Q}{60HB\rho} \tag{2-14}$$

另外，选择牵引速度时还应考虑滚筒截齿的最大切屑厚度。对于一定的滚筒转速和允许的截齿切屑厚度，可用下式求出允许的工作牵引速度：

$$v_q = \frac{mnt}{1000} \tag{2-15}$$

式中　t——采煤机允许的截割切屑厚度，mm；

　　　m——滚筒每一截线上的截齿数；

　　　n——滚筒转速。

2）匹配关系约束

采煤机牵引速度和液压支架移架速度的匹配关系见表 2-18。

表 2-18　采煤机牵引速度和液压支架移架速度的匹配关系

采煤机牵引速度/(m·min⁻¹)	6	7	8	9	10	11	12	13	14
支架单架移架时间/(s·架⁻¹)	13.6	11.6	10.0	9.0	8.2	7.5	7.0	6.3	5.8

5. 割煤速度

所谓割煤速度，也叫截割速度，是指滚筒截齿齿尖的圆周切线速度，截割速度决定于截割部传动比、滚筒转速和滚筒直径，对采煤机的功率消耗、装煤效果、煤的块度和煤尘大小等有直接影响。为了减少滚筒截割时产生的细煤和粉尘、增多大块煤，应降低滚筒转速。滚筒转速对滚筒截割和装载过程的影响都比较大，但是对粉尘生成和截齿使用寿命影响较大的是截割速度而不是滚筒转速。目前，滚筒采煤机的截割速度一般为 3.5～5.0 m/s，少数机型只有 2.0 m/s 左右。滚筒转速是设计截割部的一项重要参数，新型采煤机直径 2.0 m 左右的滚筒转速多为 25～40 r/min，直径小于 1.0 m 的滚筒转速可高达 80 r/min。

满足工作面生产能力要求的采煤机平均割煤速度 V_j 为

$$V_j = \frac{L_s + 2L' + L_m}{1440 K_{rkj} B \rho (C_1 H_t L_s + C_2 H_f L_f) / A' - 3t_d} \qquad (2-16)$$

式中　　V_j——采煤机平均割煤速度，m/min；

　　　　L_s——工作面长度，m；

　　　　L'——刮板输送机弯曲段长度，m；

　　　　L_m——采煤机两滚筒中心距，m；

　　　　K_{rkj}——采煤机平均日开机率；

　　　　C_1——采煤机割煤采出率；

　　　　H_t——采煤机采高，m；

　　　　C_2——顶煤采出率；

　　　　L_f——放顶煤区段长度，m；

　　　　H_f——顶煤厚度，m；

　　　　A'——工作面单产，t/d；

　　　　t_d——采煤机方向运行时间，min。

6. 牵引力

牵引力又称行走力，是驱动采煤机行走的力。影响牵引力的因素很多，煤质越坚硬，牵引速度越高，采煤机越重，工作面倾角越大，牵引力就越大。实际选型时，精确地计算牵引力既不可能，也无必要。电牵引采煤机都采用无链牵引，装机功率都在 300 kW 以上。据统计，其牵引力为装机功率的 0.5 倍左右，个别的可增加到 1 倍左右。

7. 装机功率

装机功率是截割电动机、牵引电动机、破碎机电动机、液压泵电动机、喷雾泵电动机等所有电动机功率的总和。装机功率越大，采煤机适应的煤层就可越坚硬，生产率也越高。滚筒采煤机总消耗功率 P 包括截煤功率 P_j、装煤功率 P_z 和牵引功率 P_q 三部分。对于双滚筒采煤机总消耗功率为

$$P = 2P_j + 2P_z + P_q \qquad (2-17)$$

滚筒截煤时消耗的功率 P_j（kW）为

$$P_j = \frac{F_j v_j}{1000 \eta_j} \qquad (2-18)$$

式中　　F_j——滚筒总平均截割阻抗，N；

　　　　v_j——截割速度，m/s；

　　　　η_j——截割部总传动效率。

滚筒装煤功率 P_z（kW）为

$$P_z = \frac{F_z v_j}{1000} \qquad (2-19)$$

式中　　F_z——滚筒装煤阻力，N。

牵引部的功率消耗 P_q（kW）为

$$P_q = \frac{F v_q}{60 \times 1000 \eta_q} \qquad (2-20)$$

式中　　F——采煤机的总牵引阻力，N；

η_q——牵引部总效率。

式（2-17）等式右边各项均受牵引速度的影响，所以该式可改写成如下形式：

$$P = P_0 + Kv_q \qquad (2-21)$$

式中 P_0——采煤机空载消耗功率，其值取决于工作机构的型式、结构和传动效率；

K——系数，取决于煤的性质及压张程度、截割工况及截割参数、截齿几何形状及磨损程度等因素。

式（2-21）表明，采煤机的功率消耗与牵引速度成正比，并且在其他条件不变时，煤质愈硬，直线的斜率愈大。

另一种计算装机功率的方法是装机功率 P 与比能耗 H_w 和理论生产率 Q_t 有关：

$$P = Q_t H_w \qquad (2-22)$$

式中 P——装机功率，kW；

Q_t——采煤机理论生产率，t/h；

H_w——比能耗，kW·h/t。

比能耗是指采煤机每采落吨煤时所消耗的功，比能耗越小，截割功率和牵引功率越小，装机功率也越小。比能耗与牵引速度近似成反比，呈双曲线关系。牵引速度增大到一定值时，比能耗最小（图2-15中 A 表示开采煤层的截割阻抗），块煤率更高，煤尘更少，生产率也更高，称为最佳截割性能。

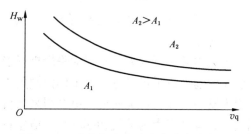

图2-15 比能耗与牵引速度的关系曲线

$$H_w = \frac{P_j + P_q + P_t}{60 H_t B v_q r} \qquad (2-23)$$

式中 H_w——比能耗，kW；

P_j——采煤机截割功率，kW；

P_q——采煤机牵引功率，kW；

P_t——调高系统的功率，kW；

v_q——牵引速度，m/s；

H_t——采高，m；

B——截深，m；

r——滚筒的半径，m。

考虑到功率储备，采煤机的装机功率一般为

$$P_d = (1.2 \sim 1.3)P \qquad (2-24)$$

液压牵引采煤机装机功率可达 2×500 kW，电牵引采煤机装机功率已超过 2000 kW，单台电动机的功率已达 900 kW。

8. 滚筒的选择

要求采用双滚筒，可以双向采煤也可以自开切口，滚筒直径一般为采高的 0.55~0.6 倍。滚筒系列为 750、800、900、1000、1100、1250、1400、1600、1800、2000、2300、2600 mm 等。

9. 机面高度

机面高度是采煤机的重要参数，根据采煤机采高范围不同，采煤机一般有几种不同的机面高度，都采用不同的底托架及输送机获得。

$$H_{tmax} = A - \frac{H'}{2} + L_y \sin\alpha'_{max} + \frac{D'}{2} \qquad (2-25)$$

$$H_{tmin} = A - \frac{H'}{2} + L_y \sin\alpha'_{min} + \frac{D'}{2} \qquad (2-26)$$

式中　　　　　A——机面高度；

　　　　　　　H'——电动机高度；

　　　　　　　L_y——摇臂长度；

α'_{max}、α'_{min}——摇臂向上最大、最小倾角；

　　　　　　　D'——采煤机滚筒直径。

10. 卧底量

为适应底板起伏不平时采煤机割煤，卧底量一般取 $K = 100 \sim 300$ mm。也可根据机面高度来确定。

最大卧底量：

$$K_{max} = A - \frac{H'}{2} - L_y \sin\beta'_{max} - \frac{D'}{2} \qquad (2-27)$$

最小卧底量：

$$K_{min} = A - \frac{H'}{2} - L_y \sin\beta'_{min} - \frac{D'}{2} \qquad (2-28)$$

式中　　β'_{max}、β'_{min}——摇臂向下最大、最小倾角。

2.3.4　采煤机适用条件

滚筒采煤机与刨煤机相比，其特点是采高范围大，牵引速度调节范围大，功率大，机械强度高，可自开切口，保护功能完善，工作可靠，操作方便，以及有附属配套装置等。

滚筒采煤机的适用条件：

（1）采高在 0.65 ~ 4.5 m 之间。

（2）可开采不同硬度（$f < 4$）的煤层。煤层为中等硬度（$f = 1.8 \sim 2.5$）时，宜采用中等功率的采煤机；煤层为中等硬度以上及黏煤（$f > 1.5 \sim 4$）时，宜采用大功率采煤机。

（3）可用于缓倾斜或急倾斜煤层，一般采煤机可用于 0° ~ 35°，无链牵引采煤机最大可达 40° ~ 54°。

（4）可用于有一定地质构造的煤层，落差小于煤层厚度一半的断层，陷落柱长轴在 20 ~ 30 m 之内。

2.3.5　采煤机选型原则

（1）适合特定的煤层地质条件，并且采煤机采高、截深、功率、牵引方式等主要参数选取合理，有较大的适用范围。

（2）满足工作面开采生产能力要求，综采工作面生产能力主要取决于采煤机破煤能力，它与采煤机最大割煤牵引速度、无故障割煤时间、最大截深、最大采高有关。采煤机实际生产能力要大于工作面设计生产能力。

（3）满足与刮板输送机和液压支架的匹配要求。

（4）采煤机工作可靠性高，机械性能良好，各种保护功能完善。

（5）装煤效果良好，最好能双向装煤。当煤的块度过大时，应考虑破煤装置。

（6）截割部应配备有强力有效的喷雾灭尘装置。

（7）能切割到刮板输送机端部,处理端部底煤并能自动开切口,以减少采煤辅助时间。

（8）操纵系统完善，除随机手动控制外，还应能随机集中控制，并配备齐全的保护装置。

（9）采煤机使用、检修、维护方便。

（10）优先选用电牵引采煤机。

2.4 刮板输送机选型

刮板输送机是一种有挠性牵引机构的连续输送机械。它的牵引构件是刮板链，承载装置是中部槽。在综采工作面，为了与采煤机、液压支架配合使用，在中部槽的采空区侧设有挡煤板及挡煤板座、导向管（链牵引采煤机用）、齿条、销轨或埋链（无链牵引采煤机用）。

刮板输送机在综采工作面中起着承载、运煤和采煤机导向以及液压支架推移支承等作用，是整套综采设备的"中坚"，其性能、可靠程度和寿命是综采工作面正常生产和取得良好技术经济效果的重要保证。

在现代化采煤工作面内，刮板输送机的作用不仅是作为煤的输送工具，或兼用于输送矸石材料，而且还是电牵引采煤机的运行轨道，因此是综采综放工作面内不可缺少的主要设备，刮板输送机的机械性能如何将直接影响工作面的生产运行状况。刮板输送机主要用于采煤工作面和采区工作面巷道，也可在煤仓，半煤岩巷道掘进工作面使用，也用在地面生产系统和选煤楼等地方。它能够实现向上运输，也可以向下运输，向上运输一般不超过35°，向下运输一般不超过25°，实际应用以不超过20°为宜。

2.4.1 刮板输送机的结构与类型

2.4.1.1 刮板输送机的工作原理

刮板输送机是将敞开的中部槽，作为煤炭、矸石或物料等的承受件，将刮板固定在链条上（组成刮板链），作为牵引构件。当机头传动部启动后，带动机头轴上的链轮旋转，使刮板链循环运行带动物料沿着中部槽移动，直至到机头部卸载。刮板链绕过链轮作无级闭合循环运行，完成物料的输送。

刮板输送机的刮板必须埋入物料中才能良好地完成输送任务，因此刮板输送机只能输送粉状、小块状和颗粒状的物料。刮板输送机的刮板埋入散料中后，会对散料层形成切割力，当这个力大于料槽槽壁对物料的阻力时，散料就会和刮板一起运动。

刮板输送机的刮板为平条形，与料槽并不是完全密合的，刮板的面积要小于料槽的断面面积，剩余的面积为物料。刮板输送机的刮板虽然并不能被埋入物料的底部，但是只要物料的料层高度和料槽的槽宽比例适当，物料就会随刮板稳定流动。

2.4.1.2 刮板输送机结构

刮板输送机的主要结构由机头部、机尾部和中间部三个大部分组成。此外，还有在机头和机尾装设的防滑锚固装置、供推移输送用的液压千斤顶装置和紧链时用的紧链器等附属部件。机头部由机头架、电动机、液力耦合器、减速器及链轮等件组成，除卸载作用外，还对传动装置、链轮组件、盲轴和其他附属件等起着支承和装配的作用。中部由过渡槽、中部槽、链条和刮板等件组成。机尾部是供刮板链返回的装置，对于无传动装置的机尾部，只有机尾架和机尾导向滚筒，对有传动装置的机尾部，则包括有机尾架、传动装置和链轮组件等。重型刮板输送机的机尾与机头一样，也设有动力传动装置，从安设的位置来区分叫上机头与下机头，如图 2 – 16 所示。

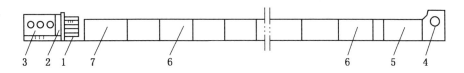

1—电动机；2—联轴器和连接罩；3—减速器；4—机头链轮；5—机头架；6—中部槽；7—机头过渡槽

图 2 – 16　刮板输送机结构

2.4.1.3　刮板输送机类型

目前，煤矿用刮板输送机的类型很多，总的分为不可弯曲和可弯曲两大类。当前使用的刮板输送机多为可弯曲型，根据刮板链的形式和布置的不同，可分为并列式和重叠式两大类，如图 2 – 17 所示。

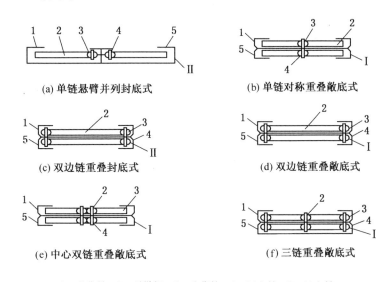

(a) 单链悬臂并列封底式　　　　(b) 单链对称重叠敞底式

(c) 双边链重叠封底式　　　　(d) 双边链重叠敞底式

(e) 中心双链重叠敞底式　　　　(f) 三链重叠敞底式

1—重载槽；2—刮煤板；3—重载链；4—回空链；5—回空槽；

Ⅰ—敞底式；Ⅱ—封底式

图 2 – 17　刮板输送机类型

按牵引链的结构型式可分为边双链、中双链和单链三种。

（1）边双链刮板输送机。边双链是目前国外使用最广泛的结构形式。与单链相比其优点是预张力较小，能承受较大的张力，链条充满上下中部槽两边的槽帮链道并可自行清扫链道积煤。缺点是中部槽磨损较大，两条链子受力不均。其代表机型有国产 SGW – 250 型、SGB764W/264 型及英国 ML – 722 型。

（2）中双链刮板输送机。其优点是将两条相同直径的链条并列布置在中部槽中心，与边双链相比，这种结构型式的链子受力均匀，弯曲性和使用性能较好。其代表机型有国产 SGZ-730/320 型、SGZ-764/264 型及原联邦德国 MZL-600 型等。

（3）单链刮板输送机。其优点是结构简单，事故少，受力均匀，运行平稳，摩擦阻力小，中部槽利用率高和弯曲性能好，在输送机上不易出现堵塞；缺点是预张力较大。

2.4.1.4 刮板输送机型号

刮板输送机型号的编制方式如图 2-18 所示。

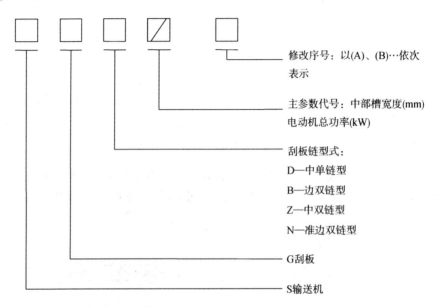

图 2-18　刮板输送机型号的编制方式

2.4.2 刮板输送机主要工作参数的确定

刮板输送机的选择，一般是根据其技术特征，按现场产量和条件来选型及确定台数的。

1. 输送能力计算

刮板输送机的输送能力为

$$Q = 3600F\psi\gamma v \qquad (2-29)$$

$$F = Bh_1 + \left[\frac{(B+b)^2\tan\rho'}{2} - \frac{b\tan\rho}{2}\right] \qquad (2-30)$$

式中　　Q——刮板输送机输送能力，t/h；

　　　　F——中部槽装载断面积，m^2，如图 2-19 所示；

　　　　ρ——静止时煤在中部槽中的堆积角度，取 $\rho = 30° \sim 40°$；

　　　　ρ'——运动时煤在中部槽中的堆积角度，取 $\rho' = 20° \sim 30°$；

　　　　B——中部槽宽度，m；

　　　　h_1——上槽高度，m；

　　　　b——挡煤板至中部槽边缘距离，m；

　　　　ψ——中部槽装满系数，一般取 $\psi = 0.65 \sim 0.9$；

　　　　γ——煤的松散密度，一般 $\gamma = 0.85 \sim 1$ t/m^3；

　　　　v——刮板输送机链速，m/s。

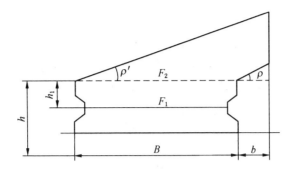

图 2-19 中部槽装载断面

根据式(2-29)计算所得输送机输送能力应大于采煤机生产能力,有一定的备用能力。

2. 运行阻力的计算

运行阻力一般是采用逐点计算法,从主动链轮上的分离点开始编号,如图 2-20 所示。

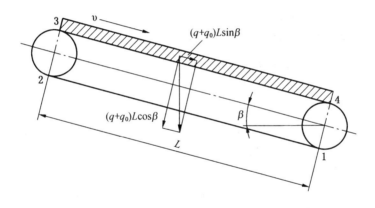

图 2-20 运行阻力计算示意图

重段运行阻力为

$$W_{xh} = (q\omega + q_0\omega')L\cos\beta \pm (q + q_0)L\sin\beta \qquad (2-31)$$

空段运行阻力为

$$W_K = q_0L(\omega'\cos\beta \mp \sin\beta) \qquad (2-32)$$

式 (2-32) 中,当刮板链向上运行时取 " + " 号;当刮板链向下运行时取 " - " 号。阻力系数见表 2-19。

表 2-19 阻 力 系 数

刮板输送机的类型	ω	ω'
单链刮板输送机	0.4~0.6	0.25~0.40
双链刮板输送机	0.6~0.8	0.20~0.35

注:表中的数值是指在底板平坦、刮板输送机铺设平直的条件下得出的,若底板不平、输送机铺设的不平直时,阻力系数可稍大些。另外,单链并列式刮板输送机的阻力系数可稍大些。

3. 电动机功率的计算

综采工作面刮板输送机多采用多电机驱动，分为双电机双机头和机头机尾采空区单侧布置两种。顶板条件较好时，也可选用单机头双电机的布置方式。

电动机功率根据工作面倾角、铺设长度、输送量大小等条件计算：

$$N = \frac{KK_1K_2\left[q(\omega\cos\beta \pm \sin\beta) + 2q_0\omega'\cos\beta\right]Lvg}{1000\eta} \quad (2-33)$$

式中　　N——电动机功率，kW；

　　　　q——输送机上的单位长度货载质量，kg/m，$q = 1000F\psi\gamma$；

　　　　q_0——刮板链单位长度质量，kg/m；

　　　　β——刮板输送机的安装倾角，(°)；

　　　　ω——货载与中部槽间运行阻力系数，取 0.6~0.8；

　　　　ω'——刮板链与中部槽间运行阻力系数，取 0.2~0.35；

　　　　L——输送机铺设长度，m；

　　　　η——传动装置效率，取 $\eta = 0.72$；

　　　　K——电动机备用功率系数，取 1.15~1.2；

　　　　K_1——考虑刮板链绕过两端链轮时的附加阻力系数，取 $K_1 = 1.1$；

　　　　K_2——考虑水平弯曲时刮板链与中部槽侧帮之间的附加阻力系数，取 $K_2 = 1.1$；

　　　　g——重力加速度，$g = 9.8 \text{ m/s}^2$。

4. 工作面刮板输送机长度

输送机的铺设长度要能够达到工作面长度，即工作面上只铺设一台输送机，所以所选输送机的出厂长度 L_c 大于工作面长度的值 L_s 时，符合要求。

5. 输送机刮板链强度验算

在工作面条件恶劣，输送机能力较大时，还应该对刮板链强度进行验算：

$$K = \frac{ZS_p\lambda}{1.2S_{max}} \geq 3.5 \quad (2-34)$$

式中　　K——刮板链抗拉安全系数；

　　　　S_p——一条刮板链的破断拉力，kN；

　　　　S_{max}——刮板链实际承受的最大张力，即刮板链与主动链轮间相遇点的张力，kN；

　　　　Z——链条数，单链时取 1；

　　　　λ——双链负荷不均匀系数，模锻链 λ 取 0.65，圆环链 λ 取 0.85，单链 λ 取 1.0。

2.4.3 刮板输送机选型原则

煤矿输送设备的技术指标不仅包含具体的技术参数，而且包含可靠性指标。工作面输送机的主要技术性能参数有输送能力、铺设长度、总装机功率。可靠性指标则以整机寿命和无故障连续运行时间表示。

煤矿选择输送机性能的基本原则是输送机的性能在特定的安装条件下，能够实现煤矿工作面的单产期望指标；输送机可靠性应保证在一次工作面安装运行期间无大修，基础部件无更换。

2.4.3.1 与输送机性能有关的选型原则

（1）由工作面的预期年产量或日产量参照输送机的设计输送能力确定大致的输送机型号范围。

（2）输送机的输送能力应大于采煤机的生产能力。

（3）工作面的实际铺设长度通常应小于输送机的设计长度。但要注意的是，输送机的输送能力是工作面长度和倾角的函数，当工作面长度或倾角变化时，应对输送能力进行调整。尤其是工作面铺设长度超过设计长度时更要注意，应避免出现输送机能力不足的弊端。必要时，对于输送机的实际输送能力应咨询输送机设计工程师。

（4）输送机的中部槽高度应与开采条件相适应。较薄煤层和普通机械化开采应选用高度较矮的中部槽，高产高效综合机械化开采一般不受中部槽高度的限制。

（5）工作面煤炭的可采储量应与输送机的寿命相适应。

（6）要根据链条负荷情况决定链条数目，结合煤质硬度选择链条结构型式。煤质较硬、块度较大时优先选用双边链；煤质较软时可选用单链和双中心链。

（7）性能相同（相近）的输送机建议选择圆环链规格较大的输送机，可大幅度减少圆环链断链事故的频次。

（8）现代输送机选型倾向于具有较大的功率储备。

（9）单电机功率大于 375 kW 的输送机建议采用 3300 V 电压供电。

（10）输送机的结构和尺寸应满足与其他设备总体配套要求。

2.4.3.2 与输送机可靠性有关的选型原则

输送机可靠性的主要考核指标是输送机的整机寿命和无故障连续运行时间，对于输送机的整机寿命在性能选型中已得到解决，延长输送机的无故障连续运行时间的关键是降低输送机的故障率。

刮板输送机的故障可以分成两大类，一类是可预测故障，另一类是不可预测故障，对这两类故障应分别对待。对于可预测故障可以事前安排维修，减少维修工作量，对煤炭产量影响较少。例如，通过对减速器、链轮的运行噪声、温度等进行检测，对润滑油质进行化验，对检测记录进行综合分析，可以对维修作出事前建议。对于中部槽、链轮的磨损状况进行常规检测，很容易作出是否需要更换的决定。不可预测故障的发生是随机的，只要满足一定的诱发条件故障随时可能发生。例如，圆环链是输送机传动系统的重要环节，数以千计的链环中任何一个环节断裂都将迫使工作面停产。现今的技术尚不能预测圆环链某个环节即将断裂，也不能预测某一段刮板处的链环可能由于意外的刮卡而损坏。由于不可预测故障通常发生在生产过程中，致使故障的处理难度较大，对煤炭的产量影响较大。

由于可靠性对于输送机运行至关重要，选型中应重视以下几点：

（1）输送机应留有足够的功率储备。

（2）圆环链应选购质量稳定厂商的产品。在输送机总体尺寸允许的前提下，选配高一个规格的圆环链，可有效减少不可预测故障的发生。

（3）输送机配置可有效进行机械保护的传动装置，可削减瞬间冲击负荷对于传动系统的冲击幅值，减少断链事故的发生。这类传动装置有摩擦限矩离合器、CST 液黏传动减速器和液力耦合器等传动装置。

（4）在输送机的减速器等关键部位配置实时监控装置，自动监测关键部位的工作状态，可为输送机检修提供数据依据。

（5）输送机配置可伸缩机尾，尤其是配置可随链张力变化自动调整行程的伸缩机尾，可以使刮板链处于适度张紧的状态下工作，有利于输送机正常运行，延缓机件的磨损。

（6）为了配合滚筒采煤机斜切进刀不开切口，应优先选用短机头和短机尾，但机头架和机尾架中板的升角不宜过大，以减少通过压链块时的能耗。

（7）与无链牵引的采煤机配套时，机身附设结构型式相应的齿条或销轨与采煤机的行走轮齿相啮合。为了配合采煤机有链牵引或钢丝绳牵引的需要，在机头和机尾部应附设采煤机牵引链的张紧装置及其固定装置。此种牵引方式很不安全，现已很少采用。

（8）为了防止重型刮板输送机下滑，应在机头机尾安装防滑锚固装置。

（9）刮板输送机中部槽两侧应附设采煤机滑靴或行走滚轮跑道，为防止采煤机掉道，还应设有导向装置。在输送机靠煤壁一侧附设铲煤板，以清理机道的浮煤。此外，为了配合采煤机行走时能自动铺设拖移电缆和水管，应在输送机靠采空区一侧附设电缆槽（一般与挡煤板制成一体）。

从上述针对输送机可靠性的技术对策中可以看出，与可靠性有关的技术与现代传动控制技术密切相关。在这一领域，国产输送机还存在不小的差距，迫切期望国产输送机在传动控制技术领域有所突破。

2.5 辅助运煤系统选型

平巷内辅助运煤系统包括转载机、破碎机、可伸缩带式输送机等。

2.5.1 转载机

转载机是综采工作面运煤系统的中间转载设备，它将工作面刮板输送机上的煤炭转载到巷道内的带式输送机上，是一种可以纵向整体移动的重型刮板输送机。它的长度较小，便于随着采煤工作面的推进和带式输送机的伸缩而整体移动。它安装在采煤工作面下平巷中，与可伸缩带式输送机配套使用，同工作面刮板输送机衔接配合。

2.5.1.1 转载机的结构

转载机一般由行走部、机头传动部、中间悬拱段、爬坡段、推移装置、水平段和机尾组成，如图2-21所示。有些转载机在水平段中安设破碎机，用以破碎工作面下来的大块煤。

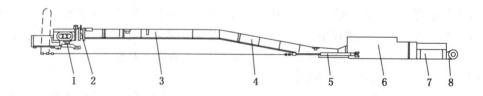

1—行走部；2—机头传动部；3—中间悬拱段；4—爬坡段；5—推移装置；6—破碎机；7—水平段；8—机尾

图2-21 转载机的组成

转载机大部分结构与刮板输送机相同，因此，其型号编制时，把刮板输送机字头的"SG"改为"SZ"，其余与刮板输送机完全相同。

2.5.1.2 转载机的分类

（1）按与带式输送机匹配分骑带式输送机式转载机和骑地轨式转载机。

骑带式输送机式转载机的机头部通过横梁和架设机头的小车，骑跨在可伸缩带式输送机机尾架两侧的导轨上，随着工作面的推进，转载机整体沿此轨道移动。这种型式转载机的行走部不需另设轨道，结构较为简单，所以应用较多。但由于带式输送机尾架较窄，因而转载机机头稳定性较差。

骑地轨式转载机的机头通过机头架、地轨骑跨在带式输送机上，随着工作面的推进，转载机整体沿地轨移动。这种形式转载机的行走部需另设地轨，要用较长的轨枕，占用巷道空间大，结构较为复杂。但由于地轨较宽，转载机机头的稳定性较好，不直接骑在带式输送机上，带式输送机的机尾结构也得到简化。

（2）按中部槽型号分轻型、中型、重型和超重型。

（3）按刮板链型式分中单链型、中双链型、边双链型和准边双链型。

（4）按整机布置形式分直线型和弯曲型。

直线型转载机整机铺设呈直线，机头骑跨在带式输送机上，机尾在工作面下出口，承接工作面刮板输送机的煤炭。

弯曲型转载机机头设在工作面运输巷上帮，机尾设在下帮，使转载机在巷道底板上的部分是弯曲形，它的机头骑跨在带式输送机上，机尾在工作面下出口，承接工作面刮板输送机的煤炭。

2.5.1.3 转载机的选型计算

转载机实际上是一台具有爬坡段的刮板输送机。因此，其选型计算基本上与单机头驱动刮板输送机相似。

1. 中部槽断面的校核

转载机中部槽断面应满足下列要求：

$$F_x = \frac{Q_z}{3600 V_z \gamma \psi} \qquad (2-35)$$

式中　F_x——转载机货载横断面积，m^2；

Q_z——转载机输送能力，t/h；

V_z——转载机刮板链速，m/s；

γ——煤的松散密度，t/m^3，对原煤，$\gamma = 0.85 \sim 1.0 \ t/m^3$；

ψ——煤的装满系数，$\psi = 0.65 \sim 0.9$。

2. 电动机功率的校核

转载机电动机功率的大小，根据各段长度，爬坡段的倾角等具体条件决定，其关系式为

$$N_0 = \frac{K K_1 K_2 [q L_2 (\omega \cos\beta + \sin\beta) + q\omega(L_1 + L_2) + 2 q_0 \omega'(L_2 \cos\beta + L_1 - L_3)] V_z}{1000 \eta} \qquad (2-36)$$

$$q = \frac{Q_z g}{3.6 V_z} \qquad (2-37)$$

式中　　N_0——转载机电动机功率，kW；

K——电动机功率备用系数，$K = 1.15 \sim 1.2$；

K_1——刮板链绕过两端链轮时的附加阻力系数，$K_1 = 1.1$；

K_2——转载机爬坡段弯曲时的附加阻力系数，$K_2 = 1.1$；

q——货载每米重力，N/m；

q_0——刮板链每米重力，N/m；

L_1、L_3——转载机水平段长度，m；

L_2——转载机爬坡段长度，m；

ω——货载在中部槽中运行的阻力系数；

ω'——刮板链在中部槽中运行的阻力系数；

β——爬坡段倾角，(°)；

V_z——链速，m/s；

η——传动效率；

g——重力加速度，m/s²。

2.5.1.4 转载机的选型原则

（1）转载机的输送能力应大于工作面输送机的能力，它的中部槽宽度或链速一般应大于工作面输送机的。为保证采煤工作面正常生产，不使刮板输送机的煤流出现阻塞，并能满足在采煤高峰时的最大生产能力和转载机不出现溢煤现象，转载机的输送能力 Q_z 应稍大于刮板输送机的输送能力 Q_g，即 $Q_z > Q_g$。

转载机输送能力由以下几方面得到保证：

①刮板链速度。转载机刮板链的速度 V_z 应高于刮板输送机的链速 V_g，即 $V_z > V_g$。试验证明，刮板输送机链速增大后，不仅对槽体和刮板链磨损严重，而且使刮板链的动负荷剧增，导致链条寿命显著下降。因此，刮板链速不宜过高。一般转载机的链速 V_z 应比刮板输送机链速 V_g 高 20% 左右。

②刮板间距。为了提高运煤效果，以及刮板链通过爬坡段时不致降低输送量，转载机的刮板间距 L_z 应小于刮板输送机的刮板间距 L_g，即 $L_z < L_g$。

③中部槽宽度。为便于刮板输送机卸载，降低机头架卸载高度及减少回煤量。转载机的中部槽宽度 B_z 应大于刮板输送机中部槽宽度 B_g，即 $B_z > B_g$。为了便于维护管理，一般转载机中部槽宽度都采用与刮板输送机相同的宽度。

（2）转载机的机型，即机头传动装置及电动机和中部槽类型及刮板链类型，应尽量与工作面输送机机型一致，以便于日常维修及配件管理。

（3）转载机机头搭接带式输送机的连接装置，应与带式输送机机尾结构及搭接重叠长度相匹配，搭接处的最大机高要适应巷道动压后的支护高度；转载机高架段中部槽的长度，既要满足转载机前移重叠长度的要求，又要考虑工作面采后超前动压对巷道顶底移近量的作用大小。通常对于超前动压影响距离远且矿压显示剧烈的巷高较低的平巷。转载机应该选用较长机身（架空段）及较大的功率，巷道易底鼓变形时，采用不直接骑在输送机机尾导轨上，而选用跨接在两侧的专用地轨上。

（4）当平巷内水患大，带式输送机需要铺在巷道上帮侧时，转载机增设"S"变形中间槽，而使其机尾仍在巷道下帮侧。以保持工作面输送机头进入大巷，利用采煤机自开切口。

2.5.2 破碎机

在综采工作面使用的破碎机，一般分为两大类：一类是轮式破碎机，另一类是颚式破碎机。

2.5.2.1 轮式破碎机

1. 轮式破碎机的结构

（1）轮式破碎机传动系统如图2-22所示，它由电动机1、联轴器2、三角带3、摩擦离合器4及破碎轴（锤轴）5等组成。

（2）电动机的动力由三角带减速（速比 $i = 3.15 : 1$）传导到破碎轴，通过破碎轴上破碎齿对煤炭进行破碎。

（3）轮式破碎机整机结构如图2-23所示，主要包括进料腔1、出料腔3、传动装置4、破碎轴5、破碎腔6、润滑系统7和安全装置等部分。

（4）进料腔与出料腔的底座与转载机的

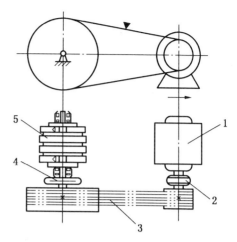

1—电动机；2—联轴器；3—三角带；
4—摩擦离合器；5—破碎轴

图2-22 轮式破碎机传动系统

中部槽相连接，组成运煤通道。两腔内上方装有喷水灭尘装置，出料腔底座上设有与液压推移千斤顶连接的连接耳。

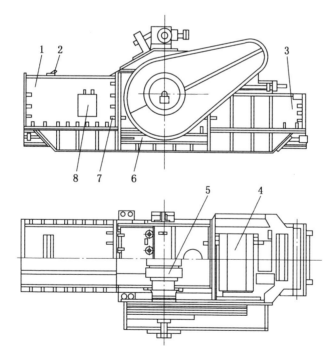

1—进料腔；2—喷水装置；3—出料腔；4—传动装置；5—破碎轴；6—破碎腔；7—润滑系统；8—电气过载保护

图2-23 轮式破碎机结构

2. 轮式破碎机工作原理及适用条件

（1）轮式破碎机的主要作用是冲击破煤，破碎轴一端装有飞轮（大三角带轮），在三角带的带动下以450～530 r/min 的转速旋转，旋转的破碎齿具有巨大的转动惯量。

（2）破碎齿的冲击速度达 25 m/s，从而能够破碎煤块，而且因为破碎轴连续旋转，小时破碎能力也较高。目前已有小时破碎能力达 3100 t/h 的轮式破碎机。

（3）工作面产量高于 1000 t/h 的情况下，大多采用轮式破碎机。

2.5.2.2 颚式破碎机

1. 颚式破碎机的结构

颚式破碎机传动系统如图 2-24 所示。它由电动机 1、飞轮 2、液力耦合器 3、减速器 4、偏心轴 5、连杆 6、活动颚板 7、固定颚板 8、速度监视信号接收器 9 及永久磁钢 10 组成。其整机结构主要部件有进煤口支撑架、出煤口支撑架、底架、固定及活动破碎颚板与传动装置、压力润滑装置等。

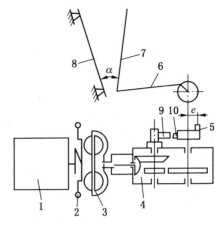

1—电动机；2—飞轮；3—液力耦合器；4—减速器；
5—偏心轴；6—连杆；7—活动颚板；8—固定颚板；
9—速度监视信号接收器；10—永久磁钢

图 2-24 颚式破碎机的传动系统

2. 颚式破碎机工作原理及适用条件

颚式破碎机通过传动系统带动活动破碎颚板做往复运动，对进入活动破碎颚板与固定破碎颚板之间的块煤施加挤压、冲击等机械力，进而把大块煤破碎。所需破碎后的煤块大小，可通过调整出煤口宽度来调节。颚式破碎机属非连续式破碎机，它有工作行程（破碎过程）和空转行程（推煤过程）之分，装在液力耦合器外壳上的飞轮，在空转行程时储存能量，在工作行程释放能量，以减轻负荷的不均匀性。

颚式破碎机适用于破碎较硬的煤块，但其破碎通过能力较低，一般在 300 t/h 以下，所以一般用在工作面产量低于 1000 t/h 的配套破碎设备，颚式破碎机最大破碎块度为其入煤口宽的 75% ~ 85%。

2.5.2.3 破碎机的选型计算

1. 破碎能力的校核

轮式破碎机的破碎能力都在 1000 t/h 以上。基本上满足我国当前综采工作面的需要，不需再作校核，只对颚式破碎机进行能力校核。

颚式破碎机破碎能力计算可采用下式：

$$Q = \frac{DKSLn60\mu\gamma}{\tan\alpha} \tag{2-38}$$

$$n = \frac{360}{\sqrt{S}} - \frac{380}{\sqrt{S'}}$$

式中　　Q——破碎能力，t/h；

DK——破碎后料块高度，m；

S——动颚板行程，m；

L——进料口长度，m；

n——偏心轴转速，r/min；

S'——活动颚板摆动量，cm；

μ——煤的松软系数，$\mu=0.2\sim0.5$；

γ——卸出煤的视密度，t/m^3；

α——破碎机钳角，（°），通常为 $18°\sim22°$，最大为 $28°\sim34°$。

实际设计中，还可采用下述经验公式计算颚式破碎机的破碎能力：

$$Q=60K_\tau evhn\gamma \qquad (2-39)$$

式中 K_τ——破碎难易程度系数，$K_\tau=1.3\sim1.5$；

e——破碎机出料口宽度，m；

h——破碎机出料口高度，m；

v——破碎机输出煤速度，m/s；

n——破碎次数，r/min。

2. 安装功率的校核

颚式破碎机安装功率按下式计算：

$$N=\frac{LB}{160}\sim\frac{LB}{180} \qquad (2-40)$$

式中 N——安装功率，kW；

L——入料口宽度，cm；

B——入料口高度，cm。

由于块煤的硬度、粒度、韧性及破碎比等因素的影响比较复杂，故式（2-40）为一经验公式。

2.5.2.4 破碎机的选型原则

（1）破碎机的类型和破煤能力应满足工作面生产可能出现的大块煤、岩等状况的需要。通常破煤要求不高时，可选用轮式破碎机；需破碎硬煤、岩时，宜选用颚式破碎机。

（2）破碎机最大入料粒度要小于该破碎机所规定的数值。

（3）破碎机所能破碎块煤的硬度要高于块煤实际硬度。

（4）破碎机外形尺寸要符合工作面运输巷断面尺寸的要求。

（5）破碎机的结构应与所选转载机结构尺寸相适应。

（6）破碎机应与其安装位置相适应。

2.5.3 可伸缩带式输送机

带式输送机，现场俗称"皮带"。它是冶金、电力和化工等厂矿企业常见的连续动作式运输设备之一，尤其是在煤炭工业中，使用更为广泛。

带式输送机可以输送煤、矸石及其他粉末状物料，也可以输送包装好的成件物品。但为了保护输送带，不宜输送有坚硬棱角的不规则形状物料。

在煤矿上，带式输送机主要用于采区巷道、采区上（下）山、主要运输平巷及斜井，也常用于地面生产系统和选煤厂中。

带式输送机铺设倾角为 $16°\sim18°$，一般向上运输取较大值，向下运输取较小值。带式输送机输送能力大、调度组织简单、维护方便，因而营运费低。此外，结构简单、运转平稳可靠、运行阻力小、耗电量低、容易实现自动化也是它的特点。

2.5.3.1 带式输送机结构及工作原理

带式输送机的工作原理图如图2-25所示，输送带1绕经驱动滚筒2和机尾换向滚筒

3 形成无极闭合带。上、下两股输送带是由安装在机架上的托辊 4 支承着。拉紧装置 5 的作用是给输送带以正常运转所需要的张紧力。工作时，驱动滚筒通过它与输送带之间的摩擦力驱动输送带运行。货载装在输送带上并与输送带一起运行。带式输送机一般是利用上分支输送带输送货载的，并且在端部卸载。利用专门的卸载装置也可在中间卸载。

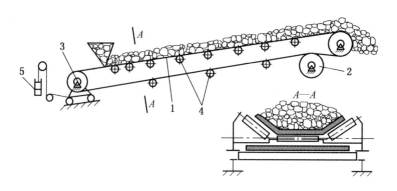

1—输送带；2—驱动滚筒；3—机尾换向滚筒；4—托辊；5—拉紧装置

图 2-25　带式输送机工作原理图

2.5.3.2　带式输送机的选型计算

对带式输送机进行选型时，应根据使用条件确定机型。对于服务年限较长的地点，可选用固定式带式输送机；对于长距离大运量的生产条件，可选用强力带式输送机；对井下采区巷道，需要经常伸缩和搬家，可选用落地可拆式、吊挂式可拆式或可伸缩带式输送机。

带式输送机有两类产品：一类是具有整机定型的产品，另一类是非整机定型产品。对于整机定型产品，表 2-20 列出了几种。如果给定的使用条件与产品特征参数基本符合，只是在输送能力、铺设倾角和输送距离等上略有不同，即可按选型设计步骤逐一校核，满足条件后即可进行选用。对于非整机定型产品，如 DTⅡ型、GX 型或 GD 型带式输送机，可先根据具体使用条件进行设计计算，然后对相适应的各种标准件进行选择，最后装成整机使用。

表 2-20　几种整机定型带式输送机的主要技术特征

型　号	输送能力/ (t·h⁻¹)	输送长度/ m	带宽/ mm	带速/ (m·s⁻¹)	电动机			液力耦合器型号	整机质量/t
					型号	功率/kW	电压/V		
SPJ-800	350	300	800	1.63	DSB-17	17	380/660	420	25
					DSB-30	30			
SD-80	400	600	800	2	JSDB-40	2×40	380/660	YL-400	48
SDJ-150	630	1000	1000	1.9	DSB-75	2×75	380/660	YL-450	87
DSP-1063/1000	630	1000	1000	1.88	JDSB-125	125	660/1140	YL-500	95
DSP-10CO	650	300	1000	2.1		2×30		YL-420	26

注：1. 整机定型产品目前无统一型号，各厂的型号含义不同。

　　2. 制造厂可按用户提出的技术特征供货。

　　3. 在煤矿井下使用，一律采用阻燃输送带。

1. 输送带宽度的计算

输送带宽度是带式输送机的一个重要参数。带宽的大小必须同时满足输送能力和货载。

输送机的输送能力：

$$Q = 3.6qv \qquad (2-41)$$

因为，每米输送带上的货载质量：

$$q = 1000F\gamma \qquad (2-42)$$

所以

$$Q = 3600Fv\gamma \qquad (2-43)$$

式中　Q——输送能力，t/h；

　　　q——每米输送带上的货载质量，kg/m；

　　　γ——货载的密度，t/m³，见表 2-21；

　　　v——输送带的运行速度，m/s。

表 2-21　各种货载的密度及动堆积角

货载名称	密度 γ/(t·m^{-3})	堆积角 ρ	货载名称	密度 γ/(t·m^{-3})	堆积角 ρ
煤	0.8~1.0	30	石灰岩	1.6~2.0	25
煤渣	0.6~0.9	35	砂	1.6	30
焦炭	0.5~0.7	35	黏土	1.8~2.0	35
黄铁矿	2.0	25	碎石	1.8	20

2. 输送带强度的校核

输送带的张力前面已求出。输送带的强度是否满足要求，以它承受的最大静张力和安全系数 m 来衡量。

对于普通分层帆布带：

$$m = \frac{Bi\sigma}{S_{max}} \qquad (2-44)$$

对于钢绳芯输送带：

$$m = \frac{GXB}{S_{max}} \qquad (2-45)$$

式中　B——输送带宽度，cm；

　　　i——分层输送带帆布层数；

　　　σ——普通分层帆布带的抗拉强度，N/(层·cm)；

　　　GX——钢绳芯输送带的抗拉强度，N/cm；

　　　S_{max}——输送带中的最大静张力，N。

对于普通分层输送带、整编输送带（包括塑料带），其安全系数见表 2-22；对于钢绳芯输送带，最小安全系数 m 要求大于 7，重载时可取 10~12。

近几年来，国内外一些厂家对带式输送机的软启动问题十分关注，并已经生产出了各种不同原理和结构的软启动装置。为了提高输送机启动时的稳定性和降低输送带的张力，有

表 2 - 22 输送带的安全系数

帆布层数 i		3 ~ 4	5 ~ 8	9 ~ 12	整编
m	硫化接头	8	9	12	8
	机械接头	10	11	10	18

些软启动装置的启动时间可调到数分钟。据此,有关资料介绍,钢绳芯输送带的安全系数可降至 6.7 ~ 4.5,这对于降低输送带的基本投资有十分重要的作用。

3. 电动机功率的计算

带式输送机的主轴牵引力可以通过以下三种算法中的任意一个算出。

$$W_0 = W_{zh} + W_k + \sum W \approx 1.1(W_{zh} + W_k) \approx S_Y - S_L \tag{2-46}$$

式中　　W_0——总运行阻力;

　　　　W_{zh}——重段运行阻力;

　　　　$\sum W$——弯曲段附加阻力;

　　　　S_Y、S_L——刮板链在所计算链轮的相遇点、分离点处的张力,N。

输送机的主轴功率:

$$N = \frac{|W_0|v}{1000\eta} \tag{2-47}$$

式中　v——输送带运行速度,m/s。

应该指出,当 $W_0 < 0$ 时,电动机反馈运行,此时应计算主轴的反馈功率:

$$N' = \frac{|W_0|v'}{1000\eta} \tag{2-48}$$

式中　v'——输送带的反馈运行速度,$v' = 1.05v$;

　　　η——传动装置的效率。

还应指出,反馈带式输送机空载运行时,仍按电动机方式运转。因此,还必须计算空载运行时的主轴功率:

$$N'' = \frac{W_0'v}{1000\eta} \tag{2-49}$$

式中　W_0'——输送机空载运行时主轴牵引力,N。

根据式(2-48)和式(2-49)的计算结果,取较大值去选取电动机功率。

确定电动机功率时,应以主轴功率再加 15% ~ 20% 的备用功率为参考,最后根据电动机的标准牌号系列,选择对应功率相等或较大的电动机为所需电动机。

2.5.3.3　带式输送机的选型原则

(1)带式输送机带宽和带速及其传动功率的选择,必须大于转载机的运输能力,一般应为 1.2 倍。

(2)带式输送机的单机许可铺设长度要与综采工作面的推进长度相适应,尽量减少铺设输送机的台数。

(3)选型要考虑巷道顶板和底板的条件,对于无淋水或底板无渗水、底板无底鼓的巷道,选用 H 架型落地式可伸缩带式输送机,否则宜选用绳架吊挂式。

2.6 供电设备选型

2.6.1 供电系统设计要求

2.6.1.1 设计内容

1. 设计依据

(1) 综采工作面巷道布置、巷道尺寸及支护方式。

(2) 综采工作面地质、通风、排水、运输情况。

(3) 综采工作面的技术和经济参数。

(4) 综采工作面的作业制度。

(5) 综采工作面机械设备性能、数据及布置。

2. 设计内容

(1) 选定移动变电站与各配电点位置。

(2) 综采工作面机电设备布置图。

(3) 综采工作面供电平面图、系统图及电缆截面长度。

2.6.1.2 设计要求

(1) 设计应符合《煤矿安全规程》、《煤矿工业设计规范》和《煤矿井下供电设计技术规定》。

(2) 设备应选用定型产品并尽量选用新产品和国产设备。

(3) 设计要保证先进、经济、合理、安全、可靠。

2.6.1.3 供电设计的有关规定

1. 《煤矿安全规程》中的规定

井下机电硐室必须设在进风流中。个别井下机电硐室,经矿总工程师批准,可设在回风流中,但在此回风流中瓦斯浓度不得超过 0.5%,并应安装瓦斯自动检测报警断电装置。

严禁井下配电变压器中性点直接接地。

严禁由地面中性点直接接地的变压器或发电机直接向井下供电。

井下电气设备的选用,应符合表 2-23 要求,否则必须制定安全措施,报省(区)煤炭局批准。

表 2-23 井下电气设备的选用

使用场所	煤(岩)与瓦斯突出矿井和瓦斯喷出区域	瓦 斯 矿 井	
		采区避风道	采区回风道、工作面,工作面进风、回风道
高低压电机和电气设备	矿用防爆型(矿用增安型除外)	矿用防爆型	矿用防爆型(矿用增安型除外)
照明灯具	矿用防爆型(矿用增安型除外)	矿用防爆型	矿用防爆型(矿用增安型除外)
通信、自动化装置和仪表、仪器	矿用防爆型(矿用增安型除外)	矿用防爆型	矿用防爆型(矿用增安型除外)

井下各级配电电压和各种电气设备的额定电压等级，应符合下列要求：

（1）高压，不应超过 10000 V。

（2）低压，不应超过 1140 V。

（3）照明、手持电气设备的额定电压及电话和信号装置的额定供电压，都不应超过 127 V。

（4）远距离控制线路的额定电压，不应超过 36 V。

井下电力网的短路电流，不得超过其控制用的断路器的开断能力，并应校验电缆的热稳定性。

井下低压电气设备，严禁使用油断路器、带油的启动器和一次线圈为低压的油浸变压器。

40 kW 及以上的启动频繁的低压控制设备，应使用真空接触器。

井下高压电动机、动力变压器的高压侧，应有短路、过负荷和欠电压释放保护。井下由采区变电所、移动变电站或配电点引出的馈电线上，应装设短路和过负荷保护装置，或至少应装设短路保护装置。低压电动机应具备短路、过负荷、单相断线的保护及远方控制装置。

移动变电站必须采用监视型屏蔽橡套电缆。

移动式和手持式电气设备都应使用专用的分相屏蔽不延燃橡套电缆。

1140 V 设备使用的电缆必须用带有分相屏蔽的不延燃橡套电缆；660 V 的设备应使用带有分相屏蔽的橡套绝缘屏蔽电缆。

照明、通信、信号电缆应采用不延燃橡套电缆。

2.《煤炭工业设计规范》中的规定

综合机械化采煤的采区变（配）电所的高压进出线，宜有专用的开关柜。

3.《煤矿井下供电设计技术规定》中的规定

一般应由两回路供电，并尽量引自不同的变压器母线段。工作面的电力负荷，可按下式计算：

$$S = K_x \frac{\sum P_e}{\cos\varphi_{pl}} \qquad (2-50)$$

$$K_x = 0.4 + 0.6 \frac{P_d}{\sum P_e} \qquad (2-51)$$

式中　　 S——工作面电力负荷视在功率，kV·A；

　　　　 $\sum P_e$——工作面用电设备额定功率之和，kW；

　　　　 $\cos\varphi_{pl}$——工作面电力负荷的平均功率因数，可取 0.7；

　　　　 K_x——需用系数；

　　　　 P_d——最大一台电动机的功率，kW。

2.6.2　供电设备的选型原则

2.6.2.1　矿用高压防爆配电装置的选型原则

用于综采工作面供电的高压配电装置，按《煤矿安全规程》规定，必须选用矿用隔爆型高压配电装置，一般应安装在采区变电所内，选型时应符合下列原则：

（1）高压配电装置的额定电压，应符合井下高压电网的电压等级。

（2）高压配电装置的额定电流应不小于综采工作面所有用电设备长期工作电流的总和。

（3）高压配电装置的遮断电流，应不小于其供电范围内最大（三相）短路电流。

（4）高压配电装置应具有完善的保护系统。即应具有：①反时限感应式过电流继电器作为过负荷保护装置；②瞬时动作的短路保护装置；③欠压保护装置；④高压漏电保护和接地监视保护装置；⑤有可能还要设有变压器温度保护、浪涌过电压保护装置等。

（5）必要时，还应校验动稳定、热稳定性（一般设备出厂时进行校验）。

2.6.2.2 矿用防爆移动变电站的选型原则

综采工作面供电应采用移动变电站。国产矿用隔爆型移动变电站有 KSGZY 和 KB - SGZY 两种系列，后者为节能新产品。

矿用隔爆型移动变电站是由高压负荷开关、干式变压器和低压馈电开关三部分组成的组合式电气设备，可以在轨道上移动，用以向综采工作面动力设备供电，其主要技术特征如下：

（1）其额定电压为 6000/1140（660）V。

（2）高压侧设有 FB - 6 型负荷开关，额定电流为 100 A。

（3）低压侧为 DZKB 型馈电开关，额定电流有 300、450、500 A，断流能力为 9000、13000 A。

（4）隔爆干式变压器型号为 KBSGZY，额定容量有 100、210、315、400、500、630、804、1000 kV·A 等。

选用移动变电站的原则：按实际负荷容量、电压等级、工作电流等于或小于上述额定值，以及其断流能力符合要求等来选用。

2.6.2.3 低压防爆开关的选型原则

按照《煤矿安全规程》规定，采区巷道及采掘工作面的电气设备一律使用隔爆型和矿用本质安全型电气设备。低压防爆开关包括馈电开关、磁力起动器、手动开关及组合开关等类型，其具体选用原则如下：

（1）额定电压应与所在电网电压等级相符合。

（2）开关额定电流应按用电设备的额定工作电流的 1.5 ~ 2 倍或按启动电流除以 2.5 ~ 1.8 来计算选取。

（3）作馈电用的总开关，应选用 DZKB 或 DWKB30 系列矿用隔爆型真空馈电开关。

（4）直接控制电动机或其他动力设备的开关，应选用隔爆型磁力起动器、DQBH 系列的磁力起动器或 DQZBH 系列真空起动器，其结构、型号要能满足工作机械及控制方式的要求。

（5）隔爆型手动起动器主要作为不需频繁启动和停止的机械或照明变压器的控制之用。

（6）当三相异步电动机有远距离控制和保护要求时，应选用隔爆型磁力起动器。可以根据电动机的额定电压、额定电流以及过电流保护需要继电器整定的电流值进行选型。

（7）如果工作机械要求带负荷改变旋转方向时，应选用可以逆转控制的磁力起动器。双速电动机必须选用双速控制用磁力起动器。

（8）开关电器的继电保护装置，应符合电网和生产机械的要求。如：①采区变电所总低压馈电开关，应设有短路、过电流保护装置；②工作面的总开关和分路开关，要求有短路、过电流保护，还应设有漏电闭锁和漏电保护，最好是选择性漏电保护装置；③向综采工作面馈电的移动变电站低压馈电开关，除有短路、过负荷保护外，还应设有漏电闭锁和漏电保护装置；④直接控制电动机的各种起动器，一般应有短路、过负荷、欠压和缺相保护；对直接控制与保护采煤机组等大型设备的起动器还应设有漏电保护装置；⑤断路控制选用隔爆型自动馈电开关，当所控制的线路或设备发生短路或漏电时，能自动切断电源，有手动和电动操作，真空和空气断路之分，可以根据所控制和保护的线路额定电压和长时最大负荷电流进行选择；⑥各类低压开关的接线喇叭口的数目，要满足电网接线的需要，出入口径必须符合连接电缆的最大外径的要求，并且一个接线喇叭只能接一条电缆。

（9）矿用隔爆型插销式开关、控制按钮、接线盒在综采工作面供电中有时也用得不少，一般按用途、负荷额定电压、负荷额定电流进行选择。

2.6.2.4 照明系统选型原则

按《煤矿安全规程》规定综采工作面及其运输平巷，必须有足够的照明。

（1）在综采工作面，一般应每隔一架支架装一具照明灯，在运输巷中，一般每20～30 m装一盏照明灯。

（2）井下照明网路额定电压不应大于127 V。

（3）照明灯具必须选用矿用防爆型，液压支架选用 KBY62 型防爆荧光灯及控制开关。

（4）向照明灯具供电的防爆型照明变压器，必须选用照明信号综合保护器。

2.6.2.5 电缆的选型原则

（1）井下采区变电所向综采工作面移动变电站的高压电缆，应采用监视型双屏蔽橡套电缆，型号为UYPJ－3.6/6（试制时型号为UGSP），其芯线为细铜丝绞合而成。

（2）综采工作面低压矿用电缆应采用非延燃性铜芯橡套电缆，1140 V或660 V设备必须使用带有分相屏蔽橡套电缆。低压电缆一律采用铜芯橡套软电缆，采煤机和刮板输送机的供电电缆应选用双屏蔽型。

（3）照明应选用500 V电压的电缆供电，660 V设备应选用1000 V电压的电缆供电。1140 V的设备应选用1140 V电压的电缆供电。

（4）电缆主芯线截面应等于或大于三相短路电流的热稳定截面。

2.7 泵站设备选型

乳化液泵站是向综采工作面液压支架（或高档普采工作面的外注式单体液压支柱）输送高压乳化液的设备，是液压支架的动力源。它工作的好坏直接影响液压支架的工作性能和使用效果。因此，要求乳化液泵站应能满足支架的工作特性（工作参数、自动卸载性能等），能在空载下启动，具有可靠的过滤装置和蓄能器，以减缓脉动和提高系统工作的稳定性。它设在运输巷内，远距离向工作面供液。

乳化液泵站由乳化液泵组和乳化液箱组成。它具有一套压力控制和保护装置（包括自动卸载阀、截止阀、溢流阀、蓄能器和压力表等）。

乳化液泵站一般都配备两台乳化液泵组和一个乳化液箱。两台乳化液泵可以一台工作一台备用，也可以两台泵并联使用。

2.7.1 泵站液压系统

泵站液压系统应满足如下要求：

（1）当支架动作时，系统能即时供给高压液体；当支架不动作时，泵仍照常运转，但自动卸载；当支架动作受阻、工作液体压力升高超过允许值时，能限压保护。为此，泵站系统中必须装设自动卸载装置。

（2）要设手动卸载阀，以实现泵的空载启动。

（3）系统中要装单向阀，以防止停泵时液体倒流。

（4）为能在拆除支架或检修支架管路时泄出管路中的液体，应加手动泄液阀。

（5）应设有缓冲减振的蓄能器。

由于工作面支架的立柱和千斤顶所需的液压力不同，需要泵站供给不同的压力液。据此，泵站分有高压泵液压系统、高压—低压泵液压系统和高压泵—减压阀液压系统。

2.7.2 乳化液泵站的选型计算

1. 泵站压力的确定

液压支架的初撑力和推移千斤顶的推力及拉力，取决于泵站压力。

1）根据液压支架初撑力确定泵站压力

$$p_{h1} = \frac{4}{Z \pi D^2} \times P_1 \qquad (2-52)$$

式中　p_{h1}——液压支架初撑力所需要泵站的压力，Pa；

　　　P_1——液压支架的初撑力，N；

　　　Z——一架液压支架立柱根数；

　　　D——支架立柱的缸体内径，m。

2）初选泵站压力按推移千斤顶最大推力验算

$$p_{h2} = \frac{4}{\pi D_1^2} \times P_n \qquad (2-53)$$

式中　p_{h2}——千斤顶最大推力所需要泵站的压力，Pa；

　　　P_n——千斤顶最大推力，N；

　　　D_1——千斤顶缸体的内径，m。

3）如果满足支架初撑力和千斤顶最大推力的要求，则泵站压力为

$$p = K p_{h1} p_{h2} \qquad (2-54)$$

式中　p——泵站工作压力，Pa；

　　　K——泵站系统压力损失系数，$K = 1.1 \sim 1.2$。

2. 泵站流量的确定

根据支架在工作面中每架（组）在移动的循环中需要动作的立柱和千斤顶的最大流量确定，同时要满足液压支架随机快速移动的要求。泵站流量的计算公式为

$$Q \geqslant \frac{n_1 s_1 (F_1 + F_2) + n_2 B F_3}{1000 \left(\dfrac{L}{v_q} - t_4 \right)} \frac{1}{\eta_1} \qquad (2-55)$$

式中　　　Q——液压泵站工作流量，L/min；

　　　n_1、n_2——移架时同时升降的立柱数和千斤顶数；

s_1、B——移架时立柱的行程和千斤顶的行程，cm；

F_1、F_2、F_3——立柱环形腔、活塞腔及千斤顶移架腔的作用面积，cm^2；

L——支架架间距，m；

v_q——采煤机牵引速度，m/min；

t_4——移架过程中的其他辅助时间，min；

η_1——泵站容积效率，$\eta_1 = 0.9 \sim 0.92$。

3. 泵站电机功率的确定

$$N = \frac{pQ}{612\eta} \qquad (2-56)$$

式中　N——泵站功率，kW；

p——泵站的额定压力，MPa；

Q——泵站流量；

η——泵站效率。

4. 泵站乳化液箱容积的确定

1）按泵站工作流量选择容积

$$V \geqslant 3Q + Q_0 \qquad (2-57)$$

式中　V——乳化液箱容积，L；

Q——泵的工作流量，L/min；

Q_0——液箱箱底至吸液口最低液位时的流量，取 $Q_0 = 150 \sim 200$ L。

2）满足因停泵可能造成的全部主进管、回液管回流的流量

$$V \geqslant \frac{\pi}{4}(d_1^2 l_1 + d_2^2 l_2) \times 10^{-3} + Q_0 \qquad (2-58)$$

式中　d_1、d_2——主进管、回液管的内径，cm；

l_1、l_2——主进管、回液管的长度，cm。

3）满足因煤层厚度变化使支架立柱伸缩而造成的流量差

$$V \geqslant \frac{\pi}{4}D^2 hnZ \times 10^{-3} \qquad (2-59)$$

式中　D——立柱缸体内径；cm；

h——煤层厚度变化系数；

n——每架支架的立柱数；

Z——同时动作的支架数。

2.7.3　乳化液泵站的选型原则

（1）乳化液泵站输出的流量、压力应满足液压支架工作压力的需要，并考虑管路阻力而造成的压降。

（2）乳化液泵输出的单机额定流量和泵的台数，应满足工作面液压支架操作需要，对能快速移架的液压支架供液或多台支架同时作业时，需要较大流量。

（3）乳化液泵站电动机选用电压，其等级应与工作面其他设备的电压等级相一致。

（4）乳化液箱的容量应能满足多台泵同时运行的需要。

（5）当设立固定乳化液泵站实行远距离供液时，要计算确定所用管路的类型、口径和液流压降的损失，并确定所需的泵压。

2.8 通信、信号、控制系统选型

综采工作面的通信、信号、控制系统是控制指挥整个工作面综合机械化采煤作业必不可少的现代化工具，其集中控制台设于平巷内，所选用的这些设备，必须具备以下要求：

（1）整个工作面内的通信性能和对整个工作面及其两巷传送信号的性能良好；应能控制整个工作面的采煤机、刮板输送机、转载机、带式输送机及乳化液泵站、喷雾站等的启动、停止和闭锁；在机器开动前发出预报警信号；用发光二极管显示工作状态等多种功能。

（2）沿工作面每 10～20 m 和沿输送机巷每 30～50 m 设置一个通信、信号点，这些信号点的呼叫信号、启动预报信号和事故报警信号在声音上要有所区别。

（3）这些设备应保证通信和信号的声音清晰，并具有良好的防潮性能和抗震动性能。

（4）所有这些装置必须是防爆型或本质安全型。

（5）要保证通信信号设备不间断工作，甚至在停电情况下可进行通话，因此必须备有一定量的蓄电池电源，停电后，净通话时间在 2 h 以上。

（6）整个工作面通信系统应能扩展到井上、井下之间的通话。

（7）其通信、信号线路不得采用大地作回路。

3 兖州矿区概述

3.1 矿区概况

兖州矿区位于山东省西南部，地跨济宁市任城区、市中区、邹城市、兖州市、曲阜市和微山县等六市县。矿区包括兖州煤田大部和济宁煤田（东区）南部。1957 年发现，1966 年开始建设第一对矿井，1976 年以后开始大规模建设。到 1981 年建成投产矿井 4 处，总设计能力 5.25 Mt。兖州煤田现有 6 座统配生产矿井，面积为 244.2 km²；济宁煤田（东区）南部的济宁二号和济宁三号 2 座矿井，面积为 200 km²。

矿务局驻地在邹城市，北距兖州市 23 km。京沪铁路、兖新（乡）铁路、兖石（臼所）铁路分别从矿区东部和北部穿过；西距京九铁路的菏泽站 145 km。驻地铁路线至济南 176 km、至北京 673 km、至上海 790 km、至石臼所 320 km；104 公路从邹城市通过。此外尚有兖（州）—济（宁）、邹（城）—济（宁）公路从矿区穿过；内河航运可由白马河—微山湖、京杭运河直达江、浙；海运由石臼所港可达国内、外海港。交通运输十分便利。

矿区为温带半湿润季风区，属大陆—海洋间过渡性气候，四季分明，年平均气温 14.1 ℃，1 月份气温最低，平均为 -2 ℃，最高月份为 7 月，平均为 29 ℃，日最高气温 40.7 ℃（1960 - 06 - 21），日最低气温为 -19 ℃（1964 - 02 - 17）；历年平均降雨量 712.99 mm，最大 1263.88 mm（1964），最小 269.2 mm（1988）。雨季多集中于 7—8 月份，其降雨量约占全年的 65%；年平均蒸发量为 2016.4 mm，最大为 2413.7 mm（1966），最小为 1800.1 mm（1980）；风向多为南及东南风，年平均风速 2.73 m/s。极端风向多为北风，最大风速 24 m/s（1965 - 03 - 15）；结冰期由 11 月至翌年 3 月。最大冻土深度为 0.45 m，最大积雪厚度为 0.24 m。

据国家地震局、建设部震发办〔1992〕160 号"关于发布《中国地震烈度区划图（1990）》和《中国地震烈度区划图（1990）使用规定》的通知"，矿区内的地震烈度为 7 度。据中国科学院《中国地震资料年表》记载，本区地震活动性不强，但无感地震频发。

3.2 煤田地质条件

兖州煤田和济宁煤田（东区）均属第四系冲积层覆盖的石炭二叠纪隐伏煤田。煤田基底为奥陶系灰岩，盖层为残存的上侏罗统红色砂岩。

3.2.1 含煤地层

两煤田含煤地层均为上石炭统太原组和下二叠统山西组，如图 3 - 1 所示，总厚度分别为 310、250 m。地层自上而下为：

（1）上覆上侏罗统（J₃）厚 0 ~ 915 m 的红色砂岩或第四系（Q）厚 15.9 ~ 338 m 的冲积层。

地层系统			厚度/m	标志层	煤层编号	岩柱性状	岩性描述及水文地质特征
界	系	统（组）					
新生界 (Cz)	第四系（Q）		15.9～338				东南薄、西北厚，由砂质黏土、砂及砂砾层组成 $q=0.045～2.054$ L/(s·m) 水位标+37.00～+50.92 m
中生界 (Mz)	侏罗系（J）	上侏罗统（J₃）	0～915				自上而下由紫红色砾层、暗绿色粗粉砂岩，紫红色砂岩，灰紫色、灰褐色、灰绿色细砂岩等组成 $q=0.004～0.0166$ L/(s·m)
古生界 (Pz)	二叠系（P）	上石盒子组（P₂s）	0～197.2				由杂色铝质泥岩、绿色砂岩组成，仅残存于煤田深部
		下石盒子组（P₁x）	0～181.1				以杂色铝质泥岩、灰绿色细砂岩为主，底部灰白色粗砂岩普遍发育
		山西组（P₁s）	137		2 3		上部以灰色、杂色铝质泥岩，灰绿色粉砂岩，灰绿色砂岩为主；下部以灰色砂岩为主，含主采的第3煤层 $q=0.0266$ L/(s·m) 水位标高 +32.71～+47.13 m
	石炭系（C）	太原组（C₂t）	173	二 三 五 六 八 九	4 5 6 7 8 9 10上 10下 11 12上 12中 12下 14 15上		由深灰色泥岩、粉砂岩、灰色铝质泥岩、灰绿色砂岩组成，夹灰岩9层，含薄煤层20～23层，第16上、17煤层位于本组下部，全区稳定可采 $q=0.000745～0.058$ L/(s·m) 水位标高 +34.16～+40.20 m
		本溪组（C₂b）	53	十	15下 16上 17 18		由灰白色灰岩、杂色铝质泥岩、铝铁质泥岩、铝土岩等组成 $q=0.139～0.9$ L/(s·m) 水位标高 +36.2～+40.00 m
	奥陶系（O）	中下统（O₁～₂）	750	十一 十二 十三 十四 十五			以灰褐色、灰白色致密状厚层灰岩为主，间夹灰色豹皮状灰岩，下部以白云岩为主

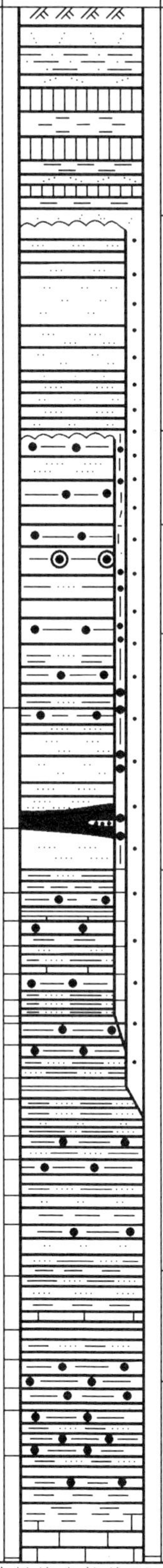

图 3-1　兖州煤田地层综合柱状图

（2）二叠系（P）残留厚度为 0～515.3 m。

①上石盒子组（P₂s），残留厚度为 0～197.2 m，仅在济宁煤田（东区）中部残存，属干旱条件下河、湖相沉积的杂色铝质泥岩和绿色砂岩。

②下石盒子组（P₁x），残留厚度为 0～181.1 m，以杂色铝质泥岩、灰绿色粉砂岩为主，上部夹数层具有小型交错层理的绿灰色中砂岩。

③山西组（P₁s）是两煤田由海相过渡到陆相沉积的主要含煤组，在兖州煤田厚 124～154 m，一般为 137 m，上部 87 m 主要由陆相沉积的灰色、杂色铝质泥岩和灰绿色粉砂岩及河床相砂岩组成，主采的第 3 煤层位于本组下部，以其底板厚约 13 m 的滨海波浪带相的细砂岩作为与太原组的分界；在济宁煤田二、三号井田厚为 70～90 m，上部为内陆冲积相及湖积相的泥岩、粉砂岩，中、下部为过渡相沉积的砂岩，为第 3 煤层底板，并以其与太原组为界。

（3）石炭系（C）：

①太原组（C₂t）为两煤田海相沉积的另一重要含煤组，其特点是岩（煤）层薄而稳定，在兖州煤田厚 125～185 m，平均为 173 m，由薄层深灰色泥岩、粉砂岩、灰色铝质泥岩、灰绿色砂岩组成，中夹灰岩 9 层和薄煤层 20 层，主要可采的第 16上、17 煤层位于本组下部，第 6、15上、18 煤层局部可采，本组含煤层多，煤层薄而稳定，煤层顶板常为灰岩或泥岩；在济宁煤田（东区）厚 150～193 m，平均为 170 m，二、三号井田分别厚 177、171 m，由一套典型海陆交互相沉积的深灰色至灰黑色粉砂岩、泥岩、灰色砂岩、灰岩及煤层组成，共含灰岩 12 层，含煤层 23 层，其中第 16上、17 煤层稳定可采，第 6、10下、12下、15上 煤层局部可采。

②本溪组（C₂b），兖州煤田本组厚 53 m，济宁煤田（东区）厚 34 m，由一套陆相过渡到海相的海陆交互相沉积的灰、灰绿、紫色铝质泥岩、粉砂岩、铁质泥岩及灰岩组成，偶夹薄煤层，均不可采。下部含全区稳定的第十四层灰岩。

（4）奥陶系中、下统（O₁~₂）总厚为 750～800 m 的灰白色、深灰色、褐灰色厚层状灰岩、白云质灰岩，夹泥灰岩及少量钙质泥岩，上部含水丰富。

3.2.2　煤层

兖州煤田山西组和太原组共含煤层 24 层，煤层平均总厚为 16 m，含煤系数 5.1%。其中，可采和局部可采煤层平均总厚为 12.7 m，含煤系数 4.1%。山西组主采的第 3 煤层在煤田北部为一层，厚 8～10 m；在煤田中、南部分岔为 3上、3下 两层，厚度分别为 3.6～7.0 m（一般 5.2 m）和 1.3～6.4 m（一般 3.2 m）。

济宁煤田共含煤层 27 层，平均总厚为 17.11 m，含煤系数为 6.8%。可采和局部可采煤层共 8 层，平均总厚为 10.94 m，含煤系数 4.4%。

适合综放开采的煤层为第 3（3上）煤层。煤层特征见表 3－1、表 3－2。

3.2.3　煤质

两煤田煤质牌号大部为中变质的 2～3 号气煤，煤田深部及太原组煤层局部为气肥煤。按 1986 年颁布的中国煤炭分类标准（GB 5751—1986），大部分为 QM43，局部为 QF46。山西组 3 煤层低灰至中灰、低磷、特低硫、高发热量、高挥发分、中等黏结性、富至高油、高灰熔点，可磨性指数 60 以上，是中等易选的气煤（QM43）；太原组 16上、17 煤层特低至中灰、中至富硫、特低至低磷、高挥发分、中至强黏结性、高油、低灰熔点，可磨

表 3-1 兖州煤田煤层特征

煤层	最薄～最厚/m 平均厚/m	结构	稳定性	顶板岩性 厚度/m	底板岩性 厚度/m	间距/m
2 (或 3 上 A)	$\frac{0～2.20}{0.40}$	简单	不稳定	粉砂岩 ≥1.0	铝质泥岩 2.0	23.0
3 上	$\frac{3.60～7.00}{5.23}$	较简单	稳定	粉砂岩、中砂岩 25.0	粉砂岩或细砂岩 0～15.0	$\frac{0～15.0}{6.9}$
3 下	$\frac{1.27～6.40}{3.20}$	简单	稳定	粉砂岩或细砂岩 0～15.0	细砂岩 12.0～17.0	38.0
6	$\frac{0～1.07}{0.60}$	简单	不稳定	泥岩 4.0	粉砂岩 3.0	88.0
15 上	$\frac{0～1.80}{0.66}$	简单	不稳定	九灰或泥岩 0.9	铝质泥岩 2.0	40.0
16 上	$\frac{0.64～2.10}{1.06}$	简单	稳定	十 下 灰岩 5.1	铝质泥岩 2.6	10.0
17	$\frac{0.60～1.59}{0.99}$	简单	稳定	十一灰或泥岩 0.8～2.0	铝质泥岩 2.6	6.0
18 上	$\frac{0～1.50}{0.80}$	较复杂	不稳定	粉砂岩 3.5～6.0	铝质泥岩 约 2.0	

表 3-2 济宁煤田（东区）煤层特征

煤层	最薄～最厚/m 平均厚/m	结构	稳定性	顶板岩性 厚度/m	底板岩性 厚度/m	间距/m
3 上	$\frac{0～6.00}{2.10～1.21}$	较简单	较稳定至 不稳定	粉砂岩至中、粗砂岩 0.6～28.0	粉砂岩、泥岩 0.6～17.0	28.2～35.0
3 下	$\frac{0～17.96}{4.68～5.26}$	较简单	较稳定至 不稳定	细至中、粗砂岩 0.5～31.9	粉砂岩、泥岩 0.6～15.5	40.0～35.0
6	$\frac{0～1.41}{0.68～0.44}$	简单	不稳定	粉砂岩、泥岩 0.7～20.5	粉砂岩 0.4～13.6	55.4～50.0
10 下	$\frac{0～1.91}{0.68～0.70}$	简单	不稳定	粉砂岩、泥岩 0.7～18.5	粉砂岩 0.6～7.3	31.0
15 上	$\frac{0～1.30}{0.71～0.63}$	简单	不稳定	第九层灰岩 0～2.6	粉砂岩 0.5～8.9	34.6～38.0
16 上	$\frac{0.60～2.88}{1.18～1.17}$	较简单	稳定	第十 下 层灰岩 3.1～8.6	泥岩 0.5～2.4	7.4～5.0
17	$\frac{0～2.46}{0.89～0.79}$	简单	稳定	第十一层灰岩 0～3.2	泥岩 0.5～5.7	

性指数 70 以上，是极易选的气煤（QM43）和气肥煤（QF46）。各层煤均为多用途煤种，既是优良的炼焦配煤和动力煤，又是炼油、造气和制造水煤浆的良好原料。煤质特征见表 3-3。

表3-3 兖州煤田煤质特征表

煤层	牌号	灰分 A_d/%		硫 $S_{t,d}$/%		挥发分 V_{daf}/%	磷 P/%		发热量 $Q/(kJ·g^{-1})$	胶质层厚度 Y/mm	灰熔融性软化温度 ST/℃
		原煤	净煤	原煤	净煤		原煤	净煤			
2	气煤(QM43)	$\dfrac{7.02\sim29.87}{16.15}$	$\dfrac{5.53\sim9.60}{7.33}$	$\dfrac{0.47\sim1.26}{0.76}$	$\dfrac{0.42\sim0.94}{0.62}$	$\dfrac{37.32\sim41.78}{39.42}$	$\dfrac{0.0012\sim0.0167}{0.0068}$	$\dfrac{0.0009\sim0.0049}{0.0024}$	$\dfrac{26.05\sim29.76}{27.91}$	$\dfrac{7\sim12}{9.1}$	$\dfrac{1195\sim1500}{1390}$
3	气煤(QM43)	$\dfrac{7.15\sim21.53}{14.41}$	$\dfrac{4.22\sim8.10}{5.81}$	$\dfrac{0.42\sim0.96}{0.63}$	$\dfrac{0.38\sim0.78}{0.53}$	$\dfrac{35.90\sim39.89}{38.60}$	$\dfrac{0.0017\sim0.0186}{0.0075}$	$\dfrac{0.0017\sim0.0167}{0.0050}$	$\dfrac{25.64\sim30.83}{27.53}$	$\dfrac{7\sim11.5}{9.3}$	$\dfrac{1225\sim1365}{1293}$
6	气煤(QM43)	$\dfrac{7.23\sim26.45}{13.94}$	$\dfrac{2.85\sim9.20}{5.77}$	$\dfrac{1.41\sim7.43}{2.90}$	$\dfrac{1.02\sim4.25}{1.74}$	$\dfrac{39.16\sim47.36}{43.34}$	$\dfrac{0.0026\sim0.0485}{0.0140}$	$\dfrac{0.0012\sim0.0223}{0.0050}$	$\dfrac{23.43\sim30.74}{28.50}$	$\dfrac{8\sim12}{10.9}$	$\dfrac{1190\sim1500}{1250}$
15上	气煤(QM43)	$\dfrac{5.88\sim26.48}{14.64}$	$\dfrac{2.21\sim9.55}{5.63}$	$\dfrac{1.44\sim6.97}{3.41}$	$\dfrac{1.10\sim3.80}{2.07}$	$\dfrac{40.09\sim46.21}{43.64}$	$\dfrac{0.0013\sim0.0062}{0.0032}$	$\dfrac{0.0011\sim0.0244}{0.0035}$	$\dfrac{25.13\sim31.80}{27.44}$	$\dfrac{10.5\sim25.5}{15.3}$	$\dfrac{1150\sim1500}{1230}$
16上	气煤或气肥煤(QM43,QF46)	$\dfrac{2.63\sim26.39}{12.00}$	$\dfrac{1.30\sim9.20}{3.75}$	$\dfrac{2.01\sim7.77}{3.28}$	$\dfrac{1.63\sim3.29}{2.46}$	$\dfrac{40.13\sim48.55}{43.69}$	$\dfrac{0.0042\sim0.0485}{0.0142}$	$\dfrac{0.0012\sim0.0223}{0.0095}$	$\dfrac{25.33\sim32.04}{29.10}$	$\dfrac{11.5\sim28}{18.7}$	$\dfrac{1144\sim1390}{1260}$
17	气煤或气肥煤(QM43,QF46)	$\dfrac{5.09\sim28.86}{12.95}$	$\dfrac{1.91\sim9.48}{4.05}$	$\dfrac{2.03\sim11.37}{3.58}$	$\dfrac{1.36\sim3.37}{2.99}$	$\dfrac{41.15\sim49.11}{44.26}$	$\dfrac{0.0010\sim0.0216}{0.0061}$	$\dfrac{0.0009\sim0.0285}{0.0020}$	$\dfrac{24.57\sim31.73}{29.23}$	$\dfrac{12.5\sim28}{18.6}$	$\dfrac{1149\sim1500}{1256}$
18上	气煤(QM43)	$\dfrac{10.11\sim37.72}{28.96}$	$\dfrac{2.41\sim11.06}{7.24}$	$\dfrac{2.21\sim13.61}{4.97}$	$\dfrac{1.56\sim5.23}{2.66}$	$\dfrac{40.20\sim48.50}{43.68}$	$\dfrac{0.0037\sim0.1882}{0.0300}$	$\dfrac{0.0010\sim0.0470}{0.0150}$	$\dfrac{18.43\sim29.17}{24.59}$	$\dfrac{11\sim24}{15.5}$	$\dfrac{1180\sim1500}{1320}$

3.2.4 地质构造特征

兖州煤田位于鲁西南断块东部构造盆地，为不对称向斜构造。轴向 NEE，向 E 倾伏。地层倾角为2°～15°，一般为5°，局部达20°。煤田内以宽缓褶皱构造为主，断层较稀疏，次级褶曲发育，属中等偏简单类型。断层主要是正断层，有少量逆断层，这些断层可分为三组，见表3-4。多数断层作为井田或煤田自然边界。煤田西北部有少量基性岩呈岩墙状侵入。对生产影响较大的主要是小断层，其特点如下：绝大多数是正断层；在顶、底板为强度较低的泥岩、粉砂岩、铝质泥岩的煤层中，小断层密集、落差较小，使顶、底板更加破碎。在顶、底板为强度较高的厚层砂岩的第3煤层中，小断层稀疏，但落差较大。

表3-4　兖州煤田主要断层特征

	断层名称	性质	走　向	倾向	倾角/(°)	落差/m	控制程度
第一组	峄山断层	正断层	近南北	西	80	＞3000	查明
	一号井东断层			东		55～208	基本查明
	铺子断层			西		8～60	查明
第二组	滋阳断层	正断层	北西	北东	80	＞500	查明
	大苑庄断层			南西		12～25	查明
	巨王林断层			南西		22～110	查明
	马家楼断层			南西		36～100	查明
	八采区东断层			北东		54	查明
弧形	肖家庄二号	正断层	北北西—北北东	北东东	60～70	58	查明
	肖家庄三号	正断层	北北西—北西	南西	70～75	51	查明
第三组	皇甫断层	逆断层	北东	南东	35～60	6～150	基本查明
	王炉断层			北西	45	6～60	查明

3.2.5 水文地质

第四系冲积层中含有多层黏土和砂质黏土，具隔水作用，故大气降水及地表水对矿井涌水影响不明显，仅第四系下组含水层下留设80 m（厚煤层）和30 m（太原组薄煤层）的煤层露头防水煤柱。对矿井直接充水的含水层主要是山西组砂岩、太原组第三和十$_下$层灰岩。开采山西组第3煤层浅部时，上侏罗统红色砂岩水可由裂缝带直接充入采空区；本溪组第十四层灰岩和奥陶系灰岩是开采太原组煤层的间接充水含水层。各含水层富水性见表3-5。

3.2.6 其他开采技术条件

1. 煤层顶、底板（表3-1、表3-2）

表3-5 兖州煤田含水层特征

含水层	厚度/m	含水层总厚/ 层数/m	单位涌水量/ [L·(s⁻¹·m⁻¹)]	矿化度/ (g·L⁻¹)	水质类型
$Q_下$	$\dfrac{0 \sim 95.06}{48.87}$	10 ~ 20/2 ~ 4	0.0386 ~ 1.604	0.328 ~ 0.480	HCO_3—Ca,Mg HCO_3,Cl—Ca
J_3	最大 794.57	不均一	0 ~ 0.155		
第3煤层顶部砂岩	25	25	0.00203 ~ 0.012	0.37 ~ 1.10	HCO_3—Na,Ca
三灰	5.4 ~ 6.5		0 ~ 0.328	0.43 ~ 0.95	HCO_3—Na HCO_3,Cl—Na,Ca HCO_3—Ca
十下灰	5		0.00000222 ~ 0.383	0.27 ~ 2.187	HCO_3,Cl—Na,Ca HCO_3,SO_4—Ca,Na HCO_3—Na,Ca
十四灰	7		0.0101 ~ 0.01022	0.46 ~ 0.96	HCO_3,SO_4—Ca SO_4—Ca,Mg
奥灰	最大 750		0.00209 ~ 1.855	0.35 ~ 2.94	SO_4,HCO_3—Ca,Mg HCO_3,SO_4—Ca,Mg SO_4—Ca,Mg

兖州煤田综放开采的第3煤层直接顶板为1~4 m厚的粉砂岩,局部地段有0.5 m以下的泥岩伪顶。其上为10~20 m以上的浅灰色长石石英中砂岩基本顶;煤田中、南部煤层分岔地段,夹石层下部的泥岩、粉砂岩或砂岩作为下层(3下)煤的顶板,夹石层变厚带在泥岩、粉砂岩以上的粉砂岩、细砂岩为下层(3下)煤的直接顶或基本顶。第3煤层的直接底板为1~2 m厚的粉砂岩,其下为10~17 m厚的细砂岩。现采各煤层顶、底板参数及分类见表3-6至表3-8。

2. 瓦斯

兖州矿区各矿均属低瓦斯矿井。1994年测定生产矿井瓦斯最大相对涌出量为3.18 m^3/t,二氧化碳最大相对涌出量为6.55 m^3/t,见表3-9。

3. 煤尘爆炸指数

各可采煤层均有煤尘爆炸危险。据1994年测定结果,开采上组煤的矿井,煤尘爆炸指数最高的鲍店矿为42.16%,一般均在37%以上,见表3-9。

4. 煤的自燃倾向

矿区内各煤层都有自然发火倾向,厚煤层发火期为3~6个月,见表3-9及表3-10。

表3-6 兖州矿区现采各煤层顶板分类综合表

煤层	直接顶													基本顶						顶板分类
	岩性	厚度/m	强度指标									初垮距 l/m	直接顶分类	岩性	厚度/m	初压步距 L_1/m	周压步距 L_2/m	动载系数 q	基本顶分类	
			$\sigma_{压}$	I	C_1	h	C_2	D	$\sum h$	M	N									
$3_上$	粉砂岩	4.4	65.3	0.32	0.36	0.36	0.28	65.2	5.77	2.60	2.26	20.8	2类	中细岩	12.7	57.5	30.3	1.23	Ⅱ级	Ⅱ级2类
$3_下$	中砂岩	8.15	94.4	0.5	0.39	0.37	0.29	108.9	8.32	2.58	3.22	24.3	3类	粉细岩	5.9	52.1	24.9	1.23	Ⅱ级	Ⅱ级3类
3	砂质页岩	7.00	54.4	0.33	0.35	0.30	0.27	52.4	7.00	2.50	2.80	14	2类	中砂岩	20	40.7	19.7	1.29	Ⅱ级	Ⅱ级2类
$16_上$	石灰岩	0~1.6	112.3	0.37	0.38	0.38	0.29	126.2	0.64	1.01	0.63	23.5	3类	灰岩	1.5~5	31.3	9	1.65	Ⅱ级	Ⅱ级3类
17	灰岩	0~1.7	110.9	0.26	0.34	0.72	0.30	115.4	0.5	1.00	0.5	21	3类	灰岩	4.3	22	7.7	1.63	Ⅱ级	Ⅱ级3类
	粉砂岩	0~3	53.9	0.11	0.301	0.6	0.28	46.4	3~5	1.00	3~5	18	2类	粉砂岩	4	20	7.0	1.63	Ⅰ级	Ⅰ级2类

注：$\sigma_{压}$—反映顶板稳定性的岩石单向抗压强度，MPa；

I—节理裂隙间距，m；

C_1—节理裂隙影响系数；

h—地层厚度，m；

C_2—分层厚度影响系数；

D—综合而成的指标（岩性指标）；

N—$\sum h/M$ 直接顶垮落后，能基本充满采空区所需倍数比；

M—工作面采高，m。

表3-7　主采煤层工作面底板抗压入特征参数

矿别	煤层	工作面	采煤方法	底板岩性	底板极限比压/MPa		破坏时平均压入深度/mm	刚度系数（K_m）	测站数	均方差
					最大	平均				
鲍店	$3_上$	2301-1	综采	煤	34.83	31.17	23.38	8	3	2.6
兴隆庄	3	2306-1	综采	煤	62.2	41.3	18.4	2.69	9	11
		4312-2	综采	煤	64.9	44.7	14.1	3.9	12	12.89
		5303-3	综采	炭质页岩	57.8	28.9	11.7	2.5	12	11.41
南屯	$3_下$	6300-1	综采	煤	43.7	32.4	46.7	0.69	9	10.28
北宿	$16_上$	3607	综采	黏土岩	15.5	13.4	12.7	1.05	9	1.33
唐村	$16_上$	1463	综采	黏土岩	34	26.5	7.2	3.5	9	5.28
北宿	17	6701	综采	黏土岩	74	65.4	4.3	13.6	9	9.04
唐村	17	1471	炮采	黏土岩	88	79	10.1	7.4	4	8.41

表3-8　主采煤层底板分类表

煤层	底板岩性	分类指标 q_c		底板类别	
		实测值	标准值	名称	代号
16	黏土岩	14.9	9.6~16.1	较软	III_6
17	黏土岩	54.2	>32	坚硬	V
3	煤	32.3			
3	炭质页岩	21.7	16.1~32	中硬	IV
$3_上$	煤	17.5			
$3_下$	煤	24.3			

表3-9　1994年生产矿井瓦斯鉴定结果

矿井	瓦斯（CH_4）			二氧化碳（CO_2）			瓦斯等级	煤尘爆炸指数/%	自然发火期/月
	相对涌出量/（$m^3 \cdot t^{-1}$）	采区最大相对涌出量/（$m^3 \cdot t^{-1}$）	绝对涌出量/（$m^3 \cdot min^{-1}$）	相对涌出量/（$m^3 \cdot t^{-1}$）	采区最大相对涌出/（$m^3 \cdot t^{-1}$）	绝对涌出/（$m^3 \cdot min^{-1}$）			
南屯	0.77	2.12	4.02	3.48	6.02	18.07	低	38.00	3~6
兴隆庄	0.99	1.98	6.29	2.79	3.45	17.75	低	39.96	3~6
鲍店	0.51	1.22	3.70	1.47	3.38	10.75	低	42.16	4~6
东滩	0.60	0.84	4.44	1.86	2.66	13.75	低	32.42	3~6
北宿	2.53	3.18	3.28	5.75	6.55	7.46	低	45.5~49.0	
杨村				2.69	3.94	2.82	低	42.3~43.2	

表3-10　兖州煤田煤层自然发火倾向

矿别	$3_上$		3		$16_上$		17	
	ΔT（点数）/℃	等级	ΔT（点数）/℃	等级	ΔT（点数）/℃	等级	ΔT（点数）/℃	等级
南屯	7~47（3）	1~4	16~63（4）	1~3	16~27（5）	2~3	7~30（6）	2~4
兴隆庄			3~14（14）	3~4	7~35（7）	2~4	9~36（7）	2~4

表 3－10（续）

矿 别		$3_\text{上}$		3		$16_\text{上}$		17	
		ΔT（点数）/℃	等级	ΔT（点数）/℃	等级	ΔT（点数）/℃	等级	ΔT（点数）/℃	等级
鲍店				45～78（13）	1	12～24（7）	3	8～30（6）	2～4
东滩	精查	13～40（5）	2～3	14～52（5）	1～3	15～31（5）	2～3	16～22（4）	3
	精补	13～26（4）	2～3	6～52（7）	1～4	15～35（7）	2～3	16～36（6）	2～3
北宿						25（4）	3	22（3）	3

5. 地温

据兖州煤田钻孔测定，非煤系地层地温梯度较小，一般为 1.6 ℃/hm；煤系地层地温梯度相应增大，一般为 2.7 ℃/hm。综合平均地温梯度为 2.44 ℃/hm。通常 -650 m 以上层段的地温不超过 31 ℃，属正常地温区；-650～-900 m 层段的地温为 31°～37 ℃，属 Ⅰ 级高温区；-900 m 以深的地温将超过 37 ℃，属 Ⅱ 级高温区。

3.2.7 储量

截至 2002 年底全公司煤炭地质储量 397.385×10^6 t，其中能利用储量（A＋B＋C＋D）3236.379×10^6 t，工业储量（A＋B＋C）3016.052×10^6 t，远景储量（D）220.327×10^6 t，暂不能利用储量 737.456×10^6 t，可采储量 1910.509×10^6 t，可采量中"三下"压煤量 1138.518×10^6 t，占可采量的 59.6%。

4 兖矿综机装备典型配套

为了进一步提高我国综采技术竞争力，适应兖矿集团发展的需要，多年来，兖矿集团结合矿区实际，组织开展了高产高效综采成套技术与装备的研究与应用。先后承担了国家"九五"、"十五"等重大科技攻关项目。在对工作面设备的配套技术进行深入研究的基础上，对综机设备实施了成功配套，最大限度地发挥了成套装备与技术的综合效能，实现了工作面的高产高效。

本章主要描述兖州矿区多年来实践应用过的典型工作面综机设备的成功配套，分析综机设备的使用地质条件、设备参数与性能结构、设备配套关系，并对所实施的综机设备配套进行分析评价，为综机配套技术的发展提供成功经验与理论指导。

4.1 兖矿第一代综放成套装备（年产 2 Mt）

4.1.1 概述

兖矿集团的综采发展是从引进国外进口综采设备起步的。最初主要是日本、英国和原联邦德国的单一分层综采设备，随后对这些设备进行了国产化替代。但当时的国产化过程仅仅是以简单的仿制为主，并未在设备的能力和性能上有什么提高，煤炭生产状况一直在低水平上徘徊。这种低投入、低产出的状况从 20 世纪 70 年代末期一直延续到 90 年代初期。

进入 20 世纪 90 年代初期，在经历了 12 年普通综采生产，综机设备因老化等原因造成设备的机电事故率居高不下，严重制约着生产发展的情况下，兖矿集团开始对放顶煤采煤工艺进行大胆的探索和研究。1991 年，兖矿集团在兴隆庄煤矿 5306 工作面试验综采放顶煤技术获得成功，由此形成了兖矿第一代综机成套装备，于 1992 年迅速在矿区推广，揭开了煤炭生产大发展的序幕。第一代综机装备的应用成功为兖矿集团进行低投入、高产出的高效生产提供了有利的技术支持，同时为国内类似条件矿区综放开采成套设备的研究提供了示范作用。

4.1.2 综放工作面基本条件

4.1.2.1 试验工作面地质条件

5036 工作面所采煤层为二叠纪山西组 3 煤层，区内由于受古河床冲刷带的影响，其厚度变化较大，一般为 3.9～9.1 m，平均厚度为 7.83 m；地质储量为 6.67×10^5 t；煤层内含 1～2 夹层矸，厚度为 30 mm 左右；煤层普氏系数 $f = 2.44$；煤层有自然发火倾向，发火期为 3～6 个月；煤尘有爆炸危险；煤的挥发指数为 39.8%；煤层孔隙率为 2.8%～4.2%；煤层赋存平缓，埋藏深度为 391～433 m；基本顶为浅灰色中砂岩，厚 30.6 m，呈下硬上软分布；伪底为黑色泥浆，遇水膨胀，厚 0.2～0.7 m，平均为 0.3 m；底板为浅灰色细砂岩。

该工作面位于五采区东北部，下部以 9 m 断层为界，上部距 5300 轨道巷 60 m 停采，西邻 5305 采空区,东部为原生煤体。

4.1.2.2　工作面参数

工作面长度	163.1 m
推进长度	394.2 m
工作面平均倾角	4°
推进方向平均仰角	5.9°
工作面机采高度	2.8 m
放顶煤高度	3.14 ~ 6.3 m,平均 5 m
采放比	1:1.83

4.1.3　综放工作面的总体配套

5306 工作面配置的放顶煤液压支架是利用现有的 ZZP5200/17/35 型铺底网支架改造而成的低位放顶煤液压支架。工作面两端各配置两架排头支架,排头支架是根据放顶煤支架及前、后部输送机机头、机尾所需要支护空间的大小设计的新型支架。主要的配套设备见表 4 - 1。

表 4 - 1　主要的配套设备的组成

编　号	名　　称	型　　号
1	中间支架	ZFS5200/17/35
2	排头支架	ZFG5200/18/32
3	采煤机	AM500
4	工作面前部刮板输送机	SGZ - 764/264W
5	工作面后部刮板输送机	SGZ - 764/320D
6	转载机	SZB - 764/132
7	工作面巷道带式输送机	SDJ - 150
8	泵站	MRB - 125/31.5

设备配套图如图 4 - 1 至图 4 - 3 所示。

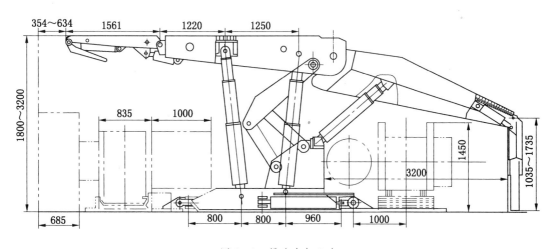

图 4 - 1　排头支架配套

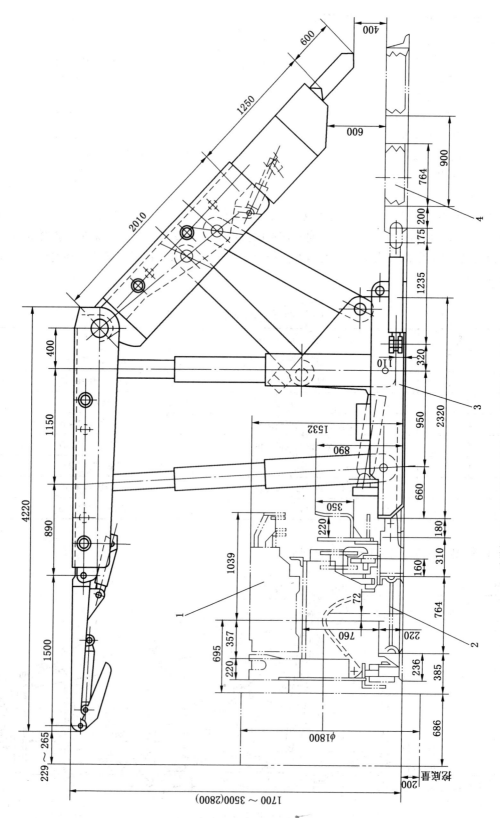

图 4-2 工作面中部设备配套

1—采煤机; 2—前部刮板输送机; 3—放顶煤液压支架; 4—后部刮板输送机

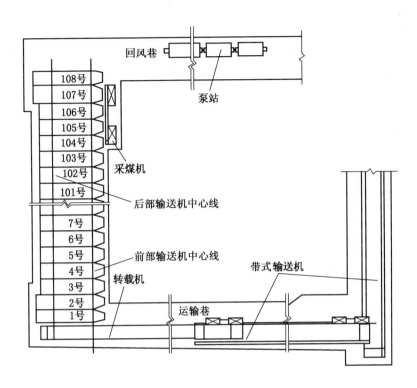

图 4-3 工作面设备布置图

4.1.4 工作面主要配套设备

4.1.4.1 ZFS5200/17/35 型支架

1. 支架的主要技术参数

型号	ZFS5200/17/35
支撑高度	1700~3500 mm
初撑力	4410 kN
工作阻力	5200 kN
支护强度	0.87 MPa
放煤插板伸缩量	600 mm
放煤尾梁长度	1250 mm

2. 支架的主要特点

5306 工作面放顶煤液压支架是由铺底网液压支架改造成的低位放顶煤支架。放煤是通过插板的伸缩和尾梁的摆动来实现的。改造后的支架具有以下特点：

（1）尾梁可上摆5°、下摆30°，由2个缸径为125 mm的千斤顶带动。尾梁上带有插板，插板具有放煤和保护后部输送机的功能。插板宽1200 mm，行程为600 mm，由2个直径为80 mm的推拉千斤顶带动。插板前端具有锥形齿，可用于破碎大块煤。

（2）对掩护梁上的尾梁摆动千斤顶耳座进行了加固和扩孔，使千斤顶耳座及销轴具有足够的强度。

（3）为解决后部刮板输送机的推拉问题，在支架底座箱两侧增焊了千斤顶耳座，增设了直径为100 mm、行程为900 mm的后部刮板输送机推拉千斤顶。

（4）增设了放煤口喷雾和架前喷雾装置。放煤口由左、右两组喷嘴（每组4个）组成，喷雾覆盖面积大，效果好。架前有 2 个喷嘴，在移架及采煤机过后进行喷雾。

（5）液压系统更加完善，增设了插板千斤顶、后推移千斤顶的操纵、控制系统，并实现了尾梁下摆时插板千斤顶自动缩回的联动功能，可有效地防止插板与输送机干涉。

（6）具备完善的低位放顶煤功能。

4.1.4.2 ZFG5200/18/32 型支架

1. 支架的主要技术参数

型号	ZFG5200/18/32
支撑高度	1.8 ~ 3.2 m
初撑力/工作阻力	4410/5200 kN
支撑强度	0.69 MPa
底板比压	1.7 MPa

2. 支架的主要特点

本工作面采用的 ZFG5200/18/32 型排头支架是兖矿集团与郑州煤机厂联合开发的一种新型支架，它较好地满足了前、后部输送机机头、机尾对支护空间的需要。

（1）支架四连杆机构设置在立柱中间，并采用反四连杆结构，从而增大了支架的后部空间。

（2）大跨度的掩护梁由 2 个缸径为 200 mm 的千斤顶支撑。在此千斤顶的作用下，掩护梁可上、下摆动，以满足不同采高后部输送机机头、机尾的支护需要。

（3）掩护梁尾部增设了挡矸尾梁及辅助支撑千斤顶，辅助支撑千斤顶可较大地增加掩护梁的稳定性。

（4）前、后部推拉千斤顶分别采用直径为 160 mm，拉力为 350 kN，推力为 632 kN 和直径为 1140 mm，推力为 477 kN，拉力为 301 kN 的大缸径千斤顶，从而保证支架具有足够的推拉力。

（5）液压系统具有尾梁支撑千斤顶升柱时，辅助支撑千斤顶上腔进液的联动功能；具有掩护梁千斤顶升柱时，辅助支撑千斤顶上腔进液的联动功能。

4.1.4.3 SGB - 764/264W 型前部刮板输送机

1. 刮板输送机的主要技术参数

型号	SGB - 764/264W
电动机功率	2 × 132 kW
输送能力	700 t/h
链速	1.12 m/s

2. 刮板输送机的主要特点

为了使 SGB - 764/264W 型刮板输送机与放顶煤液压支架相匹配，对其进行了改造，改造后的输送机具有以下特点：

（1）加高了机尾推移装置，使减速箱输出轴高度由原来的 405 mm 提高到 710 mm；把推移横梁与支架的连接耳座缩短至减速器、电动机的下端，从而减小过渡支架与中间架的滞后量。

（2）机头推移横梁的连接孔至刮板输送机中心线的距离由 1542 mm 缩短至 942 mm，减小了过渡支架的滞后量。

（3）由于机尾的抬高增加了机尾过渡槽，所以改造了相应的挡煤板、铲煤板。

（4）机头、机尾推移横梁由分体改为整体横梁，并增加了强度。

4.1.4.4 SGZ – 764/320D 型后部刮板输送机

1. 刮板输送机的主要技术参数

型号	SGZ – 764/320D
电动机功率	2×160 kW
输送能力	700 t/h
链速	0.95 m/s

2. 后部刮板输送机的主要特点

SGZ – 764/320D 型后部刮板输送机是由 SGZ – 764/400 型输送机改制而成的。为了满足与放顶煤液压支架的配套要求，对其结构做了以下相应改变：

（1）由于当时双速电动机及其相配套的双速开关事故率较高，又考虑到后部输送机维修困难的特点，将原机型的 200 kW 双速电动机改为 160 kW 单速电动机，增加了设备的可靠性。

（2）机头、机尾推移横梁连接销孔到刮板输送机中部槽中心线的距离，由原 1350 mm 缩短至 1000 mm，减小了过渡支架的支护空间。

（3）增设了 750 mm 长的调节槽，使输送机推移耳座与架间后拉移千斤顶相对应。

（4）输送机靠支架侧设有挡煤板。

（5）减速箱增设了外冷却系统。

4.1.4.5 AM500 型采煤机

1. 采煤机的主要技术参数

型号	AM500
采高	2.5 ~ 3.5 m
截深	685 mm
电动机功率	2×375 kW
牵引速度	0 ~ 7.25 m/min

2. 采煤机的主要特点

采煤机为 AM500 型采煤机，其性能及特点与分层开采的采煤机没有区别，为了解决放顶煤工作面煤尘大的问题，增加了外喷雾喷嘴的数量，扩大了喷雾面积。

4.1.4.6 SZB – 764/132 型转载机

SZB – 764/132 型转载机的主要技术参数：

型号	SZB – 764/132
电动机功率	132 kW
输送能力	700 t/h
链速	1.34 m/s

4.1.4.7 SDJ – 150 型带式输送机

SDJ – 150 型带式输送机的主要技术参数：

型号	SDJ – 150
电动机功率	2×75 kW
输送能力	630 t/h
链速	1.9 m/s

4.1.4.8 MRB - 125/31.5 型泵站

MRB - 125/31.5 型泵站的主要技术参数：

型号	MRB - 125/31.5
输出压力	31.5 MPa
输出流量	125 L/min

4.2 兖矿第二代综放成套装备（年产3 Mt）

4.2.1 概述

随着兖矿集团对放顶煤采煤工艺进行大胆的探索和研究，使综采放顶煤开采技术得到了迅猛发展，通过对综机成套设备的深入研究与应用实践，取得了越来越多的成果，工作面单产不断提高。在第一代综放成套装备应用成功的基础上，兖矿集团又进行了第二代综机设备的成功配套，并研制开发了放顶煤液压支架，为同类地质条件下综放开采的综机配套提供了借鉴。

4.2.2 综放工作面基本条件

兴隆庄煤矿4320综放工作面地面标高为 +45.23 ~ -395.5 m，所采煤层为山西组底部的第3煤层，煤层产状平缓，煤层稳定，结构复杂，夹一层0.03 m厚的炭质细砂岩夹矸，煤厚大且变化小，裂隙发育地段易片帮、冒顶。煤岩成分以亮煤为主，含暗煤和镜煤，属半亮半暗煤；煤质属低硫、低灰、高发热量的气煤，可作为良好的动力煤和炼焦配煤。

（1）煤层厚度为8.15 ~ 8.95 m，加权平均厚度为8.56 m。

（2）沿工作斜面倾向煤层倾角为2°31′ ~ 11°53′，其中开切眼处煤层倾角为2°31′，沿工作面推进方向煤层倾角为0° ~ 11°。

（3）煤层普氏系数 f = 2.3，单向抗压强度为43 MPa。

（4）低瓦斯矿井。

（5）煤尘有爆炸危险性。

（6）煤层有自然发火倾向，自然发火期为3 ~ 6个月。

（7）顶板为基本顶，来压明显，直接顶为中等稳定的Ⅱ级2类顶板。煤层顶底板情况见表4 - 2。

表4 - 2 4320综放工作面煤层顶底板情况

顶底板名称	岩石名称	厚度/m	岩 石 特 征
基本顶	中砂岩	24.7	灰白色，钙泥质胶结，成分以石英为主，长石次之
直接顶	粉砂岩	8.8	深灰色，缓波状层理，裂隙发育，含植物化石
直接底	泥岩	0.9	深灰到灰褐色，遇水变软
基本底	粉砂岩	6.5	深灰色，水平层理，灰白色，钙泥质胶结，斜层理
	细砂岩	14.5	

（8）地质构造。4320工作面煤层总体呈一单斜构造，构造简单，发育次一级波状起伏，煤层北高南低。从开切眼推进400 m左右为一向斜轴，轴向近东西，向斜轴部易富

水,裂隙发育,回采至此易发生顶板砂岩突水。工作面终采线处发育辅子支二断层,工作面运输巷终采线外100 m发育了4318F_1断层,断层情况见表4-3。

表4-3 4320综放工作面断层构造一览表

断层名称	走向/(°)	倾向/(°)	倾角/(°)	性 质	落差/m	对采掘影响
4318F_1	179	269	44~66	正	3.0	有一定影响
辅子支二	161	251	65~75	正	5.0	有一定影响

(9)水文地质。根据地质部门提供的资料,该工作面回采时最大涌水量为1.0 m^3/min,正常涌水量为0.5 m^3/min。因此,该工作面回采时应加强疏排水工作。

(10)煤层的自然发火及瓦斯情况,4320工作面回风巷与采空区相邻(4318工作面),因此,防止采空区瓦斯大量涌出是搞好该工作面瓦斯控制的关键。该工作面煤层有自然发火倾向,煤的自然发火期为3~6个月;煤尘有爆炸危险性,挥发分指数为35.37%,地温为26 ℃,因此必须做好通防工作。

(11)储量。4320工作面,净斜长为164.652~168.281 m,平均为166.503 m。该工作面工业储量为297.35×10^4 t,可采储量为249.5×10^4 t。

4.2.3 综放工作面的总体配套

综放工作面总体配套设备见表4-4。

表4-4 综放工作面总体配套设备

编 号	名 称	型 号
1	中间支架	ZFP5400/17/32
		ZFS5600/17/35
2	排头支架	ZFG5400/18/32
3	采煤机	AM500
4	工作面前部刮板输送机	SGZ-764/500WK
		SGZ-830/630
5	工作面后部刮板输送机	SGZ-764/400H
		SGZ-830/630H
6	转载机	SZZ830/200
		SZZ960/250
7	工作面巷道带式输送机	SSJ1200/2×200
8	乳化液泵	DRB200/31.5
		GRB315/31.5

工作面设备配套如图4-4至图4-6所示。

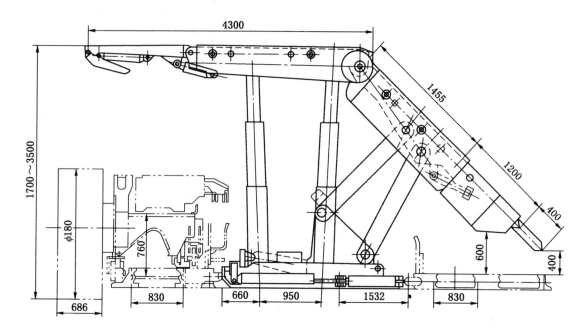

图4-4 中部断面图

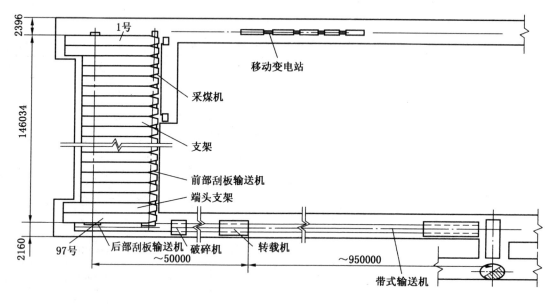

图4-5 工作面设备布置图

4.2.4 工作面主要配套设备

ZFP5400/17/32型放顶煤液压支架是根据我国厚煤层地质条件，吸收国内外开采的经验和教训，由郑州煤机厂设计的一种支撑掩护式的低位放顶煤支架。

支架的主要特征：支架掩护梁上铰接尾梁机构，放煤装置主要由尾梁体、小插板组

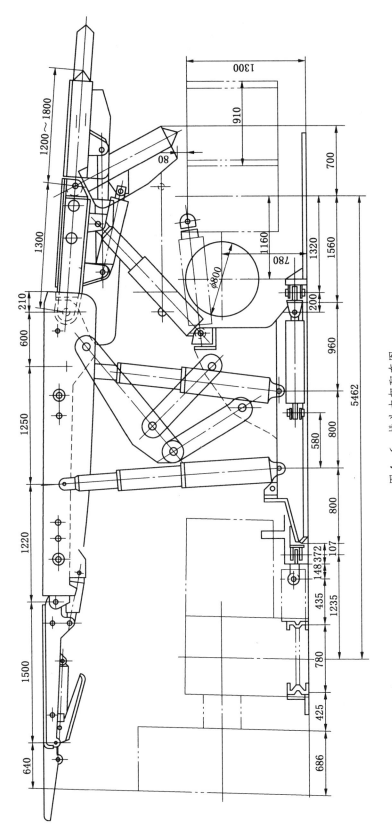

图 4－6　排头支架配套图

成，通过尾梁的摆动和小插板的启闭控制顶煤垮落，小插板还具有用于破碎大块煤和排放大块煤的作用，采煤机采下的煤由支架前部输送机运出，尾梁摆动排放的顶煤由支架支护的后部刮板输送机运出。

4.2.4.1 ZFP5400/17/32 型支架

1. 支架的适应条件

ZFP5400/17/32 型支架主要适用于水平和缓斜煤层沿底板一次开采长壁垮落回收顶煤的综采工作面，也可用于急倾斜特厚煤层水平分层放顶煤综采工作面，其具体使用范围如下：

（1）顶板。随采随冒的破碎或中等稳定的顶板，直接顶较完整。

（2）煤层。节理发育，煤质中硬以下，易于破碎和冒落。

（3）煤厚。缓倾斜煤层厚度为 5 ~ 12 m，水平分阶段厚度为 10 ~ 12 m，采放比大于 1。

（4）煤层倾角小于 15°，当大于 15°时，要安装防倒、防滑装置。

2. 支架的组成

支架金属结构件主要有顶梁、前梁、掩护梁、底座、尾梁、前连杆、后连杆和推移装置等组成；液压元件主要由立柱、推移千斤顶、前梁千斤顶、侧推千斤顶、尾梁千斤顶、插板千斤顶、移后刮板输送机千斤顶等组成。

3. 支架的主要技术参数

型号	ZFP5400/17/32
型式	支撑掩护式
操作方式	邻架操作
支架	
高度	1700 ~ 3200 mm
宽度	1430 ~ 1600 mm
中心距	1500 mm
工作阻力	5400 kN(32.5 MPa)
初撑力	5200 kN(31.3 MPa)
支护宽度	1500 mm
支护强度	0.74 MPa
支护面积	7.2 m²
底座面积	2.67 m²
底板比压	1.92 MPa
适应倾角	<15°
质量	19 t
立柱	
缸径	230 mm
活柱直径	220 mm
活柱行程	845 mm
加长杆直径	180 mm
加长杆行程	645 mm
初撑力	1300 kN(31.3 MPa)

工作阻力	1350 kN(32.5 MPa)
前梁千斤顶	
缸径	140 mm
活塞杆直径	85 mm
行程	140 mm
初撑力	482.75 kN
工作阻力	500.2 kN(32.5 MPa)
侧推千斤顶	
缸径	63 mm
活塞杆直径	40 mm
行程	170 mm
初撑力	97.3 kN(31.3 MPa)
工作阻力	47.7 kN
推移千斤顶	
缸径	160 mm
活塞杆直径	105 mm
行程	700（850）mm
推移刮板输送机力	358.98 kN(31.3 MPa)
拉架力	630.53 kN(31.3 MPa)
尾梁千斤顶	
缸径	160 mm
活塞杆直径	105 mm
行程	382 mm
初撑力	628 kN(31.3 MPa)
工作阻力	662 kN(32.5 MPa)
插板千斤顶	
缸径	80 mm
行程	600 mm
推力	157 kN(31.3 MPa)
拉力	107.4 kN(32.5 MPa)
移后刮板输送机千斤顶	
缸径	125 mm
杆径	70 mm
行程	900 mm
推力	383 kN
拉力	263 kN
护帮千斤顶	
缸径	100 mm
杆径	60 mm
行程	358 mm
推力	125 kN
拉力	258.5 kN

4. 支架的主要特点

ZFP5400/17/32 型支架是一种支撑掩护式低位放顶煤支架，靠 4 根立柱来支撑顶梁承受顶板的垂直压力，四连杆机构能够较好地承受顶板的水平分力，并规范支架的运动轨迹。该型支架的主要特点：

（1）尾梁体能上下摆动，小插板能伸缩，便于放煤、破煤、封矸。

（2）后部输送机处空间较大，能顺利输送放下的顶煤和移架。

（3）支架管路布置合理，支架立柱左右间距小，而前后间距较大，便于过人和清除支架后部浮煤并处理后部输送机故障。

（4）顶梁和掩护梁采用单向活动侧护板。

（5）小插板千斤顶为敞开式布置，该装置与尾梁摆动联动，同时设有与其联动的后部架间喷雾，用以对后部输送机降尘。顶梁上装有手动喷雾装置。

4.2.4.2　ZFG5400/18/32 型排头支架

支架的主要技术参数：

型号	ZFG5400/18/32
支撑高度	1800 ~ 3200 mm
初撑力/工作阻力	4410/5400 kN
支撑强度	0.7 MPa
底板比压	1.7 MPa

4.2.4.3　AM500 型采煤机

本工作面选用仿 AM500（改）型可调高双滚筒无链牵引采煤机，其主要技术参数如下：

截深	0.686 m
采高	1.8 ~ 3.5 m
电机功率	2 × 375 kW
牵引速度	0 ~ 7.2 m/min
安装采煤机切口规格	15000 mm × 2000 mm × 2800 mm

4.2.4.4　SGZ - 764/500WK 型前部刮板输送机

SGZ - 764/500WK 型中双链刮板输送机是综合国内外 20 世纪 80 年代同类刮板输送机之优点，结合我国煤矿具体情况而研制的一种国内首创新型的刮板输送机。此输送机在同类输送机的基础上，功率增大，改变了框架联接销的结构，克服以往框架用联接销在内侧依靠中部槽限位所带来的缺点，使之结构上更合理。该机主要适用于倾斜、缓倾斜长壁式回采工作面，与采煤机、液压支架配套使用，可实现回采工作面的破煤、装煤、运煤、支护、综合采煤机械化。

1. 输送机的适用条件

本机作为工作面前部输送机使用，后部输送机为 SGZ - T64/320D（改）型中双链刮板输送机。与本机相配套的运输设备有：SZZ830/200 型桥式转载机，SSJ1200/2 × 200（Ⅲ）型伸缩带式输送机。配套采煤机为 AM500 型双滚筒采煤机。

2. 输送机的组成部分

本输送机主要有：机头、机尾传动部、中部槽、过渡槽、托架、刮板链、电缆槽、组装齿条等部分组成。

采用的驱动装置属于单侧双端驱动。传动部的减速器、液力联轴器和弹性联轴器组件等均装在机头、机尾架的靠液压支架侧。

3. 输送机的主要技术参数

出厂长度	200 m
输送量	1000 t/h
刮板链速度	1.129 m/s
卸载方式	端卸
传动装置布置方式	单侧双端平行布置
水平弯曲角	1.2°
垂直弯曲角	3°
电动机	
型号	YBSS - 250
功率	2 × 250 kW
转速	1477 r/min
电压	1140 V
电流	153 A
冷却方式	水冷
减速器	
型号	12JE
速比	33.23:1
输入功率	250 kW
输入转速	1477 r/min
额定输入扭矩	1943 kN·m
润滑油牌号	150 号极压齿轮油
注油量	45 L
换油周期	150 d
冷却方式	水冷
刮板链	
型式	中双链
圆环链规格	2 - φ30 mm × 108 mm
每条圆环链破断拉力	1107.4 kN
链条中心距	130 mm
刮板链段长度	32940 mm
刮板间距	1080 mm
中部槽	
尺寸(长×宽×高)	1500 mm × 764 mm × 222 mm
无缝牵引装置	
型式	滚轮齿条式
齿条节距	191.5 mm
齿高	128 mm
液力耦合器（液力联轴器）	
型式	YOX600
额定功率	250 kW
充油量	33.6 L

工作液体	22 号汽轮机油
紧链装置	闸盘
整机总重	306 t

4. 输送机的主要特点

（1）机头传动部是主机的动力源之一，它主要以机头为基础，根据不同工作面的需要，可以在机头的左侧或右侧用 6 个 M30 的螺栓将减速器—耦合器罩—电动机等组件联为一体。

（2）机头主要以落地的垫架为基础，用螺栓将机头架与其联为一体，机头轴则用拆装方便的螺栓压块将其压紧在机头架，上掉链装置只要取下销子即可拆除，桥式转载机置放在垫架的前凹部空间。

（3）机头架是机头轴、过渡托架（槽）及其他相应联接件的基础，它是由不同规格的优质碳素结构钢板组焊而成，具有很高的强度和刚性。

（4）机头轴是整个输送机运动链中的关键部件，它主要是由轴将轴承、轮、钢套等联为整体，其动力是从一端的外花键轴输入，轴承座、密封件、链中的链轮是采用合金结构锻造而成，为了增强其强度和延长寿命，采用本体调质和表面硬化处理。一般在投入使用后，建议半年左右，调换链轮的安装方向，改变其受力齿面可延长使用寿命。

（5）拨链器是输送机的关键部件之一，它的主要作用是强制圆环链在链轮的正常分离点退出链轮，并及时消除夹在链轮槽内的夹持物，保持链轮和刮板链的正常啮合。拨链器主要由盖板、拨叉组成，为了延长使用寿命，在拨叉的两背面堆焊有高锰钢耐磨层，并可用堆焊修复，拨链器和机架之间用柱销联接，其上用压板盖上。

（6）上掉链装置在机头两侧均有安装。其功能是当脱离链道的刮板链运行到左右上掉链装置时，刮板将会沿上掉链装置下方预设的斜面向上运行，将左右弹簧板顶起，从而引导刮板链进入链道。当刮板进入正常链道后，弹簧板在弹簧力的作用下迅速复位，又为刮板链预设平坦的运行轨道，为了保证其正常工作，使用时应在弹簧套内注满油脂。

（7）减速器是输送机的关键部件，运动链的理想速度是由它来实现的，该减速器采用伞齿轮、圆柱齿轮的三级圆锥圆柱齿轮的减速器，圆锥齿轮为优质合金钢锻造毛坯，齿面经表面硬化处理和硬齿面刮削成形为格林根堡齿制，圆柱齿轮的材料为优质合金结构钢锻造毛坯，齿面经表面硬化处理和磨齿，圆锥齿轮的使用寿命在 6000 h 以上，其他齿轮均在 10000 h 以上。减速器箱体为高强度球墨铸铁铸造而成，为剖分式上下对称结构，可以在机头两侧互换安装使用，但不论何种安装均需将减速器透气塞装在减速器上端，而将磁性油塞装在下面。

4.2.4.5 SGZ-830/630H 型后部刮板输送机

1. SGZ-830/630H 型后部刮板输送机的适用条件

SGZ-830/630H 型侧卸式可弯曲刮板输送机是综合机械化采煤工作面的主要配套设备，总功率为 630 kW。该机适用于缓倾斜中厚煤层长壁式开采放顶煤工作面输送煤炭。与滚筒式无链牵引采煤机、液压支架、转载机、破碎机、巷道可伸缩带式输送机及电控装置等相配套，实现回采工作面的破煤、装煤、运煤、移动刮板输送机和顶板支护等工序的综合采煤机械化。

2. SGZ-830/630H 型后部刮板输送机的主要组成

本输送机主要由机头、机尾传动部、中部槽、刮板链、调节链、机头、机尾推移部等组成。

3. SGZ - 830/630H 型后部刮板输送机主要的技术参数

设计长度	200 m
输送量	1200 t/h
刮板链速度	1.03 m/s
电动机	
型号	KBYD315/160 - 4/8 型矿用双速电动机
功率	2×315 kW
电压	1140 V
转速	1478/734 r/min
减速器	
型号	27JS - 315Ⅲ型
传动比	1:36.207
刮板链	
型式	中双链
圆环链规格	2 - 30×108 - C
圆环链破断负荷	≥1107.4 kN
刮板链中心距	140 mm
刮板链段长度	30132 mm
刮板间距	1080 mm
中部槽	
尺寸(长×宽×高)	1500 mm×830 mm×290 mm
联接型式	联接环联接
紧链装置型式	闸盘紧链
总重	254582 kg

4.2.4.6 SZZ830/200 型转载机

SZZ830/200 型转载机是在综合机械化采煤工作面输送机和巷道可伸缩带式输送机之间起转载输送煤炭作用的设备。使用转载机后，可以避免带式输送机机尾的频繁移动，从而保证工作循环的正常进行，提高生产效率。

1. SZZ830/200 型桥式转载机的适用条件

主要用于高产、高效综合机械化采煤工作面巷道转载输送煤炭，可与两台 SGZ - 730/900 型、SGZ - 764/320D 型、SZ764/400 型、SGZ - 764/500 型（前采后放顶煤），以及单台 SGZC830/630 型等工作面刮板输送机，LPS - 1500 型轮式破碎机及相适应输送带宽度 $B=1200$ 的可伸缩带式输送机配套使用，根据采煤工艺的不同与不同的工作面输送机（是否有端头支架等）相配时，只需对转载机机尾、落地段挡板等作相应的变动，即可达到目的。使用时将转载机的小车搭接在带式输送机机尾的导轨上，并能沿其作整体移动，使转载机随工作面输送机的推移步距作整体调整，从而使煤炭由工作面输送机经桥式转载机转载到可伸缩带式输送机上运走。

工作面与 SZZ830/200 型桥式转载机配套的运输设备有运输机 SGZ - 764/500WK 型和 SGZ - 764/320D（改）型，破碎机 LPS - 1500 型。

2. 转载机的组成

主要由行走部、机头传动部、机头挡板、悬空段挡板、爬坡段挡板、落地段挡板、中部槽、过渡槽、刮板链、机尾等组成。其中行走部由支撑板、限位板、浮桥、轮架及车轮组成。传动部由减速器、链轮轴组、机架头等组成。

3. 转载机的主要参数

输送量	1500 t/h
设计长度	50.4 m（包括破碎机 3 m）
出厂长度	50.4 m（包括破碎机 3 m）
刮板链速度	1.44 m/s
与带式输送机有效搭接长度	13.3 m
刮板链	
型式	中双链
圆环链规格	2 – φ30 mm × 108 mm C 级
链条间距	180 mm
单条链条破段负荷	≥1107.4 kN
刮板间距	864 mm
中部槽	
尺寸（长 × 宽 × 高）	1500 mm × 830 mm × 260 mm
电动机	
型号	YBKYS – 200（水冷）
功率	200 kW
转速	1478 r/min
电压	1140 V
减速器	
型式	三级圆锥、圆柱齿轮减速
传动比	25.238∶1
冷却方式	自然空冷
紧链装置	闸盘紧链
整机总重	69 t（不包括破碎机）

4. 转载机的主要特点

（1）链轮轴组的结构主要由轴承盖、轴承、链轮、胀套、浮封环等组成，其中链轮为合金钢整体锻造，加工齿形、齿面淬火处理，链轮与轴的连接采用 JB/T 7934—1999 胀套联接，主要是为了便于拆装维修更换链轮（注：当组装链轮拧紧胀套时应严格遵守 JB/T 7934—1999 胀套安装的标准，以达到拧紧螺栓的力矩为 230 N·m，否则将达不到设计要求传递的扭矩）。链轮轴两端各装有一套双列向心球面短圆柱滚子轴承，轴承密封采用外购的高硬度合金铸铁浮封环及相应的 O 形密封圈，提高了密封性能。

（2）机头架结构，其外形采用长方形前开口式，保证机头链轮轴组（在不拆减速器的情况下）拆卸，有利于检修。机头架两侧板采用铸钢耐磨侧板，增加了整个机头架的刚性。为保证卸煤流畅，在保证整机高度尽可能低，同时又满足带式输送机机尾空间情况下，机头架上中板角度仅为 2.96°，大大提高了机头的卸载性能。

（3）拨链器、护板为焊接结构件，拨链器拨叉插入链轮齿的沟槽内，使刮板链的链条与链轮能顺利地啮合与分齿，其作用是防止链环卡在链轮沟槽内而不能在正常分离点脱开。拨链器的装配形式为压块式，就是将拨链器尾部垂直放入机头架中的支座中，然后再放入压铁（18Z0401-03），最后用护板（18Z0401-04）盖住，并用4条M24螺栓将其与机头架上支座中的长槽联接为一整体，达到同时固定拨链器与护板的功能。拨链器、护板与机头架及链轮轴组的装配关系。

（4）机头挡板包括机头左挡板、机头右挡板和加高挡板等组成。其中加高挡板是为补偿机头架侧板高度，同时又分别与机头架，过渡左、右挡板，以及机头左、右挡板联接的焊接结构件。机头左、右挡板是为满足机头往带式输送机上卸煤之用，其中机头左挡板中和机头右挡板中将分别与机头架及加高挡板联接，使之成为一体，而机头左挡板和机头右挡板相对于机头架的夹角可以有160°和170°两种夹角，以满足不同卸载煤流的需要，便于将煤卸在带式输送机的中央。

（5）过渡槽采用耐磨铸造槽帮钢和耐磨钢板组焊而成，其上中板倾角仅为2.96°，与机头架上中板角度一致。此过渡槽为单体，其作用是为了使中部槽与机头架通过过渡挡板正确对接，达到刮板平滑过渡的目的。过渡槽前端通过2个φ50 mm的定位销与机头架定位，过渡槽两侧面与挡板联接，各用8条M30螺栓与之联接。

4.2.4.7　SSJ1200/2×200型伸缩带式输送机

1. 输送机的适用条件

本机主要用于高产高效综采工作面的巷道运输。也适用于-3°~+5°的一般平巷运输。本机配套的电气设备均具有隔爆性能，适用于有煤尘及瓦斯的矿井。

2. 输送机的组成

SSJ1200/2×200（Ⅲ）型伸缩带式输送机由卸载架、传动架、驱动装置、储带仓架、张紧装置、收放输送带装置、机身、机尾及机尾移动装置等部件组成。

3. 输送机的主要技术参数

运输能力	1600 t/h
运输长度	1000 m
输送带速度	3.15 m/s
输送带	
宽度	1200 mm
径向拉断强度	≥1200 N/mm
主电动机	
型号	YB355C$_2$-4
功率	200 kW
电压	1140 V
转速	1485 r/min
传动滚筒直径	830 mm
卸载滚筒直径	824 mm
电力液压推杆制动器	
型号	YWZ-500/90
制动力矩	2500 N·m
制动轮直径	500 mm

电机功率	0.25 kW
电机电压	660 V
改向滚筒直径	500 mm
托辊直径	133 mm
缓冲托辊直径	159 mm
液力耦合器型号	TVA562
减速器	
型号	QSC450 – 20
速比	20.196:1
储带长度	100 m
有效搭接长度	16.2 m
张紧装置	
减速器型号	ZSY250 – 100 – M
电动机型号	YB160L – 6
电动机功率	11 kW
电压	1140 V
绳速	12.68 ~ 15.6 m/min
牵引力	40 ~ 50 kN
电力液压推杆制动器型号	YWZ – 200/25
电机功率	11 kW
电机电压	660V
收放输送带装置	
减速器型号	SCWU200 – 63
电动机型号	YBK160M$_2$ – 8
电动机功率	5.5 kW
电压	1140 V
平均卷带速度	0.42 m/s
机头部尺寸(长×宽×高)	8895 mm × 3070 mm × 2070 mm
机尾部尺寸(长×宽×高)	18300 mm × 1922 mm × 821 mm
整机总重	约174 t

4. 输送机的主要特点

（1）为便于多台搭接与卸载，在机头的前端伸出一个三角形的卸载架，它由挡板、铲式清扫器、卸载滚筒、横梁、犁式清扫器等零部件组成。卸载滚筒置于卸载架前端，铸焊结构定轴式的卸载滚筒表面铸胶，两轴端有注油孔，以便定期给轴承加油。卸载滚筒轴线位置可通过调整螺钉前后移动，借以纠正输送带在滚筒上的跑偏。卸载滚筒下部装有新型铲式清扫器，用来清扫粘在输送带上的碎煤，另外在卸载滚筒的两侧设有挡板和安全护网。

（2）传动滚筒的卷筒采用铸焊结构，外部铸有"人"字形耐燃橡胶。传动滚筒与轴之间采用胀套连接，它的两个直角形轴承座安装在"一"形架上，便于井下安装、拆卸。

（3）游动小车由车架、改向滚筒、绳轮等零部件组成，它可在储仓内的导轨上根据张紧输送带或储带的需要而前后移动。在轨道端部两侧装有限位开关，以防游动小车越位。

（4）收放装置的传动装置由电机、减速器、顶尖轴等组成，电机功率为 5.5 kW，型号为 YBK160M2 - 8，减速器型号为 SCWU200 - 63。减速器输出轴上装有带拨叉的顶尖，与滑动小车上的顶尖支撑着卷筒。滑动小车上的顶尖轴可以通过两个手轮的转动前后、左右的移动来保证卷筒轴线与被卷输送带中心线的垂直，使卷带不偏斜。

（5）机身是带式输送机的主体部分，主要由 H 支架，纵梁及上、下托辊组等部件组成。"工"字钢焊成的 H 支架与槽钢横梁用嵌合结构能够快速装拆，定位性好。

（6）机尾部的移动采用液压缸牵引。该装置由牵引缸、牵引链、链盒、操纵阀等组成牵引缸由工作面液压泵站供液。

4.2.4.8 DRB200/31.5 型乳化液泵

（1）DRB200/31.5 型乳化液泵主要由机械传动部、泵头部、压力控制部三个部分组成。

DRB200/31.5 型乳化液泵为卧式五柱塞往复泵，由 125 kW 卧式四级防爆电动机驱动，经一级斜齿圆柱齿轮减速，带动曲轴旋转，再经过连杆滑块机构使曲轴的旋转运动转变为柱塞的直线往复运动，从而将电能转变为液压能。

（2）乳化液泵的主要技术参数：

公称流量	200 L/min
公称压力	31.5 MPa
柱塞直径	40 mm
柱塞数目	5
柱塞行程	62 mm
曲轴转速	548 r/min
电动机功率	125 kW
电压	1140/660 V
电动机型号	JDSB125

4.3 "九五"攻关成套装备

4.3.1 概述

在"九五"期间，兖矿集团承担了国家重大科技攻关项目"高产高效综放工作面总体设计"。通过对引进国外设备的消化、吸收，在总结"八五"期间普通综放配套设备经验的基础上，与有关科研机构、煤机制造厂家共同合作，成功研制出具备 20 世纪 90 年代国际先进水平的综采放顶煤设备，即"九五"攻关设备。

该套设备通过总体优化设计，具备高可靠性、高技术性能，达到在厚煤层、长工作面、长运距条件下日产万吨，ZFS6200/18/35 型放顶煤支架被原煤炭部列为定型产品，ZTF6500/19/32 型排头支架获中国及澳大利亚国家专利。该套装备为"九五"期间兖矿集团公司煤炭生产的主力装备机型。

4.3.2 综放工作面基本条件

4.3.2.1 工作面概况

5318 综放工作面位于兴隆庄矿五采区下部，西南为 5317 综放工作面，东北与 5319 工作面相邻，面长为 177.3 m，推进长度为 1642 m，埋藏深度为 458.8 ~ 525.3 m，可采储量为 3.38 Mt。

工作面地质构造简单，煤层总体为一单斜构造，所采煤层为山西组第 3 煤层。煤层厚度大且稳定，煤层厚度为 7.15~9.16 m，加权平均厚度为 8.28 m。工作面倾角为 0°~8°，沿工作面推进方向煤层倾角为 2°~16°，平均为 7°，煤层普氏系数 $f=2.44$，该面煤层顶板为 0.2 m 厚的泥岩，往上依次为粉砂岩（厚度为 2.06 m），中砂岩（厚度为 22.02 m）；煤层底板为 1.95 m 厚的泥岩，往下是粉细矿岩互层，厚度为 13.08 m。顶板为直接顶中等稳定，Ⅱ级 2 类，矿压显现明显。

4.3.2.2 工作面参数确定

工作面设计采高为 3 m，放煤高度为 5.28 m，走向长度大于 1500 m，采放比为 1∶1.76，可采储量为 3.38 Mt；工作面为倾斜长壁后退式综合机械化放顶煤开采；工艺流程为机头（尾）斜切进刀→上（下）行割煤→移支架→推前部输送机→放顶煤→拉后部输送机；放煤工艺采用端部斜切进刀，两刀一放双轮顺序放煤；作业方式采用"四六"工作制，即三个班出煤，一个班检修。

4.3.3 综放工作面总体配套

综放工作面总体配套见表 4-5。

表 4-5 工作面主要配套设备

序 号	名 称	数 量
1	ZFS6200/18/35 型放顶煤支架	114
2	ZTF6500/19/32 型排头放顶煤支架	6
3	MGTY400/900-3.3D 型电牵引采煤机	1
4	SGZ-960/750 型中双链刮板输送机	1
5	SGZ-900/750 型中双链后部刮板输送机	1
6	SZZ1000/375 型转载机	1
7	PCM200 型锤式破碎机	1
8	SSJ1200/3×200 型可伸缩带式输送机	1
9	ZY-3000 型自移装置	1
10	GRB315/31.5 型乳化液泵	2
11	DRB200/31.5 型乳化液泵	2
12	KPB315/16 型喷雾泵	2
13	HPB315/10 型喷雾泵	2

工作面设备布置如图 4-7 所示，工作面中部设备配套图如图 4-8 所示，机头、机尾设备布置图如图 4-9 所示。

1. 工作面巷道设备配套关系

（1）转载机中心线距巷道中心线向煤体偏 30 mm，人行通道转载机机头处大于 700 mm。

（2）前部输送机链轮中心到转载机中心线的距离为 750 mm，后部输送机链轮中心到转载机中心线的距离为 550 mm。

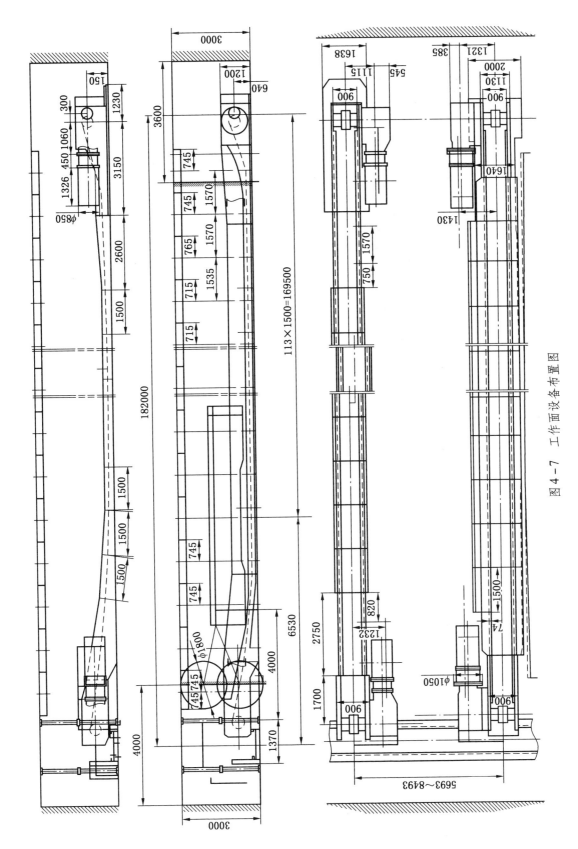

图 4 - 7　工作面设备布置图

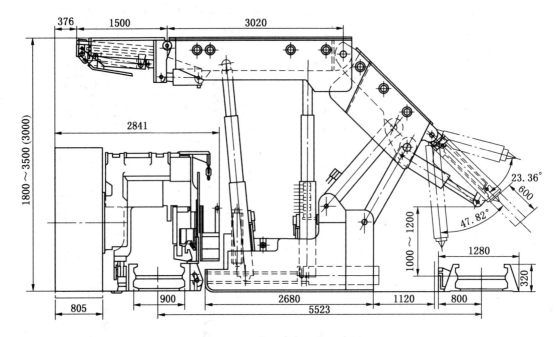

图 4-8 工作面中部设备配套图

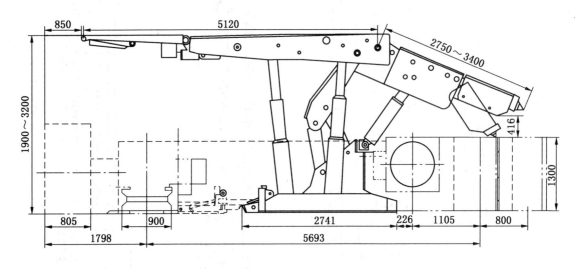

图 4-9 机头、机尾设备布置图

（3）前部输送机卸载高度为 800~850 mm，机头架长 2000 mm，过渡槽长 2450 mm。

（4）后部刮板输送机卸载高度为 850 mm，机头架长 1700 mm，过渡槽长 2750 mm。

（5）采煤机割透机头三角煤时，卧底量不小于 150 mm。

（6）前部输送机机头链轨变线 74 mm。

（7）前后部输送机的机尾链轮中心线重合。

（8）前部输送机机尾链轮中心高为 640 mm，伸缩机机尾长 3500~3800 mm（有 300 mm伸缩功能）。

（9）后部输送机机尾链轮中心高为 750 mm，伸缩机机尾长 3150～3450 mm（有 300 mm 伸缩功能），过渡槽长 2600 mm。

2. 中部配套关系

（1）前后部输送机中心线的距离为 5523～6323 mm。

（2）推移步距为 800 mm。

（3）推移点距前部输送机中心线 660 mm，拉移点距后部输送机中心线 720 mm。

（4）空顶距为 376 mm。

（5）插板行程为 600 mm。

（6）后部输送机过煤高度为 1000～1200 mm。

（7）工作面布置 114 架中间液压支架。

3. 排头架配套关系

（1）前后部输送机中心线的距离为 5693～6493 mm。

（2）推移步距为 800 mm。

（3）移架后支架与前部输送机间的间隙不小于 318 mm。

（4）支架中心距为 1.57 m。

（5）推移点距前部输送机中心线 1412 mm，拉移点距后部输送机中心线 1232 mm。

（6）工作面机头端布置 3 架排头架，机尾端布置 3 架排头架。

4.3.4 工作面主要配套设备

4.3.4.1 ZFS6200/18/35 型放顶煤支架

1. 支架的适用条件

基本顶	Ⅰ、Ⅱ级
直接顶	1、2 类
煤层倾角	≤20°

2. 支架的组成

该液压支架主要由金属结构件、液压元件两大部分组成。金属结构件主要有前梁，伸缩梁、顶梁、掩护梁、尾梁、插板、前、后连杆、底座、推移杆以及侧护板等；液压元件主要有立柱、各种千斤顶、液压控制元件、液压辅助元件及随动喷雾降尘装置等。

（1）顶梁采用钢板拼焊箱形变断面结构，4 条主筋形成了整个顶梁外形，顶梁两侧上平面低 1 个板厚，用于安装活动侧护板。控制顶梁活动侧护板的千斤顶和弹簧套筒，均设在顶梁体内，并在顶梁上留有足够的安装空间。

（2）前梁与顶梁采用铰接形式，由 2 个 φ160 mm 的千斤顶控制，可上下各摆 15°，为便于支架的整体运输，缩短支架的整体长度，可将前梁千斤顶卸下，使前梁下摆 90°。

（3）伸缩梁结构为内伸式，是由钢板拼焊的整体结构，2 个边梁和 1 个中梁形成伸缩梁的 3 个梁体，前面连接成一个整体，由位于梁体外的 2 个千斤顶控制梁体的伸缩。

（4）掩护梁为整体箱形变断面结构，用钢板拼焊而成，为保证排斥梁有足够的强度，在它与顶梁，前、后连杆连接部位都焊接加强板，在相应的危险断面和危险焊缝处也都有加强板。

（5）底座为整体式底座，4 条主筋形成左右 2 个立柱安装空间，中间通过底部刚板、前端大过桥、后部箱形结构把两部分连为一体，且有很高的强度和刚度。

（6）前、后连杆的结构型式为整体式双连杆，后连杆为整体单连杆，均为钢板焊接的箱型结构，这种结构不但有很强的抗拉抗压性能，而且有一定的抗扭能力。

（7）尾梁上部与掩护梁铰接，由2个尾梁千斤顶支撑，采用整体变断面结构，用钢板焊接而成，中前部留有尾梁千斤顶耳座，两侧前部留有插板千斤顶耳座，尾梁后部留有装插板的空间。

（8）插板是由钢板拼焊的等断面结构，插板千斤顶耳座放在插板内部，不但便于插板的安装，也增大了插板强度。

（9）推移机构采用短推杆结构，强度易于保证。推移杆采用等断面的箱型钢板焊接结构，后端有导向块为推移机构导向并能阻挡输送机下滑。

3. ZFS6200/18/35 型液压支架的主要技术参数

支架	ZFS6200/18/35 型放顶煤支架
高度	1800 ~ 3500 mm
中心距	1500 mm
宽度	1410 ~ 1580 mm
初撑力	5063 ~ 527 kN(p = 31.5 MPa)
工作阻力	6000 ~ 6250 kN(p = 37.3 MPa)
支护强度	0.8 ~ 0.86 MPa
底板比压	1.9 MPa(平均)
适应煤层倾角	≤20°
泵站压力	31.5 MPa
操作方式	本邻架控制
支架质量	24.5 t
立柱	单伸缩机械加长,4 个
缸径	230 mm
行程	1695(863/1832 mm)
初撑力	1308 kN
工作阻力	1550 kN
推移千斤顶	普通
缸径/杆径	180/95 mm
行程	900 mm
推力/拉架力	223/578 kN(差动)
尾梁千斤顶	2 个
缸径/杆径	160/95 mm
行程	577 mm
推力/工作阻力	633/749 kN
前梁千斤顶	2 个
缸径/杆径	160/95 mm
行程	180 mm
推力/工作阻力	633/749 kN
伸缩梁千斤顶	2 个
缸径/杆径	100/70 mm
行程	800 mm

推力/工作阻力	247/126 kN
移后部刮板输送机千斤顶	1 个
缸径/杆径	125/85 mm
行程	900 mm
推力/工作阻力	207 kN
侧推千斤顶	3 个
缸径/杆径	63/45 mm
行程	170 mm
推力/工作阻力	98/48 kN
护帮千斤顶	1 个
缸径/杆径	100/70 mm
行程	485 mm
推力/工作阻力	247/126 kN
插板千斤顶	2 个
缸径/杆径	80/60 mm
行程	600 mm
推力/工作阻力	158/69 kN

4. 支架的主要技术特点

（1）工作面"三机"采用大配套，截深为 800 mm，输送能力达 1200 t/h，为了保证截深和有效的移架步距，支架的推移千斤顶的行程定为 900 mm，为高产高效创造有利条件。

（2）采用优化设计，确定支架的总体参数和主要部件的结构尺寸，并利用计算机模拟试验进行受力分析和强度校核，以提高支架的可靠性。支架样机在国家检测中心通过 3 万次寿命试验，可以做到支架主要结构件井下 3~5 年不大修，达到国际先进水平。

（3）加大支架插板的行程，插板行程到达 600 mm，插板行程比原来的支架增加 30%，这样增加了放煤口的尺寸，提高了放煤速度，有利于放大煤块。

（4）支架具有较大的后部放煤空间，支架尾梁可以向上旋转 23°，支架后部过煤高度比原支架增大了 200 mm，增大了后部输送机的过煤高度。

（5）支架的前连杆采用双连杆，大大提高了支架的抗扭能力。

（6）支架的前梁带有伸缩梁和护帮板，伸缩值达 800 mm，对顶板能进行及时和超前支护。

（7）为了提高支架的可靠性，支架的结构形式和元部件尽可能采用成熟可靠的技术。根据以往的经验，顶梁柱窝、掩护梁的腹板最容易开焊，在设计时顶梁柱窝、掩护梁的腹板采用 15 MnVN 和高强度钢板等材料。

（8）支架设有抬底机构，当底座前端出现扎底时，可以操作抬底千斤顶把底座前端抬起，以利于支架前移。

（9）合理地布置立柱的位置，减少支架底座前端比压，使支架的底座比压分布合理，适应底板。

（10）为了使支架移架能够跟上采煤机，支架的液压系统采用大流量阀和双供回液系统，支架系统中所有与移架有关的液压元件都加大了通道，如操纵阀为 200 L/min，液压单向阀为 200 L/min。

（11）为了提高液压元件的可靠性，立柱和千斤顶的密封采用聚氨酯密封，使用寿命可以提高 5~6 倍。

（12）支架的主要受力部件局部采用 45 kg/cm^2 高强度钢板，强度比 16 Mn 提高 50%，销轴采用 30CrMnTi，强度提高近 1 倍，可以减轻支架质量，提高支架的安全系数。

（13）支架的液压系统采用大流量系统，并采用双回路供液。

4.3.4.2 ZTF6500/19/32 型排头放顶煤支架

排头放顶煤支架是用于厚煤层综放工作面两端的支护设备，用它来支护和管理输送机机头、机尾区域顶板、垮落顶煤、隔离采空区，并能自动移动和推拉输送机。它与工作面支架、采煤机、输送机等设备配合使用，实现采煤综合机械化，并在提高工效、增加产量、保护生产工人和设备的安全，提高综放工作面采出率以及减轻笨重体力劳动等方面显示出其优越性。

ZTF6500/19/32 型排头放顶煤支架是根据兖州矿区的地质条件，吸收总结国内外放顶煤开采的经验，由郑州煤矿机械厂研究所设计的一种支撑掩护式低位连续放顶煤新架型，能够实现综放工作面端头放顶煤。

1. 支架的组成

ZTF6500/19/32 型排头放顶煤支架要由前梁及防片帮梁或带护帮板的伸缩前梁、顶梁、底座、掩护梁和尾梁体等部分组成，靠四根立柱来支撑顶梁承受顶板的垂直压力，四连杆机构能较好地承受顶板的水平分力，并规范支架的运动轨迹。

2. 支架的主要技术参数

型号	ZTF6500/19/32
型式	支撑掩护式
操作方式	本架操作
支护性能	
高度	1900~3200 mm
宽度	1490~1660 mm
中心距	1570 mm
工作阻力	6577 kN
初撑力	6157 kN
支护强度	0.75 MPa
底板比压	2.05 MPa
支护面积	9.28 m^2
前梁摆角	+10°~-15°
尾梁摆角	0°~-50°
立柱	4 个，双伸缩
缸径	ϕ250 mm
活柱直径	240/170 mm
一级行程	712 mm
二级行程	688 mm
初撑力	1539 kN
工作阻力	1625 kN

前梁千斤顶	2 个
缸径	160 mm
行程	160 mm
初撑力	630 kN
工作阻力	750 kN
拉力	359 kN
侧推千斤顶	4 个
缸径	63 mm
行程	170 mm
推力	98 kN
拉力	48 kN
推移千斤顶	1 个
缸径	160 mm
行程	850 mm
推移刮板输送机力	359 kN
拉架力	630 kN
尾梁千斤顶	2 个
缸径	160 mm
行程	419 mm
推力	630 kN
工作阻力	703 kN
拉力	452 kN
插板千斤顶	2 个
缸径	80 mm
行程	650 mm
推力	158 kN
拉力	108 kN
移后部刮板输送机千斤顶	1 个
缸径	140 mm
行程	850 mm
推力	482 kN
拉力	304 kN
护帮千斤顶	1 个
缸径	100 mm
行程	358 mm
推力	246 kN
拉力	126 kN
掩梁立柱	2 个
缸径	200 mm
行程	470 mm
初撑力	985 kN
工作阻力	1171 kN

3. 支架的主要技术特点

该支架采用了掩护梁加带插板可伸缩尾梁的结构型式，实现了既能维护后部输送机的机头、机尾有足够安全工作空间，又能放顶煤；掩护梁与顶梁后部铰接，由 2 根立柱支撑掩护梁，这样可以随意调节掩护梁下部的工作空间，满足维护机头、机尾工作空间的要求；带插板的尾梁与掩护梁尾部铰接，通过尾梁千斤顶实现尾梁的摆动与支撑；当尾梁与掩护梁挑平，插板伸出时使支架后部形成足够的安全工作空间，使输送机正常工作。需要机头、机尾放煤时，尾梁插板缩回，尾梁下摆，放煤即可放入输送机槽内实现放煤，放完煤后，即可挑平尾梁伸出插板。

（1）尾梁体能上下摆动，小插板能伸缩，便于放煤、破煤、封矸。

（2）后部输送机处过煤空间较大，能顺利通过放下的顶煤和移架。

（3）支架管路布置合理，便于过人和清理支架后部浮煤并处理后部输送机故障。

（4）四连杆机构为反四连杆型式，分别与顶煤、底座相连接。

（5）底座与掩护梁之间通过 2 根缸径为 $\phi200$ mm 的立柱相连接，通过控制立柱的伸长缩短距离来调整支架后部掩护梁下端的空间。

（6）支架后部尾梁上安有喷雾装置，该装置与尾梁摆动及插板的伸缩联动，对后部输送机降尘。

4.3.4.3 MGTY400/900 - 3.3D 型电牵引采煤机

1. 采煤机的适用条件

MGTY400/900 - 3.3D 型电牵引采煤机是由兖矿集团和太原机械厂在"九五"期间共同研制开发的。该机吸收了久益、安德森和三井三池电牵引采煤机的优点，采用了多电机驱动、模块式结构、交流变频调速等先进技术，适用于缓倾斜、中厚煤层长壁式综采工作面，采高范围为 2.2 ~ 3.5 m，煤层倾角小于 25°，可在有瓦斯、煤尘或其他爆炸性混合气体的煤矿中使用。它主要与工作面输送机、液压支架、带式输送机等配套使用，在长壁式采煤工作面可实现采、装、运的机械化，达到综采的高产高效。

2. 采煤机的结构组成

采煤机主要由左、右摇臂，左、右滚筒，牵引传动箱，外牵引，泵站，高压控制箱，牵引控制箱，调高液压缸，主机架，以及辅助部件等部件组成。

3. 采煤机的主要技术参数

采高范围	2.2 ~ 3.5 m
机面高度	1593 mm
适应煤层倾角	≤25°
适应煤层硬度	$f \leq 4$
装机总功率	900 kW
供电源电压	3300 V
摇臂长度	2168 mm
摇臂摆角	上摆角度 30.70°
截割电机	
功率	400 kW
转速	1480 r/min
电压	3300 V
冷却方式	水冷

滚筒转速	32.7 r/min
截割速度	3.1 m/s
滚筒直径	1800 mm
滚筒截深	800 mm
降尘方法	内、外喷雾
牵引形式	交流变频、无级调速、链轨式无链牵引
变频范围	1.6~50~84 Hz
牵引传动比	258.58:1
截割传动比	45.27:1
牵引电机	
功率	40 kW
转速	0~1472~2455 r/min
电压	380 V
冷却方式	水冷
牵引速度	0~9~15 m/min
牵引力	300~500 kN
牵引中心距	5970 mm
摇臂回转中心距	7520 mm
滚筒最大中心距	11856 mm
主机架长度	7770 mm
泵站电机	
功率	20 kW
转速	1465 r/min
电压	3300 V
调高泵额定压力	2 MPa
调高泵排量	20.9 mL/r
制动器压力	2 MPa
最大卧底量	250 mm
总重	51.535 t

4. MGTY400/900-3.3D 型电牵引采煤机的技术特点

1）机械部分

（1）主机架为整体焊接件，其强度大、刚性好，各部件的安装均可以单独进行，部件之间没有动力传递和连接，该机上所有的切割反力、牵引力，采煤机的限位、导向作用力均由主机架承受。

（2）摇臂为悬挂铰接与主机架相连接，无回转轴承和齿轮啮合环节，摇臂的功率大，输出轴转速低。

（3）牵引采用强力链轨式无链牵引系统，牵引力大，工作平稳，使采煤机适应底板起伏较大的工作面。

（4）采用镐型齿强力滚筒，减少了截齿的消耗，提高了滚筒的使用寿命，并提高了块煤率。

（5）采煤机电源电压等级 3300 V，减少了电缆的直径，使采煤机拖移电缆方便自如，减少工作面电缆故障。

（6）采用机载式交流变频无级调速系统，提高了牵引速度和牵引力。

（7）采用计算机控制，系统简单可靠，对运行的系统随时检测显示，显示能全为中文显示，适应国内煤矿的使用。

（8）液压系统和水路系统的主要元件都是集中在集成块上，管路的连接点少，维护简单。

2）电气部分

该采煤机为框架式多电机横向布置，机载式交流变频调速，微处理器为双 CPU 控制，实现运行参数显示监测、故障自诊断记忆、中文液晶显示等功能，适用于 2.2 ~ 3.5 m、倾角小于 25°的中厚硬煤层开采。采煤机主机架尺寸电动机功率稍作变更，其运用范围可扩宽到最低采高 1.6 m，最高采高 4.5 m，生产能力设计日产 7000 ~ 10000 t 原煤。适应煤矿两种不同电压等级的供电电压：3300 V 或 1140 V。

MGTY400/900 - 3.3D 型电牵引采煤机采用交—直—交变频调速，3300 V 主电源，经机载式专用牵引变压器降压至 400 V 后，供变频器三相半控桥整流成直流电压，然后经微机控制的逆变桥输出频率、电压可变的交流电源作为牵引电机的电源。两台牵引电机为并联运行。

4.3.4.4 SGZ - 960/750 型前部刮板输送机

1. 输送机的适用条件

进入 20 世纪 90 年代以来，综放开采技术在我国有了长足的进步。一般综采工作面使用的刮板输送机存在着配套性差、输送能力小、可靠性差的缺点，不能很好地满足放顶煤开采的使用条件，限制了放顶煤开采技术的发展。SGZ - 960/750 型输送机是兖矿集团在"九五"重大科技攻关期间重点研制设备之一。该输送机适用于缓倾斜、中厚煤层，长壁式回采工作面输送煤炭，具有大运量、高强度、高寿命、高可靠性的特点，为埋链牵引式端卸刮板输送机。

2. 输送机的结构组成

本输送机主要有动力部、连接板、机头、机头垫架、机头过渡槽、1.5 m 中部槽、开天窗中部槽、刮板链、电缆槽、牵引链、机尾、机尾挡板、机尾铲板、机尾偏转段、推移梁、阻链器等组成。

3. 输送机的主要技术参数

　总体特征

输送能力	1800 t/h
设计长度	250 m
传动装置布置方式	单侧平行
卸载方式	端卸式
牵引方式	埋链式
变线长度	4.5 m
链条张紧方式	闸盘,伸缩机尾
电动机	
型号	GMW60
功率	2 × 375 kW
电压	3300 V

转速	1486 r/min
中部槽	
尺寸(长×宽×高)	1500 mm×960 mm×315 mm
中板厚度	40 mm
连接方式	哑铃销
减速器	
型号	JS-400
尺寸(长×宽×高)	1760 mm×1085 mm×979 mm
速比	37.125:1
传递功率	400 kW
润滑油种类	N680
刮板链	
型式	中双链
链间距	200 mm
刮板间距	1008 mm
链速	1.2 m/s
链条规格	$2×\phi34$ mm×126 mm
链条极限破断力	1450 kN

4. 输送机的主要特点

为满足工作面总体配套要求,SGZ-960/750型刮板输送机在结构上进行了如下设计:

(1) 机头的卸载高度为800~850 mm。

(2) 机头架在满足总体配套尺寸的情况下输送机下窜量为160 mm。

(3) 机尾部设电缆导向槽,以便电缆通过和固定。

(4) 机头和尾链轨偏置设置,偏置量为74 mm。

(5) 电缆槽按配套要求重新加高设计。

(6) 增加一调节槽,调节槽长1000 mm。

(7) 减速器为行星轮传动,采用进口的轴承和油封。

(8) 中部槽中板用40 mm厚的进口耐磨板,材料的指标不小于K360。

(9) 牵引链用进口原料制造。

4.3.4.5 SGZ-900/750型后部刮板输送机

1. 刮板输送机的适用条件

该刮板输送机,是采用先进技术设计的新一代、大功率、大运量、高可靠性、重型用于机械化放煤工作面的后部可弯曲刮板输送机,适用于缓倾斜、中厚煤层长臂回采工作面的输送煤炭。

2. 刮板输送机的结构组成

该输送机主要有机头传动部、机尾传动部、中部槽、刮板链、调节链等组成。机头机尾传动装置均平行布置。

3. 刮板输送机的主要技术参数

总体特征	
输送能力	1500 t/h

设计长度	250 m
传动装置布置方式	单侧平行
卸载方式	端卸式
链条张紧方式	闸盘,伸缩机尾
中部槽	
尺寸（长×宽×高）	1500 mm×900 mm×320 mm
中板厚度	40 mm
连接方式	哑铃销
减速器	
型号	48JSA
尺寸（长×宽×高）	1760 mm×1085 mm×979 mm
速比	33.147:1
传递功率	400 kW
润滑油种类	N460
刮板链	
链条布置方式	中双链
链间距	200 mm
刮板间距	1008 mm
链速	1.31 m/s
链条规格	2×φ34 mm×126 mm
电动机	
功率	2×375 kW
电压	3300 V
转速	1480 r/min

4. 刮板输送机的主要技术特点

1) 高强度端卸机头

为了满足在放顶煤排头架后部狭小空间内端卸机头的安装,在研制中尽量压缩机头尺寸,使结构更加紧凑。研制中开发设计了内花键输出优化设计的行星齿轮传动减速器,与机架链轮的外花链轴伸端直接对接,大幅度地压缩了机头尺寸。同时选用进口 K360 高强可焊耐磨中板及后侧板,机架与过渡槽采用银嵌式高强度哑铃联接结构,以满足高可靠、长寿命机架性能要求。另外,在设计中采用引进、消化、吸收的美国久益（JOY）公司端面压块式组合架体,使链轮安装与拆装更加方便。还通过适当降低卸载高度,合理配置机头推移部及增大机架下部过煤空间的结构研究,实现了机头便于卸载和减少回煤的结构设计。

2) 高可靠性 375 kW 减速器传动装置

在充分吸收国内外大功率减速器成熟经验下,通过选用新材料、新工艺,优化设计,谨慎选取合理的安全系数,使减速器的齿轮、轴承、轴、键等结构参数在满足设计寿命 15000 h 的前提下,具有较小的几何结构尺寸。

针对国产轴承及橡胶油封性能不稳定、寿命低的缺陷,确定该减速器配套轴承及油封全部选用进口件。通过新型翅片复合管强制冷冷却装置和强制润滑系统的改进研制,使减速器冷却、润滑效果得到很大改善,减速器的寿命和使用可靠性得到保证。该放顶煤专用后部输送机用减速器为内花键输出式行星传动减速器，最大传递功率为400 kW，质量仅为3700 kg，质量与传递功率比值仅为9.25 kW，在国内相同功率矿用减速器中为最小值，达到了大功率、小体积、高质量的设计目标。

3）长寿命过渡槽

输送机过渡槽安装在刮板链运行折转位置，运行工况十分恶劣，常规过渡槽寿命一般小于百万吨，常作为易损件处理。此次开发研制中对过渡槽提出了设计寿命150×10^4 t 的设想。为了满足开发技术指标，以适应放顶煤开采的特点，过渡槽设计采用了加厚侧板及高强度可焊耐磨翼板，中板采用进口高强度耐磨中板，并对机头过渡槽实施全封底，形成整体箱式结构。对机位上链过渡槽设计成半封底的箱形结构，提高了过渡槽的刚度、强度和耐磨性，有利于过渡槽寿命的增加。新设计的机尾过渡槽一般旋转式刮板复位器具有安全、可靠、简便和自动复位的特点，可实现刮板链掉道的自动复位。

4）整体铸焊式开底中部槽

中部槽采用高强度铸钢槽帮与进口耐磨高强度厚40 mm 中板组焊，具有刚性强、抗变形、耐磨损、寿命长等优点，运行阻力较低，联接件少，安装十分方便，运行中可实现免维护，处理断链故障较为容易，便于后部输送机在狭小空间的安装与维护。

中部槽和支架拉移液压缸之间联接型式为链条"软联接"，方便安装和长度调整，降低了操作难度。

5）可伸缩机尾

可伸缩机尾作为一项先进结构自20世纪80年代末期以来，已在国外刮板输送机上采用并趋于研制完善阶段。经过充分论证和研究，针对目前我国煤矿开采技术和现状，确定采用通过手动液控以实现紧链目的的实施方案。在设计中遵循保证强度、伸缩可靠、操作灵活和刮板链平稳运行的设计原则，通过采用可靠的导向结构，以确保机尾活动部件在确定长度内可靠滑动，并在液压回路中增设液压锁以实现伸缩机尾活动架可停留在行程的任意位置。同时，为提高伸缩机尾运行可靠性，油缸的设计总推力达到106 t。该伸缩机尾结构为国内首次使用。

4.3.4.6　SZZ1000/375 型转载机

1. 转载机的适用条件

该转载机主要与刮板输送机、破碎机、带式输送机配套使用，用于煤矿工作面巷道输送煤炭。

2. 转载机的主要结构

机头传动部采用偏置型式，伸缩式机头，带有缓冲装置，转载机与带式输送机机尾拉移采用带式输送机机尾拉移机构，转载机的拉移采用液压缸拉移机构。

3. 转载机的主要技术参数

输送能力	2200 t/h
刮板链速	1.8 m/s
设计长度	60 m
链条张紧方式	闸盘紧链
爬坡角度	10°
电机功率	375 kW

电机电压	3300 V
减速器传动比	24.225∶1
中部槽	整体箱式结构
内槽宽	1000 mm
刮板链规格	$2 \times \phi 34$ mm $\times 126$ mm
链距	200 mm
刮板间距	756 mm

4. 转载机的主要技术特点

（1）采用了可伸缩式机头，通过两侧的液压缸也适时调整链条的松紧程度，保证了刮板链经常处于预紧状态，有利于设备的正常运行和减少刮板链的过度磨损，并在美国 JOY 公司引进技术的基础上对推移位移进行调整，优化了整个尺寸。

（2）由于减速器在井下拆装、维修十分困难，且维修时间长，这就要求减速器进一步提高传动的可靠性和无故障安全运转。为此，在设计中充分吸收国内外大功率矿用减速器成熟的设计转载经验，开发研制了适合于转载机要求的二级传动定轴——行星齿轮减速器，通过优化设计，选用新材料、新工艺、新结构，设计寿命达 15000 h。经过研究分析，针对国产轴承及密封件性能、寿命低的原因，确定该减速器所配轴承及密封件全部选用进口件，并通过新型强制冷却装置和强制润滑系统的改进研制，使该减速器具有很高的可靠性和寿命。缩小了传动装置的长度尺寸和大功率减速器的重量，有利于设备的布置管理。

（3）所有输送中部槽均采用高强板组焊整体结构，中板厚度为 40 mm，封底板厚度为 30 mm，提高了设备的可靠性，简化了结构。在架桥段中部槽的封底板上开设了便于检查和维修维护的底窗。

（4）铰接槽和可弯曲调节槽的使用，使转载机更能适应弯曲、输送机的上下窜动和巷道的起伏，保证了两端的配套。

（5）机尾采用五齿链轮，低机身机架，机械密封，远程注油润滑，减小了机尾尺寸，更有利于设备的布置和管理。

（6）采用了重型刮板和 $\phi 34$ mm $\times 126$ mm C 级圆环链，确保了设备高可靠性的实现。

（7）与带式输送机的搭接采用可移动式带式输送机机尾，缩短了与带式输送机的搭接长度和架桥段的长度，减少了桥部的维护量。

（8）在分析现有转载机链轮的基础上，首次在转载机机头传动链轮上采用 34 的七齿链轮，进一步提高了链轮的强度和寿命。

（9）首次在转载机的机尾部全部采用高强度哑铃联接，提高了联接强度，增大了水平和垂直弯曲的角度，提高了转载机对工作面巷道底板的适应性。

4.3.4.7 PCM200 型锤式破碎机

PCM200 型破碎机与 SZZ1000/375 型转载机配套使用，并与带式输送机、输送机、采煤机、液压支架完成井下综合化机械采煤及运输，PCM200 型锤式破碎机可调整煤流高度为 300～150 mm，将普氏系数 $f \leq 4.5$ 的煤块在输送过程中破碎到所需的块度，为保证工作面的连续开采，该机与拉移装置配套，实现破碎机的转载机在工作面巷道中的转移。

1. 破碎机的技术参数

破碎能力	2200 t/h
最大的输入块度	1000 mm × 800 mm
最大的排出粒度	300（250、200、150）mm
电机型号	YBKYS - 200
电机功率	200 kW
电机电压	1140/660 V
破碎机主轴的转速	370 r/min
破碎机的锤头数	8 个
破碎头的冲击速度	20 m/s
外形尺寸	3540 mm × 1914 mm × 1736 mm
质量	17.65 t

2. 破碎机的特点

（1）采用输送带轮对称布置，整体锤头动平衡，整体高强度中板底槽，方便使用及安装，提高了可靠性。

（2）阻燃窄"V"型三角带传递动力，提高了传递效率。

（3）通过垫板可调节输出物料的粒度。

（4）丝杆调整输送带的预张力，减少了整机高度。

（5）所有轴承采用润滑脂集中润滑。

4.3.4.8 ZY - 3000 型自移装置

1. 自移装置的组成

自移装置是一种新型的、结构独特的摆动式带式输送机机尾，该机尾有两大部分组成，小车部分和摆动底架部分，其中小车部分由车架、行走轮、输送带滚筒、铰接座、卸料槽组成，摆动底架由机架、前后端架、滑靴、棘爪等组成。

2. 自移装置的主要技术参数

基架的导轨总长	6425 mm
小车的行程	3000 mm
水平缸	双向 2 个
工作压力	31.4 MPa
推力	1181 kN
行程	200 mm
垂直缸	4 个
工作压力	31.4 MPa
推力	246.6 kN
拉力	157 kN
行程	250 mm
推移缸	1 个
工作压力	31.4 MPa
推力	385.3 kN
拉力	162.7 kN
行程	1100 mm

3. 自移装置的特点

（1）自移小车与转载机机头相对固定（可水平、垂直转动），带式输送机机尾滚筒固定在自移小车上，随转载机的推进，自移小车及机尾滚筒一起向前移动，并且通过输送带张力环路控制系统，保证了输送带的适度张紧力。

（2）通过 2 个水平液压缸和 4 个垂直液压缸的调节，可保持带式输送机机尾的水平，防止输送带跑偏。

（3）自移小车采用了自平衡机构，保证两侧导轨的支承强度相同。

（4）通过推移缸可实现自移装置的基架前移。

（5）在自移小车上增设了卸载缓冲装置，减少了煤炭卸载对小车架的冲击和破坏。

4.3.4.9　SSJ1200/3×200 型可伸缩带式输送机的主要技术参数

输送量	2000 t/h
输送机长度	1000 m
带速	3.55 m/s
带宽	1200 mm
储带长度	3 台
电机功率	200 kW
电压	1140 V
速比	18:1
张紧电功率	37 kN
传动滚筒直径	830 mm
卸载滚筒直径	500/200 mm
托辊直径	159 mm
缓冲托辊直径	159 mm

4.3.4.10　GRB315/31.5 型乳化液泵

1. GRB315/31.5 型乳化液泵的组成

GRB315/31.5 型五柱塞泵以通用的曲轴箱为基础，派生出系列压力流量参数的新泵，与 RX315/25 型乳化液箱组成乳化液泵站，主要为中厚煤层综合机械化采煤液压支架提供动力源，也可用于地面其他液压设备，该泵站一般由两泵一箱组成。

卧式五柱塞往复泵选用四极电机驱动，经一级齿轮减速，带动五曲拐曲轴旋转，再经连杆，滑块带动柱塞往复运动，使工作液在泵头中经吸排液阀吸入和排出，从而使电能转换成液压能，输出高压液体。

五柱塞泵、电动机、蓄能器、卸载阀等固定于滑橇式底拖上组成五柱塞泵总成。

2. 乳化液泵的主要技术特征

公称流量	315 L/min
公称压力	31.5 MPa
曲轴转速	650 r/min
柱塞直径	45 mm
柱塞行程	66 mm
柱塞数目	5
电机功率	200 kW

安全阀出厂调定压力	34.6 ~ 36.2 MPa
卸载阀出厂调定压力	31.5 MPa
工作压力	调定压力的 80% ~ 90%
润滑油泵工作压力	0.2 ~ 0.5 MPa
工作液	3% ~ 5% 乳化液(清水)

4.3.4.11 DRB200/31.5 型乳化液泵

DRB200/31.5 型乳化液泵主要由机械传动部、泵头部、压力控制部三个部分组成。

DRB200/31.5 型乳化液泵为卧式五柱塞往复泵,由 125 kW 卧式四极防爆电动机驱动,经一级斜齿圆柱齿轮减速,带动曲轴旋转,再经过连杆滑块机构使曲轴的旋转运动转变为柱塞的直线往复运动,从而将电能转变为液压能。

主要的技术参数:

公称流量	200 L/min
公称压力	31.5 MPa
柱塞直径	40 mm
柱塞数目	5
柱塞行程	62 mm
曲轴转速	548 r/min
电机功率	125 kW
电压	1140/660 V
电机型号	JDSB125

4.3.4.12 KPB315/16 型喷雾泵

KPB315/16 型喷雾泵以其通用的曲轴箱为基础,派生出适应用户的压力流量参数,与 KPX360/30 型水箱组成喷雾泵站,作为各种大功率采煤机提供内外喷雾和冷却用水的动力设备。

喷雾泵为卧式三柱塞往复泵,选用四极防爆电机驱动,经一级齿轮减速,带动三曲拐的曲轴旋转,再经连杆、滑块带动柱塞作往复运动,使工作液在泵头中经吸排液阀吸入和排出,从而使电能转换成液压能,输出高压水供采煤机使用。

主要的技术参数:

公称流量	315 L/min
公称压力	16 MPa
曲轴转速	561 r/min
柱塞直径	63 mm
柱塞行程	66 mm
电机功率	110 kW
电机转速	1485 r/min
溢流阀出厂调定压力	16 MPa
安全阀出厂调定压力	18.4 MPa
蓄能器充气压力	11.5 MPa

4.3.4.13 HPB315/10 型喷雾灭尘泵站

HPB315/10 型喷雾灭尘泵站是为各种大中型采煤机、掘进机配套的大流量高压力喷雾灭尘泵站，它可以满足采煤机、掘进机内、外喷雾的要求，供给喷雾系统所需的压力水，实现喷雾灭尘。

该泵站所有的部件（电机、泵、过滤器、蓄能器、自动卸载阀、压力表减震器、安全阀等）全部装在底撬上，因此整个泵站体积小，运输使用均很方便。

主要的技术参数如下：

公称流量	315 L/min
公称压力	10 MPa
柱塞直径	50 mm
柱塞行程	62 mm
柱塞数目	5
曲轴转速	551 r/min
电机功率	75 kW
电机转速	1480 r/min
电压	1140/660 V
卸载阀调定压力	10 MPa
安全阀开启压力	12 MPa
蓄能器充气压力	5 MPa
过滤器过滤精度	120 目/寸
供水压力	0.3~14 MPa

4.3.5 配套设备的试验应用

5318 综放工作面从 1999 年 2 月调试生产，4 月进行正式工业性试验，截止到 6 月底，历时近 5 个月。生产实践证明，总体配套设备适应本工作面地质条件和地理环境，满足生产工艺要求，整套装备体现了选型先进，布局合理，运动关系协调，生产能力匹配，效率高，安全性能好和质量可靠性高的特点。全套设备无大型故障，全面综机设备运转情况良好。工业性试验阶段 5318 工作面主要技术经济指标、高产高效生产完成情况和故障影响时间统计见表 4-6 至表 4-8。

表 4-6　1999 年 4—6 月主要技术经济指标完成情况

月份	产量/t	进尺/m	回采工数/个	生产天数/d	平均日产/t	平均回采工效/(t·工$^{-1}$)	最高日产/t	最高工效/(t·工$^{-1}$)
4	328868	195.42	2029	29	11340.276	162.084	15369	226.015
5	336868	202.06	2002	31	10866.71	178.0	13585	209.0
6	400368	237.24	1959	28	14298.857	204.374	20169	288.129
合计	1066104	634.62	5900	88	12114.71	177.981	20169	288.129

4.3.6 配套设备的评价

"九五"攻关成套装备总体适应本工作面地质条件，满足兴隆庄煤矿生产工艺要求，整套装备体现了选型先进，布局合理，运动关系协调，生产能力匹配，效率高，安全性能

表4-7 1999年4—6月高产高效生产完成情况

月份	生产天数/d	日产万吨生产情况				回采工效/(t·工^{-1})	平均日进/m	累计进度/m	可利用时间/min	开机率/%	日产万吨天数百分比/%
		天数/d	累计产量/t	平均日产/t	最高日产/t						
4	29	21	262548	12502.29	15369	178.847	7.43	156.01	22680	66.72	72.41
5	31	25	299172	11962.88	13585	185.361	7.18	179.4	27000	65.33	80.65
6	28	28	400368	14298.86	20169	204.374	8.47	237.24	30240	69.36	100
合计	88	74	961988	12999.84	20169	190.871	7.74	572.65	79920	67.14	84.35

表4-8 1999年4—6月故障影响时间统计

月份	采煤机	前部输送机	后部输送机	转载机	带式输送机	支架	移动变电站	其他	累计/min	提升满仓及外围影响/min	总计/min	可利用时间/min	开机率/%
4	5/1025	3/365	0	1/15	5/365	2/40	0	2/70	1880	6125	8000	31320	65.48
5	2/175	1/30	1/30	1/40	3/85	0	7/505	2/70	935	8290	9165	33480	64.19
6	5/1630	1/120	1/360	1/27	1/15	0	4/690	1/65	2907	3453	6200	30240	69.36
合计	12/2830	5/515	2/390	3/82	9/465	2/40	11/1195	5/205	5772	17808	23365	95040	66.38

好和质量可靠性高的特点。设备配套后的生产能力较大,能够满足该工作面的生产要求。全面综机设备运转情况良好。

1. ZTF6500/19/32型排头放顶煤支架

具有良好的放煤效果和工作可靠性,主要技术参数确定合理,能适应厚及特厚煤层,低位放顶煤开采;满足了推移刮板输送机、拉架和与中间放顶煤支架衔接的需要。与前、后部输送机机头、机尾配套尺寸合理正确;后部空间大,能够满足传动装置维护和更换,加大了过煤能力。在试生产和现场工业性试验期间没有发生故障。

2. ZFS6200/18/35型中间放顶煤支架

架型美观、整体受力状况良好;液压支架前、后立柱之间空间较大,便于设备维护和行人;具有较高的初撑力和工作阻力,支架可靠性好;支架液压系统采用大流量双供回液系统,保证了支架的初撑力,加快了移架速度;底座开底式抬底座箱机构利于排除架前、架内浮煤,可减轻工人劳动强度,提高移架速度;支架后部放煤空间加大,提高了放煤速度,加大了过煤量。

3. SGZ-900/750型放顶煤后部输送机

该输送机结构合理,性能指标先进,可满足大型综放工作面对后部输送机的配套要求;中部槽为整体铸焊式开底结构,无螺栓连接,中部很少维护,处理断链故障较为容易；该机采用 $\phi 34\,mm \times 126\,mm$ 双中刮板链，保证了长运距，大运输送机的可靠运行；采用伸缩机尾，保证了输送机链条张紧适应，平稳运转；该机采用平行布置行星齿轮减速器与同类型减速器相比体积小重量轻，为放顶煤后部输送机的总体配套和安装创造了有利条件。

4. 工作面巷道输送设备

采用组焊式输送槽安装方便，对接准确，整体刚度强、维护量小；可伸缩机头结构的运用为转载机的紧链操作提供了方便，由于可随时进行紧链操作，可使转载机处于合理链张力的工作状态；采用 ZY – 3000 型自移装置和带式输送机自动张紧装置，实现了带式输送机机尾自动前移和输送带自动张紧；带式输送机机尾处输送带调偏方便，减少了工人的劳动强度。

结论："九五"攻关成套装备在兴隆庄煤矿工作面生产能力已达到 $3 \times 10^6\,t/a$ 生产水平。充分证实了总体配套设计正确、方案合理、性能有效，主要关键设备中部放煤支架、排头支架、放顶煤后部输送机、工作面巷道输送设备的研制是成功的，解决了各自的技术难题，在生产中的关键部位发挥出重要作用，体现出适应性强，技术性能好，质量可靠，安全性好等优点，是我国当时最先进的国产综机设备。

4.4 "十五"攻关成套装备（年产 6 Mt 电液控制综放工作面成套设备）

4.4.1 概述

兖矿集团在 1995—1998 年利用 3 年时间，成功研制了国内第一套"高产高效成套综采放顶煤设备"，向综采设备的大功率、高可靠性方向迈出了历史性的一步，但是离国际先进的综采装备还有相当大的差距。在第一套"高产高效成套综采放顶煤设备"的基础上，由山东省经贸委牵头瞄准国际领先综采设备水平进行了年产 6 Mt 综放工作面成套设备研制。该套设备重点解决重型化、强力化、自动化技术，在我国放顶煤工作面首次实现了电液控制，软启动技术，设备的终极功率和结构实现了重型化，设备的可靠性达到国际先进水平，形成了一套符合高产高效综放开采要求、自动化程度高、性能优良的综采放顶煤成套装备，使我国的综放开采技术在国际上处于领先地位。

4.4.2 综放工作面基本条件

4.4.2.1 地质条件

兴隆庄煤矿 4326 工作面位于四采区下部，其上方为 4324 工作面（未采），下方为 4328 设计工作面，西南为开切眼与鲍店煤矿相邻，东北为终采线，回风巷侧终采线距 8300 运输巷下山 50 m。工作面标高为 – 470.6 ~ – 424.7 m；埋藏深度为 469.7 ~ 517.3 m；工作面面积为 427230.0 m^2。

1. 煤层、煤质

本工作面所采煤层为下二叠统山西组底部之第 3 煤层，下距第 6 煤层 36 m；上距第 2 煤层（厚 0.45 m）29.4 m，距侏罗系红层（厚 27 m）最小距离为 170 m，距第四系岩柱最小处 220 m。见煤点均可采，可采指数为 1，煤厚变化小，变异系数为 13.1%，煤层厚度大且稳定，厚为 7.0 ~ 10.0 m，平均厚 8.6 m。煤层倾角为 0° ~ 11°，平均为 6°。煤层结构较复杂，距离煤层顶板 2.7 m 处有一层 0.03 m 的炭质细砂夹矸。

山西组第 3 煤层为沥青—弱玻璃光泽，厚层状，视密度为 1.35 t/m^3，以暗煤为主，亮煤次之，煤岩类型为亮暗煤，煤质牌号为气煤 43，属特低硫、低磷、低灰分、高发热量之煤种，是良好的动力用煤和炼焦配煤。

2. 顶、底板岩性

煤层顶板从下往上分别为 2.4 m 的粉砂岩，深灰色，具缓坡状层理，含植物化石，裂隙发育；粉细砂岩互层为 6.2 m，灰—深灰色，具波状斜层理；中砂岩为 11.7 m。直接底为泥岩，厚 0.6 m，浅灰—灰褐色，遇水膨胀，其下为 6.5 m 厚的粉砂岩，具水平层理，再下为 14.5 m 厚的中砂岩，灰—灰白色，致密坚硬，以石英长石为主，钙泥质胶结，具斜层理。

3. 地质构造

本工作面地质构造简单，煤层总体为一向 SE 倾斜的单斜构造，并发育次一级的波状起伏。从开切眼到终采线煤层产状变化规律为 SE ∠10°—SEE ∠0°~5°—SE ∠3.3°—SEE ∠5°，开切眼附近煤层倾角较大，终采线附近煤层倾角较小，近水平。在运输巷发育几个小的褶曲，因而在巷道低洼处易造成积水。运输巷距终采线 320 m 处发育王楼一号断层：270°∠70° $H = 3.0$ m；该断层向面中延伸 190 m。

4.4.2.2 工作面参数确定

工作面长度	305 m
推进长度	1410 m
采高	3 m
放顶煤高度	5 m
采放比	1:1.66
截深	1.0 m
放煤步距	1.0 m
工作面日推进度	9 m
工业储量	4.89466 Mt
设计采出量	4.143762 Mt

该工作面采用走向长壁后退式综合机械化放顶煤开采。工艺流程为：前部刮板输送机、机头（尾）斜切进刀→上（下）行割煤→移支架→推前部刮板输送机→放顶煤→拉后刮板输送机；端部斜切进刀单向割煤或中部进刀单向割煤，一采一放单轮顺序放煤方式；工作面实行"四六"作业的组织方式。

4.4.3 综放工作面总体配套

主要配套设备见表 4-9。

工作面设备平面布置图如图 4-10 所示，工作面中部设备配套断面图如图 4-11 所示，工作面巷道设备布置图如图 4-12 所示。

1. 工作面中部"三机"尺寸配套

放顶煤支架的设计工作高度为 3000 mm。为了同时满足设备尺寸配套和罐笼对支架下井的尺寸限制，顶梁的最大外沿长度为 5100 mm。顶梁与采煤机之间的最大过机高度为 776 mm，前后部输送机中心距为 6033 mm，电缆槽与抬底座千斤顶之间的最小安全间隙为 135 mm。

为满足后部放煤的工艺要求，设计掩护梁长 1825 mm，尾梁长 1340 mm，插板长 700 mm。当掩护梁与尾梁位于一条直线上时，插板全部收回时的最小放煤口高度，即尾梁

表4-9 6Mt综放工作面配套设备

名　称	型　号	单机功率/kW	台数/台	功率/kW
采煤机	SL300	2×360，2×(62+7.5)	1	859
放顶煤液压支架	ZFS6800/18/35	197	197	
排头支架	ZTF7000/19/32		6	
前部输送机	SGZ－1000/1200	2×600（双速）	1	1200
后部输送机	SGZ－1200/1400	2×700（单速）	1	1400
转载机	SZZ1200/525	525（双速）	1	525
破碎机	PLM3500	250（单速）	1	250
巷道带式输送机	SSJ1400/3×400	3×400	2	2400

与后部输送机中板的最小间隙为804 mm；在插板全部伸出时的封闭状态，插板与后部输送机上沿的最小间隙为306 mm。在缩回状态下，尾梁的最大下摆角度为45°，此时尾梁到底板的最小高度为480 mm，大于后部输送机的外沿高度360 mm。

在前部输送机移刮板输送机到位、后部输送机放煤位置、放顶煤液压支架移架后的状态，前部输送机铲煤板前端到煤壁的距离为260 mm，顶梁前端到工作面煤壁的空顶距为400 mm，采煤机滚筒内侧与输送机铲煤板前端的侧向间隙为260 mm，支架底座上的推移千斤顶外沿到后部输送机铲煤板尖端的安全间隙为1164 mm。此时处于伸出状态的掩护梁插板完全可以将采空区的矸石挡在采煤空间之外，后部输送机上方不存在窜矸问题。

在采煤机割煤之后，移架工序还未执行的最大控顶状态，通过挑平安装在顶梁前端的护帮板，临时支护机道上方刚暴露的煤层顶板。此时，护帮板尖端到工作面煤壁的空顶距为458 mm。

采煤机割煤工序和拉架工序完成后，工作面处于最小控顶距的待放煤状态。此时，在前部输送机推移刮板输送机工序完成之前，前后部输送机中心线间距为6033 mm，支架底座前端到前部输送机推移刮板输送机耳子外沿的最小安全间隙为289 mm，抬底座千斤顶与前部输送电缆槽之间的最小安全间隙为135 mm。在刮板输送机靠挡煤板一侧，采煤机与刮板输送机挡煤板间的最小侧向间隙位于采煤机牵引装置处，其值为51 mm。在前部输送机推移刮板输送机工序完成之后，后部输送机拉移刮板输送机工序完成之前，前后部输送机中心线间距为7033 mm。

采煤机在工作面采用骑槽式运行，无链牵引，齿轮销排传动。采煤机依靠安装在工作面靠煤壁侧的行走滚轮和布置在工作面靠采空区侧的传动齿轮与导向滑靴，骑行在前部刮板输送机靠煤壁侧的铲煤板和靠采空区侧的销排轨上。采煤机的驱动齿轮在输送机销排上

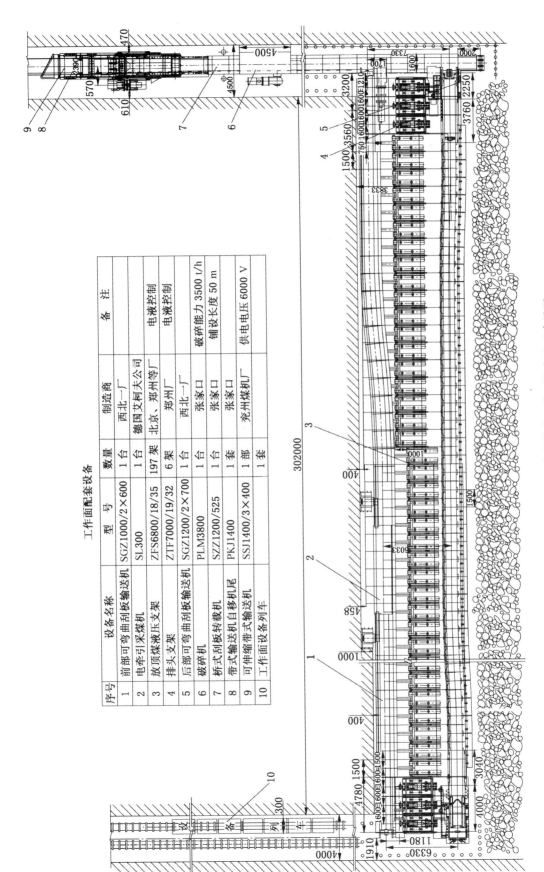

工作面配套设备

序号	设备名称	型号	数量	制造商	备注
1	前部可弯曲刮板输送机	SGZ1000/2×600	1台	西北一厂	
2	电牵引采煤机	SL300	1台	德国艾柯夫公司	电液控制
3	放顶煤液压支架	ZFS6800/18/35	197架	北京、郑州等厂	电液控制
4	排头支架	ZTF7000/19/32	6架	郑州厂	
5	后部可弯曲刮板输送机	SGZ1200/2×700	1台	西北一厂	
6	破碎机	PLM3800	1台	张家口	破碎能力3500 t/h
7	桥式刮板转载机	SZZ1200/525	1台	张家口	铺设长度50 m
8	带式输送机自移机尾	PKJ1400	1套	张家口	
9	可伸缩带式输送机	SSJ1400/3×400	1部	兖州煤机厂	供电电压6000 V
10	工作面设备列车		1套		

图4-10 年产6 Mt电液控制综放工作面设备平面布置图

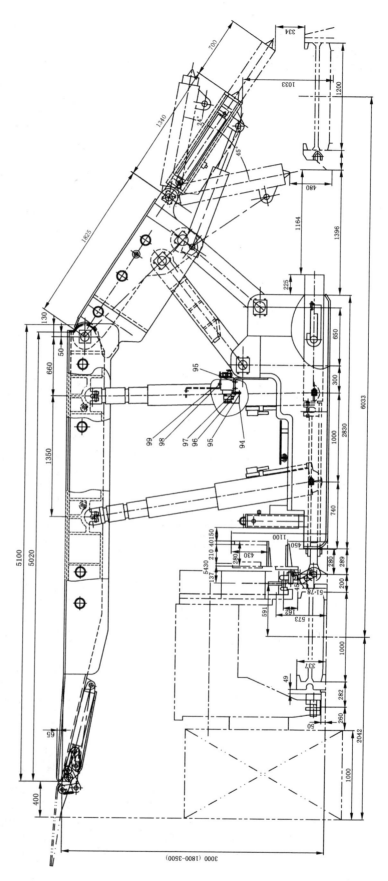

图 4 - 11　工作面中部设备配套断面图

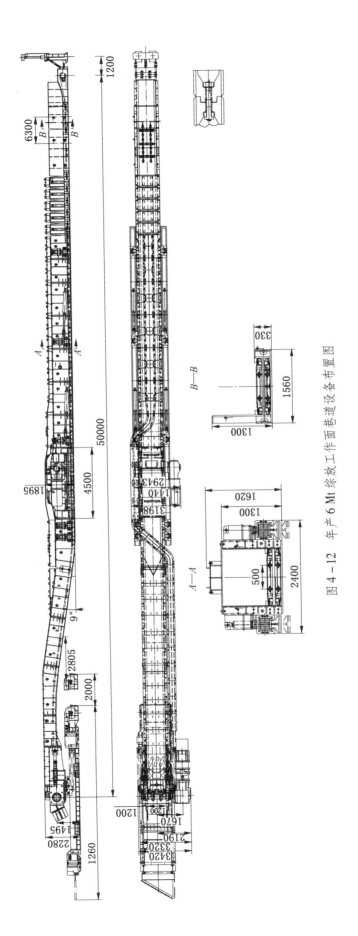

图 4-12 年产 6 Mt 综放工作面巷道设备布置图

相对啮合前进，从而实现采煤机在工作面往返运行。销排轨固定在刮板输送机靠挡煤板侧的轨座上。输送机中部槽间允许的偏摆角度为水平方向 ±0.7°，垂直方向 ±3°。在确保以上参数的情况下，采煤机可以在刮板输送机上顺利行走。

为了保证前、后部输送机处于良好的运行状态，减少输送机弯曲段的运行阻力和磨损，工作面中部前、后部输送机弯曲段的中部槽个数不少于 17 节，弯曲段长度应不小于25.5 m。

2. 排头支架处的"三机"尺寸配套

由于前、后部输送机均采用平行布置方式，输送机的电机和传动装置的中心线与输送机中部槽的中心线平行，并分别布置在两端头处的前后部输送机之间，占用了前、后部输送机中部槽间的自由空间，使得按中部槽尺寸和工艺要求设计出的工作面中部支架不再适用于工作面两端头。因此，根据电机与传动装置的几何尺寸，需要在工作面的上、下端头分别布置 3 组排头支架。为了增大支架后部的自由空间，以便放置体积较大的后部输送机机头和机尾，排头支架采用四柱反四连杆机构，其顶梁长 2800 mm，前梁长 1900 mm，护帮板挑平后的水平护顶宽度为 892 mm，掩护梁长 2090 mm，尾梁长 1600 mm，插板长700 mm，底座长 3025 mm，前柱下铰点到底座前端的水平距离为 760 mm。为满足端头区的设备布置和尺寸配套要求，后部输送机的机头、机尾应分别向采空侧偏移 297 mm，即上下端头处前后部输送机的中心距由工作面中部的 6033 mm 增加到 6330 mm。因而在机头、机尾处各存在一个弯曲段，纯弯曲段共由 7 节中部槽组成，弯曲段长度为 10.5 m。

为了保证采煤机正常割煤和适当的底量，避免采煤机的摇臂在端头割底煤或清浮煤时与前部输送机的过渡槽和机头、机尾架相互干涉，输送机的销排轨在机头、机尾处的最大变线量为 180 mm。

1）机头处"三机"尺寸配套

在 3000 mm 采高的正常工作状态下，为满足前、后部输送机过渡槽处高度较大的实际需要，排头支架掩护梁与水平面的夹角由工作面基本架的 33°降低至 13°；梁端距仍保持在 400 mm；排头支架拉移到位后，支架底座前过桥与前部输送机传动装置间的最小自由空间是 88 mm，前立柱与前部输送机机头传动装置间的最小间隙为 256 mm。后部输送机拉移刮板输送机到位后，后部输送机的拉移耳板与支架底座间的自由空间为 200 mm，传动装置与尾梁千斤顶之间的最小间隙为 272 mm，后部输送机机头处的最小过煤高度为618 mm。在后部输送机拉移刮板输送机前的放煤位置，机头处的最小过煤高度为 630 mm。

2）机尾处"三机"尺寸配套

在 3000 mm 采高的正常工作状态下，排头支架拉移到位后，支架与前部输送机之间的配套和工作面机头处的相同。后部输送机拉移刮板输送机到位后，后部输送机与支架底座间的自由空间为 200 mm，传动装置与尾梁千斤顶之间的最小间隙为 210 mm。

当排头支架的工作高度降低到 2400 mm 时，工作面上端 1 号排头支架处的三机尺寸配套关系发生了变化。排头支架拉移到位后，支架与前部输送机之间的配套和工作面机头处相应支架高度相同。后部输送机拉移刮板输送机到位后，后部输送机的传动装置与尾梁千斤顶之间的最小间隙为 25 mm。

3. 下端头处设备配套

1）运输巷断面设计

4326 工作面运输巷的断面尺寸，根据工作面采高、巷道支护方式、采煤机在下端头割透煤壁的工艺要求、工作面刮板输送机与桥式转载机搭接尺寸的配套要求、风量要求和人行道宽度等因素综合确定。由于此工作面的回采巷道采用新型锚网梁支护，工作面的运输巷采用矩形断面。巷道高度由工作面机采高度和巷道掘进条件决定，设计高度为 3000 mm。巷道宽度主要由桥式转载机中部槽中心线的位置与机头的横向尺寸、人行道侧与非人行道侧宽度确定，同时为巷道变形留有适当的富裕量，定为 4500 mm。

2）下端头设备布置

4326 工作面的下端头不设端头支架，只布置 3 组过渡支架。根据"九五"综放设备的使用效果，并兼顾兴隆庄煤矿综采放顶煤开采的实践经验，4326 工作面前后部输送机仍采用端卸式平行布置方式。前后部输送机上的煤炭，在刮板的驱动下，通过机头的链轮之后做抛体运动，直接抛射到桥式转载机的中部槽内，煤流比较畅通。工作面前后部刮板输送机的链轮中心线在同一个垂直平面内，位于运输巷中心线下侧 300 mm 处，距桥式转载机中部槽中心 850 mm，桥式转载机外帮距工作面巷道下帮 900 mm。1 号排头架中心到桥式转载机中心的距离为 2060 mm，排头支架之间的中心距为 1600 mm，排头支架与 1 号基本架的中心距为 1600 mm，基本架之间的中心距为 1500 mm。在工作面采煤机采用单向割煤方式时，前部输送机机头推移到位后，前部输送机机头架到桥式转载机靠煤壁侧挡煤板的水平距离为 200 mm，即在前部输送机推移刮板输送机之前，输送机机头与桥式转载机靠煤壁侧的挡煤板之间保持一个 1200 mm 的推移刮板输送机空间，以保证采煤机截深为 1000 mm、单向割煤时推移前部刮板输送机工序与拉移桥式转载机工序互不干扰。考虑到工作面的配套设备在采煤机采用双向割煤时同样适用，与前部输送机紧邻的一段长 1000 mm 的挡煤板应作成可拆卸式。

为了保证采煤机滚筒割透运输巷靠工作面侧的煤帮并使采煤机在此位置仍有一定的卧底量，采煤机在机头侧割煤的停止位置为前滚筒中心过运输巷上帮 976 mm，相应的卧底量为 216 mm，此时采煤机滚筒与刮板输送机的电机与传动装置互不干涉。前部输送机的卸载高度为 870 mm。

在运输巷底面和工作面底板的交界处用一段平滑的曲线连接，以保证工作面刮板输送机中部槽之间在垂直方向的弯曲角不超过 ±3°。此范围内的煤层顶板也采用同样的过渡方式。由于该范围内的放顶煤液压支架中心线互不平行，生产中要加强管理，避免架与架之间出现咬架或架间间隙过大的现象。

4．上端头处设备配套

回风巷断面设计：

4326 工作面回风巷采用梯形断面，新型锚网支护，上侧为采空区，回采期间围岩变形量，尤其是两帮的水平位移量较大。其断面尺寸的确定，主要考虑设备列车的布置、工作面采高、采煤机在上端头割透煤壁的工艺要求、风量要求和适应围岩变形的合理断面富裕量。回风巷高 3500 mm，顶宽 3600 mm，底宽 4000 mm，内铺双轨，设备列车布置在回风巷的下侧，距巷道中心线 1041 mm；供工作面辅助运输用的材料车布置在回风巷的上侧，距巷道中心线 509 mm。设备列车由 35 个平板车（材料车）组成，布置在回风巷距工作面 150～200 m 处。

由于工作面长度较大，工作面的前、后部刮板输送机均采用双电机驱动，机尾处的电机、减速器和相应的传动装置与机头处相同。所不同的是机尾链轮中心线高度较机头侧低，且在机尾架上增加一套伸缩量为300 mm的自动紧链机构。与下端头相比，上端头的设备数量较少，设备配套关系简单，采煤机割透回风巷侧煤壁的要求容易满足。前部输送机的机尾链轮中心线距回风巷下帮1590 mm，距上端头的1号排头支架730 mm，机尾架到回风巷上帮的水平距离为1910 mm。后部输送机机尾的链轮中心线较前部输送机的上偏10 mm，距回风巷下帮1600 mm，后部输送机机尾架到回风巷上帮的水平距离为1400 mm，满足上端头行人和端头支护的要求。

在工作面长度变化不大时，前后部输送机的机尾和中部槽之间不用设置过渡槽。为适应工作面长度的变化，可根据情况在工作面刮板输送机机尾（过渡槽）和中部槽之间增加长度为750 mm或1000 mm的调节槽。

按照本设计的布置方式，采煤机滚筒可以清理机尾前方的浮煤，实现机械快速清理回风巷端头处的浮煤，为工作面快速推进创造有利的条件。采煤机在回风巷端头处割煤或清理浮煤时，采煤机的滑靴始终骑在前部输送机的中部槽或调节槽上。因此，采煤机在机尾处运行时与刮板输送机互不干涉。

5. 工作面设备总体布置

工作面总体布置的基本参数和原则如下：面长302 m，机采高度为3000 mm；煤机单向割煤，工作面基本支架随采煤机后滚筒3 m及时支护；在采煤机下行清理浮煤到下端头之前完成下端进刀段的推移刮板输送机工序，工作面前后部输送机采用自下而上的单向推拉刮板输送机方式；两端的排头支架采用先推移刮板输送机后移架的滞后支护方式；工作面后部采用双轮顺序放顶煤工艺；排头支架处的放煤工艺安排在拉排头架之后进行；回风巷和运输巷均沿煤层底板布置，回风巷采用梯形巷道，运输巷采用矩形断面；在工作面上下两端各布置3组排头支架。

以工作面刮板输送机机头链轮中心线距运输巷下帮2550 mm为基准，按照机头架、机头过渡槽、中部槽、机尾架的顺序依次布置工作面的前后部输送机，后部输送机的机尾和中部槽之间增加一节过渡槽。工作面前部刮板输送机的铺设长度为305540 mm，其中包括机头架、机尾架和机头过渡槽各一节，中部槽196节。前部输送机中部槽中心线到工作面煤壁的最小距离为1042 mm；增加一个180 mm的变线宽度后，前部输送机的机头、机尾架中心线到工作面煤壁的最小距离为1222 mm。工作面后部刮板输送机的铺设长度为305550 mm，其中包括机头架、机头过渡槽、机尾架和机尾过渡槽各一节，中部槽195节。前、后部刮板输送机中心线的正常间距为6033 mm。在工作面上下两端机头、机尾架处，前、后部输送机中心线的正常间距为6330 mm，即在工作面的上下两端，后部输送机的机头和机尾各存在一个297 mm的弯曲段。

工作面上下两端无综放支架支护的端头区，采用一字型金属铰接顶梁配合单体液压支柱支护。为了防止端头区的垮落矸石涌入开采空间，保证工作面采放作业的正常进行，在工作面上下端头的排头支架尾部各设置一组密集支柱。

4.4.4 工作面主要配套设备

4.4.4.1 ZFS6800/18/35型放顶煤支架

ZFS6800/18/35型放顶煤支架是在认真总结、分析研究各种放顶煤支架特点的基础上研制的新一代低位放顶煤支架。该支架的显著特点是四柱整体顶梁结构，支架前端支撑能力大，支护面积大。支架采用电液控制，可以实现支架的降、移、升程序的自动控制。支架结构强度高，支护能力强，适应能力强，进口电液系统流量大，移架速度快，空间大，放煤速度快。

1. 支架的使用条件

适用于基本顶Ⅰ、Ⅱ级，直接顶1、2类，煤层倾角小于或等于20°的放顶煤开采支护。

2. 支架的结构组成

该支架主要由金属结构件、液压元件两大部分组成。金属结构件主要有前梁，伸缩梁，顶梁，掩护梁，尾梁，插板，前、后连杆，底座，推移杆，拉杆，以及侧护板等；液压元件主要有立柱、各种千斤顶、液压控制元件、液压辅助元件及随动喷雾降尘装置等。

3. 支架的主要技术参数

高度	1800～3500 mm
中心距	1500 mm
宽度	1410～1580 mm
初撑力	5707 kN（$p=31.5$ MPa）
工作阻力	6800 kN（$p=37.5$ MPa）
支护强度	0.80～0.83 MPa
底板比压	2.3 MPa
适应煤层倾角	≤20°
泵站压力	31.5 MPa
操作方式	电液控制
截深	1000 mm
前后部输送机中心距	6033 mm
支架质量	23000 kg
泵站压力	31.5 MPa
前立柱	
缸径	250 mm
行程	1695 mm
初撑力	1545 kN
工作阻力	1842 kN
后立柱	
缸径	230 mm
行程	1695 mm
初撑力	1308 kN
工作阻力	1558 kN
推移千斤顶	短推杆普通差动
缸径/杆径	180/95 mm
行程	1100 mm
推移刮板输送机力/拉架力	233/578 kN（差动原理）
尾梁千斤顶	2个
缸径/杆径	160/95 mm
行程	585 mm

推力/工作阻力	633/797 kN
拉后部刮板输送机千斤顶	1 个
缸径/杆径	140/85 mm
行程	1050 mm
推力/拉力	484/306 kN
侧推千斤顶	3 个
缸径/杆径	63/45 mm
行程	170 mm
推力/拉力	98/48 kN
护帮千斤顶	2 个
缸径/杆径	100/70 mm
行程	435 mm
推力/拉力	247/126 kN
插板千斤顶	2 个
缸径/杆径	80/60 mm
行程	700 mm
推力/拉力	156/69 kN
抬底千斤顶	1 个
缸径/杆径	110/85 mm
行程	250 mm
推力	386 kN

4. 支架的主要特点

（1）ZFS6800/18/35 型支架的控制系统采用电液控制系统，可以实现单架、双向、成组程序控制及采煤机过后自动移架，移架速度为 12 s，是世界上首次在放顶煤支架上应用电液控制系统的支架。

（2）顶梁采用整体顶梁结构型式，并带有可挑平的护帮板，顶梁前端支撑能力可达 2104 kN，是铰接前梁的 6 倍，可以有效地支护机道上方的顶板，防止工作面片帮、冒顶。

（3）前立柱增大向前倾斜角度，由原来的 7.1° 增加到 9.3°，而后立柱则由原来的 -1.2° 改为 1.5°，使支架的合力前移，前端支撑能力增大，同时提高了支架对顶板向前的水平推力。立柱增大向前倾斜角度之后，支架受力更加合理，连杆力明显减小。

（4）前立柱缸径采用 $\phi250$ mm，前立柱工作阻力为 1842 kN，后立柱缸径为 $\phi230$ mm，工作阻力为 1558 kN，前立柱工作阻力比后立柱高 18.2%。根据"九五"攻关 5318 工作面矿压观测结果看前立柱比后立柱压力高，一般高 20% ~ 30% 左右，因此立柱调整后，ZFS6800 型支架更适合于兴隆庄的地质条件。

（5）底座采用开底式，排矸性能好，拉架顺利，同时配备抬底机构，有效地防止底座前端扎底，提高了拉架速度，减少清理浮煤的工作量，降低了工人的劳动强度。

（6）支架具有较大的后部放煤空间，提高后部输送机的过煤高度。

（7）为了提高液压元件的可靠性，立柱和千斤顶的密封采用聚氨酯密封，寿命可以提高 5 ~ 6 倍。

（8）支架的工作阻力由 6200 kN 提高到 6800 kN，提高了支架对顶板的支撑能力，同时可以减小顶煤的垮落块度。

（9）尾梁插板行程由 600 mm 增加到 700 mm，加大了放煤尺寸，提高了放煤速度。

（10）液压系统采用双回路环形分段供液，前后部供液系统各自独立，互不影响。系统泵站采用 4 台 305 L/min 的乳化液泵，整个系统流量达到了 1220 L/min，主进液管 2 个 $\phi38$ mm，主回液管 2 个 $\phi50$ mm，同时加大立柱和推移千斤顶胶管通径，提高了移架速度。支架前部采用自动喷雾，当采煤机过来时，顶梁前部喷嘴会自动喷雾；支架后部采用大流量文丘里喷嘴；在顶梁、掩护梁上面安设 10 个喷嘴进行架间预湿顶煤喷雾。

4.4.4.2 ZTF7000/19/32 型排头支架

ZTF7000/19/32 型工作面排头支架是一种支撑掩护式低位放顶煤支架，适应于厚及特厚煤层低位放顶煤开采，满足拉移支护顶板控制、后部放煤和与中间放煤支架衔接的需要，并能满足大功率采煤机、大运量输送机等相关设备的配套。

1. 支架的组成

该支架由伸缩前梁、护帮板、顶梁、底座、连杆、掩护梁和尾梁体等部分组成，靠四根立柱来支撑顶梁承受顶板的垂直压力，四连杆机构能较好地承受顶板的水平分力，并使支架的运动轨迹，垂直升降、受力均匀。

2. 支架的主要技术参数

型号	ZTF7000/19/32
型式	支撑掩护式
操作方式	本架操作
支架	
高度	1900 ~ 3200 mm
宽度	1490 ~ 1660 mm
中心距	1660 mm
工作阻力	7000 kN
初撑力	6157 kN
支护强度	0.725 MPa
底板比压	2.86 MPa
支护面积	9.28 m²
前梁摆角	+100° ~ +150°
尾梁摆角	0° ~ -50°
立柱	4 个双伸缩
缸径	250/200 mm
活柱直径	240/170 mm
一级行程	638 mm
二级行程	662 mm
初撑力	1538 kN
工作阻力	1750 kN
前梁千斤顶	2 个
缸径	180/105 mm
行程	160 mm
初撑力	950 kN
拉力	359 kN

侧推千斤顶	4 个
缸径	63/45 mm
行程	170 mm
推力	98 kN
拉力	48 kN
推移千斤顶	1 个
缸径	160 mm
行程	1050 mm
推移刮板输送机力	359 kN
拉架力	630 kN
尾梁千斤顶	2 个
缸径	160/105 mm
行程	450 mm
初撑力	630 kN
工作阻力	703 kN
拉力	359 kN
插板千斤顶	2 个
缸径	80/60 mm
行程	700 mm
推力	158 kN
拉力	69 kN
后部刮板输送机千斤顶	1 个
缸径	140 mm
行程	1050 mm
推力	482 kN
拉力	304 kN
防片帮千斤顶	1 个
缸径	100/70 mm
行程	500 mm
工作阻力	275 kN
拉力	152 kN
伸梁千斤顶	2 个
缸径	100/60 mm
行程	1000 mm
推力	246 kN
拉力	157 kN
掩梁立柱	2 个
缸径	200 mm
行程	470 mm
初撑力	985 kN
工作阻力	1400 kN

3. 支架的主要特点

（1）四连杆机构为反四连杆型式，分别有上连杆，前、后连杆并与顶梁、底座相连接。

（2）尾梁体具有放煤作用，能上下摆动，小插板能伸缩，便于放煤、破煤、封矸。

（3）底座与掩护梁之间通过2根缸径为 $\phi200$ mm 的立柱相连接，通过控制立柱的伸长或缩短距离来调整支架后部输送机机头、机尾的空间。

（4）后部输送机处过煤空间较大，能顺利通过放下的顶煤和移架。

（5）支架管路布置合理，便于过人和清除支架后部浮煤并处理后部输送机故障。

（6）底座中部底板全部开通，利于前部浮煤的清理和排放。

（7）支架后部尾梁上安有喷雾装置，该装置与尾梁摆动及插板的伸缩联动，对后部输送机降尘。支架伸缩梁上配有手动控制喷水降尘装置，顶梁体上部开有喷淋顶板（煤）喷头，移架时有电液控制联动，调湿顶煤达到降尘。

支架液压系统管路设计采用近距离进回液双管环形供液，控制系统采用进口德国电液控制操纵阀及相关阀类元件。

4.4.4.3 SL300 型采煤机

1. 采煤机的适用条件

SL300 型采煤机可以用来采掘煤炭、盐矿、其他矿物及周围的岩石，它可以沿左右两个方向进行截割和装煤。采煤机可以安装在各种不同厚度的煤层中从事割煤工作，只需选用直径不同的滚筒和选择机身的高度即可。

2. 采煤机的主要技术参数

滚筒中心线距离	12112 mm
滚筒直径	1800 mm
最大截割高度	3940 mm
滚筒截深	1000 mm
滚筒转速	23～63 r/min
截割部功率	2×360 kW
牵引电机功率	2×62 kW
液压泵电机功率	2×7.5 kW
装机总功率	859 kW
牵引速度	0～29 m/min
牵引力	477 kN
质量	41 t
生产能力	1500 t/h

3. 采煤机的主要特点

（1）独有的液压拉杆结构，机身整体性能坚固。艾柯夫采煤机的上下左右布置有四根液压拉杆，将采煤机的几大部联成一个牢不可破的整体。液压拉杆技术保证了采煤机的整体性能，同时又便于拆卸，实现分体运输。机身保持完好的整体稳定性，避免作业时的振动，对充分发挥采煤机的截割功率有积极作用，而且对各部件的寿命有重要影响。采煤机作业时，所有截割力都有通过机身传递到底板的过程。

（2）结构紧凑、一目了然的电控装置。电控箱体处于机壳之内，与壳体分离，防爆面避免了机壳承受的机械应力。这种抽屉式的结构简捷明了，易于管理维护，同时也统一在液压拉杆的系统中，增加了可靠性。

（3）机械结构做了全新优化设计。艾柯夫 SL300 型采煤机在机械结构上进行了全新优化设计，使采煤机结构尽量简单可靠，如摇臂中省去了原有的油/水冷却器。摇臂中省去了原有的润滑油泵，省去了润滑油泵，也就杜绝了润滑油泵的故障。滚筒与摇臂之间的联接方式由圆锥形改为四方形。

（4）维护工作简便易行。截割电机的冷却装置布置在电机内部，使电机的安装与拆卸十分方便；控制弧形铲煤板升降的马达的检修，可从采空区侧进行。机身内装的所有部件采用抽屉式组合结构，易于维护管理。

（5）部件可靠性能加大。最新的技术工艺用于交流电机和直流电机。电机的控制部件采用工业界完全成熟的通用产品，其可靠性能大大超过单独设计的特殊产品。

（6）艾柯夫 SL300 型采煤机装备有现代化、高效的计算机控制系统，其操作有手动与遥控两种方式。采煤机的显示装置能提供有关机器的全部数据的直观信息，并能在故障与维修状态下提供相关信息。显示装置的所有信息可通过数据传输到工作面巷道控制站或井上调度室。可以实现自动化作业，如记忆式割煤。

（7）SL300 型有一个交流变流器。整个机器与牵引部的控制只需两三个精巧的装置即可完成。

4.4.4.4　SGZ - 1000/1200 型前刮板输送机

兖矿集团和宁夏西北奔牛实业集团有限公司共同研制了 SGZ - 1000/1200 型长运距、高可靠性前部刮板输送机，该输送机可以与国内外多种规格的强力采煤机及液压支架配套，装机功率为 2×600 kW，铺设长度为 305 m，日产原煤达 2×10^4 t 以上，完全能够满足年产 6 Mt 综合机械化采煤工作面生产要求。

1. 刮板输送机的主要技术参数

刮板输送机的主要技术参数见表 4 - 10。

表 4 - 10　SGZ - 1000/1200 型刮板输送机的主要技术参数

序号	项 目	内 容	单 位	规 格
1	适应条件	适应倾角	（°）	缓倾斜
		煤层厚度	m	中厚煤层
2	总体特征	运输能力	t/h	2000
		设计长度	m	305
		出厂长度	m	305.54
		传动装置布置方式		单侧平行
		卸载方式		端卸式
		牵引方式		销排式
		变线长度		
		链条张紧方式		液压马达，伸缩机尾
3	电动机	型号		—
		功率	kW	2×600
		电压	V	3300
		转速	r/min	1485

表 4 - 10（续）

序号	项 目	内 容	单 位	规 格
4	中部槽	尺寸（长×宽×高）	mm×mm×mm	1500×1000×337
		水平弯曲角度	（°）	—
		垂直弯曲角度	（°）	—
		中板厚度	mm	40
		连接方式		哑铃连接
5	减速器	型号		EKP - 35
		速比	r/min	36∶1
		质量	t	—
		传递功率	kW	600 kW
		润滑油种类		N320
6	刮板链	链条布置方式		中双链
		链间距	mm	200
		刮板间距	mm	1096
		链速	m/s	1.28
		链条规格	mm	2×ϕ38×137 紧凑链
		链条极限破断力	kN	1810

2. 刮板输送机的主要特点

1）新型中部槽结构

常规输送机中部槽中板间搭界尺寸小，在推移过程中容易产生漏煤现象。本中部槽采用整体焊接结构，中部槽中板接口为圆弧插槽型式，解决了槽口拉开后的漏煤问题，同时有利于刮板平缓通过，有效降低了整机的空载功率。

2）高强度紧凑链的研制

认真研究国外紧凑链的形式和性能指标，在我国现有材质和工艺的基础上，研制出了 ϕ38 mm×137 mm 的紧凑链，其特点是平环仍采用常规的圆钢弯制对焊，而立环则用合金金刚锻造，制成宽度较低的扁平圆链环，所制成的紧凑链节距与同档圆环链相同，强度相等，而立环宽度则与低一档圆环链宽度相同，紧凑链的使用有效地降低输送机机身的高度。

3）高强度低摩擦因数刮板

由于采用中双链形式，中部槽内宽达 1000 mm，传递功率很大。因此，刮板的受力状态极为不好，为设计研制带来了很大难度，为了保证足够刮板强度要求，首先对刮板的各个危险断面的受力状态进行认真的分析研究，确定了合理的刮板结构，减小了摩擦因数，在保证各断面尽量等强度的前提下，选用超高强度合金材料锻造而成，保证刮板的强度和耐磨性。两端斧头采用高强耐磨铸钢铸造，然后组焊为整体，保证了刮板的强度和耐磨性。

4）自动伸缩机尾研制

自动伸缩机尾是国外 20 世纪 90 年代出现的刮板链调节控制装置，在开发研制过程中，确定采用自动监控、调控液压伸缩结构，另外还设有链轮转速、液压缸压力、液压缸位移传感器，以便为可编程控制装置进行链条张力判断提供参考，通过把所收集的信号传至电控箱中的可编程控制装置，对接收的各种信号进行放大、比较和处理，并给执行机构发出指令，使机尾两侧的液压缸伸出或缩回，保持链条始终有合适的张紧力，在不停机的情况下，利用监控系统，可直接实现输送机链条松紧的调节，在使用中有效地缩短了辅助时间。

5）紧链器和阻链器

紧链采用液压紧链器与阻链器。液压紧链器是由液压马达间接驱动减速器以达到刮板链运行的紧链装置。由于马达输出的定量性，液压紧链器具有安全、可靠及良好的过载保护性能。阻链器用来在紧链过程中固定输送机上的刮板链。

6）选用摩擦限矩联轴器

减速器和电动机间采用摩擦限矩联轴器连接，有效地保护了传动系统，使刮板输送机的可靠性得到提高。

7）采用强力齿轨系统

牵引系统是安装在中部槽上的保证质量为 65 ~ 75 t 的强力采煤机以 10 m/min 的前进速度割煤时的运行轨道。通过对强力牵引系统的齿轨结构和材质的研究，开发出满足强力采煤机切割煤壁时工作要求的强力牵引齿轨系统。

8）箱式结构高强度端卸机头的研制

为了满足在综采放顶煤排头架内部狭小空间内端卸机头的安装，在研制中尽量压缩机头尺寸，使结构更加紧凑，选用体积较小的进口传动装置，并把链轮组件设计成直接与减速器对接的型式，大幅度的压缩了机头尺寸，同时采用厚侧板和高强耐磨中板，机头架与过渡槽之间采用高强度双哑铃联接，并用定位销和定位板定位，承受拉移力，确保输送机机头架的强度。机头架采用箱式结构，中板选用进口高强度耐磨板材，具有强度高，寿命长等特点。

4.4.4.5 SGZ – 1200/1400 型后部刮板输送机

SGZ – 1200/1400 型刮板输送机是我国当时开发研制的功率最大、槽宽最宽、铺设长度最长的缓倾斜放顶煤综采工作面超重型刮板输送机，首次采用自动伸缩机尾、液压马达紧链装置、调速型液力耦合器及紧凑链等国外先进技术，其主要指标及可靠性达到了 20 世纪 90 年代中期国际先进水平。

1. 刮板输送机的主要技术参数

刮板输送机的主要技术参数见表 4 – 11。

表 4 – 11　SGZ – 1200/1400 型刮板输送机的主要技术参数

序号	项 目	内 容	单 位	规 格
1	适应条件	适应倾角	(°)	缓倾斜
		煤层厚度	m	中厚煤层
2	总体特征	输送能力	t/h	2000
		设计长度	m	305

表4-11（续）

序号	项　目	内　容	单　位	规　格
2	总体特征	出厂长度	m	305.54
		传动装置布置方式		单侧平行
		卸载方式		端卸式
		变线长度		—
		链条张紧方式		液压马达，伸缩机尾
3	电动机	型号		
		功率	kW	2×700/1400
		电压	V	3300
		转速	r/min	1486
		频率	Hz	50
4	中部槽	尺寸（长×宽×高）	mm×mm×mm	1500×1200×355
		水平弯曲角度	(°)	
		垂直弯曲角度	(°)	—
		中板厚度	mm	40
		连接方式		哑铃连接
5	减速器	型号		EKP-35
		速比	r/min	36:1
		质量	t	—
		传递功率	kW	600 kW
		润滑油种类		N320
6	刮板链	链条布置方式		中双链
		链间距	mm	240
		刮板间距	mm	1096
		链速	m/s	1.28
		链条规格	mm	2×φ38×137
		链条极限破断力	kN	1810

2. 刮板输送机的主要特点

（1）高强度端卸机头 为了满足在放顶煤排头架后部狭小空间内端卸机头的安装，在研制中尽量压缩机头尺寸，使结构更加紧凑，选用体积较小的进口传动装置，并把链轮组件设计成直接与减速器对接的型式，大幅度的压缩了机头尺寸，同时采用厚290 mm侧板和60 mm高强耐磨中板，机头架与过渡槽之间采用高强度双哑铃联接，并用定位销和定位板定位，承受拉移力，确保输送机机头架的强度。

（2）高强度过渡槽 是输送机寿命较低的部件，由于运行工况十分恶劣，常规过渡槽寿命一般小于百万吨。此次开发研制中对过渡槽提出了设计寿命4 Mt的设想。为了满足开发技术指标，以适应放顶煤开采的特点，过渡槽设计采用了加厚侧板及高强度可焊耐磨翼板，中板采用进口高强度耐磨中板，并对机头过渡槽实施全封底，形成整体箱式结构，对机尾过渡槽设计成半封底的箱型结构，提高了过渡槽的刚度、强度和耐磨性，有利于过渡槽寿命的增加，在机尾过渡槽下翼板处设有刮板链复位器，可实现刮板链掉道的自动复位。

（3）高强度紧凑链随着工作面重型刮板输送机功率的不断增加，紧凑链已在国外的重型刮板输送机上得到广泛应用，我们认真研究国外紧凑链的形式和性能指标，在我国现有材质和工艺的基础上，研制出了 $\phi 38 \text{ mm} \times 137 \text{ mm}$ 的紧凑链，其特点是平环仍采用常规的圆钢弯制对焊，而立环则用合金金刚锻造，制成宽度较低的扁平圆链环，所制成的紧凑链节距与同档圆环链相同，强度相等，而立环宽度则与低一档圆环链宽度相同，紧凑链的使用可有效地降低输送机机身的高度。

（4）拉移点可调式高强度中部槽。为了适应放顶煤工作面的特殊要求，中部槽采用整体铸焊开底式结构，铸造槽帮选用耐磨中碳锰合金钢铸造，并调质处理到 HB240 ~ 290，联接处采用槽帮凸凹端定位，哑铃联接，定位可靠，联接方便，中板选用 50 mm 厚高强度耐磨钢板，使组焊后的中部槽具有强度高、寿命长、耐磨性好，安装方便，免于维护等优点，且开底式结构易于处理底链断链事故。

由于后部输送机与支架采用固定点软联接形式，拉移时经常会发生飘链或扎底现象，为了解决这一问题，中部槽铲板侧拉移座上的拉移点设计成可调试拉移点，有效地避免了飘链和扎底，使工作面推进更加顺利。

（5）高强度低摩擦因数刮板的研制。由于采用中双链型式，中部槽内宽达 1200 mm，传递功率很大，因此，刮板的受力状态极为不好，为设计研制带来了很大难度，为了保证足够刮板强度要求，首先对刮板的各个危险断面的受力状态进行认真的分析研究，确定合理的刮板结构，减小摩擦因数，在保证各断面尽量等强度的前提下，刮板中段采用超高强度合金材料锻造而成，两端斧头采用高强度耐磨材料精铸成形，并进行特殊工艺处理，保证刮板的强度和耐磨性。

（6）浮煤回收装置的研制。由于放顶煤工作面的特殊性，以往后部输送机中部槽采空区侧的浮煤大量丢失，为了提高煤炭的采出率，专门设计研制一种安装在中部槽采空区侧的浮煤回收装置，当支架前移时，垮落的顶煤直接落在回收装置上，使输送机后部的浮煤得以回收。浮煤回收装置安装方便，连接可靠。

4.4.4.6 SZZ1200/525 型转载机

该转载机属新一代重型刮板转载机，与 TYD1400 型带式输送机自移机尾和 PLM3500 型锤式破碎机共同使用，满足年产 6 Mt 综放工作面的巷道运输要求。

SZZ1200/525 型自移式转载机和 PLM3500 型锤式破碎机在研制过程中，根据我国煤矿工作面设备的现状及使用情况，在引进美国朗艾道公司先进技术的同时，借鉴国内先进的经验和成熟的技术，并大量采用新结构、新工艺，注意提高产品结构的可靠性，保证产品性能的先进性，使研制水平有了很大的提高。

1. 转载机的适用条件

SZZ1200/525 型自移式转载机与前部 SGZ – 1000/1200 型、后部 SGZ – 1200/1400 型刮板输送机、PLM3500 型锤式破碎机及 SSJ1400/3 ×400 型带式输送机配套使用。

2. 转载机的结构组成

该转载机主要由可伸缩式机头、中部槽、刮板链、机尾、切顶支柱等组成。

3. 转载机的主要技术参数

设计长度   50 m

输送量	3500 t/h
出厂长度	50 m
刮板链速	1.83 m/s
爬坡角度	9°
爬坡高度	1450 mm
传动装置	
电动机	
功率	525 kW
额定电压	3300 V
转速	1475 r/min
减速器速比	26.8∶1
刮板链	
型式	中双链
圆环链规格	ϕ38 mm×137 mm 紧凑链
链条间距	500 mm
刮板间距	822 mm
每条链破断负荷	1810 kN
中部槽(内槽宽×总宽×高)	1200 mm×1600 mm×1300 mm
型式	整体箱形焊接结构
紧链方式	液压马达紧链装置+阻链器
调链方式	伸缩机头
自移方式	迈步式推移
总重	160 t

4. 转载机的主要结构特点

（1）机头传动部侧挂布置，由 3300 V 单速电机、限矩离合器、液压紧链器和减速器等组成，全部由美国朗艾道公司负责引进，传动功率大，结构紧凑，安全可靠。

（2）采用液压紧链器和伸缩机头紧链方式，便于及时调整转载机刮板链的松紧，保证刮板链始终处于良好运行状态。液压紧链器随传动部进口，保证其可靠性。

（3）链轮组件采用整体装拆，远程注油润滑，维修方便，也有利于设备的布置和管理。

（4）机头架可伸缩，并设有漏煤口。

（5）采用 ϕ38 mm×137 mm 紧凑链和合金钢整体铸造刮板，使整机体积小、高度低。

（6）中部槽全部采用整体箱型焊接全封闭结构，电缆槽上置与侧置相结合，槽与槽之间除后部几节柔性槽是哑铃联接外，其余都是由 2 个 ϕ60 mm 定位销和 16 条 M30 的螺栓刚性联接，加大了联接强度，提高了可靠性。底、中板采用高强度耐磨板，以满足过煤量的要求。

（7）爬坡角度小，凹、凸槽圆弧半径大，爬坡段与凹槽之间采用易旋转结构。

4.4.4.7　PLM3500 型锤式破碎机

PLM3500 型破碎机，安装在 SZZ1200/525 型破碎机落地段的固定位置，在转载机输送煤炭过程中，由于破碎机的破碎轴带动破碎轴高速旋转，冲击和截割大块煤炭，使大块煤轧成所需的块度。

1. 破碎机的组成

该破碎机主要由入口架、前架、润滑装置、低槽、调高装置、喷雾装置、主架、挡矸装置、减速器、耦合器等组成。

2. 破碎机的主要技术参数

PLM3500 型锤式破碎机的主要技术参数：

破碎能力	3500 t/h
最大输入块度	1200 mm × 1180 mm
最大排出粒度	400（350、300、250、200）mm
传动型式	电动机 + 液力耦合器 + 减速器
电动机型号	YBSS2 – 250
电动机功率	250 kW
电动机电压	3300 V
电动机转速	1475 r/min
耦合器型号	YOXD560
耦合器充液量	24.5 L
减速器型号	63JS – 250
减速器传动比	3.4615:1
破碎主轴转速	404 r/min
破碎锤头数	8 个
破碎锤头冲击速度	21.6 m/s
破碎板厚度	80 mm
适用槽宽（内宽）	1200 mm
喷雾型式	外喷雾（出入口各4个喷嘴）
外形尺寸（长×宽×高）	4500 mm × 2930 mm × 1910 mm
机器总重	24.5 t

3. 破碎机的主要特点

（1）本机首次采用电机 + 液力耦合器 + 圆锥圆柱齿轮传动减速器 + 弹性联轴器的直接传动方式，省去了皮带轮和输送带传动的中间环节，避免了输送带过载打滑、弹性变形的能量损失、大功率传动不可靠和硬启动易发生机械故障等不利因素；液力耦合器使启动平稳，过载保护性能好。整个系统比输送带传动的能量损失少，传动可靠，安装维修方便。另外，传动装置对称布置，以满足不同工作面的需要。

（2）破碎轴和锤体用 4 个平键联接和定位，平键传递力量效果比斜键好，更适应锤体工作受力状态。锤体为整体铸造成型，锤头为锻造加工成型，两者用特制的紧固螺栓和螺母（M36 × 3）紧定，拧紧力矩为 1990 N·m，再用反向防松螺母（M30 × 2 ~ 6 g）拧紧，两个螺母之间用防松垫片卡住，可有效防止螺栓松动及锤头掉落。采用双向防松螺栓紧固锤体和锤头的结构，是该破碎机主要创新点之一。

（3）破碎槽体采用整体组焊封底中部槽，两端通过 8 个 M36 螺栓和 $\phi80$ mm 的圆柱销与转载机连成一体。破碎板为 80 mm 厚的高强度耐磨板，提高强度，保证过煤量。两端中板采用特殊过渡结构，保证与转载机连接的链道平滑过渡。破碎槽体两侧设拉移耳，在转载自移系统不能正常工作时，可以采取拉移方式移动转载机和破碎机。

（4）调高使用垫板式调高装置，调高挡次为 200、250、300、350、400 mm，共 5 挡，可根据所需要的煤炭块度，确定安装垫板的件数。为方便调高，该破碎机增设了 4 个起重螺栓，每侧垫板上有 2 个起重螺栓。同时转动起重螺栓，可将前架和主架抬起，进行装拆垫板的操作，达到调整出煤块度大小的目的，免去井下安装后，再次调整出煤块度时需大拆大装破碎机的繁重体力劳动。调高装置也是该破碎机创新点之一。

（5）所有轴承采用润滑酯集中润滑。

（6）出入料口设有喷雾装置。

4.4.4.8　SSJ1400/3×400 型带式输送机

带式输送机是散料运输最有效的、最经济的方法，广泛的用于冶金、矿山、煤炭、港口、电站等行业。

1. 输送机的结构组成

该输送机主要由驱动装置、蛇簧联轴器、传动部分、存储单元、收放装置、机身等组成，其中传动部分包括卸载伸出架、清扫器、传动机架、传动滚筒和改向滚筒等组成。

2. 输送机的主要技术参数

SSJ1400/3×400 型可伸缩带式输送机的主要参数：

输送量	3500 t/h
输送长度	1200 m
输送带速度	4.5 m/s
储藏输送带长度	100 m
传动滚筒直径	1000 mm
换向滚筒直径	
机头滚筒	900 mm
机尾滚筒	630 mm
托辊直径	159 mm
缓冲托辊直径	159 mm
输送带规格	难燃输送带 PVG
输送带宽度	1400 mm
输送带径向扯断强度	>1800 N/mm
主电机	
型号	YB450S3-4
功率	3×400 kW
转速	1480 r/min
电压	6000 V
减速器	
型号	B3SH13(德国弗兰德公司)
减速比	18:1
型号	YBK160M2-8
功率	5.5 kW
电压	1140/660 V
减速器	
型号	SCWUM200-63-IF

速比	63：1
出带电动推杆	
型号	DTBZ10 – 2000 – 50
电压	660V
夹带电动推杆	
型号	DTBZ3 – 200 – 50
电压	660 V

3. 带式输送机的主要特点

（1）在长运距、大运量可伸缩带式输送机上首次应用液粘离合器软启动装置，解决了输送机带载启动困难的问题，减少了电机启动时对电网的冲击，减少了断带事故的发生。

（2）选用液压自动张紧装置，提高了张紧装置的动态反映能力和输送机运行的平稳性。

（3）选用美国 LAD 自移机尾装置，提高了工作面快速推进速度，减少了辅助工作时间。

（4）设计的新型收放带装置，提高工作的自动化程度和工作效率。

（5）在使用中开机率高，维护量少，带速、输送带宽度、运量、自动张紧及软启动技术的应用，在工作面巷道带式输送机中处于国内首创，国际领先地位，完全能够满足 6 Mt 高产高效工作面的需要。

4.4.5 配套设备的试验应用

4326 综放工作面从 2002 年 1 月 1 日进行正式工业性试验，截止到 2002 年 3 月 31 日。通过 3 个月的工业性试验证明，配套设备完全适应该工作面地质条件，满足矿井生产的工艺要求，整套装备体现了选型先进、布局合理、运动关系协调、生产能力匹配、自动化程度高、效率高、安全性能好和质量可靠等特点。设备配套生产能力大，能够满足该工作面的生产要求。在工业性试验期间，最高日产 24047 t，平均日产 20376 t，最高月产 631668 t，平均月产 570532 t，最高工效 369.39 t/工，平均工效 313 t/工，累计采出率为 87.43%。工作面单产达到了年产 680 多万吨的水平。1 月份在开机率为 68.92% 的情况下月产达到 631668 t，创造了兴隆庄煤矿自使用综放技术以来日产、月产的最好成绩。从设备运行记录表明，全套设备在试验期间未发生较大事故和故障，各设备运行正常，状态良好，设备富裕能力较大，可以预测在外部条件正常情况下，最高日产量还会稳步增长，生产能力将会超过 8 Mt/a。一系列的工业性实践证明，安全高效综放成绩的取得与所实施的科学合理的技术路线和途径密不可分，也与严密的管理方法分不开的，关键设备的技术研究和应用，解决了生产中的棘手问题，发挥出了巨大的作用。

工业性试验阶段 4326 工作面主要技术经济指标，故障影响时间统计，各机型所占故障比例见表 4 – 12、表 4 – 13。

4.4.6 配套设备评价

从整个成套设备的应用可以看出，总体配套设计正确，方案设计合理；提高了设备的能力、可靠性和寿命，满足了设备在生产能力上的匹配和在空间上的协调；在设备的设计制造和选型配套上注重了能力大、可靠性高、寿命长的特点；技术上突出了重型化、大功

表 4-12 4326 综放工作面主要技术经济指标（1—3月份）

月份	产量/t	进尺/m	生产天数/d	采出率/%	日产/t		回采工效/(t·工⁻¹)	
					平均	最高	平均	最高
1	631668	194.6	31	86.84	20376	22368	313.5	343.6
2	505902	153	24.5	86.94	20649	24047	317.8	369.39
3	574026	176.1	28.5	88.51	20141	20769	309.9	319.3
合计	1711596	523.8	84	87.43	20376	24047	313	369.39
备注	2月11—12日（2天）为矿井检修和2月17日—3月20日为主井治理影响生产时间；2月份3.5天，3月份2.5天							

表 4-13 1~3月份故障影响时间统计

4326 工 作 面 参 数 记 录

项 目	1月	2月	3月	合计	所占比例/%
煤机事故时间/min	225	40	145	410	3.26
电气事故时间/min	365	290	485	1140	9.07
带式输送机事故时间/min	120	375	330	825	6.56
前部事故时间/min	160	140	50	350	2.79
后部事故时间/min	135	375	265	775	6.17
转载机事故时间/min	90	120	60	270	2.15
破碎机事故时间/min	107	0	50	157	1.25
支架事故时间/min	70.00	0.00	0.00	70	0.56
其他影响时间/min	2700	2315	3555	8570	68
合计事故时间/min	3972.00	3655.00	4940.00	12567.00	100.00
万吨事故/[h·(10⁴ t)⁻¹]	0.34	0.44	0.40	0.39	
生产天数/d	31	24.5	28.5	84	
可利用时间/h	558	441	513	1512	
外围影响/min	6435	6579	6320	19334	
产量/t	631668	505902	574026	1711596	

率；成功设计制造的刮板输送机机尾和转载机机头伸缩装置，确保了系统的可靠性；成功研制了 TYD1400 型自动张紧机尾型自移装置，采用了输送带张力环路控制系统，实现了

工作面快速推进。主要配套设备的技术特点如下所述。

1. ZFS6800/18/35 型中间放顶煤支架

ZFS6800/18/35 型液压支架设计和制造达到了国际先进水平，在国内处于领先地位；采用进口主阀与国产辅助阀相配套的型式，在保证系统高可靠运行的同时，降低了配套成本；工业性试验证明 ZFS6800/18/35 型液压支架满足了工作面设备总体配套的要求。

（1）在世界上首次将电液控制系统用于放顶煤支架，实现了单架、双向、成组程序控制及采煤机过后自动移架。

（2）顶梁采用整体顶梁结构型式，顶梁前端支撑能力大，可达 2104 kN，是铰接顶梁的 6 倍，有效支护机道上方的顶板，大大降低工作面片帮、冒顶事故。

（3）支架采用 1000 mm 大截深，加大开采强度，为提高工作面单产创造条件。

（4）合理布置前立柱的位置，使立柱尽量前倾，支架合力向前，增大前端支撑能力，同时提高了支架向前的水平推力。前立柱缸径采用 $\phi250$ mm，后立柱缸径为 $\phi230$ mm，前立柱工作阻力比后立柱高 18.2%，更适合于兴隆庄煤矿的地质条件。

（5）底座采用开底式，排矸性能好，同时配备抬底机构，提高了拉架速度，减少清理浮煤的工作量，降低了工人的劳动强度。

液压系统布置在国内首次采取环行供液与分组供液相结合的方式，为在超长工作面（300 m）降低阻力损失，实现快速移架提供了保证。为配合电液控制系统，过滤器精度定为 25 μm，保证了主控阀的可靠运行。

PM31 型液压支架电液控制系统的工业性试验证明，电液控制系统设计合理，系统元部件选型合理，系统功能满足工作面生产工艺要求。系统的功能强大、操作简便、运行可靠，有效提高工作面支护状况，提高工作面安全水平，降低工人劳动强度，提高生产效率。

2. ZTF7000/19/32 型排头放顶煤支架

工业性试验证明 ZTF7000/19/32 型液压支架满足了工作面设备总体配套的要求。

（1）支架适用于厚及特厚煤层低位放顶煤开采，满足拉移支护顶板管理、后部放煤与中间放煤支架衔接的需要，并能满足大功率采煤机、大运量输送机等相关设备的配套。

（2）支架有大的支护能力空间和通风空间，安全可靠并能适应前、后部输送机机头，满足机尾更换传动装置或维护的需要。

（3）支架除具备前、后部放煤降尘的装置，在煤层顶部（板）应有喷淋装置，润湿顶煤达到移架降尘的功能。

（4）支架应与中间放顶煤支架电液控制系统相配套，具有本架或邻架控制功能。

（5）支架能与中间放顶煤支架快速推进相匹配，其支架降架—移架—升架，一个工作循环周期时间控制在 8 ~ 12 s。

（6）支架要具有高的工作可靠性，低的故障率，结构设计应尽量简化，便于安装、拆卸和设备大修。

（7）支架的耐久性试验次数由 20000 次提高到了 30000 次。支架大修周期达到 3 年以上，满足高产（年产 6×10^6 t）高效的总体要求。

3. SGZ - 1000/1200 型放顶煤前部刮板输送机

（1）SGZ - 1000/1200 型刮板输送机采用了当代国际先进的生产技术，消化吸收了国内外同类产品各项优点，适合我国井下的具体工作环境。

（2）结构合理、可靠性高，性能指标先进，在使用中开机率高，维护量少，可满足大型综放工作面对后部刮板输送机的配套要求。

（3）无螺栓连接，中部很少维护，性能良好，保证了长运距、大运量刮板输送机的可靠运行。

（4）采用伸缩机尾，保证了刮板输送机链条张紧适应，平稳运转。

4. SGZ - 1200/1400 型放顶煤后部刮板输送机

SGZ - 1200/1400 型放顶煤后部刮板输送机能满足高产、高效综放工作面实现日产 2×10^4 t，年产 6×10^6 t 的生产能力的要求。

（1）SGZ - 1200/1400 型长运距、高可靠性工作面后部刮板输送机配套性能好，技术性能先进，结构紧凑合理，适应大型综放工作面对后部刮板输送机的配套要求。

（2）中部槽为整体铸焊式开底结构，无螺栓连接，中部很少维护。

（3）中部槽采空区侧安装的浮煤回收装置，安装方便，连接可靠，大大提高了煤炭的采出率。

（4）该机采用可控调速液力耦合器启动性能良好，保证了长运距，大运量刮板输送机的可靠运行。

（5）采用伸缩机尾，保证了刮板输送机链条张紧适宜、平稳运转。

（6）该机作为目前国内技术性能最高的后部刮板输送机，已达到国外先进水平，整机采用自动伸缩机尾、调速型液力耦合器及紧凑链等先进技术可填补国内空白，其技术指标可属国内领先。

5. SZZ1200/525 型转载机

（1）工业性试验表明，该机在技术性能、可靠性和维护方便性上都达到目前国际先进水平，可满足年产 6 Mt 工作面的要求。

结构合理，设计新颖，可靠性高，维护量少，可伸缩机头结构的运用为转载机的紧链操作提供了方便，由于可随时进行紧链操作，可使转载机处于合理链张力的工作状态。

（2）此转载机是目前我国开发研制的功率最大、槽宽最宽的超重型转载机，并首次采用迈步式自移装置及紧凑链，能够满足综放工作面巷道设备配套的要求。

6. PLM3500 型锤式破碎机

（1）此破碎机也是国内功率最大、破碎能力最大的，并首次采用电动机 + 液力耦合器 + 减速器 + 弹性联轴器的直接传动方式替代输送带传动方式，使整机能量损失少，传动可靠。

（2）整机及元部件均可达到国际先进水平，填补我国破碎机的多项空白，并将推动我国工作面巷道输送设备的研制水平和技术装备水平的进一步提高。

7. SSJ1400/3 × 400 型带式输送机

采用现代国际先进技术，消化吸收了国内外同类产品各项优点，并结合我国井下的具体工作环境，而研制开发的可伸缩带式输送机，结构合理、可靠性高、适应性强，可以满足工作面总体配套的要求。

（1）在长运距、大运量可伸缩带式输送机上首次应用液粘离合器软启动装置，解决了输送机带载启动困难的问题，减少了电机启动时对电网的冲击，减少了断带事故的发生。

（2）选用液压自动张紧装置，提高了张紧装置的动态反映能力和输送机运行的平稳性。

（3）选用自移机尾装置，提高了工作面快速推进速度，减少了辅助工作时间。

（4）设计的新型收放带装置提高了工作的自动化程度和工作效率。

（5）在使用中开机率高，维护量少，带速、输送带宽度、运量、自动张紧及软启动技术的应用，在巷道带式输送机中处于国内首创，国际领先地位，完全能够满足6 Mt高产高效工作面的需要。

4.5 东滩煤矿 6 Mt 综放工作面装备配套

4.5.1 概述

近10年来，综采放顶煤技术在我国取得突飞猛进的发展，已经成为一种有效的高产高效的采煤途径，在全国广泛推广应用。为了进一步提高我国综放技术竞争力，适应兖矿集团发展的需要，为兖矿集团对外开发提供技术支持和技术保障，促进兖矿集团可持续发展，兖矿集团在"九五"和"十五"攻关项目的基础上，又承担了国家"十一"重点科技攻关项目"年产6 Mt自动化信息化综放工作面装备及系统技术研究"。该项目以东滩煤矿为示范矿井，探索一矿一井一面、集约化、信息化、自动化生产模式，使工作面年产量达到6 Mt。项目的研究体现出了技术先进、综放设备配套性强、生产能力大、质量可靠、安全性强的特点，使综采的整体装备水平达到国际先进水平，是我国当时最先进的综采放顶煤成套设备，填补了我国高性能技术参数的综放设备的空白。

4.5.2 综放工作面基本条件

4.5.2.1 地质条件

试验工作面1303综放工作面位于一采区下部，东起开切眼（大中疃村保护煤柱），西至设计终采线（津浦铁路保护煤柱）；北邻1304综放工作面（未开采）；南邻1302综放工作面采空区。工作面走向长2000.6 m，倾斜长239.5 m，煤层有自然发火倾向，发火期一般为3~6个月，煤尘有爆炸危险性。工作面倾角为0°~11°，平均为6°。煤层厚度为7.79~9.89 m，平均厚度为9.07 m，中间有一层粉砂质泥岩夹矸。煤层裂隙发育。煤层普氏系数$f=2~4$。煤层直接顶为粉砂岩，厚1.25~5.15 m，普氏系数$f=5~6$；基本顶为中、细砂岩，厚16.30~23.00 m，普氏系数为$f=7~9$。煤层底板主要为细砂岩，厚3.62~4.46 m，普氏系数$f=6~8$。工作面煤层标高为-500~-610 m，工作面设计采高为3 m，放煤高度为6.07 m，采放比为1:2。

工作面上、下巷均为锚网支护，梯形断面，上净宽为3800 mm，下净宽为4858 mm，净高为3200 mm，净断面积为13.85 m²。轨道巷使用四路"十字梁"配合单体支柱进行超前支护，超前支护距离为60 m，运输巷使用一组ZT18300/2.1/3.3型液压支架配合单体支柱进行巷道支护，超前支护距离为45 m。

4.5.2.2 工作面参数确定

综合分析东滩煤矿的煤层赋存条件、采区划分及接续情况，对工作面的参数确定如下：

（1）1303工作面采用单一走向长壁综采放顶煤一次采全高全部垮落采煤法，放煤采用分段多轮顺序放煤，一刀一放，放煤步距为0.8 m。

（2）滚筒采煤机割煤，正常割煤高度为3.3 m±0.1 m，根据工作面煤层变化情况可适当调整采高。

（3）"四六"制作业制度，即每天四班作业，其中三个班生产，一个班检修，每班工作6小时。

工作面主要参数见表4-14。

表 4-14 工 作 面 主 要 参 数

倾角/(°)	采高/m	放煤高度/m	工作面斜长/m	截深/m
2~13	3.3	5.7	240~260	0.8

4.5.3 工作面总体配套

（1）采用电液控制、整体顶梁带伸缩梁的两柱掩护式放顶煤液压支架。

（2）前部输送机内槽宽1000 mm，双电机，电机功率为700 kW，为端卸式。

（3）后部输送机内槽宽1000 mm，双电机，电机功率为700 kW，为端卸式。

（4）运输巷断面高3200 mm，宽4800 mm，靠下帮布置带式输送机，靠上帮布置轨道。

（5）轨道巷断面高3200 mm，宽4800 mm，靠下帮布置移动变电站，靠上帮布置轨道。

配套设备见表4-15，工作面总体配套示意图如图4-13所示，工作面中部端面配套图如图4-14所示，工作面机头端面配套图如图4-15所示，工作面机尾端面配套图如图4-16所示。

表 4-15 工 作 面 配 套 设 备

序号	名　　称	数量	备　注
1	ZFY8500/21/40D型两柱放顶煤支架	132	电液控制
2	ZFG10800/22/38D型放顶煤排头支架	6	电液控制
3	SL750型电牵引采煤机	1	德国艾柯夫
4	SGZ-1000/1400型中双链前部刮板输送机	1	输送能力为2200 t/h
5	SGZ-1000/1400型中双链后部刮板输送机	1	输送能力为2200 t/h
6	SZZ1200/700型转载机	1	输送能力为2600 t/h
7	PCM250型破碎机	1	破碎能力为4000 t/h
8	SSJ1400/6×400型输送机	1	输送能力为2600 t/h

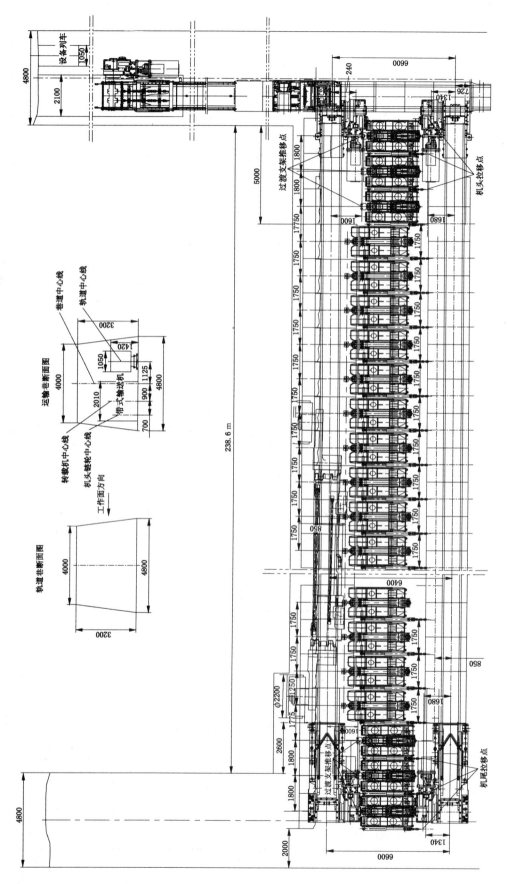

图 4 - 13　工作面总体配套设备示意图

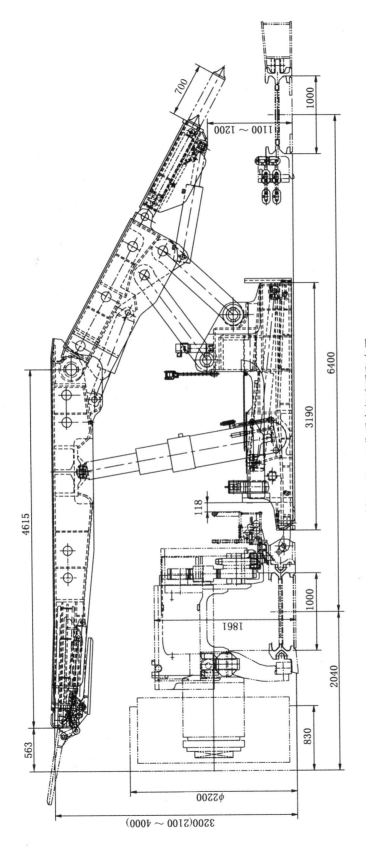

图 4—14　工作面中部端面配套图

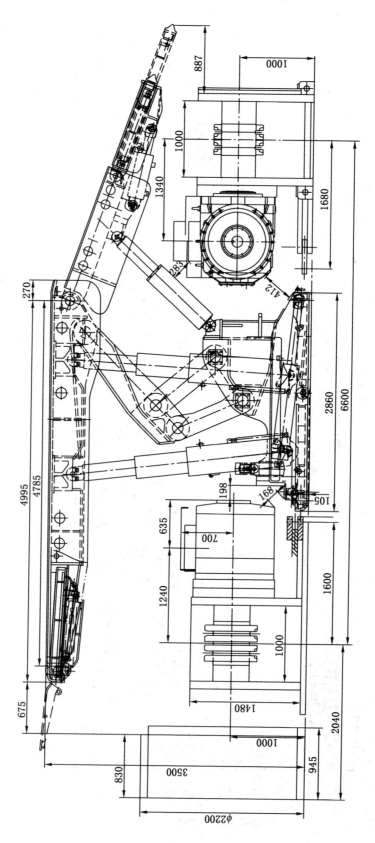

图 4－15　工作面机头端面配套图

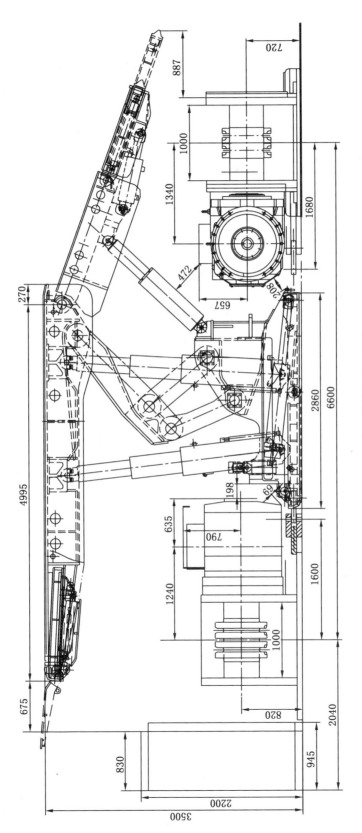

图 4 – 16 工作面机尾端面配套图

4.5.4 工作面主要配套设备

4.5.4.1 ZFY8500/21/40D 型两柱掩护式放顶煤支架

ZFY8500/21/40D 型两柱掩护式放顶煤支架是在认真总结国内外放顶煤技术成果,分析研究各种放顶煤支架特点和使用经验的基础上,开发的新型两柱低位放顶煤支架,该支架的显著特点如下:支架采用两柱掩护式架型,克服了四柱支撑掩护式放顶煤支架存在的缺点。提高了支架的支护效果,操作简单,便于实现工作面自动化控制,顶梁采用整体顶梁结构型式,顶梁前端支撑能力大,支架的前连杆为双连杆,比"Y"型连杆抗扭能力大大提高。

1. 支架的适用条件

基本顶	Ⅰ、Ⅱ级
直接顶	1、2 类
煤层倾角	≤20°
煤层厚度	6~10 m

2. 支架的结构组成

该支架结构主要由金属结构件和液压元件两大部分组成。金属结构件主要有前梁,伸缩梁,顶梁,掩护梁,尾梁,插板,前、后连杆,底座,推移杆,以及侧护板等;液压元件主要有立柱、各种千斤顶、液压控制元件、液压辅助元件及随动喷雾降尘装置等。

3. 支架的主要技术参数

支架

型式	两柱支撑掩护式低位放顶煤支架
顶梁型式	整体顶梁带伸缩梁及护帮板
高度	2100~4000 mm
宽度	1620~1850 mm
中心距	1750 mm
初撑力	6352~6489 kN（$p=31.5$ MPa）
工作阻力	8429~8611 kN（$p=41.8$ MPa）
支护强度	0.912~0.95 MPa
底板比压	2.78~3.28 MPa
适应采高	3.0~3.8 m
适应煤层倾角	≤20°
泵站压力	31.5 MPa
操纵方式	电液控制

立柱

型式	双伸缩,2 根
缸径	360/340 mm
柱径	270/230 mm
行程	1860 mm
初撑力	3205 kN
工作阻力	4250 kN
推移千斤顶	普通型式,1 个
缸径	160 mm

杆径	105 mm
行程	950 mm
推移刮板输送机力	360 kN
拉架力	633 kN
伸缩梁千斤顶	普通型式，2 个
缸径	100 mm
杆径	70 mm
行程	800 mm
推力/拉力	247/126 kN
护帮千斤顶	普通型式，1 个
缸径	100 mm
杆径	70 mm
行程	460 mm
推力/拉力	241/274 kN
平衡千斤顶	普通型式，1 个
缸径	200 mm
杆径	140 mm
行程	480 mm
推力/拉力	989/504 kN
推力/拉力	1311/668 kN
工作阻力	$p = 41.8$ MPa
尾梁千斤顶	普通型式，2 个
缸径	180 mm
杆径	115 mm
行程	620 mm
推力	801 kN
闭锁推力	1062 kN
工作阻力	$p = 41.8$ MPa
插板千斤顶	普通型式，2 个
缸径	100 mm
杆径	70 mm
行程	700 mm
推力/拉力	247/126 kN
拉后部刮板输送机千斤顶	普通型式，1 个
缸径	125 mm
杆径	85 mm
行程	1000 mm
推力/拉力	386/207 kN
侧推千斤顶	内进液，3 个
缸径	80 mm
杆径	60 mm
行程	230 mm
推力/拉力	158/69 kN

抬底千斤顶	普通型式，1 个
缸径	100 mm
杆径	80 mm
行程	230 mm
推力	247 kN

4. 支架的主要特点

（1）在相同配套尺寸条件下，两柱掩护式支架比四柱支掩式支架顶梁长度减小约 500 mm，减小了有效控顶距，可以较小的工作阻力达到要求的支护强度。

（2）支架采用整体顶梁带伸缩梁及挑梁结构，挑梁采用四连杆结构，实现挑起和收平，具有挑顶、临时护顶和护帮双重功能，顶梁前端对顶板的支护能力强，有利于避免片帮和冒顶。

（3）支架采用双前连杆、单后连杆结构，支架的稳定性好、可靠性高。由于后部采用单连杆，使得支架后部的中间相对较大，底座的铰点较高，也增大了后部空间，便于后部设备安装及维护。

（4）顶梁后部顶煤垮落更充分，后部放煤空间大，后部过煤高度达 1120 mm，有利于大块煤的放出和后部设备的维修。

（5）改进尾梁放煤机构，插板前端破煤齿由圆锥形多齿（一般为 9 齿）改为四棱锥形 5 齿结构，提高其破煤效果。

（6）底座为分体式刚性底座，底座上有抬底机构，抬底机构可整体拆卸，结构简单方便。

（7）推移千斤顶采取 ϕ160 mm 倒装式，适应性强；侧推千斤顶采用内进液式，保证支架结构件高强度。

（8）双人行通道，行人安全、方便。

（9）单排立柱，操作简单，适应电液控制，快速移架，提高生产效率。

（10）支架采用 400 L/min 大流量供液系统，采用双回路环形供液，前后端供液系统各自独立，互不影响。主进液管为 DN40，主回液管为 DN50，有效地提高了支架的移架速度，移架速度小于 10 s。

（11）支架设计充分吸收了成功的四柱放顶煤支架及国际先进的设计，每根立柱安装双 500 L/min 安全阀，400 L/min 液控单向阀。

（12）支架采取了高强度、高可靠性设计；支架各结构件主要采用 Q690 高强度钢板，减轻支架质量，确保支架高可靠性；支架型式试验次数达 50000 次，达到国际先进水平。

4.5.4.2 ZFG10800/22/38D 型放顶煤排头支架

排头支架处在中间支架和端头支架之间的位置，在保证和中间支架、端头支架有很好的搭接的同时，还要在工作面两端矿压急剧变化时，具有较强的侧向抗扭稳定性和足够的工作阻力。针对以上情况，结合兖矿集团矿区近年来放顶煤工作面端头端尾支架的配置情况，并考虑到排头支架的稳定性对工作面支架的影响，确定排头支架的型式为四柱支撑掩护式放顶煤液压支架。

根据工作面两柱放顶煤液压支架的支护高度及巷道的布置，将排头支架支护高度定为 2200 ～ 3800 mm。在支架调高范围内，四连杆机构双纽线接近于垂线，顶梁梁端距变化范围仅为 40 mm。

1. 支架的适用条件

基本顶	Ⅰ、Ⅱ级
直接顶	1、2 类
煤层倾角	≤20°
煤层厚度	6~10 m

2. 支架主要部件结构

（1）在结构设计上，考虑到该排头支架不仅要完成移架、推移刮板输送机、放煤等功能，还要给前后部输送机提供足够的维修空间等因素，支架的四连杆机构采用反四连杆机构形式以满足设备维修的要求。

（2）支架的顶梁定为整体顶梁带伸缩梁和护帮板，整体顶梁接顶效果好，承载能力强，和铰接顶梁相比能承受来自顶板的更大压力。顶梁上设置了防倒座，当工作面倾角大于 15°时可安装防倒防滑装置，来预防支架的下滑；设置护帮板和伸缩梁为了能及时支护采煤机过后暴露的顶板，避免冒顶。

（3）掩护梁不仅要承担采空区矸石给与的压力及扭转力，而且还要通过后端铰接的尾梁的上下摆动实现放煤，掩护梁太长，自身承受的压力大，而且不利于放煤，因此将掩护梁的结构确定为短掩护梁加伸缩尾梁结构，不仅能提高放煤效果，而且通过掩梁立柱的支承在采空区形成一个安全的维护空间。

（4）底座采用整体刚性结构，底座的前过桥厚度为 100 mm，后过桥厚度为 30 mm，且全部采用 Q550 高强度板，使底座的刚度大大提高，保证了支架的整体稳定；为了方便底座中部的浮煤及矸石的顺利排出，底座采用全开档；为了提高底座对整个矿区的底板的适应能力，考虑到支架由于底板条件不好而导致底座前端扎底，造成移架困难，在底座前部增设了抬底机构。

3. 支架的主要技术参数

支架	
型号	ZFG10800/22/38D
高度	2200~3800 mm
宽度	1700~1930 mm
中心距	1800 mm
工作阻力	10800 kN
初撑力	10130 kN
支护强度	0.98 MPa（平均）
底板比压	2.45 MPa（平均）
泵站压力	31.5 MPa
操纵方式	电液控制
立柱	4 个
型式	双伸缩
缸径	320/230 mm
柱径	290/210 mm
行程	1596 mm
初撑力	2532 kN

工作阻力	2700 kN（$p = 33.6$ MPa）
侧推千斤顶	4 个
缸径/杆径	80/60 mm
行程	230 mm
推力	158 kN
拉力	108 kN
推移千斤顶	1 个
缸径/杆径	180/120 mm
行程	850 mm
推移刮板输送机力	445 kN
拉架力	801 kN
抬底千斤顶	1 个
缸径/杆径	125/90 mm
行程	260 mm
推力	386 kN
拉力	208 kN
尾梁千斤顶	2 个
缸径/杆径	180/120 mm
行程	330 mm
推力	801 kN
工作阻力	966 kN（$p = 38$ MPa）
插板千斤顶	2 个
缸径/杆径	100/70 mm
行程	700 mm
推力	247 kN
拉力	126 kN
拉后部刮板输送机千斤顶	1 个
缸径/杆径	140/85 mm
行程	900 mm
推力	485 kN
拉力	306 kN
掩梁立柱	2 个
缸径/杆径	230/185 mm
行程	705 mm
初撑力	1308 kN
工作阻力	1578 kN（$p = 38$ MPa）
护帮千斤顶	1 个
缸径/杆径	125/85 mm
行程	485 mm
推力	386 kN
工作阻力	466 kN（$p = 38$ MPa）
伸缩梁千斤顶	2 个
缸径/杆径	100/70 mm

行程	800 mm
推力	247 kN
拉力	126 kN（$p=31.5$ MPa）

4. 支架的主要特点

（1）根据工作阻力和支护强度的要求，采用 ϕ320 mm 缸径双伸缩立柱，大大提高了支架的支撑能力及支护高度。

（2）为提高支架后部的承载能力，选用 ϕ230 mm 缸径的掩梁立柱，其工作阻力达 1578 kN，保证掩护梁在支架使用高度 3.3 m 以下范围内有较大变化行程，便于放煤。

（3）采用直径 ϕ180 mm 推移千斤顶，移架力和推移刮板输送机力分别为 801、445 kN，保证支架的推移刮板输送机和移架能力。

（4）加大了护帮板的刚度及支护面积，有效防止支架的采高增高引起的片帮、冒顶。将顶梁和掩护梁侧护板支护面积增大、厚度由 16 mm 增加到 20 mm、材料性能从 40 公斤级提高到 60 公斤级，使得侧护板的刚度大为提高，保证了和中间支架、端头支架搭接时的接触面积及刚度。

（5）为了提高支架的稳定性并降低底板比压，根据受力分析及结构有限元计算的结果，最终将支架中心距加大到 1.8 m。中心距的加大还改善支架对顶板控顶能力和排浮煤、矸石的效果。

（6）支架四连杆机构采用反四连杆形式，有效增大了支架后部的支护空间，便于过人和清除支架后部浮煤，以及处理后部输送机故障。

（7）底座采用全开裆型式，充分考虑整体支架的排矸能力，便于浮煤的排出。

（8）支架采用 20 功能电液自动控制阀组操作，不仅加快了推进速度，而且增加了操作者的安全性。

（9）采用大口径主进 DN40S、主回 DN50 高压胶管，减小了进液、回液阻力，提高了液压元件的执行速度。

4.5.4.3 SL750 型采煤机

1. 采煤机的结构组成

该采煤机主要有电控部、牵引部及链轮箱、截割部组成。其中电控部包括框架、高压开关、低压开关、控制机构等；牵引部包括牵引部铸造外壳、牵引部减速箱、牵引电机、液压驱动装置、液压控制装置、供水系统等；截割部包括摇臂、截割电机、摇臂支承件等合理的结构可满足总体配套的要求。

2. 采煤机的适用条件和主要技术参数

生产厂家	德国艾柯夫
最大卧底量	415 mm（配 2.2 m 滚筒）
采高	2.5 ~ 4 m
牵引速度	0 ~ 45 m/min
滚筒直径	2.2 m
电压	3300 V
适应煤层倾角	0° ~ 30°
截深	800 mm
截割电机	

功率	2×620 kW
电压	3300 V
频率	50 Hz
牵引电机（电机功率）	
功率	2×90 kW
电压	460 V
频率	0~120 Hz
泵电机（液压）	
功率	2×27 kW
电压	575 V
频率	50 Hz
装机总功率	1474 kW
截割滚筒转速	34 r/min
总重	60 t

3. 采煤机的主要特点

（1）机身整体性能坚固，可靠性高。艾柯夫采煤机的上下左右布置有四根液压拉杆，将采煤机的几大部联成一个牢不可破的整体。液压拉杆技术保证了采煤机的整体性能，同时又便于拆卸，实现分体运输。机身保持完好的整体稳定性，避免作业时的振动，对充分发挥采煤机的截割功率有积极作用，而且对各部件的寿命有重要影响。

（2）结构紧凑、一目了然的电控装置。电控箱体处于机壳之内，与壳体分离，防爆面避免了机壳承受的机械应力。这种抽屉式的结构简捷明了，易于管理维护，同时也统一在液压拉杆的系统中，增加了可靠性。

（3）截割摇臂中的截割电机将动力通过两级正齿轮传动和一个双级行星减速器传递到滚筒。冷却水通过摇臂内上下位置冷却管冷却油液，并通过行星减速器的中心水管冷却行星减速箱，而后从滚筒上喷出降尘。

（4）挡煤板翻转液压马达也安装在摇臂上。在马达和小齿轮的联轴套上设有扭矩槽，在过载时断裂起保护作用。

（5）截割电机与摇臂齿轮之间设置扭矩轴作为离合器，是一个柔性联接零件，扭矩轴上设有预先断裂点，起过载保护作用。

（6）维护工作简便易行。截割电机的冷却装置布置在电机内部，使电机的安装与拆卸十分方便；控制弧形铲煤板升降的马达的检修，可从采空区侧进行。机身内装的所有部件采用抽屉式组合结构，易于维护管理。

（7）艾柯夫 SL750 型采煤机装备有现代化、高效的计算机控制系统，其操作有手动与遥控两种方式。采煤机的显示装置能提供有关机器的全部数据的直观信息，并能在故障与维修状态下提供相关信息。显示装置的所有信息可通过数据传输到工作面巷道控制站或井上调度室。可以实现自动化作业，如记忆式割煤。

（8）每种采煤机型号都具有多种摇臂形式。各种不同的摇臂长度可以保证不同的采高，并能顺利截割机头机尾的煤壁。结构维修方便，模块式组合结构十分便于维护与维修。

4.5.4.4 SGZ-1000/1400 型中双链刮板输送机（前部）

SGZ-1000/1400 型输送机中煤张家口煤矿机械有限责任公司结合东滩煤矿煤层地质

条件生产的一种高产、高效综合机械化采煤理想的工作面输送设备。与 SL750 型采煤机、ZFY8500/21/40 型中部支架、ZFG10800/22/38 型过渡支架、SZZ1200/700 型转载机、PCM3250 型锤式破碎机及 ZY2300 型自移装置等配套使用，实现工作面综合机械化采煤。适用于煤矿井下缓倾斜、中厚、厚煤层回采工作面。

1. 输送机的结构组成

（1）SGZ－1000/1400 型输送机主要由机头传动部、机尾传动部、机头推移部、机尾推移部、机头液压控制系统、机尾液压控制系统、减速器监控系统、中部槽、开天窗槽、电缆槽、机头机尾变线槽、机头机尾 875、581 mm 调节槽及其电缆槽、过渡槽、过渡槽挡煤板和过渡槽铲煤板、刮板链、调节链、工具、换面装置等组成。

（2）输送机的传动系统包括双速电动机、摩擦限矩器、减速器、刮板链等。双速电动机通过摩擦限矩器将动力传递给减速器输入轴；通过减速器由减速器输出轴再将动力传递给链轮组件；链轮驱动封闭的刮板链按需要的方向运行，完成输送煤炭的任务。

（3）机尾传动部主要由机尾传动装置、伸缩机尾架、伸缩液压缸、链轮组件、舌板、拨链器、回煤罩和液压缸护罩等组成。

（4）机头推移部主要由机头推移梁、推移横梁、固定销等组成，机头推移梁和推移横梁之间采用销轴联接，并用固定板固定，以防其窜出。

机头推移梁使用固定销与机头架和过渡槽联接，机尾推移部同样使用固定销与伸缩机尾架联接。

2. 输送机的主要技术参数

标准长度	250 m
输送能力	2000 t/h
装机功率	2×700 kW
刮板链速	1.33 m/s
电动机	
型号	YBSD－700/350－4/8
额定功率	700/350 kW
额定电压	3300 V
冷却方式	水冷
中部槽	
规格(长×内宽×高)	1750 mm × 1000 mm × 362 mm
结构型式	铸焊封底
联接方式	哑铃销
联接强度	4000 kN
刮板链	
链规格	ϕ42 mm × 146 mm 紧凑链
型式	中双链
链中心距	260 mm
刮板间距	6 × 146 mm
卸载方式	端卸式
紧链方式	液压马达紧链、液压伸缩机尾辅助紧链
标准台总重	614.766 t

3. 输送机的主要技术特点

（1）首次选用 1750 mm 规格中部槽、147 mm 节距整体锻造销轨、ϕ42 mm × 146 mm 紧凑型中双链，采用优质合金钢铸造挡、铲板槽帮与高强度耐磨中板组焊而成的整体结构，提高了强度，增加了可靠性，减少了维护量。

（2）双速电机驱动，传动系统由电动机转矩经摩擦限矩离合器、减速器传递给链轮轴组。摩擦限矩离合器在扭矩超过预定值时自动打滑，保护传动系统。

（3）机头架为左右对称，左边或右边均可通过联接板安装动力部，以适应不同工作面的需要。

（4）采用的伸缩机尾集过渡、联接及调节功能于一体，具有结构紧凑、强度高、卸载高度低等特点。利用两侧布置的推移缸可在不切断刮板链的情况下，对刮板链的松紧进行调节。刮板链的调节量每次为 40 mm，最大调节量为 400 mm。

（5）推移液压缸、液压管、控制台组成机尾的液压控制部分，其中推移液压缸两个，安装于机尾两侧，机尾与固定槽结合处。控制台安装在机尾过渡槽挡板上，控制台上有操纵阀控制机尾部伸缩，以达到调节刮板链的作用。

（6）输送机带有减速器油温、油位及冷却水监控系统，并能够与 TK200 进行通信（RS485），输送机具备将冷却回用用 ϕ32 mm 管路返回水箱的性能，冷却系统可承受回水背压不小于 2.0 MPa，具备保护安全阀及背压显示装置，回水安全阀压力可调，并且有刻度指示。

4.5.4.5　SGZ－1000/1400 型中双链刮板输送机（后部）

SGZ－1000/1400 型中双链整体铸焊刮板输送机是兖州煤业股份有限公司综机管理中心与宁夏天地奔牛实业集团有限公司综合国内外同类型刮板输送机的优点并结合我国煤矿的实际情况研制而成的一种新型超重型刮板输送机。具有高强度、高寿命、高可靠性的特点，是高产、高效综合机械化采煤理想的工作面输送设备。

1. 输送机（后部）的适用条件

该机为后部刮板输送机，适用于煤矿井下缓倾斜、中厚、厚煤层回采工作面。

2. 输送机（后部）的结构组成

SGZ－1000/1400 型中双链刮板输送机主要由机头、机尾、动力部、过渡段、中部槽、刮板链、推移梁、机头机尾挡板、机尾活挡板、活铲板等组成。

3. 输送机（后部）的主要技术参数

设计长度	300 m
出厂长度	250 m
输送量	2000 t/h
刮板链速	1.3 m/s
电动机	
型号	YBSD－700/350－4/8G
功率	700/350 kW
转速	1490/745 r/min
电压	3300 V
冷却方式	水冷
减速器	

型号	28JB
传动比	39.831:1
冷却方式	水冷
刮板链	
型式	中双链
圆环链规格	$2-\phi42\ mm \times 146\ mm$
最小破断负荷	2220 kN
刮板间距	1168 mm
中部段	
结构型式	整体铸焊
规格	$1750\ mm \times 1000\ mm \times 350\ mm$
联接方式	哑铃销
紧链方式	液压紧链
中部槽弯曲性能	
水平弯曲	$\pm1°$
垂直弯曲	$\pm3°$

4. 输送机（后部）的技术特点

（1）中部槽采用优质合金钢铸造挡、铲板槽帮与高强度耐磨中板组焊而成的整体结构，提高了强度，增加了可靠性，减少了维护量。

（2）传动系统由电动机转矩经摩擦限矩离合器、减速器传递给链轮轴组。摩擦限矩离合器在扭矩超过预定值时自动打滑，保护传动系统。

（3）机头架为左右对称，左边或右边均可通过联接板安装动力部，以适应不同工作面的需要。

（4）机尾动力传递的途径与机头动力传递相同，减速器输出轴内花键直接与链轮轴组外花键相啮合。

（5）采用的伸缩机尾集过渡、联接及调节功能于一体，具有结构紧凑、强度高、卸载高度低等特点。

（6）机尾架设计为可伸缩式，利用两侧布置的推移缸可在不切断刮板链的情况下，对刮板链的松紧进行调节。刮板链的最大调节量为400 mm。

（7）推移液压缸、液压管路、控制台组成机尾的液压控制部分，其中推移液压缸两个，安装于机尾两侧，机尾与固定槽结合处。控制台安装在机尾过渡槽挡板上，控制台上有操纵阀控制机尾部伸缩，以达到调节刮板链的作用。

4.5.4.6 SZZ1200/700 型转载机

SZZ1200/700 型转载机是与大型综采工作面设备配套使用的工作面巷道输送、转载设备，完成把工作面输送机送来的煤输送、破碎、转运到后续带式输送设备上的任务。设计要求由带式输送机机尾提供轨道，供支撑转载机机头的行走小车行走使用。转载机的运量可达 2600 t/h，技术先进，工作可靠，是大型综采配套设备的优秀机型之一。

1. 转载机的结构组成

转载机的主体和机尾部主要有机头传动部、架桥槽、凸槽、铰接槽、各种落地输煤槽、机尾、阻链器及其他零部件等组成。

转载机机尾由机尾架、上支撑架、拔链器、刮板、机尾链轮组件、机盖等组成。

2. 转载机的主要技术参数

生产厂家	中煤张家口煤矿机械有限责任公司
电机电压	3300 V
输送量	2600 t/h
减速器传动比	25.56∶1
刮板链速	1.86 m/s
内槽宽	1200 mm
设计长度	80 m
刮板链规格	2-φ38 mm×137 mm 紧凑链
紧链方式	液压马达紧链
链距	500 mm
爬坡角度	10°
刮板间距	822 mm
电机功率	700 kW
行走方式	迈步自移式

3. 转载机的主要特点

（1）传动功率大，结构紧凑，整机体积小，高度低，整体可靠性高，对工作面巷道的尺寸要求低。

（2）设计有铰接槽能垂直弯曲±6°，机头传动部相对于带式输送机机尾可左右、上下转动，从而能在一定程度上适应工作面巷道底板起伏。

（3）设计要求与破碎机配合使用，由破碎机限制煤的块度，消除大块煤对带式输送机不利影响。

（4）在液压马达阻链器紧链外，还可通过伸缩机头在 300 mm 范围内实现每挡 10 mm 的微调。

（5）设计与输送机是端卸关系，转载机整体前移由转载机迈步自移装置来实现。

4.5.4.7　PCM250 型锤式破碎机

PCM250 型锤式破碎机安装在桥式转载机主体和机尾部之间。转载机输送煤炭通过破碎机，破碎机的破碎轴带着破碎锤头高速旋转，把大块煤冲击破碎成所需的块度。

PCM250 型锤式破碎机与 SZZ1200/700 型转载机配套使用，并与配套的带式输送机及行走部、工作面刮板输送机、采煤机及液压支架配套作业，实现综合机械化采煤及破碎、输送工作。

1. 破碎机的适用条件

PCM250 型锤式破碎机可调整出煤粒度为 300~150 mm，将普氏硬度系数 $f \leqslant 4.5$ 的大块煤炭破碎到所需块度。为保证工作面的连续开采，该机与转载机的自移推进装置配套，实现破碎机和转载机在工作面巷道中的前移。

2. 破碎机的结构组成

PCM250 型锤式破碎机主要由破碎底槽、主架、破碎架体、传动装置、锤轴总成、窄 V 带、输送带保护罩、皮带轮防护罩、润滑系统、液压张紧窄 V 带装置、喷雾装置等组成。破碎轴的旋转是由电动机、传动装置、小皮带轮、窄 V 带和大皮带轮传动而实现的。

锤轴总成是由轴、锤体、锤头、固定端轴承座、自由端轴承座、楔键、轴承、密封件及紧固螺栓等组成。轴和锤体用4个楔键联接和定位，锤体为整体铸造成型，锤头为锻造件，两者用特制的防松紧固组件联接。润滑系统由配油板和输油管组成。

3. 破碎机的主要技术参数

输送能力	4000 t/h
最大输入块度（长×宽×高）	长度不限×1200 mm×875 mm
最大排出粒度	300（250、200、150）mm
传动型式	窄 V 带传动
电动机	
型号	YBSS2 - 250
功率	250 kW
电压	3300 V
转速	1470 r/min
破碎主轴转速	370 r/min
破碎锤头数	8 个
破碎锤头冲击速度	20 m/s
大/小皮带轮节圆直径	1250/315 mm
窄 V 带规格	（GB/T 11544—1997）窄 V 带 SPC - 5600,10 根
破碎板厚度	80 mm
适用槽宽（内宽）	1200 mm
灭尘喷雾型式	
外喷雾	出入口各4个喷嘴
外形尺寸（长×宽×高）	5000 mm×2380 mm×1928～2078 mm
机器总重	约25 t

4. PCM250 型锤式破碎机的主要技术特点

（1）破碎机排出粒度使用垫板式调高装置。调高挡次为300、250、200、150 mm，共4挡。可根据所需要的煤炭块度，确定安装垫板的件数。主架每侧有3层垫板，减少一层垫板，最大排出煤块度减少50 mm。

（2）破碎底槽为整体组焊封底中部槽，两端通过与转载机联接。破碎板为厚80 mm高强度耐磨板。两端中板采用特殊过渡结构，保证与转载机中板联接的链道平滑过渡。

（3）破碎底槽设有联接座，配迈步式自移装置。

（4）破碎底槽两侧设拉移耳，可利用拉移装置移动转载机和破碎机。

4.5.4.8　ZY1100 型自移装置

ZY1100 型自移装置是专门设计的移动转载机的装置。

1. 自移装置的适用范围

ZY1100 型自移装置适用于高产高效工作面桥式转载机，要求转载机相应的联接结构和联接部分有足够刚度。工作动力以支架用高压乳化液为液动力。

2. 自移装置的主要组成及部件结构

ZY1100 型自移装置主要由导轨、行走支座、调高液压缸、推移液压缸等几部分组成。

（1）导轨包括前3.25 m导轨、3.6 m导轨、4.5 m推移导轨和2.42 m低导轨等几部分。各轨之间用φ50 mm联接销相互联接，主要起到支承和导向作用。

（2）行走支座包括轮架组件、轮轴组件等元部件，起到支承转载机重量和减小摩擦阻力的作用。

（3）液压缸共有12个调高液压缸和2个推移液压缸，全部为单伸缩双作用缸，分别起到调高和推移的作用。

3. 自移装置的主要技术参数

推移液压缸最大推拉力（单缸）	985.98/633.39 kN(推/拉)
推移液压缸行程	1100 mm
调高液压缸最大推拉力（单缸）	385.3/162.7 kN(推/拉)
调高液压缸行程	250 mm
额定供液压力	31.4 MPa
外形尺寸(长×宽×高)	28320 mm × 2600 mm × 1325 mm
机器总重	23111 kg

4.5.4.9　SSJ1400/6×400型可伸缩带式输送机

1. 输送机的适用范围

可伸缩带式输送机主要用于综合机械化采煤工作面的巷道运输，也可用于一般采煤工作面的巷道运输和巷道掘进运输。用于工作面巷道运输时，尾端配刮板转载机与工作面输送机相接；用于巷道掘进运输时，尾端配带式转载机与掘进机相接。

2. 输送机的结构组成

可伸缩带式输送机分为固定部分和非固定部分两大部分，固定部分由机头传动装置、储带装置、张紧装置、收放胶带装置等组成，非固定部分由无螺栓连接的快速拆装机身、机尾等组成。

（1）机头传动装置由卸载滚筒、传动滚筒、减速器、制动器、电动机、机架、卸载端、头部清扫器等组成。

驱动装置是整个输送机的心脏，驱动装置的电机通过刚性联轴器、减速器传给传动滚筒。整套驱动装置采用浮动支撑形式。

减速器选用SEW公司制造的直交轴3级硬齿面减速器（带逆止器）。具有承载能力大、效率高、重量轻、寿命长等优点。减速机采用飞溅润滑，冷却盘管冷却。

制动器采用液压推杆制动器。液压推杆制动器具有工作频率快，制动平稳，制动力矩可调，摩擦块易更换，寿命长等优点。防护等级为IP65，液压推杆工作频率为100%。逆止器选用减速器自带逆止器。

（2）储带装置由储带转向架、储带仓架、托带小车和张紧车等组成。

储带转向架、储带仓架主要为焊接结构，彼此用螺栓连接，组成了储带装置的框架。在储带转向架内装有改向滚筒与张紧车上的改向滚筒一起供输送带在储带装置中往复导向。架子的上部安装槽形托辊和下托辊，以支撑输送带，在储带仓架内有钢轨组成的轨道，供支撑小车和张紧车行走。

支撑小车由5个下托辊、车架和滚轮等组成，其作用是支撑储藏部分的输送带，使其悬垂度不致过大。支撑小车应基本上等距离的分布在张紧车和储带转向架之间，因此当张紧车移动后，需要通过人工移动来重新布置支撑小车的位置。

张紧装置由张紧装置架、滑轮组和液压自动张紧装置等组成。采用徐州冠群科技有限公司生产的 YZLA – 200/500 型液压自动张紧装置，响应快，带式输送机启动时松边的输送带能够被及时拉紧，大大改善了带式输送机的启动特性。

收放输送带装置采用澳大利亚 ACE 公司生产的液压马达卷带装置，安装于机头卸载部的前端。它由卷带器（由夹紧棍总成、回转液压缸、摆动液压缸、液压动力站及就地控制装置等组成）、抽带装置、卷带缠绕装置及输送带夹持装置组成。其作用是将输送带从输送机机身上取下或补上。

液压马达卷带装置可解决工作面巷道可伸缩带式输送机快速订扣和自动成卷收带两大问题，保证矿方在 30 min 内实现净卷带长度 210 m。同时为保证用户顺利将卷好的输送带运出，配备固定式卷带缠绕装置，可将一大卷输送带分为两小卷。

（3）机身是带式输送机的主要组成部分，主要有 H 支架、纵梁、上托辊组、下托辊组等部件组成，是机器的非固定部分，整个机身采用无螺栓连接的快速可拆卸机构。

机身承载托辊组采用固定托辊架，托辊偏置式安装，不仅易于拆卸，还可防止输送带的跑偏。纵梁与 H 支架采用 E 型销连接，托辊架与中间架采用 E 型销连接，不仅能够快速装拆，而且可通过调节 E 型销的位置来调节托辊位置，从而实现调整输送带跑偏。上托辊组采用 35° 槽形托辊组，托辊直径为 159 mm。下托辊组为槽形角是 10° 的 "V" 形托辊组，以利于调整输送带跑偏。承载托辊组间距 1.5 m，下托辊组间距 3 m，机身全程配置可调 H 支架，可调 H 支架由上 H 支架、下 H 支架、销轴和挡销组成，在使用过程中，可以根据高度的需要进行调整，以保证输送带过渡段凸凹弧过渡平缓。

（4）中间转载驱动装置。由于带式输送机的运距长，且有一定的倾角，为有效的降低输送带强度，驱动采用多点驱动，在距离机头卸载滚筒 1500 m 的位置设中间转载驱动装置。中间转载驱动装置主要包括传动装置、中间承载段、清扫器、传动机架、传动滚筒、改向滚筒和弹性柱销齿式联轴器等。为了增强通用件的互换性，中间转载的传动装置与机头传动装置相同。中间承载段由缓冲托辊、纵梁、承载框架等组成。

（5）机尾。由支座、导轨、滚筒座、缓冲托辊、清扫器等组成。几种不同型式的导轨与支座、滚筒座固连，组成了机尾骨架。彼此又用园肩销或连接板铰接成为一个整体，可供转载机在上面行走。机尾（改向）滚筒安装在滚筒座上，轴线位置可调，亦配有刮煤板。机尾滚筒直径为 610 mm。机尾承载段上装有直径为 159 mm 的缓冲托辊，间距为 450 mm，槽形角为 30°，这样在落料时，可降低块煤对输送带的冲击，有利于提高输送带的寿命。

3. SJ1400/6×400 型可伸缩输送机的主要技术参数

原煤粒度	0 ~ 300 mm
输送能力	2600 t/h
最大输送长度	3000 m
驱动型式	机头四驱动 + 中间双驱动
带速	4.0 m/s
最大提升高度	90 m
输送带型号	PVG2000S
输送带宽度	1400 mm
径向扯断强度	2000 N/mm
装机功率	6×400 kW
驱动方式	变频软启动

变频器	VSD – 630/1140
电压	1140 V
主电机	
型号	YBSS400 – 4
功率	6×400 kW
同步转速	1500 r/min
电压	1140 V
减速器	
型号	M3RSF90E + 双水冷盘管 + 逆止器
速比	20. 16:1
逆止力矩	30 kN
其他要求	输出轴为光轴,不带键槽直径为 220 mm,长度为 250 mm
电动液压推杆制动器	
型号	BYWZ10 – 500/201
制动轮直径	500 mm
制动力矩	2000 ~ 3600 N·m
电压	1140 V
张紧方式	液压绞车自动张紧
型号	YZLA – 200/500
额定拉紧力	450 kN
泵站电机	型号 YBK – 200L – 4
功率	30 kW
电压	1140 V
液压马达卷带装置	
卷带长度	≥210 m
泵站电机	型号 YBK – 200L – 4
功率	30 kW
电压	1140 V
储带长度	≥210 m
机尾承载段	≥7×2. 7 m
传动滚筒的直径	1030 mm
改向滚筒的直径	
机头卸载滚筒	1025 mm
储带张紧滚筒	1450、1030、610、400 mm
中间滚筒	824、610 mm
机尾滚筒	610 mm
托辊直径	159 mm
缓冲托辊直径	159 mm
整机(不含输送带、张紧)质量	58623 kg

4. 技术特点

（1）除转载机与机尾有一搭接长度可供工作面快速推进外，通过收放输送带装置和储带装置也可使机身得到伸长和缩短，从而能较有效地适应工作面的推进，提高工作面巷道输送能力,加快回采和掘进进度。

(2)非固定部分的机身,采用无螺栓连接的快速可换支架,结构简单,拆装方便,劳动强度低,操作时间短。

(3)设置在机身固定部分的输送带张紧装置采用液压自动张紧装置。

(4)全机所用的槽形托辊、下托辊,同一类型的改向滚筒尺寸规格统一,都可通用互换。

(5)传动滚筒外层包胶,摩擦因数大,初张力小,输送带张力亦小。

(6)输送机的电气设备具有隔爆性能,可用于有煤尘及瓦斯的矿井。

4.5.5 综机配套试验应用

东滩煤矿6 Mt综放工作面的成套装备,从2007年1月2日至2007年2月27日在井下1303综放工作面安装,2月28日开始调试,3月16日全部联合调试完毕,经矿组织验收,达到了试生产要求,工作面于3月17日进行试生产以便于暴露问题、解决问题。通过3个月的调试生产,工作面推进426 m,生产原煤129.15 t,整体使用效果良好,但在试生产期间也暴露了一些问题:支架拉架时软启动时间过长;采煤机显示230 V欠压;带式输送机机头有两组传动部运转晃动大;电气低速转高速瞬间显示屏瞬间黑屏;前部刮板输送机销排固定销易脱出。以上问题通过分析研究采取措施,都得到了正确处理,保证按时进入了工业性试验阶段。

2008年5月31日工业性试验结束,总共推进2000 m,产煤6.385 Mt;其中最高日产25161 t,平均日产20328 t,最高月产623418 t,平均月产609840 t,最高工效405.82 t/工,平均工效365.7 t/工,平均采出率88.72%等各项指标均创综放工作面开采以来历史最高纪录,未出现重大问题,取得了良好的经济和社会效益。

4.5.6 工作面综机装备配套评价

该项目经过11个多月的现场工业性试验,取得较好的技术经济效益和社会效益,工作面生产能力达到6 Mt/a的生产水平,充分证实了总体配套合理、装备性能优良、应用技术先进,以自动化、信息化为核心技术支持,实现了安全、高效、可靠的预期试验目标。

工业性试验期间,系统各环节运转正常,未出现设备之间相互干涉等不匹配的现象,以高性能参数的综放设备为标志,体现出适应性强,技术性能好,可靠性高,安全性好等优点,主要体现在以下几个方面:

(1)ZTF10800/22/38D型放顶煤排头支架在提高支架工作高度及工作阻力的基础上,进一步优化了整体结构,保证了支架良好的放煤效果和可靠性,实现了支护空间大,支护强度高的目标。能满足兖矿集团矿区的使用要求;采用电液自动控制后与中间两柱放顶煤支架的快速推进相匹配,其降—移—升一个工作循环时间小于12 s;采用反四连杆结构,保证前、后部输送机机头、机尾有更大的维护空间;在顶板控制方面能与中间放煤支架、端头支架实现较好地衔接,避免了漏矸的产生,支架自身的排矸能力好。

(2)ZFY8500/21/40D型两柱放顶煤支架在相同配套尺寸条件下,两柱掩护式支架比四柱支掩式支架顶梁长度减小约500 mm,减小了有效控顶距,可以较小的工作阻力达到要求的支护强度;支架采用整顶梁带伸缩梁及护帮板结构,在移架前,伸缩梁及时伸出,护帮板护住煤壁,能有效地防止前部漏矸及煤壁片帮。伸缩梁行程为800 mm,顶梁前端切顶力大,顶梁前端切顶力为256 t,伸缩梁伸出后前端切顶力为205 t;支架用1个

$\phi 200$ mm 的平衡千斤顶，布置在立柱中间位置，平衡千斤顶推力和拉力分别达到 1311 kN 和 668 kN，平衡千斤顶调节能力大，能较好地适应顶板合力作用点位置的变化；改进尾梁放煤机构，插板前端破煤齿由圆锥形多齿（一般为 9 齿）改为四棱锥形 5 齿结构，提高其破煤效果；掩护梁背角大，掩护梁短，支架采高在 3.5 m 时，与水平夹角为 31.3°，掩护梁水平投影距离小，减小后部背矸，避免在顶煤较破碎的条件下出现顶梁"高射炮"现象，及支架降架过程中出现底座前端上翘现象；单排立柱，操作简单，适应电液控制，快速移架，提高生产效率；支架采用 400 L/min 大流量供液系统，采用双回路环形供液，前后端供液系统各自独立，互不影响。主进液管为 DN40，主回液管为 DN50，有效地提高了支架的移架速度，移架速度小于 10 s；支架设计充分吸收了成功的四柱放顶煤支架及国际先进的设计；每根立柱安装双 500L/min 安全阀；确保支架受冲击载荷时，立柱能及时卸载；支架采取了高强度、高可靠性设计；支架各结构件主要采用 Q690 高强度钢板，减轻支架质量，确保支架高可靠性；支架质量约为 30.5 t；支架型式试验次数达 50000 次，达到国际先进水平。

（3）工作面采煤机和输送设备生产能力大，总装机功率大，单产水平大幅度提高。

（4）工作面中部实现了自动割煤、跟机自动移架、自动放煤、自动喷雾。

（5）工作面实现了自动矫直（支架前移步距控制）。

（6）工作面实现了自动调伪倾斜，防止工作面设备上窜下滑。

（7）通过光纤环网，工作面实现了信息自动采集和共享；实时在线监测工作面设备工况及故障并传输到工作面巷道计算机和地面局域网。

（8）实现了设备冷却水自动开、停控制，泵站的集中控制，采煤机和 CHP33 负荷中心远程诊断和维护。

（9）支架喷雾降尘系统除尘效率高、积尘潮化效果好；冷却水回收系统安全、可靠、高效。

4.6 4 m 大采高综放工作面成套设备

4.6.1 概述

兖矿集团自 1990 年以来，在综采放顶煤工作面的设备改造、矿压观测、放煤工艺试验、探索顶煤运动规律及提高采出率等方面取得了一大批科研成果，工作面的单产不断刷新国内生产记录，到 2004 年兖矿集团综放工作面年产达到 7 Mt/a。但随着兴隆庄煤矿井开采深度的不断增加，矿井投产时的二、四、五采区正规工作面已基本开采结束，今后矿井主要是在深部的一采区、七采区、十采区开采。根据地质资料，在一、七、十采区的下部，距煤层底板 2.6～4.0 m 处有一厚度为 0.3～1.3 m 的夹矸层，分布范围较大，影响 1304～1309、10301～10306、7301～7305 等 17 个工作面，影响可采储量 41.60 Mt，影响东滩矿一采区储量约 40 Mt。

兴隆庄煤矿是兖矿集团的主要矿井，在该矿的后续开采中发展 4 m 大采高综放工作面成套设备，将是该矿今后生存发展的基本条件。

4 m 大采高综放工作面成套设备是以兴隆庄煤矿 1308 工作面为试验地点，在充分总结国内外同类煤层大采高综采和放顶煤开采实践经验的基础上，优化工作面的技术参数，研究适应兴隆庄煤矿煤层赋存条件、生产能力强、自动化程度高、技术性能优良、可靠性高的综采成套设备。通过成套设备的应用，1308 工作面累计采出率达到 89.37%，最高达到 91.97%，填补了国内 4 m 大采高采放工作面支护设备配套的空白。4 m 大采高综放工作面的成功配套可为兖州矿区具有类似赋存条件煤层的矿井提供很好的借鉴作用，同时，可在全国同类地质条件下推广应用，使我国综采技术装备上一个新台阶，使工作面单产水平得到进一步提高。

4.6.2　工作面基本条件

4.6.2.1　工作面煤层赋存条件

兴隆庄煤矿 1308 工作面西侧为 1307 综放工作面，东侧为设计 1309 综放工作面，东南侧至井田边界保护煤柱与东滩煤矿相邻，西北方向至 $1308F_2$ 断层处为设计终采线。工作面标高为 $-308 \sim -455$ m；埋藏深度为 $354.6 \sim 503.5$ m；工作面面积为 532272 m^2。地面标高为 $+46.7 \sim +48.5$ m。

工作面煤层较厚，煤层稳定；产状平缓，裂隙发育。以亮煤为主，次为镜煤及暗煤，属亮暗本面所采煤层为下二叠统山西组底部之第 3 煤层，煤层结构复杂，距顶板 3.0 m 夹一层 0.03 m 厚的炭质粉砂岩夹矸，在工作面下部距底板 3.3 m 夹有一层厚约 $0 \sim 1.1$ m 的炭质泥岩夹矸；本层煤为特煤，高发热量，低灰分，低硫、磷，是良好的动力用煤和炼焦配煤。

工作面地质构造复杂，煤层总体为一向 SE 倾斜的单斜构造，并伴有次一级的波状起伏。煤层走向为 NW—NE—SE，倾向为 NE—SE—SW，倾角为 $\angle 2° \sim 10°$。对回采影响的共有 6 条断层。

该工作面巷道中—中平距为 211.48 m，可知该面净平距为 207.18 m。工作面推进长度为 $2544 \sim 2574$ m（即开切眼上头拖后下头 30 m）。工作面煤层厚度为 $7.85 \sim 9.9$ m，加权平均煤厚为 8.6 m。

4.6.2.2　工作面参数及生产工艺

确定采煤高度为 3.5 m，放煤高度为 5.65 m，工作面的采放比 1:1.61；放煤步距为 0.8 m；采用倾斜长壁综采放顶煤一次采全高全部垮落法；工艺流程为以放煤工序为中心，以一刀一放为基本工艺，采放平行作业，即割煤—移架—推前部输送机—放煤—拉后部输送机。

4.6.3　工作面总体配套

结合兴隆庄煤矿综放工作面的特点，为了适应高效集约化综放开采的要求，进行了 1308 工作面的设备总体配套。工作面主要的配套设备见表 4 - 16。4 m 大采高综放工作面中部设备配套图如图 4 - 17 所示，机头设备配套图如图 4 - 18 所示，机尾设备配套图如图 4 - 19 所示，工作面设备布置图如图 4 - 20 所示。

4.6.4　工作面主要配套设备

大采高综放开采由于结合了大采高综采与综放开采的优势，避免了大采高综采工作面采煤机割煤过高造成煤壁片帮的问题，同时也克服了综放开采由于割煤高度小导致采煤机、前部刮板输送机能力得不到充分利用的问题，适应性好，是综放开采工作面实现年产千万吨，提高工作面产量的主要途径。本节主要描述 4 m 大采高综放开采中的系统支护设备。

4.6.4.1　ZFS7200/20/40 型放顶煤支架

ZFS7200/20/40 型大采高放顶煤液压支架结构合理，技术先进，与 SL300 型采煤机、前部 SGZ - 1000/1400 型刮板输送机、后部 SGZ - 1000/1400 型刮板输送机等设备进行配套。

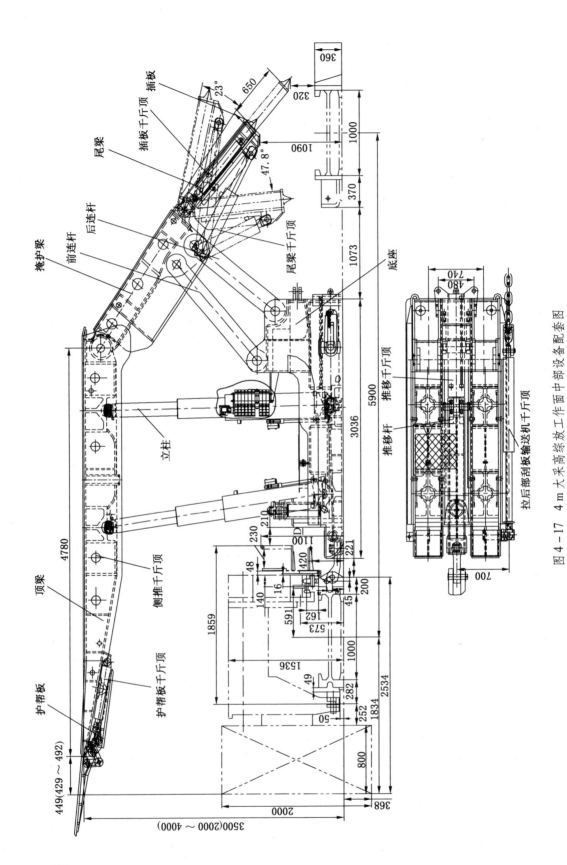

图 4 – 17　4 m 大采高综放工作面中部设备配套图

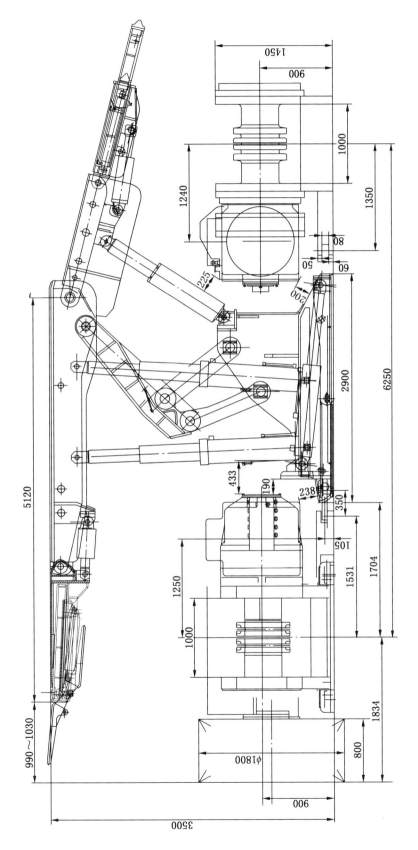

图 4 – 18 4 m 大采高综放工作面机头设备配套图

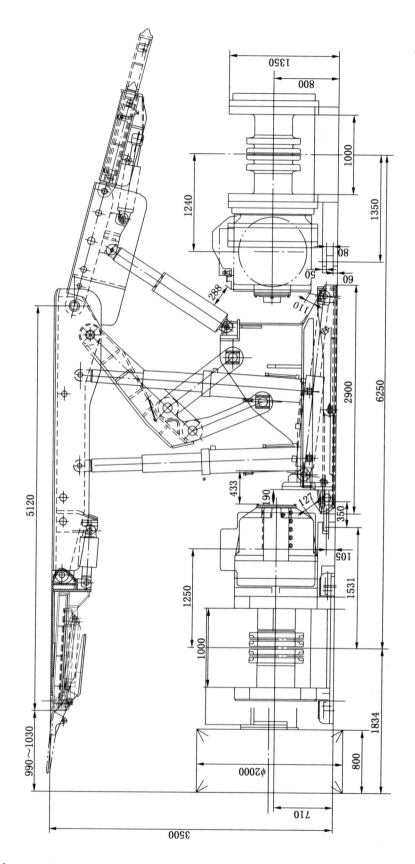

图 4-19 4 m 大采高综放工作面机尾设备配套图

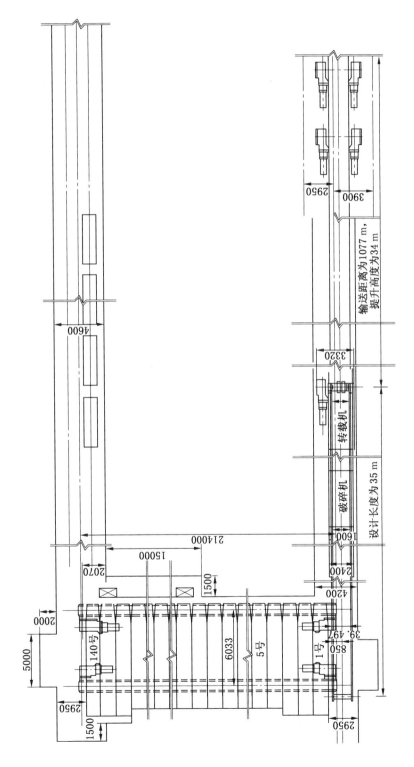

图 4 - 20 1308 工作面设备布置图

表 4-16　1308 工作面大采高综放工作面主要配套设备

序号	设 备 名 称	型　号	生 产 厂 家	备　注
1	支架	ZFS7200/20/40	兖矿集团	
2	排头支架	ZFG9000/22/38	郑州煤机厂	
3	前部刮板输送机	SGZ-1000/1400	西北煤机厂	输送量 2000 t/h
4	后部刮板输送机	SGZ-1000/1400	西北煤机厂	输送量 2000 t/h
5	转载机	SZZ1200/525	张家口煤矿机厂	输送量 3500 t/h
6	破碎机	PCM3500	张家口煤机械厂	破碎能力 3500 t/h
7	带式输送机	SSJ1400/3×400	兖州煤机厂	输送量 3500 t/h
8	采煤机	SL300	德国艾柯夫	牵引速度 29.8 m/s
9	控制设备	CHP33/8	英国 B&F	3300 V
10	泵站	GRB400/31.5	南京六合	4001/31.5 MPa
11	运输巷超前支护支架	ZT24500b/22/38	郑州煤机厂	
12	轨道巷超前支护支架	ZT103500/22/38	郑州煤机厂	

1. 支架的适用条件与主要技术参数

支架

　型号　　　　　　　　　　　　　　　　ZFS7200/20/40

　型式　　　　　　　　　　　　　　　　四柱低位放顶煤支架

　高度　　　　　　　　　　　　　　　　2000~4000 mm

　宽度　　　　　　　　　　　　　　　　1410~1580 mm

　中心距　　　　　　　　　　　　　　　1500 mm

　初撑力　　　　　　　　　　　　　　　6184 kN(p=31.5 MPa)

　工作阻力　　　　　　　　　　　　　　7200 kN(p=36.76 MPa)

　支护强度　　　　　　　　　　　　　　0.88~0.91 MPa

　底板前端比压　　　　　　　　　　　　1.03~2.03 MPa

　适应采高　　　　　　　　　　　　　　3~3.8 m

　适应煤层倾角　　　　　　　　　　　　15°

　泵站压力　　　　　　　　　　　　　　31.5 MPa

立柱　　　　　　　　　　　　　　　　　双伸缩,4 个

　缸径　　　　　　　　　　　　　　　　250/180 mm

　柱径　　　　　　　　　　　　　　　　230/160 mm

　行程　　　　　　　　　　　　　　　　1995 mm

　初撑力　　　　　　　　　　　　　　　1546 kN

　工作阻力　　　　　　　　　　　　　　1800 kN

推移千斤顶　　　　　　　　　　　　　　普通型式,1 个

　缸径　　　　　　　　　　　　　　　　180 mm

　杆径　　　　　　　　　　　　　　　　95 mm

　行程　　　　　　　　　　　　　　　　900 mm

　推移力　　　　　　　　　　　　　　　223 kN

　拉架力　　　　　　　　　　　　　　　578 kN

护帮千斤顶	普通型式,2 个
缸径	100 mm
杆径	70 mm
行程	435 mm
推力/拉力	247/126 kN
工作阻力	288 kN(36.76 MPa)
尾梁千斤顶	普通型式,2 个
缸径	160 mm
杆径	95 mm
行程	585 mm
推力/拉力	633/410 kN
工作阻力	737 kN(36.76 MPa)
插板千斤顶	普通型式,2 个
缸径	80 mm
杆径	60 mm
行程	650 mm
推力/拉力	158/69 kN
拉后部刮板输送机千斤顶	内进液,1 个
缸径	125 mm
杆径	85 mm
行程	900 mm
推力/拉力	387/208 kN
侧推千斤顶	普通型式,3 个
缸径	63 mm
杆径	45 mm
行程	170 mm
推力/拉力	98/48 kN
抬底千斤顶	普通型式,1 个
缸径	125 mm
杆径	85 mm
行程	310 mm
推力	387 kN

2. 支架的主要特点

（1）工作面"三机"采用大配套，截深为 800 mm，为了保证截深和有效的移架步距，支架的推移千斤顶的行程定为 900 mm，为高产高效创造有利条件。

（2）采用优化设计，确定支架的总体参数和主要部件的结构尺寸，并利用计算机模拟试验进行受力分析和强度校核，以提高支架的可靠性。

（3）加大支架插板的行程，这样增加了放煤口的尺寸，提高了放煤速度，有利于放大块煤。

（4）支架具有较大的后部放煤空间，增大了后部输送机的过煤高度，达到 1150 mm。

（5）支架的前连杆采用双连杆，大大提高了支架的抗扭能力。

（6）支架的顶梁为整体顶梁，有利于提高顶梁前部支撑能力，改善支护效果。

（7）支架的顶梁带有可翻180°的护帮板，加大了护帮板的面积，提高了护顶能力。

（8）为了提高支架的可靠性，支架的结构形式和元部件采用了成熟可靠的技术。

（9）支架底座为整体式刚性底座，底座前部用厚钢板过桥联接，后部用箱型结构联接，底座前端为船型结构，防止移架时啃底。

（10）合理地布置立柱的位置，减小了支架底座前端比压，与"十五"攻关支架对比，离顶梁最后端距离2350 mm，离顶梁最后端距离2080 mm，后柱离顶梁最后端距离由730 mm提高到980 mm，找准了立柱和顶梁对顶板的合力作用点，彻底消除了拔后柱现象，为四柱整体顶梁放顶煤支架确定了理论依据。

（11）底座中部为推移机构，推移千斤顶采用正装形式，采用短推杆机构，井下拆装方便。

（12）配置抬底系统，有利于移架。

（13）支架前、后均配置自动喷雾降尘系统。

（14）采用内藏式管路设计，顶梁下面没有胶管。

（15）加长了顶梁侧护板，大幅度减少了架间的破煤，基本解决了人工清理浮煤工作。

ZFS7200/20/40型大采高放顶煤液压支架与"十五"科技攻关研制的支架对比，改进的地方见表4-17。

表4-17 ZFS7200/20/40型大采高放顶煤液压支架与"十五"科技攻关支架对比

项　目	大采高放顶煤液压支架	"十五"科技攻关综放支架
型号	ZFS7200/20/40	ZFS6800/18/35
采高	3.2~3.8 m	2.8~3.3 m
顶梁结构	整体顶梁带护帮板	整体顶梁带护帮板
连杆结构	前连杆为整体双连杆，后连杆为单连杆	前连杆为整体双连杆，后连杆为单连杆
前立柱位置	离顶梁最后端距离2350 mm	离顶梁最后端距离2080 mm
后立柱位置	离顶梁最后端距离980 mm	离顶梁最后端距离730 mm
放煤口尺寸	650 mm×1500 mm	700 mm×1500 mm
过煤高度	1060~1150 mm	1000~1060 mm
护帮板	（长×宽）=1100 mm×1300 mm	（长×宽）=1000 mm×1300 mm
支架底座	刚性分体式底座，底座柱窝处带聚氨酯防尘圈	刚性分体式底座
抬底系统	过桥后部带抬底机构，机构受力好，不占行人空间	过桥前部带抬底机构，机构受力不好，占行人空间
喷雾降尘系统	顶梁前部自动喷雾，后部自动放煤喷雾	顶梁前部电控自动喷雾，后部自动放煤喷雾，顶煤预湿自动喷雾
液压系统及管路布置	本架手动操作，工作面主进液管 ϕ38 mm，主回液管 ϕ51 mm，主进回液管吊置顶梁上，前部管路全部内藏	电液控制，工作面主进液管 ϕ38 mm，主回液管 ϕ51 mm，主进回液管吊置顶梁上

4.6.4.2 ZFG9000/22/38型放顶煤过渡支架

1. 支架的结构组成

ZFG9000/22/38型放顶煤过渡支架是一种支撑掩护式低位放顶煤支架，该支架由护帮板、伸缩前梁、顶梁、底座、掩护梁和尾梁体及反四连杆等部分组成，靠四根立柱来支撑顶梁承受顶板的垂直压力，四连杆机构能较好地承受顶板的水平分力，并规范支架的运动轨迹。

2. 过渡支架的主要技术参数

过渡支架

型号	ZFG9000/22/38
型式	支撑掩护式
高度	2200 ~ 3800 mm
宽度	1660 ~ 1860 mm
中心距	1750 mm
工作阻力	9000 kN
初撑力	7760 kN
支护强度	0.75 ~ 0.82 MPa
底板比压	2.5 MPa
前梁摆角	+15° ~ -20°
尾梁摆角	0° ~ -40°
泵站压力	31.5 MPa

立柱　4 个

型式	双伸缩
缸径	280/200 mm
柱径	260/185 mm
行程	1600 mm
初撑力	19401545 kN
工作阻力	2050 kN(p = 33.3 MPa)

前梁千斤顶　2 个

缸径/杆径	180/120 mm
行程	180 mm
推力	540 kN
工作阻力	846 kN(p = 33.3 MPa)

侧推千斤顶　4 个

缸径/杆径	80/45 mm
行程	170 mm
推力	158 kN
拉力	108 kN

推移千斤顶　1 个

缸径/杆径	160/105 mm
行程	850 mm
推移力	361 kN
拉架力	633 kN

尾梁千斤顶　2 个

缸径/杆径	160/105 mm
行程	335 mm
推力	633 kN
拉力	361 kN

插板千斤顶　2 个

缸径/杆径	80/60 mm
行程	700 mm
推力	158 kN
拉力	69 kN
拉后部刮板输送机千斤顶	1 个
缸径/杆径	140/85 mm
行程	850 mm
推力	485 kN
拉力	306 kN
掩梁立柱	2 个
缸径/杆径	230/185 mm
行程	663 mm
初撑力	1308 kN
工作阻力	1382 kN($p = 33.3$ MPa)
护帮千斤顶	1 个
缸径/杆径	100/70 mm
行程	470 mm
推力	247 kN
拉力	262 kN($p = 33.3$ MPa)
伸缩梁千斤顶	2 个
缸径/杆径	100/70 mm
行程	800 mm
推力	247 kN
拉力	262 kN($p = 33.3$ MPa)

3. 支架的主要特点

（1）尾梁体能上下摆动，小插板根据需要能伸缩，便于放煤、破煤、封矸。

（2）后部输送机处过煤空间较大，能顺利通过放下的顶煤和移架。

（3）支架管路布置合理，便于过人和清除支架后部浮煤并处理后部输送机故障。

（4）四连杆机构为反四连杆型式，分别与顶梁、底座相连接。

（5）底座与掩护梁之间通过两根缸径为 $\phi230$ mm 的立柱相连接，通过控制立柱的伸长或缩短距离来调整支架后部掩护梁下端的空间。

（6）支架后部尾梁上安有喷雾装置，该装置与尾梁摆动及插板的伸缩联动，对后部输送机降尘。

4.6.4.3 ZT103500/22/38 型轨道巷端头支架

综采工作面巷道端头支护区是工作面与工作面运输巷的交汇处及超前压力影响的区域，围岩在多种支承压力作用下，受采动影响最大，矿压显现复杂，既是顶板控制的重点，又是顶板管理的难点。区内布置设备较多，包括前、后部刮板输送机机头，转载机机尾等。ZT103500/22/38 型轨道巷端头支架与转载机联接，能实现自身移架，支撑强度高，稳定性好。它结构简单，质量轻，满足与综采工作面回采巷道机电设备的配套性，支护面积大，有护巷及护帮能力，系统运动灵活，推拉力满足要求，保证设备的正常运转及工作面的推进要求。

1. 支架的结构组成

ZT103500/22/38 型轨道巷端头支架的结构型式为四架型八组合，由锚固支架、超前支架、端头支架Ⅰ、端头支架Ⅱ、端尾支架组成。

锚固支架：一架，四柱两架一组结构，前带铰接前梁型式。

超前支架：三架，八柱两架一组结构，前带铰接前梁型式。

端头支架Ⅰ：两架，四柱两架一组结构，前带铰接前梁型式。

端头支架Ⅱ：一架，四柱两架一组结构，前后均带铰接前梁型式。

端尾支架：一架，六柱支撑掩护式铰接顶梁加铰接前梁结构型式。

该支架的锚固支架和端头支架Ⅰ架型一样，均为四柱支撑，结构简单，可以互换使用，并且可以根据工作面巷道的支护需要任意组合，调整超前支护的长度。

超前支架设计成八柱结构，受力均匀，四连杆加单摆杆机构，确保了支架的稳定性。锚固支架和超前支架的推移行程满足两个推移步距要求，减少了对顶板的反复支撑次数，且顶梁和底座都配置了与两个推移步距相适应的调架和调底千斤顶，有效防止左右倒架和底座内收，确保顺利移架和行人空间。

端头支架Ⅰ和端头支架Ⅱ推移行程满足一个推移步距要求，配合工作面及时移架，提高了工作效率，且顶梁和底座都配置了与一个推移步距相适应的调架和调底千斤顶，防止倒架和底座内收，确保顺利移架和行人空间。且端头支架Ⅱ的顶梁前后均带铰接前梁，靠近端尾三角区域的前梁，不用时可以拆掉，增加了端尾三角区域内对顶板的适应性。

端尾支架设计成六柱支架，铰接顶梁带铰接前梁结构型式，提高了对顶板的适应能力和支撑能力。

各组支架结构简单，安装方便，安全可靠，互换性高，除端尾支架四连杆机构外，其余支架四连杆及单摆杆机构通用互换，全部立柱与工作面过渡支架通用互换。

该支架由 46 棵立柱通过顶梁支护顶板，合计工作阻力为 103500 kN，支护高度为 2.2～3.8 m，支护长度约为 65.5 m，其中超前支护长度为 58.8 m。

2. ZT103500/22/38 型轨道巷端头支架的主要技术参数

ZT103500/22/38 型轨道巷端头支架的主要技术参数见表 4－18 至表 4－22。

3. 支架的技术特点

（1）整套支架完全取代工作面端头及平巷的超前支护的单体支护方式，实现轨道巷的机械化支护。

（2）采用在支架上固定单轨吊吊环而单轨吊可以自由移动的电缆和各种胶管的吊挂方式，解决了支架移动和电缆水管移动相互之间的干涉。

（3）保证架间有足够的行人、安全和输送设备空间，采用电动导轨葫芦进行支架段内的设备运输。

（4）创新设计轨道巷（沿空）端头支架自移牵引锚固支架，首次采用左右两架一组结构型式，且与端头支架Ⅰ四柱结构型式相同，结构简单，互换性强，可以实现迈步自移，适应性好。

（5）采用四连杆与单摆杆相结合结构型式，控制升、降、移架过程中支架的水平移动，提高了支架的稳定性和抗侧压能力。

（6）轨道巷（沿空）端尾支架前移步距达 1.7 m，能够保证综放工作面连续推进两刀

表4-18 ZT103500/22/38型锚固支架的主要技术参数

名 称	项 目	参 数	单 位
支架单组（1架）	型式	二组一架	—
	支架高度	2200~3800	mm
	初撑力	7752	kN
	工作阻力	9000	kN
	支护面积	35.54	m²
	支护强度	0.5	MPa
	底板平均比压	1.1	MPa
	泵站压力	31.5	MPa
	质量	—	t
	立柱数量	4	根
立柱（4根/架）	一级缸/二级缸/缸径	280/200/185	mm
	行程（液压）	1600	mm
	工作阻力	2250（$p = 36.5$ MPa）	kN
	初撑力	1938	kN
调架千斤顶（2根/架）	缸径/杆径	100/70	mm
	推力/拉力	247/126	kN
	行程	1100	mm
前梁千斤顶（2根/架）	缸径/杆径	160/105	mm
	推力/拉力	633/360	kN
	行程	160	mm
	工作阻力	703（$p = 35$ MPa）	kN
调底座千斤顶（2根/架）	缸径/杆径	100/70	mm
	推力/拉力	247/126	kN
	行程	850	mm

表4-19 ZT103500/22/38型超前支架的主要技术参数

名 称	项 目	参 数	单 位
支架单组（1架）	型式	二组一架	—
	支架高度	2200~3800	mm
	初撑力	15504	kN
	工作阻力	18000	kN
	支护面积	117.84	m²
	支护强度	0.6	MPa
	底板平均比压	1.2	MPa
	泵站压力	31.5	MPa
	质量	—	t
	立柱数量	8	根

表 4 - 19（续）

名　称	项　目	参　数	单　位
立柱（6 根/架）	一级缸/二级缸/缸径	280/200/185	mm
	行程（液压）	1600	mm
	工作阻力	2250（$p = 36.5$ MPa）	kN
	初撑力	1938	kN
推移千斤顶（2 根/架）	缸径/杆径	200/120	mm
	推力/拉力	989/633	kN
	行程	1700	mm
调架千斤顶（3 根/架）	缸径/杆径	100/70	mm
	推力/拉力	247/126	kN
	行程	1100	mm
前梁千斤顶（2 根/架）	缸径/杆径	100/70	mm
	推力/拉力	633/360	kN
	行程	160	mm
	工作阻力	703（$p = 35$ MPa）	kN
调底座千斤顶（3 根/架）	缸径/杆径	100/70	mm
	推力/拉力	247/126	kN
	行程	850	mm

表 4 - 20　ZT103500/22/38 型端头支架 I 的主要技术参数

名　称	项　目	参　数	单　位
支架单组（2 架）	型式	二组一架	—
	支架高度	2200 ~ 3800	mm
	初撑力	7752	kN
	工作阻力	9000	kN
	支护面积	35.54	m²
	支护强度	0.5	MPa
	底板平均比压	1.1	MPa
	泵站压力	31.5	MPa
	质量	—	t
	立柱数量	4	根
立柱（4 根/架）	一级缸/二级缸/缸径	280/200/185	mm
	行程（液压）	1600	mm
	工作阻力	2250（$p = 36.5$ MPa）	kN
	初撑力	1938	kN
推移千斤顶（2 根/架）	缸径/杆径	200/105	mm
	推力/拉力	989/717	kN

表 4 - 20（续）

名　称	项　目	参　数	单　位
推移千斤顶（2 根/架）	行程	900	mm
调架千斤顶（3 根/架）	缸径/杆径	100/70	mm
	推力/拉力	247/126	kN
	行程	850	mm
前梁千斤顶（2 根/架）	缸径/杆径	160/105	mm
	推力/拉力	633/360	kN
	行程	160	mm
	工作阻力	703（$p = 35$ MPa）	kN
调底座千斤顶（2 根/架）	缸径/杆径	100/70	mm
	推力/拉力	247/126	kN
	行程	650	mm

表 4 - 21　ZT103500/22/38 型端头支架 Ⅱ 的主要技术参数

名　称	项　目	参　数	单　位
支架单组（1 架）	型式	二组一架	—
	支架高度	2200 ~ 3800	mm
	初撑力	7752	kN
	工作阻力	9000	kN
	支护面积	35.54	m²
	支护强度	0.5	MPa
	底板平均比压	1.1	MPa
	泵站压力	31.5	MPa
	质量	—	t
	立柱数量	4	根
立柱（4 根/架）	一级缸/二级缸/缸径	280/200/185	mm
	行程（液压）	1600	mm
	工作阻力	2250（$p = 36.5$ MPa）	kN
	初撑力	1938	kN
推移千斤顶（2 根/架）	缸径/杆径	200/105	mm
	推力/拉力	989/717	kN
	行程	900	mm
调架千斤顶（2 根/架）	缸径/杆径	100/70	mm
	推力/拉力	247/126	kN
	行程	850	mm
前梁千斤顶（4 根/架）	缸径/杆径	160/105	mm
	推力/拉力	633/360	kN

表 4 - 21（续）

名　称	项　目	参　数	单　位
前梁千斤顶（4 根/架）	行程	160	mm
	工作阻力	703（$p = 35$ MPa）	kN
调底座千斤顶（2 根/架）	缸径/杆径	100/70	mm
	推力/拉力	247/126	kN
	行程	650	mm

表 4 - 22　ZT103500/22/38 型端尾支架的主要技术参数

名　称	项　目	参　数	单　位
支架单组（1 架）	型式	二组一架	—
	支架高度	2200 ~ 3800	mm
	初撑力	11628	kN
	工作阻力	13500	kN
	支护面积	9.1	m²
	支护强度	1.5	MPa
	底板平均比压	1.8	MPa
	泵站压力	31.5	MPa
	质量	—	t
	立柱数量	6	根
立柱（6 根/架）	一级缸/二级缸/缸径	280/200/185	mm
	行程（液压）	1600	mm
	工作阻力	2250（$p = 36.5$ MPa）	kN
	初撑力	1938	kN
推移千斤顶（1 根/架）	缸径/杆径	200/120	mm
	推力/拉力	989/633	kN
	行程	1700	mm
前梁千斤顶（2 根/架）	缸径/杆径	160/105	mm
	推力/拉力	633/360	kN
	行程	160	mm
	工作阻力	703（$p = 35$ MPa）	kN

后，轨道巷支架只需前移一次,减少了对巷道顶板反复支撑次数,且该支架首次六柱支撑结构型式,顶梁采用铰接顶梁加铰接前梁结构,支护能力增强,保证了顶板的完整性和稳定性。

（7）突出了结构的互换性,输送机尾端头支架顶梁左右对称,前梁可以互换,且前梁在不用时可以拆掉,增加了端尾三角区域内顶板的适应性。

（8）避免了综放工作面前后输送机上窜下滑对端头支架的影响。

4.6.4.4　ZT24500 - 20/38 型端头支架

ZT24500 - 20/38 型端头支架是为了适应大采高综放开采大断面运输巷端头及超前支

护的要求，确保设备能安全使用，结合兴隆庄煤矿采区煤层存在夹矸等地质条件及端头区的顶底板维护情况，研制的一种大断面运输巷配套端头支架。

1. 支架的结构组成

支架型式为简易式两架一组的端头支架，由左右支架组成，端头支架主要由金属结构件、执行液压缸和液压控制元件三大部分组成。

（1）主要金属结构件有超前架前、后顶梁，超前架左、右前底座，超前架后底座，端架前梁，端架右前、中、后顶梁，端架左前、中、后顶梁，端架左、右掩护梁，端架左、右前连杆，端架左、右后连杆，前、后连杆，上连杆，端架左前、中、后底座，端架右前、中、后底座，端架左、右前中接杆，端架左、右前接杆，上、下单摆杆等。

（2）执行液压缸有立柱、前架防倒千斤顶、端架防倒千斤顶、底座调架千斤顶、前梁千斤顶、推移千斤顶。

（3）液压控制元件主要有液压控制阀、操纵阀、单向锁、安全阀、截止阀及液压辅助元件。

2. 支架的适用条件和主要技术参数

ZT24500-20/38型运输巷端头支架各架型主要技术参数如下。

端头支架

型号	ZT24500-20/38
型式	两架一组
支架高度	2000~3800 mm
初撑力	18780 kN
工作阻力	24500 kN
支护面积	49.4 m²
支护强度	0.495 MPa
总支护长度	32.8 m
顶梁长度	端头支架长度为8.87 m，超前支架每组长度为14.26 m
底板平均比压	0.92 MPa
泵站压力	31.5 MPa
立柱数量	20 根
立柱	20 根
缸径/柱径/杆径	200/185/157 mm
行程（液压＋机械）	(940＋745)1685 mm
工作阻力	1225 kN(p=39 MPa)
初撑力	989 kN(p=31.5 MPa)
推移千斤顶	6 根
缸径/杆径	200/105 mm
推力/拉力	989/717 kN
行程	900 mm
超前架防倒千斤顶	4 根
缸径/杆径	100/70 mm
推力/拉力	247/126 kN
行程	600 mm

端架防倒千斤顶	4 根
缸径/杆径	100/70 mm
推力/拉力	247/126 kN
行程	690 mm
底座调架千斤顶	1 根
缸径/杆径	100/70 mm
推力/拉力	247/126 kN
行程	600 mm
侧推千斤顶	4 根
缸径/杆径	63/45 mm
推力/拉力	98/48 kN
行程	130 mm
前梁千斤顶	2 根
缸径/杆径	140/105 mm
推力/拉力	485/212 kN
行程	160 mm
工作阻力	539 kN($p = 35$ MPa)

3. 支架的主要特点

（1）该支架型式为简易式两架一组的端头支架。

（2）端头支架由左右支架组成，结构简单、质量轻、移架方便。

（3）两组单独支架均有四连杆机构，稳定水平位移。

（4）每架最前顶梁带铰接前梁，适应前端顶板的变化。

（5）两架顶梁处设置四组拉架千斤顶，防止支架拉移时支架歪斜，起稳定作用。

（6）在其中一架底座上，设置调底千斤顶，以便调整底座。

4.6.4.5 SL300 型采煤机

艾柯夫 SL300 型采煤机可以用来采掘煤炭、盐矿、其他矿物及周围的岩石，它可以沿左右两个方向进行截割和装煤。可以安装在各种不同厚度的煤层中从事割煤工作，只需选用直径不同的滚筒和选择机身的高度即可。与 SGZ – 960/2 × 375XA 型刮板输送机、SZZ900/315 型转载机、PCM200 型破碎机、SSJ/1200/3 × 200 型工作面巷道带式输送机配套成中厚煤层成套设备。

1. 采煤机的主要结构组成

采煤机主要由电控部、牵引部、链轮箱及截割部组成。其中电控部包括框架、高压开关、低压开关、控制机构等；牵引部包括牵引部铸造外壳、牵引部减速箱、牵引电机、液压驱动装置、液压控制装置、供水系统等；截割部包括摇臂、截割电机、摇臂支承件等。

2. 艾柯夫 SL300 型采煤机的主要技术参数

总体	
采高范围	1800 ~ 3500 mm
适应煤层倾角	±25°
装机功率	859 kW
电压等级	3300 V
滚筒水平中心	12112 mm

最大卧底量	560 mm
滚筒直径	1800 mm
截深	800 mm
滚筒转速	36 r/min
整机质量	41 t
工作面供水压力	最大 10 MPa,最小 2 MPa
牵引电机	
功率	62 kW
电压	460 V
冷却方式	水冷
牵引速度	0~29 m/min
截割电机	
型号	AC250WJC
功率	360 kW
电压	3300 V
冷却方式	水冷
AC 变频器	
输入	80 kV·A,460 V,+10%,−15%,50/60 Hz,100 A
输出	80 kV·A,460/480 V,0~120 Hz,110 A

3. 艾柯夫 SL300 型采煤机的主要特点

(1) 独有的液压拉杆结构,机身整体性能坚固。艾柯夫采煤机的上下左右布置有四根液压拉杆,将采煤机的几大部联成一个牢不可破的整体。液压拉杆技术保证了采煤机的整体性能,同时又便于拆卸,实现分体运输。机身保持完好的整体稳定性,避免作业时的振动,对充分发挥采煤机的截割功率有积极作用,而且对各部件的寿命有重要影响。采煤机作业时,所有截割力都有通过机身传递到底板的过程。

(2) 结构紧凑、一目了然的电控装置。电控箱体处于机壳之内,与壳体分离,防爆面避免了机壳承受的机械应力。这种抽屉式的结构简捷明了,易于管理维护,同时也统一在液压拉杆的系统中,增加了可靠性。

(3) 机械结构做了全新优化设计。艾柯夫 SL300 型采煤机在机械结构上进行了全新优化设计,使采煤机结构尽量简单可靠。如摇臂中省去了原有的油/水冷却器。摇臂中省去了原有的润滑油泵,省去了润滑油泵,也就杜绝了润滑油泵的故障。

滚筒与摇臂之间的联接方式由圆锥形改为四方形。

(4) 维护工作简便易行。截割电机的冷却装置布置在电机内部,使电机的安装与拆卸十分方便;控制弧形铲煤板升降的马达的检修,可从采空区侧进行。机身内装的所有部件采用抽屉式组合结构,易于维护管理。

(5) 部件可靠性能加大。最新的技术工艺用于交流电机和直流电机。电机的控制部件采用工业界完全成熟的通用产品,其可靠性能大大超过单独设计的特殊产品。

(6) 艾柯夫 SL300 型采煤机装备有现代化、高效的计算机控制系统,其操作有手动与遥控两种方式。采煤机的显示装置能提供有关机器的全部数据的直观信息,并能在故障与维修状态下提供相关信息。显示装置的所有信息可通过数据传输到工作面巷道控制站或井上调度室。可以实现自动化作业,如记忆式割煤。

（7）SL300 型采煤机有一个交流变流器。整个机器与牵引部的控制只需两三个精巧的装置即可完成。

此外，每种采煤机型号都具有多种摇臂形式。各种不同的摇臂长度可以保证不同的采高，并能顺利截割机头、机尾的煤壁。结构维修方便，模块式组合结构十分便于维护与维修。

4.6.4.6 SGZ1000/1400 型放顶煤前部输送机主要技术参数

设计长度	300 m（适应角度为 0°~5°）
订货长度	250 m
输送量	2000 t/h
装机功率	2×700 kW
电机型号	YBSD-700/350-4/8（西北三厂电机）
供电电压	3300 V
刮板链规格	进口 $\phi38\times137$ mm，D 级扁平链、接链环
链条破断负荷	2200 kN
刮板链速度	1.2 m/s
减速器型号	JS800（28J）
速比	39.83:1
传递功率	800 kW
联轴器形式	进口限矩摩擦耦合器
紧链方式	液压紧链
中部槽尺寸	1500 mm×1000 mm×337 mm
中板材料	进口 NM360 $\delta=45$ mm
底封板	耐磨板 NM360 $\delta=30$ mm
槽间联接形式及强度	哑铃销 3500 kN
牵引方式	渐开线齿轨牵引

4.6.4.7 SGZ1000/1400H 型放顶煤后部输送机技术参数

输送机型号	SGZ1000/1400H
输送能力	2000 t/h
设计长度	300 m
供货长度	250 m
装机功率	2×700 kW
链速	1.25 m/s
刮板链型式	双中心链
链间距	200 mm
刮板	整体锻造刮板
圆环链规格	$\phi38$ mm×137 mm-D 级紧凑链
链接环	$\phi38$ mm×137 mmV 型锁链接环
减速器型式	平行布置行星减速器（60JS）
传动比	37.95
链轮组件齿数	7
中部槽型式	整体铸焊敞底式
尺寸（长×内宽×高）	1500 mm×1000 mm×360 mm
进口耐磨中板（K360）厚度	50 mm

槽间联接方式	锻造哑铃销
槽间联接强度	2×4000 kN
与支架联接方式	$\phi 34$ mm $\times 126$ mm 矿用圆环链软联接
双速电动机功率	700 kW
电压	3300 V
机械保护机构	采用国产摩擦限矩型联轴器
紧链方式	液压马达紧链 + 伸缩机尾

结构特征：端卸，双速电机驱动，平行布置行星减速器，摩擦限矩离合器保护（考虑与减速器和电机的配合，以便装卸维修），铸焊敞底中部槽挂接尾顶煤回收装置，液压马达紧链装置，伸缩式机尾。

4.6.5 配套设备试验应用

4 m 大采高综放工作面成套设备于 2006 年 10 月在兴隆庄 1308 工作面开始应用试验，ZFS7200/20/40 型支架与 SL300 型采煤机、前部 SGZ – 1000/1400 型刮板输送机、后部 SGZ – 1000/1400 型刮板输送机等设备进行配套试验结果表明：整套设备配套合理，各设备之间连接无误，自移运行平稳，步距符合设计要求，无阻碍现象；支架与前、后部刮板输送机的连接合理、可靠。

使用表明，ZFS7200/20/40 型大采高支架，确保了工作面顶板完整，在夹矸层区域杜绝了丢底煤现象，提高了煤炭采出率。经统计，1308 工作面累计采出率达到 89.37%，最高达到 91.97%，其中，3 月、5 月、7 月、8 月、9 月 5 个月达到了 90% 以上。与相邻 1307 普通采高综放工作面相比，采出率提高了 1.36%，多出煤 4.97×10^4 t；灰分基本持平（1307 工作面灰分为 21.69%）采煤队的记录表明，全套设备在试验期间未发生较大事故和故障，各设备日常运行正常、状态良好、设备富裕能力大。

ZFG9000/22/38 型支架在井下试验过程中，各部操作正常、自移步距正常、移架时间达到试验要求，放煤程序适应现场需要；工作阻力实测为下端头（实体煤侧）平均 2987.7 kN/架，最大 6670.8 kN/架，分别占支架设计值的 33.2%、74.12%；上端头（沿空侧）平均为 3223.6 kN/架，最大 6965.1 kN/架，分别占设计的 35.82%、77.39%，可见排头支架工作阻力富裕量较大。

ZT24500 –20/38 型端头及巷道支架使用以来，能够适应 1308 大采高综放工作面夹矸煤层大断面运输巷围岩条件和作业环境，满足生产工艺要求，具有设计选型合理、结构简单、运动关系协调、移架速度快、安全性能可靠等特点，取得显著支护效果。

1308 大采高综放工作面每月采出率统计见表 4 –23。工作面设备布置图如图 4 –20 所示。

4.6.6 主要配套设备的评价

从工作面设备的整体配套来看，ZFS7200/20/40 型大采高放顶煤支架和 ZFG9000/2/38 型排头放顶煤支架完全满足工作面设备总体配套的要求。工业试验期间没有发生故障，整个架型的设计和制造达到了国际领先水平。

（1）长壁工作面端头及工作面巷道超前机械化自移液压支架，填补了工作面巷道超前支护技术的空白，首次实现了工作面端头和工作面巷道超前机械化支护作业。

（2）端头支架和工作面巷道超前液压支架和超前支护成套技术，实现了端头液压支架与刮板输送机驱动部及转载机之间的高效协调作业，取消了单体支柱和金属顶梁支护的

表 4-23 1308 大采高综放工作面每月采出率统计

月份	煤厚/m	机采高度/m	产量/t	采出率/%	灰分/%	备 注
1	8.74	3.56	504806	89.97	27.22	夹矸层厚度为 0.695 m
2	8.35	3.65	390196	88.04	24.98	夹矸层厚度为 0.48 m
3	8.25	3.47	555548	90.14	22.55	
4	7.97	3.45	520684	87.92	21.82	
5	8.06	3.5	563639	90.36	21.32	
6	8.27	3.53	465705	88.83	21.08	
7	8.6	3.49	546375	90.85	22.12	
8	9.13	3.58	506978	91.5	21.85	
9	9.37	3.46	505169	91.97	20.62	

人工作业,解决了工作面出口和超前支护段的安全支护技术难题。

（3）端头支架组和工作面巷道超前支护成套技术,提高了端头和工作面巷道超前支护的效果,实现了综采设备的成套性和回采工艺的连续性。

4.7　25°倾角松软煤层成套设备

4.7.1　概述

根据兖矿集团生产发展和南屯煤矿九采区深部倾斜松软煤层高产高效开采条件的需要,兖矿集团确立了 25°倾角松软煤层高产高效综放工作面成套设备的研究目标,采用产、学、研相结合的模式对深部仰倾斜松软煤层高产高效综放工作面成套装备进行了创新研究,研制并装备了适应南屯煤矿深部复杂条件的综放成套设备。先后研制出高可靠性放顶煤正四连杆排头液压支架,高可靠性放顶煤中间液压支架,四象限交流变频电牵引采煤机,倾斜工作面前、后部输送机,以及仰斜工作面巷道输送设备等综放成套设备,使综放开采技术水平进一步创新,综放工作面的安全、高产、高效的技术经济优势进一步发挥,从而使我国倾斜松软煤层特殊开采条件下综放高产高效技术的研究成果达到了国际领先水平,并展示了中国煤矿机电一体化装备技术水平和综放工作面生产技术水平,走出了一条具有中国特色的实现矿井高产高效的新路子。

4.7.2　综放工作面参数

4.7.2.1　地质条件

南屯煤矿九采区位于井田的东北部,煤层埋藏深度最大为 700 mm,平均为 600 mm,采区范围南北长约 4750 m,东西宽 1100~2600 m,$3_上$煤层平均厚度为 5.23 m,第 3 煤层平均厚度为 3.18 m,地质储量为 5896.8×10^4 t,可采储量为 3994.7×10^4 t。

本采区地质构造复杂,采区三面由大断层切割,南部 21 号断层落差为 28 m,并有派生次断层,对采区开采影响较大。

煤层产状:走向由东向西变化是北东东,近东西,煤层倾角 5°~25°,中部倾角较大,北部和南部倾角较小。

采区水文地质条件:开采 $3_上$煤层及第 3 煤层时,主要含水层为 $3_上$煤层顶部砂岩和上侏罗统红色砂岩含水层,$3_上$煤层顶部砂岩为裂隙承压含水,南部和北部富水较好,中部较弱。预计正常涌水量为 4.97 m³/min,涌水量为 6.4 m³/min。

煤层顶板及分类：$3_上$ 煤层顶板为 0.38 ~ 3.11 m 的粉砂岩伪顶，基本顶为中粗砂岩厚 29.15 m，煤层上部约 1.5 m 范围内煤较松软，易垮落。第 3 煤层顶板为粉砂岩，厚 0.72 ~ 13.88 m。直接底为粉砂岩，厚 0.2 ~ 1.6 m，其下部为粉细砂岩互层。

4.7.2.2 工作面参数确定

首采综放工作面参数

面长	180 m（两巷中对中）
工作面仰角	平均 16°，最大 25°
走向长度	1720 m
工作面巷道落差	195 m
煤层厚度	5.23 m
机采高度	2.5 m
巷道尺寸	4000 mm × 3000 mm
机采高度	2.5 m
巷道支护方式	锚网支护
截深	630/800 mm
预计顶板初次来压步距	55 ~ 60 m
工作面倾角	3° ~ 25°
预计顶板周期来压步距	30 ~ 35 mm

确定采高为 2.5 m，放煤高度为 2.78 m，采放比为 1:1.112；采用伪倾斜走向长壁综采放顶煤一次采全高全部垮落采煤法；工作面采用端部斜切进刀的双向割煤，一刀一放双轮顺序放煤；煤机截深为 0.8 m；放煤步距为 0.8 m。

4.7.3 综放工作面总体配套

1. 综放工作面总体配套设备

主要配套设备的组成见表 4 – 24。

表 4 – 24 配套设备的组成

编 号	名 称	型 号	数 量
1	中间支架	ZFQ6500/18/35	113 架
2	排头支架	ZFQP6500/20.5/32	7 架
3	采煤机	MGYS180/460 – WD	1 台
4	工作面前部刮板输送机	SGZ – 900/630	1 部
5	工作面后部刮板输送机	SGZ – 900/630	1 部
6	转载机	SZZ960/400	1 部
7	破碎机	PLM2200	1 部
8	工作面巷道带式输送机	SSJ1200/3 ×315S	2 部
9	乳化液泵	GRB315/31.5、GRB125/31.5	
10	喷雾泵	KPB315/16	

2. 设备配套关系

1）工作面中部设备配套

工作面中部采煤机，前、后部工作面刮板输送机，以及放顶煤液压支架的配套关系如图4 – 21 所示，具体尺寸关系如下：

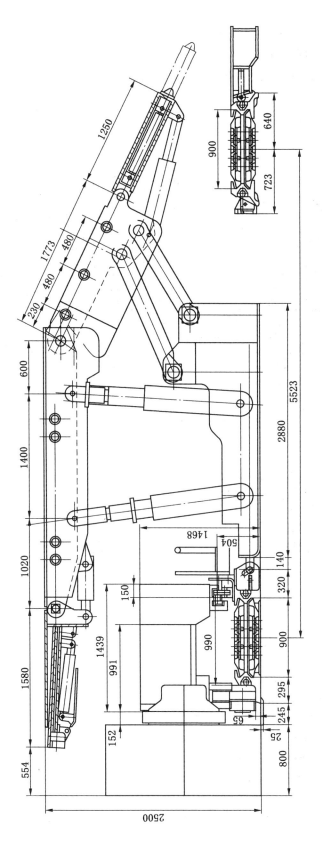

图 4－21　中部工作面三机配套图

（1）前、后部输送机中心线距离为 5695 mm。

（2）推移步距为 630/800 mm。

（3）推移点距前部输送机中心线 660 mm，拉移点距后部输送机中心线 726 mm。

2）排头支架配套

排头支架配套如图 4 - 22 所示。

（1）前、后部输送机中心线距离为 5695 mm。

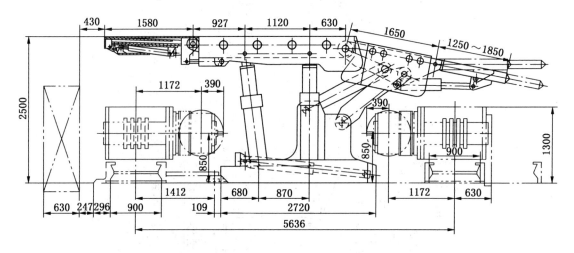

图 4 - 22 排头支架配套图

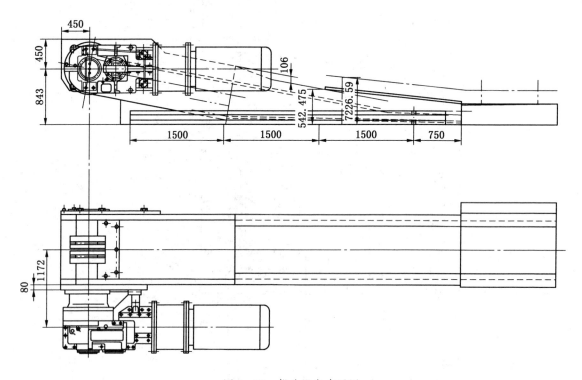

图 4 - 23 机头设备布置图

（2）推移步距为 630/800 mm。

（3）移架后支架与前部输送机的间隙不少于 100 mm。

（4）支架中心距为 1.5 m。

（5）推移点距前部输送机中心线 1320 mm，拉移点距后部输送机中心线 1100 mm。

（6）工作面机头端布置 3 架排头支架，机尾布置 4 架排头支架。

3）工作面运输巷（机头）设备配套

机头设备布置如图 4 - 23 所示。

（1）转载机中心线由巷道中心线向下帮偏 50 mm。人行通道大于 700 mm。

（2）前部输送机链轮中心到转载机中心线的水平距离为 850 mm；后部输送机链轮中心到转载机中心线的距离为 850 mm。

（3）前部输送机卸载高度为 843 mm。

（4）后部输送机卸载高度为 843 mm。

（5）采煤机割透机头三角煤时，卧底量为 50 mm。

（6）前部输送机机头销排变线为 104 mm。

（7）转载机最大高度为 2025 mm。

4）工作面回风巷（机尾）设备配套

工作面上端采煤机，前、后部工作面输送机，以及放顶煤排尾液压支架的配套关系如图 4 - 24 所示，具体尺寸关系如下：

（1）前后部刮板输送机的机尾链轮中心线重合。

（2）前部输送机链轮中心高度为 750 mm。

（3）后部输送机链轮中心高度为 750 mm。

（4）前部输送机机尾销排变线为 104 mm。

工作面设备的布置总图如图 4 - 25 所示。

4.7.4 工作面主要配套设备

4.7.4.1 ZFQ6500/18/35 型放顶煤液压支架

1. 支架的适用条件

工作面倾角 25°；仰采 25°。

2. 支架的结构组成

主要由金属结构件、液压元件两大部分组成。金属结构件有前梁，伸缩梁，顶梁，掩护梁，尾梁，插板，前、后连杆，底座，推移杆，拉杆，以及侧护板等；液压元件主要有立柱，各种千斤顶，液压控制元件（操纵阀、单向阀、安全阀等），液压辅助元件（胶管、弯头、三通），以及随动喷雾降尘元件等。

3. ZFQ6500/18/35 型液压支架的主要技术参数

支架

型式　　　　　　　　　　　　　　　四柱支撑掩护式低位放顶煤

高度　　　　　　　　　　　　　　　1800 ~ 3500 mm

中心距　　　　　　　　　　　　　　1500 mm

宽度　　　　　　　　　　　　　　　1410 ~ 1580 mm

初撑力　　　　　　　　　　　　　　5700 kN（$p = 31.5$ MPa）

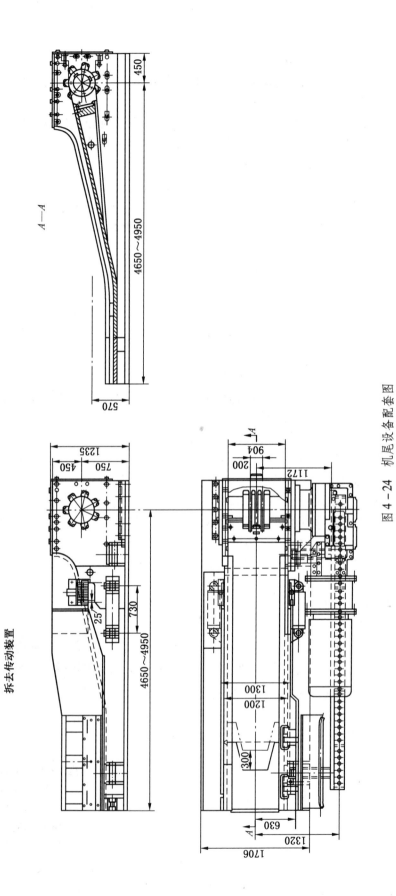

拆去传动装置

$A—A$

图 4 - 24　机尾设备配套图

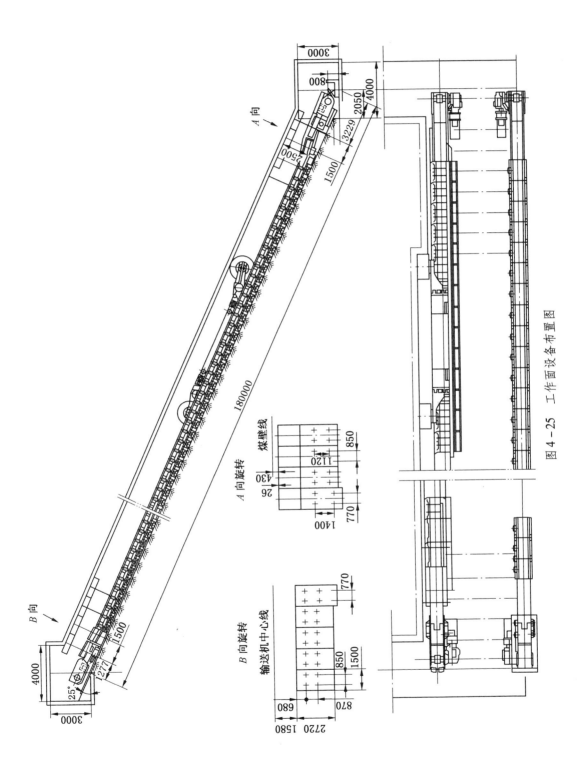

图 4 - 25　工作面设备布置图

工作阻力	6500 kN($p = 35.3$ MPa)
支护强度	0.83 ~ 0.88 MPa
底板平均比压	2.16 MPa
工作高度范围	2500 ~ 3500 mm
泵站压力	31.5 MPa
操纵方式	本邻架
质量	约 19 t
立柱	4 个
型式	单伸缩机械加长段
前立柱	
缸径（大/小）	250/200 mm
柱径（大/小）	230/190 mm
行程	1677(861 + 816) mm
初撑力	1545 kN
工作阻力	1732 kN
后立柱	
缸径（大/小）	230/180 mm
柱径（大/小）	210/179 mm
行程	1695(863 + 832) mm
初撑力	1308 kN
工作阻力	1466 kN
推移千斤顶	1 个
型式	长推杆千斤顶倒置
缸径	160 mm
杆径	105 mm
行程	700 mm
推力	360 kN
拉力	633 kN
前梁千斤顶	2 个
型式	普通
缸径/杆径	180/105 mm
行程	174 mm
推力	801 ×2 kN(前梁尖端力376 kg)($p = 31.5$ MPa)
工作阻力	898 ×2 kN(前梁尖端力421 kg)($p = 35.3$ MPa)
护帮千斤顶	2 个
型式	普通
缸径/杆径	100/70 mm
行程	470 mm
推力/拉力	247 ×2/126 ×2 kN
伸缩梁千斤顶	2 个
型式	普通
缸径/杆径	100/70 mm
行程	700 mm

推力/拉力	247/126 kN
尾梁千斤顶	2 个
型式	普通
缸径/杆径	160/95 mm
行程	577 mm
推力/拉力	633/409 kN
闭锁推力	709 kN
插板千斤顶	2 个
型式	普通
缸径/杆径	80/60 mm
行程	600 mm
推力/拉力	158/69 kN
拉后部刮板输送机千斤顶	1 个
型式	内进液
缸径/杆径	125/85 mm
行程	900 mm
推力/拉力	386/207 kN
侧推千斤顶	3 个
型式	普通
缸径/杆径	80/45 mm
行程	170 mm
推力/拉力	158/108 kN
调架千斤顶	3 个
型式	普通
缸径/杆径	100/70（750～1255）mm
行程	505 mm
推力/拉力	247/126 kN
提底座千斤顶	
型式	普通
缸径/杆径	110/85 mm
行程	250 mm
推力/拉力	299 kN

4. 支架的技术特点

（1）工作面"三机"采用大配套，截深为 800 mm，生产能力达到 1×10^4 t/d。为保证截深和有效地移架步距，支架的推移千斤顶行程为 900 mm，为高产高效创造了条件。

（2）采用优化设计，确定支架的总体参数和主要部件的结构尺寸，并利用计算机模拟试验进行受力分析和强度的校核，以提高支架的可靠性。

（3）加大支架的插板行程，尾梁的长度虽然缩短，但插板的行程仍为 600 mm，这样增加了放煤空间的尺寸，提高了放煤的速度，有利于放大块煤。

（4）支架具有较大的后部放煤空间，支架后部过煤高度比原支架增大了 200 mm，增大了后部输送机的过煤高度。

（5）支架的前连杆采用双连杆，大大提高支架的抗扭能力。

（6）支架的顶梁带有伸缩梁和护帮板，伸缩值达到 800 mm，对顶板进行及时和超前支护。

（7）为了提高支架的可靠性，支架的结构形式和原部件尽可能采用成熟可靠的技术。

（8）支架采用底开底座，有利于排除架内浮煤，避免推移机的塞煤。

（9）合理布置立柱的位置，减少支架底座前端的比压。

（10）为提高液压元件的可靠性，立柱和千斤顶的密封用聚氨酯密封。为使支架能够跟上采煤机，支架的液压系统采用大流量阀和双供液双回液系统，支架的液压系统中所有的与支架有关的元件都加大了通道，如操纵阀、液控单向阀、过滤器等均采用 400 L/min 流量，安全阀采用 160 L/min 流量。

（11）为使支架能够跟上采煤机，支架的液压系统采用大流量阀和双供液双回液系统，支架的液压系统中所有的与支架有关的元件都加大了通道，如操纵阀、液控单向阀、过滤器等均采用 400 L/min 流量，安全阀采用 160 L/min 流量。

（12）为提高液压元件的可靠性，立柱和千斤顶的密封用聚氨酯密封，使寿命可以提高 5~6 倍。

（13）支架的主要受力部件局部采用 55 kg/cm² 高强度钢板，强度比 16 Mn 提高了 8 倍，销轴采用 30 CrMnTi，减轻了支架的质量，提高了支架的安全系数。

4.7.4.2 ZFQP6500/20.5/32 型排头放顶煤液压支架

ZFQP6500/20.5/32 型排头放顶煤支架是一种支撑掩护式低位放顶煤支架，可支护和管理输送机，机头、机尾区域顶板，垮落顶煤，隔离采空区，并能自移装置和推拉输送机。该支架具有伸缩梁带护帮板的前梁、顶梁、底座、掩护梁和尾梁体等部分组成，靠四根立柱来支撑顶梁承受顶板的垂直压力，四连杆机构能较好地承受顶板的水平分力，并使支架的运动轨迹，垂直升降、受力均匀作用。

1. 支架结构

该支架主要由金属结构件、液压元件两大部分组成。金属结构件有前梁，伸缩梁，顶梁，掩护梁，尾梁，插板，前、后连杆，底座，推移杆，拉杆，以及侧护板等；液压元件主要有立柱，各种千斤顶，液压控制元件（操纵阀、单向阀、安全阀等），液压辅助元件（胶管、弯头、三通），以及随动喷雾降尘元件等。

2. ZFQP6500/20.5/32 型排头支架的技术参数

支架

型式	支撑掩护式放顶煤液压支架
操作方式	本架操作
高度	2050~3200 mm
宽度	1440~1610 mm
中心距	1500 mm
工作阻力	6500 kN
初撑力	6165 kN
支护强度	0.876~0.9 MPa
底板比压	2.6 MPa
立柱	4 个双伸缩

缸径	250/200 mm
活柱直径	240/170 mm
一级行程	600 mm
二级行程	576 mm
初撑力	1541 kN
工作阻力	1625 kN
前梁千斤顶	2 个
缸径	180/105 mm
行程	174 mm
初撑力	798 kN
工作阻力	948 kN
拉力	527 kN
侧推千斤顶	
缸径	80 mm
行程	170 mm
推力	158 kN
拉力	108 kN
推移千斤顶	1 个
缸径	160 mm
行程	730/850 mm
推移刮板输送机力	359 kN
拉架力	630 kN
尾梁千斤顶	2 个
缸径	160 mm
行程	420 mm
初撑力	630 kN
工作阻力	749 kN
拉力	359 kN
插板千斤顶	2 个
缸径	80 mm
行程	600 mm
推力	158 kN
拉力	108 kN
移后部刮板输送机千斤顶	
缸径	140 mm
行程	900 mm
推力	482 kN
拉力	304 kN
防片帮千斤顶	
缸径	100 mm
行程	470 mm
工作阻力	260 kN
拉力	126 kN

伸缩梁千斤顶

缸径	100 mm
行程	800 mm
推力	246 kN
拉力	126 kN

抬底座千斤顶

缸径	110 mm
行程	250 mm
推力	298 kN
拉力	120 kN

防输送机下滑千斤顶 1 个,三架一组

缸径	125 mm
行程	700 mm
推力	385 kN
拉力	207 kN

防倒千斤顶 1 个,三架一组

缸径	80 mm
行程	400 mm
推力	158 kN
拉力	108 kN

防滑千斤顶 1 个,三架一组

缸径	80 mm
行程	415 mm
推力	158 kN
拉力	108 kN

3. ZFQP6500/20.5/32 型排头支架的技术特点

(1) 尾梁体能够上下摆动,小插板能伸缩,便于放煤、破煤、封矸。

(2) 后部输送机处过煤空间较大,能顺利通过放下的顶煤和移架。

(3) 支架的管路布置合理,便于过人和清除支架后部的浮煤并处理后部输送机的故障。

(4) 采用正四连杆式,前连杆为单连杆,后连杆为双连杆,分别于掩梁和底座相连,结构紧凑,具有较高的稳定性和抗扭能力。同时前后立柱有合理的人行通道,解决了安全隐患,并为井下的生产提供了安全保障。

(5) 支架的后部尾梁上装有喷雾装置,该装置与尾梁的摆动和插板的伸缩联动,对后部的输送机喷雾降尘。

(6) 支架适应煤层倾角不大于25°,配备支架防倒防滑和输送机防滑装置,按端头端尾三架一组连接好。

4.7.4.3 MGYS180/460 – WD 型采煤机

MGYS180/460 – WD 型交流电牵引采煤机是多电机驱动、横向布置的采煤机,是天地科技有限公司上海分公司根据兖矿集团的要求,应用美国 JOY 公司的 3LS 型直流电牵引采煤机先进技术改造的产品,适用于高产高效综合机械化开采。

1. 采煤机的适用条件

采煤机装机功率为460 kW，左、右截割功率为180 kW，牵引功率为2×40 kW，调高泵站为18.6 kW。该机采用交流变频调速，齿轮－销轨式无链牵引，适用于1.8～3.4 m的缓倾斜中硬煤层和倾角小于或等于35°煤层。

2. MGYS180/460－WD型采煤机主要结构组成

主要的部件为左、右滚筒，左、右摇臂，左右牵引箱，行走箱，中间框架，泵站，电控箱，变频器，液压系统，喷雾冷却系统及各种辅助装置。

采煤机的结构型式沿用3LS型，采用多电机横向布置形式，左右牵引减速箱和中间框架有高强度的液压螺母联结，使机身成为一个整体。截割电机布置在摇臂上，借用原来3LS型摇臂，摇臂与机身用铰轴连接，下面通过液压缸由销轴连接在牵引箱上，实现滚筒的升降。牵引电机横向装在牵引减速箱的一侧，通过行走装置，为采煤机提供牵引力。牵引减速箱基本借用原3LS型结构，根据需要更换了牵引电机，一轴、二轴和行星架也做了相应的改动。中间框架是焊接构件，进行了重新的设计。调高泵箱、变频调速装置、电控箱、水阀及电缆拖曳装置都独立固定在中间框架内，每个部件都可以从采空侧抽出，易维修、更换。并可以与多种刮板输送机、液压支架配套，以适应不同的煤层地质赋存条件。

行走箱改用齿轮－销轴无链牵引机构。采煤机无底托架，有利于降低机器重心和机面高度，机身下有足够的过煤空间。

采煤机操作点设置在机身中间及两端，可直接操作按钮和手把，也可用无线电进行遥控。机身两端有电控头操作站，控制采煤机的牵引方向，牵引速度，以及左、右摇臂的升降，并可紧急停采煤机，操作方便。

3. MGYS180/460－WD型采煤机的主要技术参数

采高范围	1.8～3.4 m
机面高度	1468 mm
滚筒转速	37 r/min
滚筒直径	1800 mm
滚筒截深	630/800 mm
无链牵引方式	齿轮－销排式无链牵引
牵引力	0～300～500 kN
牵引速度	0～8.4～14.0 m/min
整机质量	约40 t
电压	1140 V
装机总功率	456.6 kW
截割电机功率	2×179 kW
牵引电机功率	2×40 kW
泵电机功率	18.6 kW
变压器容量	120 kV·A
适应煤层倾角	≤35°

4. MGYS180/460－WD型采煤机的主要特点

（1）切割电机横向布置在摇臂上，摇臂和机身之间没有动力传递。没有螺旋伞齿轮和结构复杂的通轴。

（2）改造后的行走箱只与牵引箱联接，不与中间框架联接，所有的截割反力、调高液压缸支撑反力和牵引阻力均有牵引箱体承受，可靠性高。

（3）机身分为三段，三段间用液压螺母和高强度紧固件联接，简单可靠，拆卸方便。

（4）采用交流变频调速，系统比原直流系统调速范围广、体积小、故障少。能得到大的牵引速度和牵引力；采用销轨式无链系统，避免了原链轨式无链牵引系统断链下滑的危险。

（5）行走箱为独立部件，与不同槽宽的输送机配套时，只需改变行走箱垫板的宽度或煤壁侧的滑靴，而主机无须改变。

（6）调高箱采用集成阀块结构，管路少，维修方便，液压元件选用成熟的产品。

（7）主要部件可以从机身的采空侧抽出，容易更换，维修方便，设备利用率高。

（8）许多元部件采用天地科技股份有限公司上海分公司的系列产品的成熟技术，适应性好，通用性好。

（9）整体直摇臂结构，刚性好，过煤空间大，装煤效果好。

4.7.4.4 SGZ-900/630 型前、后部刮板输送机

SGZ-900/630 型前、后部刮板输送机与液压支架、采煤机、转载机、带式输送机等设备配套，实现了工作面的破煤、装煤、运煤、支护、移动刮板输送机等工序的综合机械化作业。

1. 输送机的适用条件

适用于 25°大倾角中厚煤层长壁式回采工作面的煤炭输送。

2. 输送机的主要结构组成

SGZ-900/630 型刮板输送机主要由机头传动部、机头推移部、抬高槽、变线槽、中部槽、开天窗槽、机尾传动部、机尾推移部、阻链器、销轨、刮板链、电机隔爆开关、液压控制系统等组成。

SGZ-900/630 型后部刮板输送机除中部槽与 SGZ-900/630 型前部刮板输送机的不同外，其他主要的部件完全相同。SGZ-900/630 型后部刮板输送机共用 SGZ-900/630 型前部刮板输送机的液压控制系统。

3. 输送机的主要技术参数

1）SGZ-900/630 型前部刮板输送机的技术参数

设计长度	200 m
输送能力	1800 t/h
装机功率	2×315 kW
电机电压	1140 V
电动机型号	YBSD-315/160-4/8
功率	315 kW
电压	1140 V
转速	1480/741 r/min
刮板链型式	双中心链
链距	200 mm
圆环链规格	2-ϕ34 mm×126 mm-D 级
圆环链破断负荷	1810 kN

减速器型式	圆锥圆柱三级行星减速
可传递功率	400 kW
过载限矩设定	9300（1±10%）N·m
中部槽尺寸	1503 mm×900 mm×308 mm
中部槽联接强度	3000 kN
采煤机牵引机构	加强型齿形销轨
卸载方式	端卸
紧链型式	液压马达低速紧链
链张力控制方式	液控可伸缩机头和机尾
伸缩机构行程	252/320 mm
系统过载保护	干式摩擦限矩离合器
链速	1.31 m/s

2）SGZ-900/630 型后部刮板输送机的主要技术参数

输送能力	1500 t/h
设计长度	250 m
装机功率	2×315 kW
电机电压	1140 V
链速	1.31 m/s
刮板链型式	双中心链
链距	200 mm
圆环链规格	2-φ34 mm×126 mm-D 级
圆环链破断负荷	1800 kN
减速器型式	圆锥圆柱三级行星减速
可传递功率	400 kW
中部槽尺寸	1503 mm×900 mm×308 mm
中部槽联接强度	3000 kN
采煤机牵引机构	加强型齿形销轨
卸载方式	端卸
紧链型式	液压马达低速紧链
链张力控制方式	液控可伸缩机头和机尾
伸缩机构行程	252/320 mm
系统过载保护	干式摩擦限矩离合器
过载限矩设定	9300（1±10%）N·m

4. SGZ-900/630 型刮板输送机的主要特点

（1）高强度端卸式机头，同时机头、机尾可以伸缩，并且传动系统选用紧凑行星减速器。

（2）采用高强度整体式铸焊结构，并配有 40 mm 厚耐磨中板的中间槽和联接支架的防倒防滑耳座。

（3）前部刮板输送机配有锻焊齿轨式销排，保证足够的强度啮合采煤机斜切进刀和在大倾角下割煤。

（4）后部刮板输送机带有尾煤回收装置，以便提高煤炭采出率，减少后部浮煤，避免煤层发火。

4.7.4.5 SZZ960/400 型桥式转载机

SZZ960/400 型桥式转载机主要用于高产高效综合机械化工作面巷道转载输送煤炭，可与 SGZ-900/630 型刮板输送机，PLM2200 型破碎机配套使用，使用时转载机的机头搭接在带式输送机的自移机尾上整体运动，从而使转载机随工作面输送机的推移步距作调整，煤炭由工作面输送机经桥式转载机转载到可伸缩带式输送机上运走。

SZZ960/400 型桥式转载机的主要结构组成：

主要由行走部、机头传动部、中部槽、刮板链、封顶板、机尾等部分组成。

行走部为马蹄尔结构，转载机机头搭接在带式输送机的自移机尾上，与带式输送机的自移机尾一起作整体运动。

机头传动部主要由链轮轴组、拨链器、机头架、伸缩槽、防护罩、动力部等部件组成。

中部槽作为刮板运行导轨及物料载体，在不同部位具有不同功能。包括中部槽、凸槽、凹槽、输入槽、输出槽、铰接槽。

SZZ960/400 型桥式转载机主要技术参数：

设计长度	50 m
输送量	2200 t/h
链速	1.73 m/s
爬坡角度	5°
爬坡高度	1260 mm
装机功率	400 kW
刮板链	双中心链
双中刮板链规格	$\phi 34 \text{ mm} \times 126 \text{ mm} - C$
圆环链破断负荷	1450 kN
内槽宽	900 mm
紧链方式	液压马达紧链装置及伸缩机头
转载机自移方式	迈步式推移

4.7.4.6 PLM2200 型破碎机

PLM2200 型破碎机是综合国内外同类产品的优点并结合我国煤矿的具体情况研制的，它与桥式转载机配套使用组成配套设备。

1. PLM2200 型破碎机的结构组成

主要由动力部、破碎箱、破碎槽、破碎轴组、出口防尘帘等组成。

2. PLM2200 型破碎机的主要技术参数

破碎能力	2200 t/h
装机功率	200 kW
破碎主轴转速	466 r/min
破碎主轴冲击速度	22.6 m/s
最大输入块度	900 mm × 900 mm
排料粒度（可调）	300 mm 以下

4.7.4.7 MY800 型转载机转载推移装置

MY800 型转载机转载推移装置用于高产高效的工作面桥式转载机与破碎机的快速推移，满足工作面的高进度，快推进的需要，该装置有自行前移的功能，突破了锚固拉移方式，在近水平工作面巷道可以实现转载机和破碎机的快速推移。

1. 转载推移装置的适用条件

MY800型转载机转载推移装置与DY1200型带式输送机自移机尾配合使用，能适应三软煤层，实现爬坡角度不大于25°的巷道设备自移。

2. 转载推移装置的结构组成

该结构主要由推移缸、支撑缸、导轨和连接件等部件组成。

3. 转载推移装置的主要技术参数

自移最大推力（单缸）	484 kN
额定推力（单缸）	307 kN
自移行程	950 mm
最大调高力（单缸）	386 kN
额定调高力（单缸）	245 kN
调高行程	250 mm

4. 技术特点

（1）利用摩擦力互为支点，迈步自移。

（2）该装置适应于一刀一推或者两刀一推的作业方式。

（3）以高压乳化液为动力，泵站的出口压力为31.5 MPa，液压系统工作压力为20 MPa。

（4）与传统的转载机比较，具有操作简单、方便等优点。

4.7.4.8 DY1200型带式输送机自移机尾快速推移装置

DY1200型带式输送机自移机尾快速推移装置用于高产高效工作面桥式转载机与带式输送机机尾的快速推移和正确搭接，满足工作面高进度、快推进的需要，同时装置具有输送带跑偏调整、转载机推移方向校直和自行前移等功能，保证工作面巷道输送、转载的畅通及设备良好的衔接。

1. 快速推移装置的主要组成

主要由头、尾、中间及调整缸、侧移缸、输送带托辊、滚筒、缓冲架、清扫器等部件组成，同时配备有液压系统和操作台。

2. 快速推移装置的主要技术参数

总长	8577 mm
总宽	2180 mm
总高	1250 mm
自移最大推力（单缸）	484 kN
额定推力（单缸）	307 kN
行程	950 mm
最大调高力（单缸）	386 kN
额定调高力（单缸）	245 kN
行程	250 mm
最大横向校直力	247 kN
额定横向校直力	157 kN
行程	±150 mm

4.7.4.9 SSJ1200/3×315S型可伸缩带式输送机

1. 输送机的适用条件

SSJ1200/3×315S 型可伸缩带式输送机是适用于大运量、大倾角、长距离的工作面巷道运输设备，可满足高产高效工作面的需要，对综采综放机械化的发展具有重大的意义。

2. 输送机的主要结构组成

SSJ1200/3×315S 型可伸缩带式输送机主要由传动部分、驱动装置、储带张紧装置、机身和机尾五大部分组成。

3. 输送机的主要技术参数

运量	1800 t/h
输送长度	1000 m
提升高度	97.5 m
最大倾角	15°~25°
带速	3.55 m/s
带宽	1200 mm
托辊直径	159 mm
储藏输送带长度	100~150 mm
换向滚筒直径	
机头滚筒	1000 mm
储带部分	630/400 mm
机尾滚筒	630 mm
托辊直径	159 mm
输送带规格	难燃输送带 PVG2000S
输送带宽度	12000 mm
输送带径向扯断长度	2000 N/mm
主电机	
型号	YB355L2-34
功率	3×315 kW
转速	1480 r/min
电压	1140 V
减速器	
型号	M3RSF70+1FAN+BACDSTOT 03 或 04 型(德国 SEW 公司)
速比	22.4:1
液压绞车自动张紧装置	
型号	YZL-200
张紧车额定拉力	200 kN
绞车储绳量	220 m
泵站电机	YB180M-4 18.5 kW 660/380 V
控制电压	127 V
液力耦合器	650 TWVVC
电动液压推杆制动器	
型号	BYWZ5-500/201
制动轮直径	500 mm
制动力矩	2500 N·m

电机功率	0.45 kW
电机电压	127 V

4.7.5 综机配套试验应用

25°倾角松软煤层成套装备 93$_{上}$01 综放工作面于 2003 年 2 月 1 日在南屯煤矿井下 93$_{上}$01 综放工作面开始调试，2003 年 3 月份经调试具备工业性试验条件，4 月份正式进入现场工业性试验阶段。在工业性试验期间，最高日产 15183 t，最高月产 305190 t，平均月产 219420 t；最高工效 19.2 t/工，平均工效 107.5 t/工；累计采出率为 85.2%。取得了良好的经济和社会效益，圆满地完成了各项试验任务，创造了 25°倾角松软煤层日产万吨的最好成绩。经过实践证明，全套设备在试验期间未发生较大事故和故障，各设备日常运行正常，状态良好。

4.7.6 综机配套评价

（1）过渡支架在国内首次采用正四连杆放顶煤支架，结构紧凑，具有较高的稳定性和抗扭能力。同时前后排立柱之间具有合理的人行通道，为井下安全生产提供了有力的保障。

（2）支架采用铰接前梁加伸缩梁结构，同时将采高控制在 2.5 m 以托住松软顶煤，解决了倾斜松软煤层仰采工作面煤壁片帮、顶煤垮落及顶煤控制问题。

（3）MGYS180/460 – WD 型采煤机是国际上第一台四象限运行交流变频电牵引采煤机。

（4）前部刮板输送机采用了大倾角、仰采工作面输送机，采用液控双向伸缩机头、机尾，防滑、防漂技术，取得良好效果。

（5）后部刮板输送机在中部槽采空区侧铲板的平板式尾煤回收装置，有利于尾煤的回收，可提高放顶煤的采出率。

（6）该项目具有广泛的应用前景，所研制的成套设备和研究的工艺，为类似条件下的仰斜松软中厚煤层及厚煤层综采提供了有力的技术支持，并将推动我国综放设备整体水平的提高。

4.8 短壁轻放工作面配套设备

4.8.1 概述

兖州矿区多年以来，在综采放顶煤技术方面取得了重大突破，使工作面单产和效益一直处在国内外领先地位。但是，兖州矿区已有的综采放顶煤设备都是按照高产高效的原则配置的，设备工作能力大、外形尺寸大、吨位重，不适应短壁放顶煤工作面的需要，在短壁放顶煤工作面设备难以发挥出优势。

兖州矿区主采煤层为 3 煤层，主要采煤方法为综采和综放。近几年来，为了发挥综放的优势，工作面布置长度越来越长，同时又留下一部分不规则的、地质构造比较复杂的块段。据统计，在 3 煤层中利用常规的综采和综放可采出的储量只占总储量的 60% ~ 70%，因此，进行边角煤开采是非常必要的。从各矿边角煤的情况来看，除济宁二号矿有部分煤层厚度小于 2 m 的块段外，基本是以中厚及厚煤层为主，可以使用轻型放顶煤支架和放顶煤技术进行开采，对于煤炭开采布局的合理调整和在现有煤层赋存条件下实现设备配套和综采效益最佳化具有重要的现实意义。

借鉴近几年来其他矿轻放工作面、短壁工作面研究的成功经验，兖矿集团会同天地公司开采所事业部、天地公司上海分公司、煤炭科学研究总院太原分院等单位，结合兖州矿区的实际情况，在杨村煤矿 3 煤层 TD302 工作面，开展短壁轻放开采成套装备的研究，开发出适用于短壁工作面条件、生产能力强、技术性能优良、可靠性高的轻型综采成套设备，实现年产 6.0×10^5 t 的目标，同时为短壁轻放工作面的设备配套提供技术示范。

4.8.2 工作面基本条件

4.8.2.1 地质条件

TD302 工作面是杨村煤矿的 3 煤层采区，有效可采储量为 1.53×10^5 t，地面标高为 45.50 ~ 46.50 m，工作面标高为 -190 ~ -270 m，该工作面位于王庄村西南约 160 m，泗河流经采区西部，东到 V - F8 断层，南至井田边界煤柱同鲍店煤矿相邻，西距杨村煤矿工业广场保护煤柱 380 m，北临东大巷保护煤柱；倾斜长度为 30 ~ 50 m，走向长度为 551 m（其中 50 m 面长部分为 291 m，30 m 面长部分为 260 m）；煤层总厚 7.10 ~ 8.50 m，平均厚度为 7.8 m，煤层结构较简单，煤层倾角为 2° ~ 10°，平均为 5°；工作面地质构造相对复杂，处于王庄背斜南翼，靠近工作面有 V - F8 断层、工作面内 3F7、F1（F2）、F3、F4、F5 断层等 5 条断层；断层附近煤层裂隙发育，局部破碎，对回采有一定影响。

3 煤层顶板为中砂岩和粉砂岩组成，属 Ⅱ 级 2 类顶板，底板为铝质泥岩和粉砂岩组成，属四类中硬底板，容许比压为 21.7 MPa。工作面煤层顶底板岩性见表 4 - 25。

表 4 - 25 工作面煤层顶底板岩性

顶底板名称	岩石名称	厚度/m	岩 性 特 征
基本顶	中砂岩	13.26	灰白，致密坚硬，分选好
直接顶	粉砂岩	5.43	灰黑，含泥质、黄铁矿及植物化石
伪顶	炭质泥岩	0.20	灰黑色，具有滑面，染手
直接底	铝质泥岩	0.60	浅灰、灰褐，致密，块状，含根化石
基本底	粉砂岩	8.10	粉砂岩灰黑色，含植物化石及黄铁矿晶粒，细砂岩灰白色，钙质胶结，分选好

4.8.2.2 生产工艺

该工作面采用倾向短壁后退式综合机械化放顶煤开采方法；刮板输送机机尾巷道内直接进刀割上刀，随后支架伸出伸缩梁支护，割到机头后，煤机滚筒下摆割下刀，然后移架、推移刮板输送机，最后进行放顶煤；用"三八"工作制，即两个生产班，一个检修班。

采煤工艺分机尾进刀和机头进刀两种。

（1）机尾进刀：采煤机从轨道巷向运输巷割顶刀，跟机移架。采煤机爬上输送机机头，割顶煤。采煤机摇臂落下。采煤机爬下输送机机头，割底煤。采煤机从运输巷向轨道巷割底刀。跟机推输送机。采煤机爬上输送机尾，割底煤。采煤机举起摇臂，把滚筒放在轨道巷断面之内，推输送机，机尾进刀。

（2）机头进刀：采煤机从运输巷向轨道巷割顶刀，跟机移架。采煤机爬上输送机机尾，割顶煤。采煤机摇臂落下。采煤机爬下输送机机尾，割底煤。采煤机从轨道巷向运输

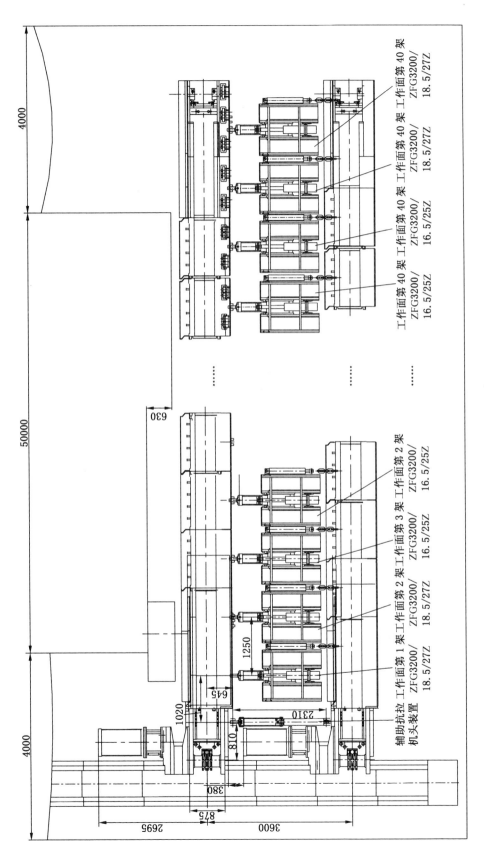

图 4 - 26 工作面总体布置图

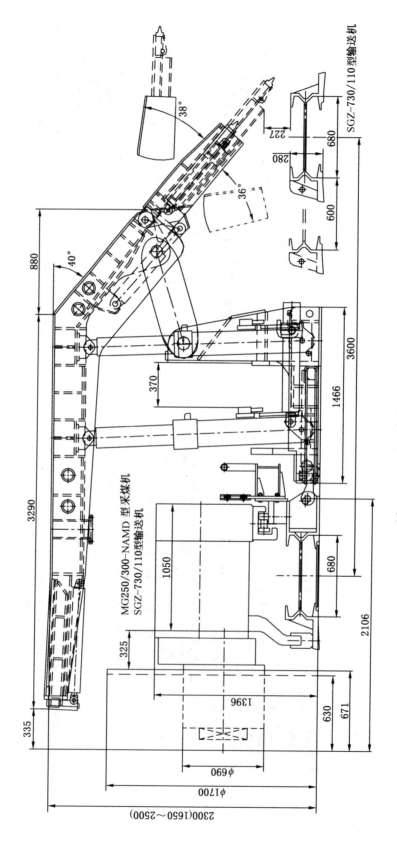

图 4-27 工作面中部设备配套断面图

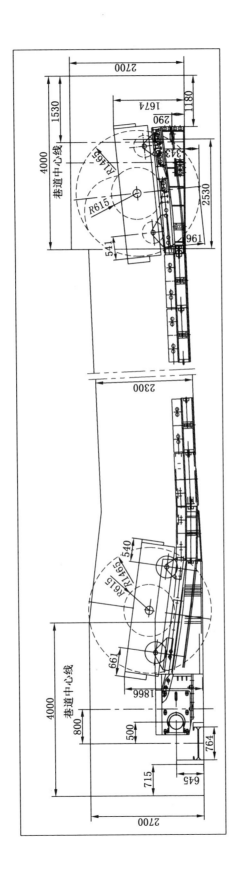

图 4 - 28 工作面机头、机尾设备配套断面图

巷割底刀，跟机推移刮板输送机。采煤机爬上输送机头，割底煤。采煤机举起摇臂，把滚筒放在运输巷断面之内，推输送机，机头进刀。

机头进刀要求巷道宽度较大，割上刀片帮时容易堵塞输送机。机尾进刀当工作面倾角大时机尾处装煤较困难。

4.8.2.3 工作面参数

根据杨村矿 3 煤层的赋存条件，杨村煤矿和煤炭科学研究总院唐山分院对 3 煤层特殊开采工艺进行了研究，设计首采工作面为 TD302 工作面，工作面煤层厚度为 6.9 ~ 8.6 m，平均厚度为 7.83 m，工作面刀把形布置，长度分别为 50、30 m，推进长度为 570 m，工业储量为 2.18×10^5 t。循环进尺 0.6 m，日产量为 0.2×10^4 t，年产 6.0×10^5 t。

4.8.3 工作面总体配套

工作面长度为 50 m。机采高度为 2.3 m，采煤机双向割煤，在回风巷采煤机进刀，工作面支架随采煤机滚筒后 3 m 及时支护，放煤高度平均为 5.53 m，采放比为 2.4。

工作面巷道要求运输巷定向掘进，回风巷尽量保持工作面等长。回风巷净高矮型大于或等于 2.5 m，基型大于或等于 2.9 m，净宽大于或等于 3.5 m；运输巷净高矮型大于或等于 2.5 m，基型大于或等于 2.9 m，净宽大于或等于 3.5 m。

设备布置时，以工作面输送机机头链轮中心线距运输巷下帮 1200 mm 为基准，按照机头架、机头过渡槽、中部槽、机尾架的顺序依次布置工作面前、后部输送机。工作面前、后部输送机的铺设长度为 55 mm，其中包括机头架、机尾架和机头过渡槽。前部输送机中部槽中心线到工作面煤壁的最小距离为 1461 mm。

工作面下端 1 号过渡支架到输送机机头链轮中心线的距离为 1800 mm，支架顶梁前端到工作面煤壁的梁端距为 335 mm，以此为基准，自下而上依次布置工作面下端头的 2 号过渡支架、工作面中部基本架和上端头的 2 组过渡支架。

工作面总体布置图如图 4 - 26 所示，工作面中部设备配套断面图如图 4 - 27 所示，工作面机头、机尾设备配套断面图如图 4 - 28 所示。

工作面主要配套的设备见表 4 - 26。

表 4 - 26 TD302 轻放工作面主要设备组成表

序　号	名　称	数　量	备　注
1	ZFG3200/18.5/27Z 型过渡支架	7 架	
2	ZF3200/16.5/25Z 型轻型放顶煤支架	43 架	
3	MG250/300 - NAWD 型采煤机	1 台	1140 V
4	SGZ - 730/110 型前部输送机	1 台	1140 V
5	SGZ - 730/110 型后部输送机	1 台	1140 V
6	SZB764/132 型转载机	1 台	1140 V
7	LPS - 1000 型破碎机	1 台	1140 V
8	MRB - 125/31.5 型乳化液泵	2 台	1140 V
9	XQB110/20 型清水泵	2 台	1140 V
10	KSGZY - 800 型移动变电站	1 台	

表 4 - 26（续）

序 号	名 称	数 量	备 注
11	KSGZY - 630 型移动变电站	1 台	
12	QJZ - 300A/1140V 型低压开关	7 台	
13	BQD200S/1140 型双速开关	2 台	
14	BQD1 - 400/1140 型高速开关	3 台	
15	TK100 型通信控制系统	1 套	
16	STJ - 800/2 ×40 型带式输送机	2 部	660 V

4.8.4 工作面主要设备

4.8.4.1 ZF3200/16.5/25Z 型液压支架和 ZFG3200/18.5/27Z 型放顶煤过渡支架

根据 TD302 工作面煤层特点、设备配套要求，结合相邻煤矿使用的轻型放顶煤支架，吸取 ZFS5200/17/35 型放顶煤支架在济三、鲍店、东滩煤矿出现损坏的情况，采用轻型单摆杆放顶煤支架，使支架外形尺寸小、吨位小，运输、搬家、装拆方便，对短壁工作面适应能力强。

单摆杆轻型放顶煤支架的工作阻力确定为 3200 kN，是当前单摆杆放顶煤支架中最大工作阻力。根据工作阻力、支架结构尺寸和配套尺寸，支架支护强度为 0.66 ~ 0.70 MPa，既能够满足短壁工作面支护强度，又能够满足长壁工作面支护强度的要求。

1. 支架的适用条件

适应于 3 煤层赋存条件和矿压特点的短壁轻放工作面开采支护，支架支护强度为 0.66 ~ 0.70 MPa，工作阻力不大于 3200 kN。

2. 支架的主要技术参数

ZF3200/16.5/25Z 型液压支架：

型号	ZF3200/16.5/25Z
架型	单摆杆轻型放顶煤液压支架
支架高度	1650 ~ 2500 mm
支架宽度	1190 ~ 1330 mm
支架中心距	1250 mm
支护强度	0.65 ~ 0.69 MPa
对底板比压	0.53 ~ 0.80 MPa
支架初撑力	2860 kN
支架工作阻力	3200 kN（$p = 35.1$ MPa）
操作方式	本架
泵站压力	31.4 MPa
前立柱	
根数	2
缸径	180 mm
柱径	170 mm
初撑力	799 kN
工作阻力	894 kN（$p = 35.1$ MPa）
液压行程	846 mm

后立柱

根数	2
缸径	160 mm
柱径	150 mm
初撑力	631 kN
工作阻力	706 kN($p=35.1$ MPa)
液压行程	847 mm

推移千斤顶

根数	1
缸径	125 mm
杆径	70 mm
推力/拉力	121/265 kN
行程	700 mm

拉后部刮板输送机千斤顶

根数	1
缸径	100 mm
杆径	70 mm
推力/拉力	246/126 kN
行程	700 mm

侧推千斤顶

根数	2
缸径	63 mm
杆径	45 mm
推力/拉力	99/49 kN
行程	140 mm

插板千斤顶

根数	2
缸径	80 mm
杆径	45 mm
推力/拉力	158/108 kN
行程	480 mm

尾梁千斤顶

根数	2
缸径	100 mm
杆径	70 mm
推力/拉力	246/126 kN
工作阻力	276 kN($p=35.1$ MPa)
行程	340 mm

伸缩千斤顶

根数	2
缸径	80 mm
杆径	45 mm
推力/拉力	158/108 kN

行程   700 mm

ZFG3200/18.5/27Z 型放顶煤过渡支架：

架型	单摆杆放顶煤过渡支架
支架高度	1850 ~ 2700 mm
支架宽度	1190 ~ 1330 mm
支架中心距	1250 mm
支护强度	0.65 ~ 0.69 MPa
对底板比压	0.53 ~ 0.80 MPa
支架初撑力	2860 kN
支架工作阻力	3200 kN($p = 35.1$ MPa)
操作方式	本架
泵站压力	31.4 MPa

立柱、千斤顶和工作面支架参数相同。

3. 支架的主要结构特点

（1）支架采用单摆杆机构，摆杆布置在两后柱中间，充分利用空间。支架结构紧凑、外形尺寸小，操作简单，安装运输方便。

（2）采用单摆杆紧凑型布置，取消了普通放顶煤支架的掩护梁、部分连杆及销轴，因此结构简单、重量轻、体积小。

（3）支架有效空间大，有双人行通道。由于摆杆放在两后柱之间，所以前、后柱之间有较大的行人空间，另外摆杆在底座上的铰点高，支架后部也有较大的空间，便于清理浮煤和拆装、检修后部输送机。

（4）前立柱采用 2 根 ϕ180 mm 立柱，后立柱采用 2 根 ϕ160 mm，以适应兖州矿区煤矿地质条件和矿压显现。

（5）为了保证顺利地移架推移刮板输送机，选用了 ϕ125 mm 缸径的固定活塞式千斤顶，差动连接。

（6）支架的伸缩梁结构为内伸式，结构简单、可靠，采煤机过后，及时伸出，维护顶板。或在煤壁片帮时，可以伸出维护裸露顶板，伸缩梁伸出行程为 700 mm。

（7）顶梁的结构为整体式，内部设有内伸式伸缩梁。顶梁下部与摆杆相连，经摆杆与底座连为一个整体，也是支架的主要掩护部件。顶梁采用单侧活动侧护板的型式，一侧上平面低一个板厚，用于安装活动侧护板。控制顶梁活动侧护板的千斤顶和弹簧套筒，均设在顶梁体内，并在顶梁上留有足够的安装空间。顶梁前端上翘 50 mm，使顶梁更好的接触顶煤。

（8）尾梁上部与顶梁铰接，由 2 个尾梁千斤顶支撑，尾梁为箱型变断面结构，中间部分为 T 型箱型断面，内含插板导向槽。

（9）液压系统采用本架控制，中流量液压系统，提高了移架速度。

（10）完善的喷雾降尘装置，管路简单，操作方便。两条管路都可单独控制，由截止阀任意关闭。对双喷头采用随动控制系统，可节约水源，并可有效控制粉尘。

4.8.4.2 MG250/300 – NAWD 型采煤机

MG250/300 – NAWD 型短壁采煤机是国内外首次采用多电机横向布置、机载交流变频调速的新颖电牵引采煤机，装机功率为 300 kW，截割功率为 250 kW，牵引功率为 50 kW。

1. 采煤机的适用条件

MG250/300 - NAWD 型短壁采煤机适用于煤层厚度为 2.0 ~ 2.5 m，煤质中硬或硬，缓倾斜短壁综合机械化工作面使用。

2. 采煤机的结构组成

MG250/300 - NAWD 型短壁采煤机主要由机身传动部、行走箱、摇臂、滚筒、电控箱、变频调速箱、拖缆装置、辅助液压系统及喷雾冷却系统等组成。

3. MG250/300 - NAWD 型短壁采煤机的主要技术参数

适应煤层

截割高度	1.8 ~ 2.5 m
煤层倾角	<16°
煤质硬度	硬或中硬

总体参数

装机功率	(250 + 50) kW = 300 kW
机身长度	3150 mm
机面高度	1396 mm
摇臂回转中心高度	1006 mm
滚筒直径	1700 mm
上摆最大截高	2473 mm
下摆最大截高	2415 mm
上摆下切量	399 mm
下摆下切量	457 mm

牵引部

牵引功率	50 kW
供电电压	380 V
牵引方式	交流变频调速,销轨式无链牵引
牵引力	0 ~ 250 ~ 150 kN
牵引速度	0 ~ 10 ~ 17 m/min

截割部

截割功率	250 kW
供电电压	1140 V 或 660 V
摇臂长度	616 mm
摇臂摆角	310°
滚筒直径	1700 mm
截深	630/800 mm
滚筒转速与截割速度	3.16 r/min/35.6 m/min,3.57 r/min/40.1 m/min(滚筒直径 ϕ 为 1700 mm)
操作方式	电气控制箱、变频调速箱、控制站及无线电遥控采用多点控制和操作
喷雾与冷却	电动机、小齿轮箱、摇臂、变频箱水套分别水冷
喷雾形式	内外喷雾
配套喷雾泵型号	PB - 200/6.3
供水管型号	KJ25 - 150

配套电缆型号　　　　　　　　　　　　UCPQ0.66/1.14,3×70+1×16+4×6

出厂质量　　　　　　　　　　　　　　约 22 t

4. MG250/300 - NAWD 型采煤机结构特点

（1）电机横向布置，截割电机和摇臂回转轴分开，从而提高了电机和整机的可靠性和可维修性，总体结构优于国外同类产品；摇臂轴用关节轴承取代三层复合材料滑动轴承，大大提高了可靠性和使用寿命，性能优于国内原有产品。

（2）采用多电机横向布置、多电机驱动，各主要元部件均可从采空区侧抽出，安装维护方便。

（3）采用简单可靠的齿条液压缸调高系统，可由安装确定，摇臂向上方或向下方摆310°。

（4）更换电机，可以实现截割功率为 150、200、250 kW。可以单电机液压牵引，装机功率为 150、200、250 kW。可以多电机电牵引，牵引功率为 50 kW，装机功率为 200、250、300 kW，电牵引短壁采煤机属于国际首创。

（5）采用机载电牵引。

（6）采用可编程逻辑控制器（PLC）进行状态检测、故障诊断，并设有无线电遥控。

4.8.4.3　SGZ - 730/110 型前、后部刮板输送机

SGZ - 730/110 型前、后部刮板输送机的研制，是兖矿集团 2002 年科技攻关项目《兖矿集团杨村煤矿短壁轻放开采成套装备与生产技术研究》中的子项目之一，是保证该科技攻关项目成功的关键设备。前、后部输送机的传动部采用垂直布置，传动部布置在煤壁侧，给支架的设计留有合理的布置位置，传动部垂直布置后与转载机平行，输送机传动部与转载机平行后为避免传动部被转载机煤流磨损和碰撞，选用的减速箱采用内错式布置，避开煤流的位置。解决了采煤机爬上机头时为避免与输送机传动部干涉而进行的牵引位置边线问题，简化了输送机过渡段设计，操作简单。

1. 输送机的适用条件

SGZ - 730/110 型前、后部刮板输送机适用于工作面倾角小于 8°的放顶煤工作面。它与 SZB764/132 型转载机、ZF3200/16.5/25Z 型轻型放顶煤支架、MG250/300 - NAWD 型交流电牵引短壁采煤机及破碎机、巷道可伸缩带式输送机、电控装置等配套，实现综采放顶煤工作面的机械化采煤、运煤。

2. SGZ - 730/110 型前、后部刮板输送机的结构组成

1）SGZ - 730/110 型前部刮板输送机

采用机头单驱动方式，减速器垂直布置在煤壁一侧，在工作面长度较短的情况下，有利于支架的布置和采煤机的切通。

SGZ - 730/110 型前部刮板输送机主要包括机头传动部、机头推移部、机头挡板、机头过渡槽、过渡槽挡板、3.5°槽、2°槽、中部槽、开天窗槽、挡板、机尾部、齿轨、刮板链等组成。

2）SGZ - 730/110 型后部刮板输送机

结构与 SGZ - 730/110 型前部刮板输送机基本相似，主要不同之处是中部槽为不封底结构，因为后部输送机位于采空区侧，工作环境更加恶劣，不封底结构有利于检修和维护，回煤少。

SGZ - 730/110 型后部刮板输送机主要包括机头传动部、机头拉移部、机头挡板、机

头过渡槽、3.5°槽、2.5°槽、1°槽、中部槽、双凸槽、机尾部、浮煤清理装置、刮板链等组成。其中，机头传动部、机头挡板、刮板链、调节链、机尾链轮组件等与 SGZ－730/110 型前部刮板输送机完全相同。安装时，把机头挡板装在传动部一侧，以防溢煤落在传动部上。

3. 工作面前部刮板输送机的主要技术参数

1) SGZ－730/110 型前部刮板输送机的技术参数

输送量	450 t/h
设计长度	80 m
出厂长度	53.2 m
刮板链速	1.088 m/s
电动机	
型号	KBYD550－110/55－4/8
功率	110 kW
转速	1480 r/min
电压	1140 V
减速器	
型号	JX110
速比	1∶29.29
中部槽尺寸	1250 mm×680 mm(内宽)×280 mm
刮板链	
型式	中双链
规格	26 mm×92 mm
链条间距	120 mm
刮板间距	920 mm
紧链方式	闸盘紧链
卸载方式	端卸

2) 工作面后部刮板输送机的主要技术参数

输送量	450 t/h
设计长度	80 m
出厂长度	53.2 m
刮板链速	1.088 m/s
电动机	
型号	KBYD550－110/55－4/8
功率	110 kW
转速	1480 r/min
电压	1140 V
减速器	
型号	JX110
速比	1∶30.657
中部槽尺寸	1250 mm×680 mm(内宽)×280(不封底) mm
刮板链	
型式	中双链

规格	26 mm × 92 mm
链条间距	120 mm
刮板间距	920 mm
紧链方式	闸盘紧链
卸载方式	端卸式

4. 前后部刮板输送机结构主要特点

（1）前、后部输送机的传动部采用垂直布置，传动部布置在煤壁侧，给支架的放置留有合理的布置位置。前、后部输送机的机头传动部通用，减少了备件的品种。

（2）机头传动部采用端卸式，为使结构更加紧凑，选用体积较小的行星减速器，并把链轮组件设计成直接与减速器对接的型式。

（3）过渡槽全长上布置了牵引销轨，以保证采煤机尽可能爬上机头，给采煤机割通工作面创造较好条件。

（4）中部槽挡板槽帮和铲板槽帮均采用高强、耐磨铸钢整体铸成，前部刮板输送机中部槽采用铸焊封底结构，后部刮板输送机采用开底式结构，易于处理底链断链事故。

（5）前部输送机每五节中部槽设置一节开口槽，方便链条的维护。

（6）采用矮型机尾，直接与中部槽相连，机尾全长布置牵引销轨。

（7）后部刮板输送机槽帮设置有箱体型式的浮煤回收装置，提高了煤炭的采出率。

4.8.5 配套设备试验应用

2003 年 7 月集团公司在杨村煤矿 TD302 工作面进行了短壁轻放工作面成套设备开采试验。通过 3 个月的生产，对成套设备技术和装备进行了应用测试，截止到 2003 年 9 月 30 日，共推进 481.4 m，累计产量 15.4 × 10⁴ t，最高日产 2550 t，实际最高月产 5.57 × 10⁴ t，累计采出率 67.41%，工作面单产达到 60 × 10⁴ t/a 以上。

TD302 工作面的短壁配套设备完全适应该工作面地质条件和地理环境，满足了矿井生产工艺要求，各设备位置布置较适当，在应用中基本没有发生各设备的干涉、碰撞或造成各种损害事故，也未影响设备的正常运行和生产工艺的实施。

工业性试验阶段 TD302 工作面故障影响时间统计及主要技术经济指标，见表 4 - 27、表 4 - 28。

表 4 - 27　7—9 月份故障影响时间统计

项　　目	7 月	8 月	9 月	合计	所占比例/%
煤机事故时间/min	680	350	150	1180	29
支架事故时间/min	350	400	460	1210	29.8
输送机事故时间/min	85	110	90	285	7
转载机事故时间/min	0	0	0	0	0
破碎机事故时间/min	80	180	90	350	8.6
电气事故时间/min	60	40	50	150	3.7
输送带事故时间/min	40	45	65	150	3.7
其他影响时间/min	130	260	350	740	18.2
合计事故时间/min	1425	1385	1255	4065	100

表 4-27（续）

项 目	7月	8月	9月	合计	所占比例/%
万吨事故时间/[h·(10⁴ t)⁻¹]	4.26	6.04	4.91	15.21	
生产天数/d	26	17	21	64	
可利用时间/h	416	272	336	1024	
外围影响/min	700	460	630	1790	
产量/10⁴ t	5.57	3.82	4.26	13.65	
开机率/%	61	59.1	60.4	均值60.3	

表 4-28 综采工作面主要技术经济指标（7—9月份）

月份	产量/10⁴ t	进尺/m	生产天数/d	采出率/%	日产/t		平均回采工效/(t·工⁻¹)
					平均	最高	
7	5.57	126.5	26	70.66	2143	2550	25.2
8	3.82	97.8	17	67.92	2247	2530	26.4
9	4.26	217.1	21	63.65	2028	2356	23.15
平均				67.41	2133	2550	24.9
合计	13.65	441.4	64				
备注	8 月中旬，工作面缩短为 30 m，因此采出率低；9 月份，泗河防汛，停产一周						

4.8.6 主要配套设备的评价

TD302 工作面的短壁配套设备完全适应该工作面地质条件和地理环境，整体装备体现了选型先进、布局合理、运动关系协调、生产能力匹配、效率高、安全性能好和质量可靠等特点。

1. ZF3200/16.5/25Z 型轻型放顶煤液压支架

工业性试验表明，该支架能满足工作面总体配套的要求。

支架移动灵活，移动速度快，正常情况下支护强度略有富裕，可有效适应顶板压力的变化。支架的总体运行情况可以概括为支撑得住，移得动，移得快。

支架采用单摆杆机构，使支架相关部件容易实现紧凑布置，将摆杆布置在两后柱中间，充分利用空间，支架结构紧凑、外形尺寸小，操作简单，安装运输方便。

由于采用单摆杆紧凑型布置，取消了普通放顶煤支架的掩护梁、部分连杆及销轴，重量轻、体积小。

摆杆在底座上的铰点高，支架后部也有较大的空间，便于清理浮煤和拆装、检修后部输送机。

2. MG250/300-NAWD 型采煤机

MG250/300-NAWD 型采煤机经井下试验表明主参数先进合理，总体结构简单可靠，技术性能指标达到了设计要求。采煤机的总体布置形式具有独创性，采用了多电机横向布置、截割电动机横向布置在机身上、准机载交流变频调速或短机身机载交流变频调速，为国际首创。

3. SGZ-730/110 型前后刮板输送机

该输送机结构合理，技术性能先进，可满足工作面设备总体配套的要求。

（1）SGZ-730/110 型前后部刮板输送机传动部垂直布置并采用行星减速器，中部槽采用铸槽帮及清浮煤装置等部件的应用，使该输送机成为国内轻型放顶煤性能水平最高的输送机。

（2）由于在开发设计阶段充分考虑了轻型放顶煤开采工艺的特点，对于零部件的结构作了优化改进，材料选用合理，增加了整机的可靠性，缩短了装拆和维修时间，使刮板输送机的可靠性得到提高。

（3）确定了短壁工作面工艺参数，包括工作面合理采高、截深、采煤机割煤和进刀方式、放煤步距等，是该煤层条件下合理有效和先进的采煤工艺。

（4）确定了该煤层条件下工作面开采保障系统，具有针对性、实效性、科学性、广泛性和适用性，大大减低了地质因素和人为因素造成的各种事故率及停产时间，最大限度地提高了开机率，确保了工作面顺利开采。

但在工业性试验过程中，发现部分设备尚存在以下不足之处，有待进一步完善与提高：

（1）短壁采煤机本身固有的装煤效果差的问题没有从根本上解决，在俯采时，采煤机需要往返几次进行装煤。

（2）支架底座箱加工时，由于两侧钢板凸出，在移架时，阻挡拉移连接头移动，容易造成连接头损坏。

（3）遇到工作面两侧巷道高度超过支架设计高度时，支护较困难。应考虑适当增大端头支架的支护高度。

（4）由于前后部输送机传动部垂直布置，转载机宽，端头支架与转载机道支护空间小，给支护、回柱带来一定困难。

4.9 3.5 m 煤层一次采全高高产高效综采成套设备

4.9.1 概述

3.5 m 煤层一次采全高综采成套设备是与矿区现有的电牵引采煤机、大功率输送机配套形成了技术含量高、设备配套性好的综采成套装备，开创了中厚煤层 3.5 m 左右条件下高产高效的集约化生产的先例。该装备的成功配套，使综采工作面的安全可靠性、全员效率、回采工效、资源采出率等得到了显著提高。

4.9.2 综采工作面基本条件

4.9.2.1 地质条件

鲍店煤矿 23$_{下}$09 工作面回采的煤层为山西组 3$_{下}$煤层，3$_{上}$煤层已回采完毕。3$_{上}$煤与 3$_{下}$煤层间距为 9.15～13.37 m，平均为 11.38 m，煤层距地表深度为 426～454 m。3$_{下}$煤层为黑褐色、条带状结构、层状构造，属半暗半亮型煤，$f=3.1～3.9$，厚度比较稳定，为 2.80～3.57 m，平均为 3.20 m。

煤层基本顶为灰色细砂岩，坚硬致密，泥钙质胶结，厚度为 7.44～12.50 m，平均为 10.24 m，$f=6～8$。直接顶为深灰色粉砂岩，裂隙发育，比较破碎。厚度为 0～0.80 m，平均为 0.34 m，$f=4～6$，煤层伪顶不发育。

煤层直接底以深灰色粉砂岩为主,局部为泥岩,粉砂岩主要成分为石英,次为长石,泥钙胶结,富含植物根部化石。厚度为 $0 \sim 3.11$ m,平均为 1.17 m,$f = 4 \sim 6$。基本底为灰色细砂岩与粉砂岩互层,以细砂岩为主,水平、波状层理及斜层理发育,成分主要为石英、长石,泥钙质胶结,致密坚硬,厚度为 $10.32 \sim 13.81$ m,平均为 12.43 m,$f = 6 \sim 8$。工作面走向横跨兖州向斜的核心部,构造以褶曲为主,倾斜方向煤层伪倾角为 $3.5° \sim 10°$,平均为 $5.5°$。

$23_{下}08$ 工作面与 $23_{下}09$ 工作面相邻,地质条件相仿。

4.9.2.2 工作面基本参数

轨道巷:矩形,高 3.0 m,宽 4.1 m,锚网支护。

运输巷:矩形,高 3.0 m,宽 4.4 m,锚网支护。

开切眼:矩形,高 3.0 m,宽 7.0 m,锚网支护。

煤层倾角:$3.5° \sim 10°$,平均为 $5.5°$。

煤层普氏系数:$f = 3.1 \sim 3.9$。

煤层厚度:$2.8 \sim 3.57$ m,平均为 3.2 m。

工作面为阶梯型,开始为 198 m,走向为 755 m;后期面长缩短为 136 m,走向为 315 m。

4.9.2.3 生产工艺

回采方法为倾斜长壁顶板全部垮落采煤法;采煤工序为割煤—移架—推移刮板输送机;进刀方式为煤机双向割煤,端部斜切进刀—返回割通三角煤—割煤;采用"四六"工作制,即每天四班作业,每班工作 6 h。

4.9.3 综采工作面总体配套

工作面开始配置 ZY6400/18/38 型掩护式液压支架 129 架,工作面推进 755 m 后,工作面长度缩短为 136 m,回撤 41 架液压支架,剩余 88 架。

工作面主要的配套设备见表 4-29。

工作面设备配套如图 4-29 所示。

表 4-29 工作面主要配套设备

序 号	设 备	型 号	功率/kW	数 量
1	支架	ZY6400/18/38		129 架
2	排头支架	ZYG6400/18/38		4 架
3	采煤机	MGTY400/930/3.3D	930	1 台
4	输送机	SGZ-1000/1050	1050	1 台
5	转载机	SZZ1000/375	375	1 台
6	破碎机	PCM200	200	1 台
7	带式输送机	SSJ1200/3×200	600	1 台
8	乳化液泵	GRB315/31.5	400	3 台
9	清水泵	HPB315/10	150	2 台

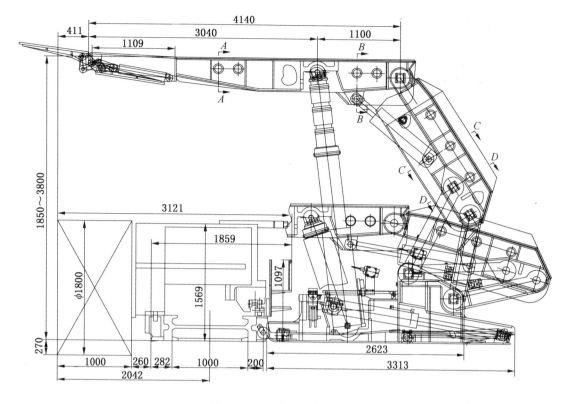

图 4-29 工作面设备配套图

4.9.4 工作面主要配套设备

4.9.4.1 ZY6400/18/38 型掩护式液压支架

ZY6400/18/38 型掩护式液压支架是在认真总结国内外掩护式支架使用经验，充分研究分析结构参数的基础上，由天地股份有限公司开采所事业部和兖矿集团针对兖矿 3$_{下}$ 煤层地质条件，按兖矿集团要求联合设计的。该支架吸收了国内外掩护式液压支架的特点，经过参数优化，结构合理，与同类型支架相比，具有适应性强、可靠性高、结构紧凑、支护能力大、操作方便、移架速度快等优点。

1. 支架的适用条件

ZY6400/18/38 型掩护式液压支架适用工作面采高范围为 2.2~3.6 m，煤层煤层倾角不大于 15°，单一煤层开采工作面，作用于每架支架上的顶板压力不能超过 6400 kN。与 SGZ-1000/1050 型刮板输送机、MGTY400/930/3.3D 型采煤机配套使用。

2. 支架的主要技术参数

支架

    型式   两柱掩护式液压支架

    高度（最高/最低）   1800/3800 mm

    宽度（最小/最大）   1430/1600 mm

    中心距   1500 mm

    初撑力   4557~5180 kN（$p=31.5$ MPa）

    工作阻力   5753~6540 kN（$p=39.79$ MPa）

底板比压(前端值)	2.2 ~ 4 MPa
支护强度	0.82 ~ 0.93 MPa
泵站压力	31.5 MPa
适应倾角	≤15°
支架质量	19.15 t
立柱	2 个
型式	单伸缩机械加长
缸径	320 mm
柱径	290 mm
工作阻力	3200 kN($p = 39.79$ MPa)
推移千斤顶	1 个
型式	普通双作用
缸径	160 mm
杆径	105 mm
推移力/拉架力	361/633 kN
行程	1050 mm
护帮千斤顶	2 个
缸径	100 mm
杆径	70 mm
推力	247 kN
工作阻力	303 kN($p = 39.79$ MPa)
侧推千斤顶	3 个
缸径	63 mm
杆径	45 mm
推力	98 kN
收力	48 kN
行程	170 mm
平衡千斤顶	1 个
缸径	200 mm
杆径	105 mm
推力	1250 kN($p = 39.79$ MPa)
拉力	905.5 kN($p = 39.79$ MPa)
抬底千斤顶	1 个
缸径	100 mm
杆径	70 mm
推力	247 kN
行程	200 mm
前梁千斤顶	3 个
缸径	160 mm
杆径	105 mm
推力	633 kN
工作阻力	800 kN($p = 39.79$ MPa)

3. 支架的结构特点

（1）支护能力强，2 根 φ320 mm 缸径立柱，支架工作阻力达到 6400 kN。

（2）四连杆机构经过参数优化，掩护梁最大仰角达到 60°，减小掩护梁载荷。

（3）采用铰接顶梁结构，支架适应能力强。

（4）采用双前连杆，单平衡千斤顶结构，支架整体稳定性好。

（5）合理布置立柱位置及倾角，提高支护能力，减少底座前端比压。

（6）选用大缸径平衡千斤顶，增大平衡力矩，提高支架适应范围。

（7）支架前部空间大，可适用于大配套，大截深，为高产高效创造了有利条件。

（8）支架设有抬底机构，移架时，可以操作抬底千斤顶把底座前端抬起，以利支架前移。

（9）采用 3 个前梁千斤顶结构型式，有效提高前梁承载能力。

（10）推移杆采用两节铰接结构，方便检修、更换。

（11）底座为刚性分体型式，有利于浮煤排出及起座底。

（12）支架具有较大行人通道，有利于安全生产。

（13）顶梁、掩护梁配有双侧可活动侧护板，支架密封性好，适应性强。

（14）支架主要受力部件的主要部位采用 55 kg/mm^2 高强度钢板，大销轴均采用 30 CrMnTi 材料，减少支架重量，提高支架可靠性。

（15）为提高液压元件的可靠性及使用寿命，立柱、千斤顶密封件采用聚氨酯材料。

（16）为提高支架"降、移、升"循环速度，实现高产高效，支架选用 350 L 大流量快速移架系统。

4.9.4.2 MGTY400/930 - 3.3D 型采煤机

1. 采煤机的适用条件

MGTY400/900 - 3.3D 型电牵引采煤机是由兖矿集团和太原机械厂在"九五"期间共同研制开发的。该机吸收了久益、安德森和三井池电牵引采煤机的优点，采用了多电机驱动、模块式结构、交流变频调速等先进技术，适用于缓倾斜、中厚煤层长壁式综采工作面，采高范围为 2.2～3.6 m，倾角小于 25°，可在有瓦斯、煤尘或其他爆炸性混合气体的煤矿中使用。它主要与工作面输送机、液压支架、带式输送机等配套使用，在长壁式采煤工作面可实现采、装、运的机械化，达到综采的高产高效。

2. 采煤机的结构组成

采煤机主要由左、右摇臂，左、右滚筒，牵引传动箱，外牵引，泵站，高压控制箱，牵引控制箱，调高液压缸，主机架，以及辅助部件等部件组成。

3. 采煤机的主要技术参数

采高范围	2.2～3.5 m
机面高度	1593 mm
适应煤层倾角	≤25°
适应煤层硬度	f≤4
装机总功率	900 kW
供电源电压	3300 V
摇臂长度	2168 mm
摇臂摆角	
上摆角度	30.70°

截割电机	
功率	400 kW
转速	1480 r/min
电压	3300 V
冷却方式	水冷
滚筒转速	32.7 r/min
截割速度	3.1 m/s
滚筒直径	1800 mm
滚筒截深	800 mm
降尘方法	内、外喷雾
牵引形式	交流变频、无级调速、链轨式无链牵引
变频范围	1.6~50~84 Hz
牵引传动比	258.58:1
截割传动比	45.27:1
牵引电机	
功率	40 kW
转速	0~1472~2455 r/min
电压	380 V
冷却方式	水冷
牵引速度	0~9~15 m/min
牵引力	300~500 kN
牵引中心距	5970 mm
摇臂回转中心距	7520 mm
滚筒最大中心距	11856 mm
主机架长度	7770 mm
泵站电机	
功率	20 kW
转速	1465 r/min
电压	3300 V
调高泵额定压力	2 MPa
调高泵排量	20.9 mL/r
制动器压力	2 MPa
最大卧底量	250 mm
总重	51.535 t

4. MGTY400/900 - 3.3D 型电牵引采煤机技术特点

1）机械部分

（1）主机架为整体焊接件，其强度大、刚性好，各部件的安装均可以单独进行，部件之间没有动力传递和连接，该机上所有的切割反力、牵引力，采煤机的限位、导向作用力均有主机架承受。

（2）摇臂为悬挂铰接与主机架相连接，无回转轴承和齿轮啮合环节，摇臂的功率大，输出轴转速低。

（3）牵引采用强力链轨式无链牵引系统，牵引力大，工作平稳，使采煤机适应底板起伏较大的工作面。

（4）采用镐型齿强力滚筒，减少了截齿的消耗，提高了滚筒的使用寿命，并提高了块煤率。

（5）采煤机电源电压等级为 3300 V，减少了电缆的直径，使采煤机拖移电缆方便自如，减少工作面电缆故障。

（6）采用机载式交流变频无级调速系统，提高了牵引速度和牵引力。

（7）采用计算机控制，系统简单可靠，对运行的系统随时检测显示，显示能全为中文显示，适应国内煤矿的使用。

（8）液压系统和水路系统的主要的元件都是集中在集成块上，管路的连接点少，维护简单。

2）电气部分

该采煤机为框架式多电机横向布置，机载式交流变频调速，微处理器双 CPU 控制，实现运行参数显示监测、故障自诊断记忆、中文液晶显示等功能，适用于 2.2～3.6 m、倾角小于 25°的中厚硬煤层开采。采煤机主机架尺寸电动机功率稍作变更，其运用范围可扩宽到最低采高 1.6 m，最高采高 4.5 m，生产能力设计日产 7000～10000 t 原煤。适应煤矿两种不同电压等级的供电电压 3300 V 或 1140 V。

MGTY400/900－3.3D 型电牵引采煤机采用交—直—交变频调速，3300V 主电源，经机载式专用牵引变压器降至 400V 后，供变频器三相半控桥整流成直流电压，然后经微机控制的逆变桥输出频率、电压可变的交流电源作为牵引电机的电源。2 台牵引电机为并联运行。

4.9.4.3　SGZ－1000/1050 型刮板输送机

1. 输送机的适用条件

SGZ－1000/1050 型刮板输送机是宁夏天地奔牛实业集团有限公司与兖矿集团结合鲍店煤矿的煤层地质条件研制的双中链整体铸焊刮板输送机，与 ZY6400/18/38 型排头支架、MGTY400/930－3.3D 型采煤机、SZZ1000/375 型转载机、PCM200 型破碎机和 SSJ1200/3×200 型带式输送机配套。该机设计长度为 250 m，输送量达 2000 t/h，适用于缓斜、中厚煤层，长壁式回采工作面煤炭的输送。

2. 输送机的结构组成

（1）SGZ－1000/1050 型刮板输送机主要由机头、伸缩机尾、固定槽、动力部、过渡段、1.5 m 中部槽、开天窗中部槽、机头偏转槽、机尾偏转槽、刮板链、特殊电缆槽、机头机尾挡板等组成。

（2）传动系统的传动路线为：电动机输出转矩经联轴器传递到减速器输入轴，再由减速器输出轴传递到机头、尾链轮组件上，链轮轴上的链轮带动闭合的刮板链，使刮板链沿特定的方向运行，从而将煤炭输送出工作面。

（3）机头主要由机头架、链轮轴组、拨链器、压块、护板、连接螺栓等组成，机头架为左右对称，左边或右边均可通过联接板安装动力部，以适应不同工作面的需要。

（4）链轮轴组是刮板链运行的传动部件，它主要由轴、轴承、轴承座、透盖、支撑套、浮动油封组件、链轮、定位套等组成一个整体。

（5）减速器主要由上箱体、下箱体、第一级圆锥齿轮副、第二级圆柱齿轮副、第三级行星齿轮副、上箱体冷却器、下箱体冷却器、轴承、密封件等组成，为保证第一轴冷却效果良好，设计有水套结构，在箱体上设有透气塞、油塞及吸附金属磨料的磁性油塞等附属件。

（6）紧链采用液压紧链器与阻链器共同完成。液压紧链器安装于主机减速器与电动机之间的连接罩筒上，用液压马达驱动主机减速器最终达到张紧刮板链的目的。

3. SGZ-1000/1050 型刮板输送机的主要技术参数

设计长度	250 m
出厂长度	155 m
输送量	2000 t/h
刮板链速	1.28 m/s
电动机	
型号	YBSD-525/263-4/8G
功率	525/263 kW
转速	1485/740 r/min
电压	3300 V
冷却方式	水冷
减速器	
型号	28JF
传动比	39.831:1
冷却方式	水冷
刮板链	
型式	中双链
圆环链规格	2-ϕ38 mm×137 mm
最小破断负荷	1820 kN
刮板间距	1096 mm
中部段	
结构型式	整体铸焊
尺寸	1500 mm×1000 mm×337 mm
连接方式	哑铃销
整机弯曲性能	
水平弯曲	±1°
垂直弯曲	±3°

4. SGZ-1000/1050 型刮板输送机的主要特点

（1）SGZ-1000/1050 型刮板输送机是中双链整体铸焊重型刮板输送机，具有大运量、高强度、高寿命、高可靠性的特点，是高产、高效综合机械化采煤理想的工作面输送设备。

（2）由齿式离合器控制液压紧链器与主机减速器的结合与分离，操作简便、使用可靠。液压紧链器由具有定矩输出特性的进口马达提供动力，紧链安全、可靠，并有过载保护功能。

（3）机头架为左右对称，左边或右边均可通过联接板安装动力部，以适应不同工作面的需要。

（4）减速器主要由上箱体、下箱体、第一级圆锥齿轮副、第二级圆柱齿轮副、第三级行星齿轮副、上箱体冷却器、下箱体冷却器、轴承、密封件等组成，为保证第一轴冷却效果良好，设计有水套结构，在箱体上设有透气塞、油塞及吸附金属磨料的磁性油塞等附属件。

（5）牵引方式有强力链轨或强力销排两种结构，槽间联接哑铃强度大于 3000 kN，刮板采用自有专利技术的分体结构，以实现受力与磨损部位功能达到最优化。

4.9.4.4 SZZ1000/375 型转载机

1. 转载机的主要组成

该转载机是与破碎机、带自移机尾的带式输送机配套使用。该机主要有主体部和机尾部组成。

主体部和机尾部包括机头传动部、架桥槽、凸槽、联接槽、铰接槽、调节槽、机尾过渡槽、阻链器等其他部件。

2. 转载机的主要技术参数

输送量	2200 t/h
刮板链链速	1.8 m/s
出厂长度	60 m
紧链方式	闸盘紧链＋链条微调张紧伸缩机头
爬坡角度	10°
爬坡高度	mm
电动机	
功率	400 kW
转速	1483/733 r/min
电压	1140 V
减速器	
型号	53JS－375
传递功率	375 kW
传动比	24.225:1
冷却方式	水冷
润滑方式	N460
入口水温	≤30℃
中部槽	
尺寸(内槽宽×总宽×高)	1500 mm×1000 mm×124 mm
型式	中双链
圆环链规格	ϕ34 mm×126 mm
链条中心矩	200 mm
刮板间距	756 mm
破碎机	PCM200
带式输送机	SSJ1200/3×315
泵站	
乳化液泵	GRB315/31.5
喷雾泵	KPB315/16

4.9.5 配套设备试验应用

3.5 m 煤层一次采全高综采成套设备于 2002 年 9 月安装于 23$_下$09 工作面，10 月 3 日工作面开始试开始生产，在 11 月份生产 28 天（检修 2 天），在工作面通过泄水巷的情况下，创出了月产 3.1 × 10^5 t，最高日产 16328 t，最高班产 6342 t 的好成绩，达到了年产 300 × 10^4 t 以上的水平。

2003 年 1 月 16 日 23$_下$09 工作面停采，ZY6400/18/38 型掩护式液压支架该套支架未升井直接在井下转 23$_下$08 工作面安装，并于 6 月 2 日调试生产，至 9 月 10 日工作面停采。两个工作面共计生产 6 个月 20 天，产煤 1.68 Mt，平均月产 2.8 × 10^5 t（产量偏低的原因是，煤矿从生产接续角度出发控制该两个工作面的生产）。经工业性实验证明，各设备日常运行正常，状态良好，该套设备平均月产完全能达到 3.0 × 10^5 t 以上。经过两个工作面的实际生产，该套支架各项性能及零部件状况仍然很好，经过简单的维护后继续在井下转面，于 2003 年 12 月安装于 103$_下$01 工作面。

ZY6400/18/38 型掩护式液压支架经过试验应用得出如下结论：

（1）ZY6400/18/38 型掩护式液压支架适应鲍店 3$_下$ 煤层顶底板条件。掩护梁最大仰角达到 60°，有效地减少了支架载荷，四连杆机构和平衡千斤顶未发生任何故障。

（2）装配大流量快速移架系统，生产率显著提高。支架选用 350 L 大流量快速移架系统，与 MGTY930/400 – 3.3D 型电牵引采煤机配套，采煤机割煤速度为 6.2 m/min，最快移架速度（净）为 10 s/架，平均移架速度为 17.6 s/架，能够保证及时移架，特别是在采煤机进两端头时，极大地减少了采煤机停机等待时间。

（3）高强度的立柱和前梁千斤顶。立柱缸径为 320 mm，支撑强度大；采用 3 个前梁千斤顶，每个前梁千斤顶推力为 633 kN，行程为 180 mm，工作阻力为 800 kN，使前梁和主定梁成为一个整体，确保载荷分布均匀；平衡千斤顶缸径为 160 mm，活塞杆直径为 105 mm，通过调整平衡千斤顶，可以确保顶梁平衡。

（4）支架设有抬底机构，在移架时，一旦出现底座扎底现象，可以利用抬底千斤顶将支架抬起，从而减少移架阻力；支架底座采用分体式底座，矸石和浮煤可以从底座中间通过，排矸性能好，同时对底板的适应性较强。

4.9.6 主要配套设备的评价

3.5 m 煤层一次采全高综采成套设备经兖矿集团鲍店煤矿于 23$_下$09 工作面试验应用，该套设备平均月产达到 3.0 × 10^5 t 以上，经工作面生产的考核，研制的配套设备体现出了整体装备选型先进，架型大方，布局合理；各配套关系协调、生产能力匹配，满足工作面设备总体配套的要求。

ZY6400/18/38 型掩护式液压支架，经过两个工作面的生产推进 1717 m，采煤1.68 Mt，承受了工作面初期来压和周期来压的压力冲击，能够适应 3$_下$ 煤层的开采需要。

生产实践证明，该支架具有适应性强、可靠性高、结构紧凑、支护能力大、操作方便、移架速度快等特点。能够满足年产 3 Mt 生产要求。

4.10 1.5～2.5 m 煤层高产高效工作面成套设备

4.10.1 概述

兖州矿区是我国重要的产煤基地，自 1990 年以来，在综采放顶煤技术方面取得了重大突破，特别是在综采放顶煤工作面的设备改造、矿压研究、放煤工艺试验、探索顶煤运动规律及提高煤炭采出率等方面取得了一大批科研成果，使工作面单产和效益一直处在国内领先地位，1999 年矿区综放工作面单产已超过 5 Mt，年产 6 Mt 的综放工作面已取得成功。但是，与放顶煤开采技术相比，单一煤层开采尤其是中厚偏薄煤层（厚度 2.0 m 左右）的高产高效开采仍是兖州矿区综采技术发展的空白。为了适应生产发展的需要，兖矿集团开展了 1.5 ~ 2.5 m 中厚煤层高产高效工作面成套装备的研究，通过项目的研究，发展新一代高产、高效的技术装备及相配套的技术，从而使中厚煤层（1.5 ~ 2.5 m）工作面单产提高到一个新的水平，并同时对本局济宁三号矿、东滩煤矿 3 煤层开采乃至全国中厚偏薄煤层的高产高效开采起示范作用。

4.10.2 工作面基本条件

$23_{上}01$ 综采工作面属于济宁煤田 $3_{上}$ 煤层，位于济宁二号煤矿二采区中部。工作面煤层产状变化大，煤层倾角为 2° ~ 12°，煤层底板标高为 -453 ~ -480 m，平均标高为 -466 m。煤层厚度为 1.1 ~ 2.6 m，平均为 1.75 m，工作面北部煤层较厚，南部煤层较薄。煤层结构简单，局部含一层厚 0.1 ~ 0.3 m 的泥岩夹矸。煤层裂隙发育，普氏系数 f 一般在 2.1 左右。煤层为软—中等坚硬煤层，$3_{上}$ 煤层与 $3_{下}$ 煤层最小间距为 0.7 m。

工作面基本顶为厚 14 ~ 18 m（平均为 16 m）的细砂岩，浅灰色，成分石英为主，斜波状层理，含泥岩或粉砂岩薄层，$f=6.0 ~ 13.5$；直接顶为厚 0 ~ 8 m（平均为 5.2 m）的粉砂岩，深灰色，由上向下颜色变深，斜波状层理，含植物化石碎片，松软易破碎垮落，$f=2 ~ 4$；直接底为厚 0 ~ 3 m（平均为 1.5 m）的泥岩，灰黑色，含植物根部化石碎片，具有膨胀性，$f=2 ~ 5$；基本底为厚 1.06 ~ 6.31 m（平均为 3.4 m）的粉砂岩，深灰色，上含泥质较多，水平层理，含小量植物碎屑化石和炭质，$f=5 ~ 8$。

该工作面直接顶以粉砂岩为主，大部分有泥岩伪顶，北部较厚，最厚达 6 ~ 8 m，西部较薄；煤层底板以泥岩为主，北部以粉砂岩为主。

工作面总体为一背斜构造；东西两端低，中部高；西部煤层起伏较大，小褶曲发育。该工作面西部地质条件相对简单，东部复杂。工作面巷道及切眼在掘进过程中，揭露落差 0.2 ~ 5.3 m 的断层 49 条，均对回采有一定影响。工作面中部有一断层发育带，西北—东南方向斜穿工作面，对回采影响较大，受白庄背斜及八里铺断层的影响，预计面内次级褶曲及中小断层发育。

4.10.3 工作面总体配套

$23_{上}01$ 综采工作面主要的配套设备见表 4 - 30。

表 4 - 30 $23_{上}01$ 综采工作面主要配套设备

序 号	设 备 名 称	型 号
1	支架	ZY6200/13.5/28
2	采煤机	SL300
3	刮板输送机	SGZ - 960/2 × 375XA
4	转载机	SZZ900/315
5	破碎机	PCM200

表 4 – 30 （续）

序 号	设 备 名 称	型 号
6	带式输送机	SSJ1200/3×200
7	泵站	GRB315/31.5
8	喷雾泵	KPB315/16

1. 总体布置

面长 200 m，机采高度为 2100 mm；工作面基本支架随采煤机滚筒后 3 m 及时支护。采煤机在一端斜切进刀返回后，先移排头处中部支架，移 8～10 架后，即可移本端头机头或机尾，而后移排头支架，排头支架采用的是先推移刮板输送机后移架的滞后支护方式。回风巷和运输巷均破底布置，回风巷和运输巷采用矩形断面，在工作面上下两端各布置 3 组排头支架。工作面设备平面布置如图 4 – 30 所示。

2. 下端头处设备配套

工作面的巷道采用锚网梁支护，工作面巷道选用矩形断面。巷道高度由工作面机采高度和巷道掘进条件决定，设计选用 2500 mm，煤层薄时需破底。巷道宽度主要由桥式转载机中部槽中心线的位置与机头的横向尺寸、人行道侧与非人行道侧宽度确定，同时为巷道变形留有适当的富裕量，定为 4000 mm。

本工作面的下端头不设端头支架，只布置 3 组排头支架。下端头区的设备布置断面图如图 4 – 31 所示。

3. 上端头处设备配套

本工作面回风巷采用锚网支护，确定回风巷采用矩形断面，高 2500 mm，宽 4000 mm，内铺双轨，设备列车布置在回风巷的下侧，距巷道中心线 775 mm；供工作面辅助运输用的材料车布置在回风巷的上侧，距巷道中心线 843 mm。

由于工作面长度较大，工作面的刮板输送机采用双电机驱动，机尾处的电机、减速器和相应的传动装置与机头处相同。所不同的是机尾链轮中心线高度较机头侧低。与下端头相比，上端头的设备数量较少，设备配套关系简单，采煤机割透回风巷侧煤壁的要求容易满足。上端头区的设备布置断面图如图 4 – 32 所示。输送机的机尾链轮中心线距回风巷下帮 1860 mm，距上端头的 1 号排头支架 635 mm。

4. 工作面中部三机配套

本设计按照及时支护原则对本工作面中部的采煤机、液压支架和输送机进行总体配套，配套结果如图 4 – 33 所示。支架的设计平均采高为 2100 mm。顶梁和采煤机之间的最大过机高度为 1056 mm，电缆槽与抬底座千斤顶之间的最小安全间隙为 378 mm。

在输送机移刮板输送机到位、液压支架移架前的待割状态，前部输送机铲煤板前端到煤壁的距离为 300 mm，顶梁前端到工作面煤壁的空顶距为 305～349 mm，采煤机滚筒内侧与输送机铲煤板前端的侧向间隙为 250 mm，支架底座的推移中心到输送机推移刮板输送机耳子中心保持 902 mm 的移架空间和安全富裕量。

采煤机割煤工序和拉架工序完成后，工作面处于最小控顶距的待推移刮板输送机状态。此时，在输送机推移刮板输送机工序完成之前，支架底座推移中心到输送机推移刮板

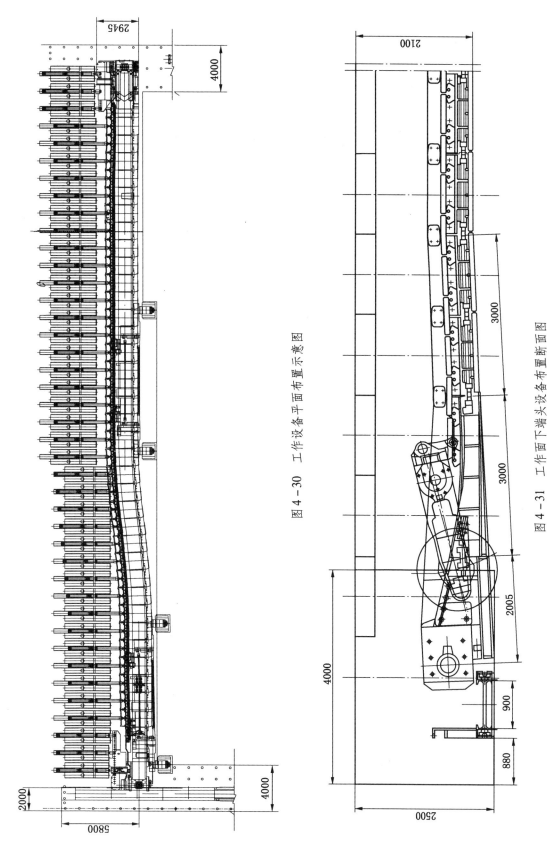

图 4 - 30　工作面设备平面布置示意图

图 4 - 31　工作面下端头设备布置断面图

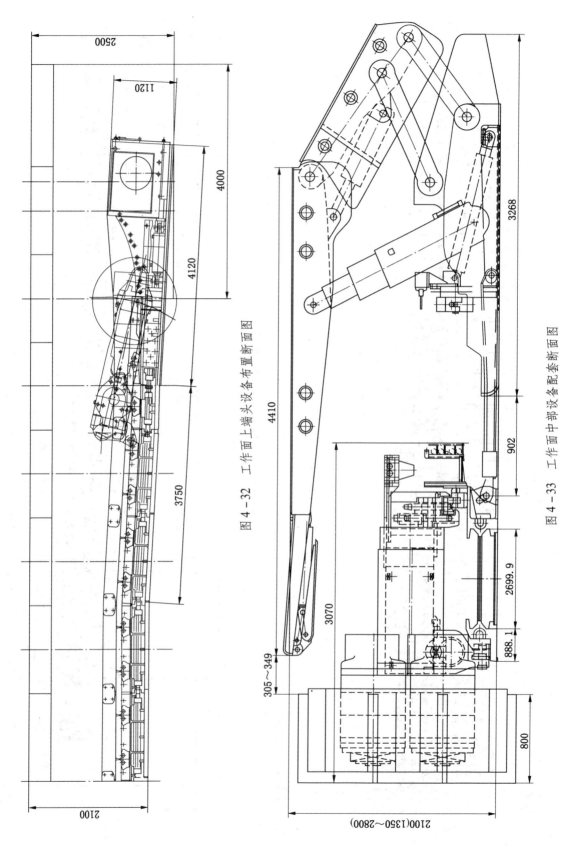

2500

1120

4000

4120

4410

3750

2100

图 4-32 工作面上端头设备布置断面图

3268

902

2699.9

888.1

3070

305~349

800

2100(1350~2800)

图 4-33 工作面中部设备配套断面图

输送机耳子中心的最小安全间隙为102 mm，抬底座千斤顶与前部输送电缆槽之间的最小安全间隙为378 m。

采煤机在工作面采用骑槽式运行，无链牵引，齿轮销排传动。采煤机依靠安装在工作面靠煤壁侧的行走滚轮和布置在工作面靠采空区侧的传动齿轮与导向滑靴，骑行在刮板输送机煤壁侧的铲煤板和靠采空区侧的销排轨上。采煤机的驱动齿轮在输送机销排上相对啮合前进，从而实现采煤机在工作面往返运行。销排轨固定在刮板输送机靠挡煤板侧的轨座上。输送机中部槽间允许的偏摆角度为水平方面 ±0.7°，垂直方面 ±3°。在确保以上参数的情况下，采煤机可以在刮板输送机上顺利行走。

工作面排头设备配套断面图如图4-34所示。

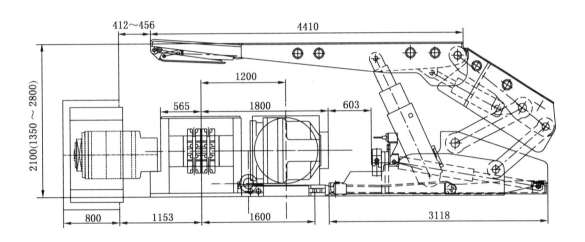

图4-34　工作面排头设备配套断面图

4.10.4　工作面主要配套设备

4.10.4.1　ZY6200/13.5/28 型掩护式液压支架

ZY6200/13.5/28 型液压支架是郑州煤矿机械集团有限责任公司根据兖州矿区 $23_{上}01$ 综采工作面煤层地质条件生产的一次性采全高的中厚煤层液压支架。采用 2 根 $\phi320$ mm 立柱，是当时国内生产立柱缸径最大，支撑吨位最大的一种掩护式支架，具有结构紧凑、支护范围大、工作阻力大、支护稳定、通风断面大、人行方便、系统可靠等优点。

1. ZY6200/13.5/28 型液压支架适用条件

ZY6200/13.5/28 型液压支架适用于煤层厚度为 1.5~2.5 m，煤层倾角小于或等于 25°，工作阻力不大于 6200 kN 的中厚煤层。

2. ZY6200/13.5/28 型掩护式液压支架的主要技术参数

支架
　　型式　　　　　　　　　　　　　　　　　　　两柱掩护式液压支架
　　高度（最低/最高）　　　　　　　　　　　　　　1350/2800 mm
　　宽度（最小/最大）　　　　　　　　　　　　　　1430/1600 mm
　　中心距　　　　　　　　　　　　　　　　　　　1500 mm
　　初撑力　　　　　　　　　　　　　　　5051 kN（$p=31.4$ MPa）

工作阻力	6200 kN ($p = 38.5$ MPa)
对底板比压（前端值）	$2.6 \sim 3.4$ MPa
支护强度	$0.59 \sim 0.81$ MPa
泵站压力	31.4 MPa
立柱	
型式	双伸缩
缸径	320/230 mm
杆径	290/210 mm
工作阻力	3100 kN ($p = 38.5$ MPa)
行程	1340 mm
推移千斤顶	
型式	普通双作用
缸径	140 mm
杆径	105 mm
推力/拉力	212/485 kN
行程	850 mm
护帮千斤顶	
缸径	100 mm
杆径	70 mm
初撑力	247 kN
工作阻力	302 kN ($p = 38.5$ MPa)
行程	515 mm
侧推千斤顶	
缸径	63 mm
杆径	45 mm
推力	98 kN
收力	48 kN
行程	170 mm
平衡千斤顶	
缸径	180 mm
杆径	105 mm
推力	980 kN ($p = 38.5$ MPa)
拉力	646 kN ($p = 38.5$ MPa)
行程	420 mm
抬底千斤顶	
缸径	100 mm
杆径	80 mm
推力	247 kN
行程	200 mm

3. 支架的结构特点

（1）单排立柱支撑。加之平衡千斤顶的作用，支撑合力距离煤壁较近，较为有效防止端面顶板的早期离层和破坏。

（2）平衡千斤顶可调节合力作用点的位置，增强了支架对难控顶板的适应性。

（3）控顶距小，顶梁较短，对顶板的反复支撑次数少，减少了对直接顶的破坏。

（4）伸缩比较大，可达到2.15，适应煤层厚度的变化能力强。

（5）顶梁和底座较短，稳定性较好，便于运输、安装和拆卸。

（6）相同支撑能力条件下，质量较支撑掩护式轻，投资少。

（7）支架能经常给顶板向煤壁方向以推力，有利于维护顶板的完整性。

（8）液压控制系统较简单，管路短，有利于提高移架速度。

（9）采用优化设计，确定支架的总体参数和主要部件的结构尺寸，并利用计算机模拟试验进行受力分析和强度校核，确保支架的可靠性。

（10）移架速度快，支架每移一个循环可达12 s。

（11）支架的顶梁带有护帮板，能对煤帮进行及时支护，有效抑制架前片帮。

（12）为了提高支架的可靠性，支架的结构形式和元部件均采用了成熟可靠的技术。

（13）支架采用分体底座，有利于底座中档排浮煤，为顺利移架提供保证。

（14）采用铰接式长推杆机构，充分发挥了推移千斤顶的能力，增大了推杆的适应能力。

（15）该种架型适用于破碎顶板及部分中等稳定顶板，且对煤层变化较大的工作面适应性较强。

4.10.4.2 SL300型采煤机

艾柯夫SL300型采煤机可以用来采掘煤炭、盐矿、其他矿物及周围的岩石，它可以沿左右两个方向进行截割和装煤。可以安装在多种不同厚度的煤层中从事割煤工作，只需选用直径不同的滚筒和选择机身的高度即可。与SGZ-960/2×375XA型刮板输送机、SZZ900/315型转载机、PCM200型破碎机、SSJ/1200/3×200型巷道带式输送机配套成中厚煤层成套设备。

1. 采煤机的主要结构组成

采煤机主要由电控部、牵引部、链轮箱及截割部组成。其中电控部包括框架、高压开关、低压开关、控制机构等；牵引部包括牵引部铸造外壳、牵引部减速箱、牵引电机、液压驱动装置、液压控制装置、供水系统等；截割部包括摇臂、截割电机、摇臂支承件等。

2. 艾柯夫SL300型采煤机的主要技术参数

 总体

采高范围	1300～3500 mm
适应煤层倾角	±25°
装机功率	979 kW
电压等级	3300 V
滚筒水平中心	12112 mm
最大卧底量	560 mm
滚筒直径	1500 mm
截深	800 mm
滚筒转速	48 r/min
整机质量	44 t
工作面供水压力	最大10 MPa，最小2 MPa

牵引

    牵引电机功率　　　　　　　　　　　　　　　62 kW

    牵引电机电压　　　　　　　　　　　　　　　460 V

    牵引电机冷却方式　　　　　　　　　　　　　水冷

    牵引速度　　　　　　　　　　　　　　　　　0～39 m/min

截割

    截割电机功率　　　　　　　　　　　　　　　360 kW

    截割电机电压　　　　　　　　　　　　　　　3300 V

    冷却方式　　　　　　　　　　　　　　　　　水冷

AC 变频器

    输入　　　　　　　80 kV·A,460 V,+10%,-15%,50/60 Hz,100 A

    输出　　　　　　　80 kV·A,460/480 V,0～120 Hz,110 A

3. 艾柯夫 SL300 型采煤机的主要特点

（1）独有的液压拉杆结构，机身整体性能坚固。艾柯夫采煤机的上下左右布置有四根液压拉杆，将采煤机的几大部联成一个牢不可破的整体。液压拉杆技术保证了采煤机的整体性能，同时又便于拆卸，实现分体运输。机身保持完好的整体稳定性，避免作业时的振动，对充分发挥采煤机的截割功率有积极作用，而且对各部件的寿命有重要影响。采煤机作业时，所有截割力都有通过机身传递到底板的过程。

（2）结构紧凑、一目了然的电控装置。电控箱体处于机壳之内，与壳体分离，防爆面避免了机壳承受的机械应力。这种抽屉式的结构简捷明了，易于管理维护，同时也统一在液压拉杆的系统中，增加了可靠性。

（3）机械结构做了全新优化设计。艾柯夫 SL300 型采煤机在机械结构上进行了全新优化设计，使采煤机结构尽量简单可靠。如摇臂中省去了原有的油/水冷却器、润滑油泵，也就杜绝了润滑油泵的故障。

滚筒与摇臂之间的联接方式由圆锥形改为四方形。

（4）维护工作简便易行。截割电机的冷却装置布置在电机内部，使电机的安装与拆卸十分方便；控制弧形铲煤板升降的马达的检修，可从采空区侧进行。机身内装的所有部件采用抽屉式组合结构，易于维护管理。

（5）部件可靠性能加大。最新的技术工艺用于交流电机和直流电机。电机的控制部件采用工业界完全成熟的通用产品，其可靠性能大大超过单独设计的特殊产品。

（6）艾柯夫 SL300 型采煤机装备有现代化、高效的计算机控制系统，其操作有手动与遥控两种方式。采煤机的显示装置能提供有关机器的全部数据的直观信息，并能在故障与维修状态下提供相关信息。显示装置的所有信息可通过数据传输到工作面巷道控制站或井上调度室。可以实现自动化作业，如记忆式割煤。

（7）SL300 型采煤机有一个直流变流器。整个机器与牵引部的控制只需两三个精巧的装置即可完成。

此外，每种采煤机型号都具有多种摇臂形式。各种不同的摇臂长度可以保证不同的采高，并能顺利截割机头机尾的煤壁。结构维修方便，模块式组合结构十分便于维护与维修。

4.10.4.3 SGZ-960/2×375XA 型刮板输送机

SGZ-960/2×375XA 型中双链刮板输送机是针对我国 1.5~2.5 m 小采高中厚偏薄煤层综采工作面的地质情况研制出的一种高强度铸焊结构刮板输送机。该机采用铸造挡铲板槽帮与高强度耐磨中板焊接,采用齿轨牵引型式,机尾采用液压伸缩结构,具有大运量、高强度、高耐磨性、高可靠性等特点。

1. 输送机的主要结构组成

SGZ-960/2×375XA 型中双链刮板输送机主要由机头、机尾、中部槽、刮板、电缆槽等组成。

机头为端卸结构,最大高度为 1250 mm。主要由机头架、链轮轴组、压块、联接板等组成。可采用双哑铃销直接与过渡槽联接。

机头架的尾部同过渡槽连接,其过渡槽在中板位置上新增加了一活动插板,对刮板链的维护及维修提供了方便。

机尾采用了液压伸缩结构,其最大高度为 1100 mm。主要由机尾架,固定槽,链轮轴组,左、右活槽帮,回煤罩,推移液压缸等组成。它集过渡、连接及调节功能为一体,其结构紧凑、操作方便、性能可靠。

经过对刮板使用现场的不同使用工况分析和研究,中部采用了韧性材料锻造,两端斧头采用高强度耐磨铸钢铸造。

中部槽之间连接哑铃销销座由口小腔大改为口腔一样大。从而,解决了哑铃销装拆时再不用旋转。同时,在可靠性不变的情况下减少了辅助时间。

中部槽之间(两端)定位部位采用了机加工方法,中部槽中板采用进口高强度耐磨材料,封底板采用国产高强度耐磨材料。

电缆槽的结构,为满足小采高的要求,将电缆槽的下部电缆、水管的托板(槽)去掉,改放在外侧面(采空区)悬挂。

2. 输送机的主要技术参数

设计长度	250 m
出厂长度	210 m
输送量	1800 t/h
刮板链速	1.2 m/s
减速器	
型号	JS-525 圆锥、圆柱-行星减速器
传动功率	525 kW
传动比	36.15:1
电动机(国外进口)	
型号	GMW60
功率	375/187 kW
转速	1482/735 r/min
电压	3300 V
频率	50 Hz
刮板链	
型式	中双链

圆环链规格	$2 \times \phi 34 \text{ mm} \times 126 \text{ mm} - C$
圆环链最小破断负荷	1450 kN
链距	200 mm
刮板间距	1008 mm
中部槽尺寸	1500 mm × 960 mm × 315 mm
中部槽连接方式	哑铃销
连接强度	≥3000 kN
紧链方式	闸盘紧链、可采用伸缩机尾微调
牵引方式	齿轨牵引
卸载方式	端卸

4.10.4.4 SZZ900/315 型转载机

SZZ900/315 型桥式转载机采用了可伸缩机头,通过两侧液压缸可适时调整链条的松紧程度,保证转载机的刮板链经常处于适度预张紧,有利于设备的正常运行和减少刮板链的过度磨损,并在美国 JOY 公司引进技术的基础上对推移位置进行了调整,优化了整个机头的结构尺寸。

1. 转载机的适用条件

SZZ900/315 型桥式转载机适用于 1.5 ~ 2.5 m 采高中厚煤层综采工作面转载运输,与 PCM200 型锤式破碎机、ZY - 2300 型自移装置配套,实现煤炭的转载和破碎等工艺的综合机械化作业。

2. 转载机的主要技术参数

型号	SZZ900/315
输送能力	2000 t/h
设计长度	45 m
装机功率	315 kW
链速	1.83 m/s
刮板链型式	中双链
链条规格	$\phi 34 \text{ mm} \times 126 \text{ mm}$
链条破断负荷	1450 kN
链条中心距	200 mm
架桥槽尺寸(长×宽×高)	900 mm × 1275 mm × 735 mm
爬坡角度	10°
与带式输送机搭接长度	配普通输送带时大于 12 m,配自移装置时大于 3 m

3. SZZ900/315 型桥式转载机的主要技术特点

(1)由于减速器在井下拆装、维修十分困难,且维修时间长,这就要求减速器进一步提高传动的可靠性和无故障安全运转。为此在设计中充分吸收国内外大功率矿用减速器成熟的设计经验,开发研制了适合于转载机要求的二级传动定轴 - 行星齿轮减速器,通过优化设计,选用新材料、新工艺、新结构,使该减速器具有很高的可靠性和寿命。缩小了传动装置的长度尺寸和大功率减速器的重量,有利于设备的布置。

(2)所有输送机中部槽均采用高强板组焊整体结构,并采用可调整高度的输煤槽挡板,中板厚度为 40 mm,封底板厚度为 30 mm,提高了设备的可靠性,简化了结构。在架桥段中部槽的封底板上开设了便于检查和维修维护的底窗。

（3）铰接槽和哑铃联接结构调节槽的使用，使转载机增强了起伏不平的工作面巷道底板的适应性和与工作面输送机的配套性，工作面输送机出现窜动也能保证转载机正常工作。使转载机更能适应弯曲、输送机的上下窜动和巷道的起伏，保证了两端的配套。

（4）机尾采用五齿链轮，低机身机架，机械密封，远程注油润滑，减小了机尾尺寸，更有利于设备的布置和管理。

（5）采用了重型刮板和 $\phi34\ mm \times 126\ mm$ C 级圆环链，保证了设备高可靠性的实现。

（6）与带式输送机的搭接采用可自行移动式的带式输送机机尾，缩短了与带式输送机的搭接长度和架桥段的长度，减少了桥部的维护量。

（7）在分析现有转载机链轮的基础上，在转载机机头传动链轮上采用 34 mm 的七齿链轮，进一步提高了链轮的强度和寿命。

（8）在转载机的机尾部全部采用高强度哑铃联接，提高了联接强度，增大了水平和垂直弯曲的角度，提高了转载机对工作面巷道底板的适应性。

（9）由于认真考虑了低矮工作面巷道条件下转载机的安装特殊性，通过结构优化，对转载机机头和带式输送机机尾自移装置的综合研究，使转载机的最大高度仅 1.8 m。

4.10.4.5 PCM200 型锤式破碎机

破碎机是工作面巷道输送设备中的另一关键设备，它起着破碎大块煤和承上启下的重要作用。它与桥式转载机刚性联接成一体形成破碎运煤通道，所以它也应具有大破碎量、高通过能力所要求的可靠性和寿命。

1. PCM200 型锤式破碎机的适用条件

PCM200 型锤式破碎机与 SZZ900/315 型转载机、ZY – 2300 型自移装置配套成工作面的巷道设备，适用于 1.5 ~ 2.5 m 采高中厚煤层高产高效工作面生产，实现煤炭的转载和破碎等工艺的综合机械化作业。

2. PCM200 型锤式破碎机的主要技术参数

破碎能力	2200 t/h
最大的输入块度	900 mm × 800 mm
最大的排出粒度	300、250、200、150 mm
电机型号	YBKYS – 200
电机功率	200 kW
电机电压	1140/660 V
通过能力	2200 t/h
破碎主轴转速	408 r/min
锤头冲击速度	22 m/s
破碎锤头数	8 个

3. 破碎机的结构特点

（1）整体锤头动平衡，整体高强度中板底槽，方便使用及安装，提高了可靠性。

（2）减速器传递动力，提高了传递效率及安全性。

（3）通过垫板可调节输出物料的粒度。

（4）所有轴承采用干油润滑泵集中润滑。

4.10.4.6 SSJ1200/3×200 型可伸缩带式输送机的主要技术参数

输送量	2000 t/h

输送机长度	1000 m
带速	3.55 m/s
带宽	1200 mm
机电台数	3 台
电机功率	200 kW
电压	1140 V
减速比	18:1
张紧电功率	37 kN
传动滚筒直径	830 mm
卸载滚筒直径	500/200 mm
托辊直径	159 mm
缓冲托辊直径	159 mm

4.10.4.7 ZY-2300型带式输送机机尾自移装置

1. ZY-2300型带式输送机机尾自移装置的主要技术参数

适用带式输送机带宽	1200 mm
推移液压缸	
最大推/拉力	480/210 kN
行程	2300 mm
调高液压缸	
最大推/拉力	631/385 kN
行程	250 mm
水平液压缸	
最大推/拉力	18/118 kN
行程	200 mm
额定供液压力	31.4 MPa

2. ZY-2300型带式输送机机尾自移装置的结构特点

（1）自移小车与转载机机头相对固定，带式输送机机尾滚筒固定在基架上，自移小车随转载机一起向前移动，并且通过输送带张力环路控制系统，保证了输送带的适度张紧力。

（2）通过2个水平液压缸和4个垂直液压缸的调节，可保持带式输送机机尾的水平，防止输送带跑偏。

（3）通过外挂式推移缸实现自移装置的基架前移。

（4）自移装置的基架导轨整体高度低，结构紧凑，为降低转载机机头的高度创造了有利条件。

4.10.5 配套设备试验应用

中厚煤层（1.5~2.5 m）成套设备于2002年8月在济宁二号煤矿综采工作面进行正式工业试验，截止到2002年10月31日。通过3个月的工业试验证明，配套设备适应工作面地质条件和地理环境，满足矿井生产工艺要求，体现了选型先进、布局合理、运动关系协调、生产能力匹配、效率高、安全性能好和质量可靠等特点。设备配套生产能力大，能够满足该工作面的生产要求。各设备位置布置较适当，在应用中没有发生各设备的干涉、碰撞或造成各种损坏事故，也未影响设备的正常运行和生产工艺的实施。

在工业性试验期间，最高日产 13454 t，平均日产 6869.2 t，预计最高月产 3.0×10^5 t，平均月产 2.06×10^5 t，最高工效 244.6 t/工，平均工效 128.3 t/工，工作面年产将会超过 3.5 Mt 水平。全套设备在试验期间未发生较大事故和故障，各设备运行正常，状态良好，见表 4 - 31、表 4 - 32。

表 4 - 31 23$_\text{上}$01 综采工作面主要技术经济指标（2002 年 8—10 月）

月份	产量/10⁴ t	进尺/m	生产天数/d	日产/t		回采工效/(t·工⁻¹)	
				平均	最高	平均	最高
8	3.9	53	7	5571	6913	92.3	113.2
9	16.5	183	29	5690	8981	110.3	168.38
10	17.5	224	30	5833	9018	123.5	189
平均	—	—	—	5698	8304	108.7	156.86
合计	37.9	460	66	—	—	—	—

表 4 - 32 故障影响时间统计（2002 年 8—10 月）

工 作 面 参 数 记 录

项 目	8 月	9 月	10 月	3 月	4 月	合计	所占比例/%
煤机事故时间/min	180	320	280	170	545	1495	17.35
电气事故时间/min	125	210	180	1225	330	2070	24.03
输送带事故时间/min	0	50	30	301	530	911	10.57
输送机事故时间/min	30	80	50	0	635	795	9.23
转载机事故时间/min	0	30	0	0	0	30	0.35
破碎机事故时间/min	0	0	0	0	0	0	0
支架事故时间/min	30	60	30	0	0	120	1.39
其他影响时间/min	125	1230	1425	355	60	3195	37.08
合计事故时间/min	490	1980	1995	2051	2100	8616	100
万吨事故时间/[h·(10⁴ t)⁻¹]	2.1	2.0	1.9	1.9	2.0	2.0	—
生产天数/d	7	29	30	26	17	66	—
可利用时间/h	126	522	540	468	306	1188	—
外围影响/min	720	1778	1461	495	60	3959	—
产量/10⁴ t	3.9	16.5	17.5	18.4	17.29	37.9	—
开机率/%	79.79	83.60	84.77	86.39	83.82	78.24	—

4.10.6 主要配套设备的评价

该成套设备适应工作面地质条件和地理环境，满足矿井生产工艺要求，设备配套生产能力大，能够满足该工作面的生产要求。

1. ZY6200/13.5/28 型掩护式液压支架

设计采用国内最先进的液压支架动态模拟分析和 CAD 辅助设计系统，进行优化设计，消化吸收了国内外同类产品的优点，并结合我国井下的具体情况，研制开发的中厚煤层一次采全高、高产高效综采工作面液压支架。

（1）架型合理、可靠性高，支架结构简单、操作方便。

（2）顶梁采用整体顶梁结构型式，前端支撑能力大，是铰接顶梁的 6 倍，有效支护机道上方的顶板，大大降低工作面片帮冒顶事故。

（3）支架采用 800 mm 步距，为提高单产创造条件。

（4）底座采用开底式，排矸性能好，同时配备抬底机构，提高了拉架速度，减少清理浮煤的工作量，降低了工人的劳动强度。

（5）采用铰接式长推杆机构，充分发挥了推移千斤顶的能力，增大了推杆的适应能力。

（6）液压系统采用国内先进的 400 L/min 大流量系统，每个推移刮板输送机—移架循环平均 11.5 s，移架速度保证了高产高效的要求。

（7）支架在工业性试验期间，经过了基本顶来压和周期来压，支架未有结构件焊缝开裂、液压件、连接件等损坏，支架完全适应地质条件要求。支架设计和制造达到了国内先进水平，在国内处于领先地位。

2. SGZ－960/750XA 型中双链刮板输送机

试验应用充分表明了 SGZ－960/750XA 型中双链刮板输送机在缓倾斜、小采高（1.5 ～ 2.5 m）的综采工作面条件下，满足了高产高效、高可靠性的要求，为我国中厚偏薄煤层综采的理想设备。

（1）在技术上、工艺上结合我国井下的具体工作环境而研制开发的刮板输送机，可靠性高，性能指标先进。

（2）结构上充分考虑中厚偏薄煤层的开采特点，降低整机高度，使其结构合理。

（3）在使用中，开机率高，维护量小，基本满足了我国中厚偏薄煤层开采需要。

（4）采用伸缩机尾微调张紧装置，使用方便，保证了刮板输送机在正常运转中链条松弛适度。

（5）机头机尾采用高强度推移梁，使输送机和采煤机、支架配套合理、紧凑。

（6）SGZ－960/750XA 型中双链刮板输送机在试验期间，其中板磨损量不超过 0.6 mm，链轮的轮窝磨损量不超过 0.3 mm，链条基本无磨损。

3. SZZ900/315 型转载机

试验应用表明：各关键零部件，经优化设计采用国内外先进技术，选用新材料，应用新工艺，均达到设计要求，整台设备具有功率大，输送能力强，寿命长，可靠性高的特点，满足工作面总体配套设备的要求。

（1）转载机采用了行星减速器，有效地解决了大功率转载机在井下布置时工作面巷道断面小与设备体积大之间的矛盾，同时最大限度地平衡了转载机偏重。

（2）可伸缩机架通过两侧液压缸可适时调整链条的松紧程度，更方便井下使用。设备连续使用 4 个月，无重大损坏，机头机尾等关键元部件磨损量仅 1 ～ 2 mm，均在控制范围之内，生产原煤 60 多万吨，收到了良好的经济效益。

4. ZY2300 型自移装置

ZY2300 型自移装置注重提高产品的标准化和通用化水平，简化了研制周期，降低了生产成本，有利于设备的管理和维护，其技术性能及可靠性得到用户的认可，设备在试验全过程中未发生任何卡死或推不动现象，从开机到现在满足了开发该产品全部技术性能要求。该设备在 1.5~2.5 m 中厚煤层高产高效工作面巷道设备井下工业性试验表明，设备达到预期的设计目标，满足工作面总体配套设备的要求。

5. PCM200 型锤式破碎机

破碎机整体结构紧凑，外型尺寸小，运行稳定，破碎能力强，破碎板采用高强耐磨板，可适应各种不同强度的煤炭，采用减速器传递动力，提高了传递效率及安全性，通过井下工业性试验，设备性能完好，达到设计要求和使用要求。总之，该套工作面巷道设备功率大，整机结构紧凑，最大高度不超过 1.8 m，完全适应中厚煤层（1.5~2.5 m）的需求，设备性能及结构处于国内领先。

4.11 较薄煤层自动化开采成套装备

4.11.1 概述

随着综放技术的日益提高，回采产量大幅增加，配采比例失调，厚、薄煤层开采速度不相适应的矛盾日益突出。特别是将较薄煤层作为解放层开采的矿井，由于较薄煤层开采速度缓慢，造成下层煤炭资源积压，长期得不到开采，"采厚丢薄"的隐患依然存在，影响整个集团公司煤炭生产的协调发展。随着厚及中厚煤层的大量开采，原煤储量下降，较薄煤层正逐渐转变为较为重要的开采煤层。较薄煤层的开采率低，已严重制约了公司未来的生存与发展。

制约较薄煤层高效开采的主要难点在于现有的国产技术装备无法满足该煤层高效开采需要，要实现较薄煤层高效开采关键在于研制开发出适合较薄煤层高效开采的综采成套装备。为此，2004 年兖矿集团将"较薄煤层自动化开采成套装备"列入重大科技攻关项目，联合国内各有关科研单位与煤机生产厂家对较薄煤层高效开采综采设备进行攻关，自主研制开发出具有自主知识产权、性能可靠、自动化程度高的较薄煤层开采成套装备，实现 1.5 m 以下较薄煤层综采技术装备的重大突破，形成了具有中国特色的较薄煤层自动化开采综采成套装备。

4.11.2 工作面基本条件

4.11.2.1 地质条件

在济宁二号煤矿九采区 93$_\text{上}$05、93$_\text{上}$08 较薄煤层工作面原设计走向长度为 1209 m，工作面巷道开拓时发现该采区有条大断层，无法进一步布置工作面，只好沿断层分布将其布置为 93$_\text{上}$05 和 93$_\text{上}$08 两个工作面。工作面煤层赋存条件见表 4-33。

4.11.2.2 工作面参数与生产工艺的确定

确定采高为 1.2~1.8 m，平均采高为 1.44 m；作面长度为 132 m；截深为 0.8 m。

采煤工艺为割煤—移架—推移刮板输送机；割煤方式为双向割煤，往返一次割两刀，端头采用斜切割三角煤进刀，斜切进刀长度不小于 20 架；采用"三八"制工作制度，每日分为三个采煤班，每班平均采煤时间为 6.5 h，每班平均班检修维护时间为 1.5 h，每天平均班检修维护时间为 4.5 h。

表4-33 工作面煤层赋存条件

项　目	内　容	备注
煤层赋存条件	煤层倾角为2°~10°，平均为5°，煤厚1.2~2.0 m，平均厚度为1.8 m，煤层普氏系数（f）一般在2.1左右	93上05
	煤层倾角为2°~10°，平均为5°，煤厚1.3~2.0 m，局部含一层0.1 m左右的泥岩夹矸，普遍分层，下分层厚度为0.3~0.6 m，层间距为0.3~1.2 m，煤层普氏系数（f）在2.1左右	93上08
工作面长度	工作面走向长度为447.42 m，倾向长为132 m	93上05
	工作面走向长度为699.98 m，倾向长为150.4 m	93上08
工作面顶、底板岩性	基本顶：中砂岩，厚9.95~16.5 m，平均为13.0 m，岩性坚硬，$f=5~6$ 直接顶：粉砂岩，厚1.08~6.0 m，平均为3.6 m，致密性脆，$f=3~5$ 直接底：泥岩，厚0.8~1.5 m，平均为1.2 m，具膨胀性，$f=2~4$ 基本底：粉砂岩，厚1.9~5.5 m，平均为3.8 m，性脆易破碎，$f=3~6$	93上05
	基本顶：中砂岩，厚12.02~30.18 m，平均为21.6 m，局部裂隙发育，$f=6.0~13.0$ 直接顶：粉砂岩，厚3.0~12.83 m，平均为7.5 m，性脆易破碎，$f=4~7$ 伪顶：泥岩，0~3.0 m，平均为1.2 m，易破碎冒落，$f=1.5~3$ 直接底：泥岩，厚2.0~3.0 m，平均为2.4 m，具膨胀性，$f=2~5$ 基本底：粉砂岩，厚7.55~7.92 m，平均为7.78 m，性脆，$f=4~8$	93上08
工作面正常涌水	15 m³/h	93上05
	20 m³/h	93上08

4.11.3　工作面总体配套

1. 生产能力的配套

工作面设备的总体配套根据生产能力的计算即可靠性论证，工作面达产目标同采煤机小时割煤能力、刮板输送机输送能力、可伸缩带式输送机的输送能力匹配合理。转载机能力更多的考虑转载机刮板链、链轮轴组等零、部件类型与工作面输送机一致，以便于日常维修和配件管理。

工作面推进速度与设备性能间的协调按"三八"制作业方式，平均每班实际采煤时间为6.5 h，每班走6刀，实际每刀割煤时间为50 min，采煤机截深为0.8 m，工作面推进速度计算表明，采煤机在最大牵引速度运行时实现跟机移架，需采取两至三架一组成组移架。当移架速度小于采煤机牵引速度时，可考虑采用分组间隔交错式（分组交错式）移架方式移架（分组间隔交错式移架速度同成组整体依次顺序式移架相同）。该方式移架速度快，对顶板适应能力较强，适用于顶板中等稳定以上的高产高效综采工作面。在分组间隔交错式移架时，为避免工作面悬顶面积过大而造成顶板状况恶化，移架数量一般应小于3架。

2. 设备结构、尺寸的配套

主要目的是在已选型设备的基础上，保证各配套设备啮合、搭接型式、尺寸合理性和

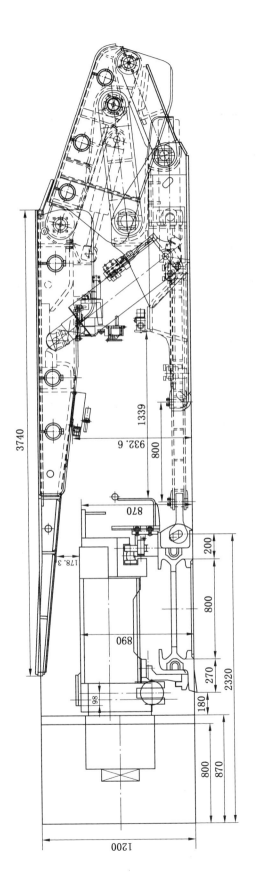

图 4－35 "三机" 中部断面图

各设备的优化配置，使各设备发挥出各自的能力和性能，提高成套设备的可靠性、稳定性、协调性。

1) 工作面"三机"配套

工作面"三机"的配套包括液压支架、采煤机、输送机工作面中部、机头机尾段的配套。

工作面"三机"中部配套中，为了降低机身高度，采煤机滑靴采用骑输送机铲板型式。输送机销排、电缆槽结构、架内人行道、滚筒卧底量等均能满足"三机"及使用要求。特别是在1.2 m采高条件下，过机高度为178 mm，能够满足该机型采煤机要求最小安全过机高度为126 mm的要求。

在输送机推移刮板输送机到位、液压支架移架前的待割状态，顶梁前端到工作面煤壁的空顶距为480 mm，采煤机滚筒内侧与输送机铲煤板前端的侧向间隙为180 mm，支架底座的推移中心到输送机推移刮板输送机耳子中心保持1030 mm的移架空间。

采煤机割煤工序和拉架工序完成后，工作面处于最小控顶距的待推移刮板输送机状态。此时，支架底座推移中心到输送机推移刮板输送机耳子中心的间隙为450 mm。

采煤机采用骑槽式运行，无链牵引，齿轮销排传动，输送机中部槽间允许的偏摆角度为水平方面±1.1°，垂直方面±2°。采煤机可以在刮板输送机上顺利行走。在中部段，滚筒的卧底量为250 mm。

在1.2 m采高条件下"三机"中部断面如图4-35所示。该支架在高于1.2 m采高使用范围内，过机高度及人行通道等均比在最小采高1.2 m时明显改善。

工作面机头、机尾过段配套中，由于机头、机尾段电机、减速器等传动机构的影响，此段设备尺寸较高，结构向内较宽。采煤机割底板时，正常中部槽尺寸摇臂磕碰输送机帮，割不透机头、机尾底板三角煤。为了保证割透，并具有大于160 mm的卧底量，输送机机头、机尾段采取变线措施，机头、机尾各变4节，每节变25 mm，合计100 mm。机头、机尾段采煤机均可实现端部自开切口。

机头、机尾三角煤校核图如图4-36、图4-37所示。

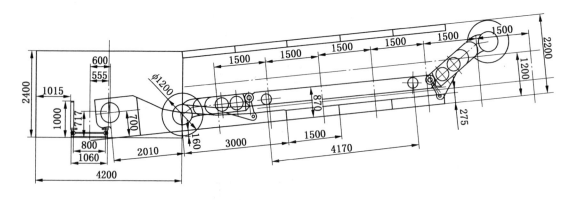

图4-36　机头三角煤校核图

2) 工作面设备总体布置配套

该工作面机头过渡支架沿运输巷上帮795 mm处机头推移梁耳座开始布置，支架中心

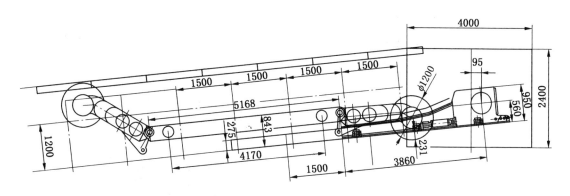

图 4-37 机尾三角煤校核图

距为 1.5 m，依顺序向上排列。

转载机布置在其中心线距运输巷中心线下方 555 mm 处，此位置转载机中心线距输送机机头中轴 600 mm，以保证输送机卸载效果。机头卸载高度为 700 mm，机尾链轮轴中心距地高度为 560 mm。工作面设备布置如图 4-38 所示。

工作面主要配套设备见表 4-34。

表 4-34 工作面主要配套设备

序 号	项 目	型 号
1	中间支架	ZY4000/10/23
2	过渡支架	ZYG4300/13/26
3	采煤机	MG2×125/566-WD
4	前部输送机	SGZ-800/2×315
5	后部输送机	SGZ-800/2×315
6	转载机	SZZ800/200
7	破碎机	PLM 2000
8	带式输送机	SSJ1200/945S
9	乳化液泵	GRB315/31.5
10	喷雾泵	WPZ315/16

4.11.4 工作面主要配套设备

4.11.4.1 ZY4000/10/23 型电液控制掩护式液压支架

1. 概述

ZY4000/10/23 型掩护式液压支架是在认真总结国内外掩护式支架使用经验，充分研究分析结构参数基础上，针对兖矿集团较薄煤层赋存地质条件设计的。该支架经过参数优化，结构合理，与同类型支架相比，具有适应性强、可靠性高、结构紧凑、支护效果好、

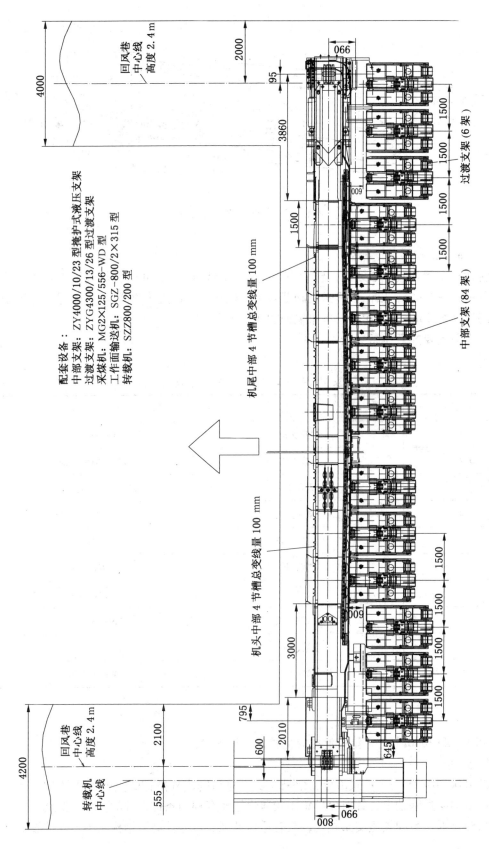

配套设备：
中部支架：ZY4000/10/23 型掩护式液压支架
过渡支架：ZYG4300/13/26 型过渡支架
采煤机：MG2×125/556－WD 型
工作面输送机：SGZ－800/2×315 型
转载机：SZZ800/200 型

机尾中部 4 节槽总变线量 100 mm

过渡支架（6 架）

中部支架（84 架）

机头中部 4 节槽总变线量 100 mm

图 4－38　工作面设备布置图

回风巷中心线高度 2.4 m

回风巷中心线高度 2.4 m

转载机中心线

· 252 ·

质量轻等特点；特别是配备了电液控制大流量快速移架系统，使之更具有先进性能。

2. ZY4000/10/23 型电液控制掩护式液压支架的主要技术参数

支架

支架高度	1000~2300 mm
支架宽度	1420~1590 mm
支架中心距	1500 mm
支护强度($f=0.2$，$H=1.2~2.2$ m)	0.48~0.64 MPa
底座前端比压($f=0.2$，$H=1.2~2.2$ m)	1.36~2.26 MPa
底座平均比压($f=0.2$，$H=1.2~2.2$ m)	1.79 MPa
初撑力	2511~3359 kN
工作阻力	4000 kN
操作方式	电液控制
质量	9.3 t
泵站压力	31.5 MPa

立柱

根数	2 根(双伸缩)
缸径	250/180 mm
柱径	230/160 mm
初撑力($p=31.5$ MPa)	1541 kN
工作阻力($p=40.7$ MPa)	2000 kN
液压行程(一级/二级)	1084(556/528) mm

平衡千斤顶

根数	2 根(普通)
缸径/杆径	125/70 mm
初撑力(推/收)($p=31.5$ MPa)	386/265 kN
工作阻力(推/收)($p=37.8$ MPa)	499/343 kN
行程	360 mm

推移千斤顶

根数	1 根(普通)
缸径/杆径	140/85 mm
推移刮板输送机力/拉架力	178/306 kN
行程	900 mm

侧推千斤顶

根数	3 根(内进液)
缸径/杆径	63/45 mm
推力/拉力	98/48 kN
行程	170 mm

3. ZY4000/10/23 型电液控制掩护式液压支架的主要特点

（1）该支架采用计算机优化、设计，技术参数合理，结构先进，支撑效率高，支护性能好；支架设计在最新颁布的煤炭行业标准 MT 312—2000《液压支架通用技术要求》基础上，支架耐久性试验次数增至 30000 次，达到国内同行业技术领先水平。

（2）运用自主开发的国内先进软件，对支架四连杆机构、各部件截面等进行参数优化，在保证高可靠性前提下，减轻支架质量。本支架在同类高度范围内，为国内工作阻力与质量比值最高的支架。

（3）本支架针对薄及较薄煤层赋存特点，结构紧凑，过机空间、人员操作、行走空间相对较大；顶梁为变断面薄型、前翘整体顶梁，结构简单，对前部顶板的支撑效果好，并具有较高可靠性。

（4）平衡千斤顶采用 2 个 $\phi125$ mm 缸径千斤顶，增加了平衡千斤顶作用可靠性以及连接装置的可靠性。

（5）采用前单、后双连杆机构，支架稳定性好，纵向尺寸小，搬家、运输方便。

（6）底座采用中封式整体刚性底座，既可保证推移机构能顺利排出浮煤，又可提高支架整体刚度。

（7）推移为短推杆机构，结构可靠、拆装方便，利于实现快速移架。

（8）本支架采用电液控制大流量快速移架系统，推进速度快，电液功能较全，为实现自动化或半自动化工作面目标打下基础。

4.11.4.2 ZYG4300/13/26 型过渡支架

1. 概述

该过渡支架是在与之配套的中部架 ZY4000/10/23 型掩护式工作面液压支架基础上，保持液压缸以及操作系统、阀类、附件等与中部架通用，且结构尺寸满足配套设备的需要的前提下设计、制造的。

2. ZYG4300/13/26 型过渡支架的主要技术参数

支护性能

型号	ZYG4300/13/26
型式	两柱掩护式液压支架
支架高度	1300 ~ 2600 mm
支架宽度	1420 ~ 1590 mm
支架中心距	1500 mm
初撑力	2511 ~ 3359 kN($p = 35.1$ MPa)
支护强度	0.55 ~ 0.640 MPa($f = 0.2$)
底板比压（前端值）	1.38 ~ 1.78 MPa
泵站压力	31.5 MPa
支架工作阻力	3159 ~ 4221 kN($p = 43.9$ MPa)

立柱

根数	2
缸径	$\phi250/180$ mm
杆径	$\phi230/160$ mm
行程	1084 mm(一级:556 + ，二级:528)
工作阻力	2150 kN($p = 40.7$ MPa)
初撑力	1545 kN($p = 31.5$ MPa)

推移千斤顶

根数	1
缸径/杆径	140/85 mm
推力/拉力	178/306 kN

行程		900 mm
侧推千斤顶		
根数		3
缸径/杆径		63/45 mm
推力/拉力		98/48 kN
行程		170 mm
平衡千斤顶		
根数		2
缸径/杆径		125/70 mm
初撑力(推力/拉力)		386/265 kN($p=31.5$ MPa)
工作阻力(推力/拉力)		538/370 kN($p=43.9$ MPa)
行程		360 mm

3. ZYG4300/13/26 型过渡支架主要特点

ZYG4300/13/26 型过渡液压支架除具有中部架 ZY4000/10/23 型掩护式工作面液压支架具有的特点外，还具有其他特点。

本型过渡支架与中部架相同点：

所有液压缸以及操作系统、阀类、附件等与中部架通用；结构件除顶梁、顶梁侧护板、底座外，其余结构件也均与中部架结构件通用。本设计较好地保证了支架备件的通用性，便于管理。

本型过渡支架与中部架主要不同点见表 4-35。

表 4-35　过渡支架与中部架主要不同点

项　　目	中部支架	过渡支架
高度/m	1.0~2.3	1.3~2.6
工作阻力/kN	4000	4300
支护强度/MPa	0.48~0.64	0.55~0.60
顶梁、顶梁侧护板	较短	较长
底座	与掩护梁连接铰点较低	与掩护梁连接铰点较高
安全阀开启压力/MPa	40.7	43.9

4.11.4.3　MG2×125/566-WD 型采煤机

1. MG2×125/566-WD 型采煤机的适用条件

MG250/556-WD 型采煤机是一台采用多电机驱动、电机横向布置的新型低矮煤层无链电牵引采煤机，该采煤机适用于煤层厚度 1.1~2.2 m，煤层倾角小于或等于 18°（或小于或等于 35°），煤质中硬的煤层中开采，在综合机械化采煤工作面完成破煤与装煤。

2. MG2×125/566-WD 型采煤机的结构组成

采煤由截割机构、牵引机构、电气控制设备、电动机、液压调高系统、冷却喷雾系统等组成。从采煤机的整体结构来看，它由左、右牵引减速箱，左、右摇臂和滚筒，电控箱，4台主电机，2台牵引电机，1台调高电机，调高泵箱及系统及其元部件，冷却喷雾系统以及工作面巷道内的机外牵引变压器与变频器等组成。

采煤机机身由左右牵引部、调高泵箱、电控箱等组成，通过键及高强度液压螺栓连成一体，由4只滑靴支承。位于输送机采空区侧的2只导向滑靴分别挂在左右牵引箱壳体上，并套在刮板输送机上的无链牵引销轨上，对采煤机进行导向，保证行走轮与销轨的正确啮合。另外2只位于煤壁侧的滑靴铰接在机身底下的支撑板上（支撑板固定在左右牵引箱下），并支承在输送机铲煤板上，起支承机身重量和平衡截割反力的作用。

采煤机左、右截割部通过销轴铰接在机身上，为了增大装机功率和降低机面高度，左、右截割部分别由各自的两个截割电机驱动，每个电机功率为125 kW，每个摇臂的总传递功率为250 kW。采用横向布置方式的截割电机，经圆柱直齿轮、行星机构减速后，通过花键轴上的方型联接套与螺旋滚筒连接来驱动滚筒旋转。

采煤机的牵引采用摆线轮与销轨相啮合的无链牵引方式。左、右牵引箱分别由2台25 kW交流牵引电机驱动，通过牵引减速机构来驱动左、右行走轮，行走轮与销轨啮合，驱动采煤机沿工作面行走。采用交流变频调速技术，变频控制箱安置在工作面巷道内，维护方便，也有利于缩短采煤机机身长度，提高薄煤层采煤机的适应性。

3. MG2×125/566 - WD型采煤机的技术参数

滚筒直径、最大采高、滚筒转速与卧底量见表4 - 36。

表4 -36 滚筒直径、最大采高、滚筒转速与卧底量

滚筒直径/mm	最大采高/m	滚筒转速/$(r \cdot min^{-1})$	卧底量/mm
1100	2.05	44.46	242
1250	2.12	44.46	317
1400	2.2	44.46	392

1）适用煤层

采高范围   1.1 ~ 2.2 m

倾角   ≤18°（或≤35°）

适应煤质硬度 $f < 3.5$

2）采煤机总体参数

机面高度   870 mm

摇臂长度   1998 mm

摇臂回转中心距   5170 mm

滚筒中心距（摇臂水平时）   9166 mm

行走轮中心距   4170 mm

截深   630/800 mm

机器质量   约25 t

3）左右摇臂

主电机型号   YBCS - 125隔爆型三相异步电机

功率   125 kW

供电电压	1140 V
额定转速	1460 r/min
冷却方式	定子水套冷却
防护等级	IP54
绝缘等级	H 级
摇臂摆角	上摆 +23°,下摆 -11.9°

4）左右牵引减速箱

牵引电机型号	YBQYS2 - 25 隔爆型三相异步电机
功率	2×25 kW
供电电压	380 V
额定转速	1450 r/min
冷却方式	IP54
绝缘等级	F 级
变频装置型号	KBT80/380M 型矿用变频装置
功率	160 kV·A
电压	380 V
频率	0~50~100 Hz
牵引速度	0~6~12 m/min
牵引力	2×220~220 kN
牵引方式	准渐开线轮—销轨无链牵引

5）喷雾冷却

喷雾方式	内、外喷雾
电机冷却	采用定子冷却
摇臂齿轮箱、调高油箱冷却	水套冷却
供水流量	210 L/min
供水压力	10 MPa

6）调高系统

调高电机型号	YBC - 5.5S 隔爆型三相异步电机
功率	5.5 kW
供电电压	1140 V
额定转速	1438 r/min
冷却方式	定子水套冷却
防护等级	IP54
绝缘等级	H 级
调高泵型号	CBK1008 - B3FL
工作压力	17 MPa
转速	1470 r/min
理论流量	11.76 L/min

4. MG2×125/566 - WD 型采煤机的主要特点

（1）截割、牵引减速箱独立设置，采用多电机驱动，截割电机、牵引电机均可横向抽出，安装维修方便。摇臂与机身通过销轴铰接，没有动力传递。

（2）摇臂采用双电机驱动，当其中一个电机出现故障后，另一个电机仍能坚持工作。

（3）截割反力、调高液压缸支承反力和牵引反作用力均由牵引减速箱承受，可靠性高。

（4）主机身分四段，无底托架，采用销、键与高强度液压螺栓联结，简单可靠，装拆方便。

（5）采用交流变频电牵引，效率高、牵引力大。变频调速装置安置在大巷内，便于维护和提高电气系统的可靠性，且有利于简化机身电控箱结构，缩短采煤机机身长度，提高薄煤层采煤机的适应性。

（6）采煤机各种操纵开关、控制按钮及显示装置均设在采空区侧，操作安全方便。

4.11.4.4　SGZ-800/2×315型刮板输送机

1. SGZ-800/2×315型刮板输送机的主要结构

刮板输送机由机头、机尾和传动部分组成。机头、机尾各布置一台电机，且平行布置。动力部使用315/160双速电机和行星减速器，并用摩擦限矩离合器提供过载保护，传动效率高，可靠性高。

刮板链采用中双链，链子受力较均匀，弯曲性能较好，使用效果也较好。刮板链采用高强度紧凑型圆环链，既降低了中部槽高度，又保证强度，使输送机结构更加紧凑。选用 $\phi 34\,\text{mm} \times 126\,\text{mm}$ 扁平链（紧凑链），降低立环高度，在压缩输送机中部段高度的同时，尽量提高刮板链安全系数，防止、减少断链事故的发生。

中部槽选用整体铸焊槽帮、封底式中部槽，采用斜中板结构，刮板通过时更为平缓，有效降低了整机空载功率。中部槽铲板槽帮、挡板槽帮材料为优质合金铸钢，提高了整机的过煤量，并压缩槽帮高度到275 mm。

机头架采取直接落地方式，通过推移梁与液压支架联接，将以往的机头—垫架—推移梁—液压支架联接链缩短为机头—推移梁—液压支架联接链，提高了机头部的稳定性和结构强度，又降低了机头高度。

机尾采用液压伸缩机尾，使链条处于最佳张力状态，改善了刮板输送机的运行工况。同时，为了适应较薄煤层开采，在保证足够的强度和寿命及伸缩的灵活性的前提下，使其机尾架降为940 mm。

2. 刮板输送机的主要技术参数

型号	SGZ-800/2×315
设计长度	200 m
出厂长度	160 m
输送量	1200 t/h
刮板链速	1.1 m/s
电动机	
型号	YBSD-315/160-4/8
功率	315 kW
转速	1485/735 r/min
电压	1140/660 V
冷却方式	水冷
减速器	
传动比	33.16:1

冷却方式	水冷
刮板链	
型式	中双链
圆环链规格	$\phi 34 \text{ mm} \times 126 \text{ mm}$ 扁平链
最小破断负荷	1450 kN
刮板间距	1008 mm
中部段	
结构型式	整体铸焊
尺寸	1500 mm×800 mm×275 mm
联接方式	哑铃销
紧链方式	闸盘紧链、伸缩机尾微调张紧
整机弯曲性能	
水平弯曲	±1.1°
垂直弯曲	±2°
中部槽内宽	800 mm
中部槽结构	整体铸焊结构、封底
中板厚度	40 mm

3. SGZ – 800/2×315 型刮板输送机的结构特点

（1）输送机装机功率大，总功率达 630 kW，有较大的启动力矩。动力部使用 315/160 双速电机和行星减速器，并用摩擦限矩离合器提供过载保护，传动效率高，可靠性高。将电机接线盒水平布置，压缩动力部高度尺寸。

（2）链轮轴组采用六齿链轮，降低机头尾爬坡高度，机头卸载高度为 700 mm，最大高度为 1110 mm；机尾链轮中心高度为 550 mm，最大高度为 940 mm。同时调整行星减速器速比，将输送机刮板链速调整至 1.1 m/s 左右，满足运量 1200 t/h 的要求。

（3）刮板链采用 2 – $\phi 34$ mm × 126 mm 扁平链（紧凑链），降低立环高度，在压缩输送机中部段高度的同时，尽量提高刮板链安全系数，防止、减少断链事故的发生。与 $\phi 30$ mm × 108 mm 圆环链相比，$\phi 34$ mm × 126 mm 扁平链立环高最大度度仅为 99 mm，与 $\phi 30$ mm × 108 mm 圆环链相同；但破断负荷达 1450 kN；比 $\phi 30$ mm × 108 mm 圆环链高 30%。

（4）机头架直接落地，通过推移梁与液压支架联接，将以往的机头—垫架—推移梁—液压支架联接链缩短为机头—推移梁—液压支架联接链，提高了机头部的稳定性和结构强度。

（5）中部段设计成单层电缆槽，电缆槽后部安装电缆钩，将中部段最大高度限制在 633 mm，即满足最大输送能力 1200 t/h 的要求，又能满足较薄煤层开采对高度的限制。铲板槽帮高度由原来类似设备的 315 mm 降低到 275 mm，便于铲板侧浮煤进入刮板输送机，又可降低采煤机机身高度。

（6）液压伸缩机尾随时调整刮板链的张紧程度。伸缩机尾采用一销定位，定位销位于机尾固定槽端部延伸段的中心线上，不易发生被工作面原煤掩埋的情况。以往伸缩机尾采用两销定位，定位销位于机尾两侧，使用时往往铲板侧定位销被原煤掩埋、难以清理，挡板侧定位销被减速器遮挡，人员不易靠近。

（7）输送机销排在机头、机尾段保持水平布置，高度与中部段相同，即采煤机机身在整个割煤区段内高度不变；确保采煤机在刮板输送机头、机尾端运行时不与液压支架顶梁发生干涉。

4.11.4.5 SZZ800/200 型转载机

1. 转载机的结构组成

主要由机头、机尾、传动系统、刮板及刮板链等组成。转载机的中部槽全部采用整体箱型组焊结构，机头搭接带式输送机的连接装置，与带式输送机机尾结构及搭接重叠长度相匹配。机头采用伸缩机头型式实现链条微调张紧，结构紧凑，适于布置在低矮的运输巷道内；转载机起桥段采用铰接型式机头高度可调，落地段设置迈步自移装置，实现转载机的快速前移。

2. 转载机的主要技术参数

型号	SZZ800/200
设计长度	60 m
输送量	1800 t/h
出厂长度	50 m
刮板链速	1.35 m/s
爬坡角度	10°
爬坡高度	1.178 m
电动机	
型号	YBSS－200
功率	200 kW
转速	1480 r/min
电压	660/1140 V
减速器	
型式	圆锥圆柱齿轮三级减速器
速比	27.727:1
冷却方式	水冷
刮板链	
型式	中双链
圆环链规格	$2 \times \phi 34$ mm $\times 126$ mm 扁平链
链条间距	180 mm
刮板间距	756 mm
链条最小破断负荷	1450 kN
悬空段中部槽尺寸	1750 mm × 800 mm × 580 mm
落地段中部槽尺寸	1750 mm × 800 mm × 928 mm
紧链装置	
紧链型式	闸盘紧链
链条微调张紧	伸缩机头

3. 转载机的结构特点

（1）转载机高度低，结构紧凑，适于布置在低矮的运输巷道内。

（2）机头可伸缩，便于随时紧链。机头下链道设二次卸载口，减少转载机底链的回煤。

（3）机头卸载挡板有缓冲和防尘喷雾降尘装置，减少卸载时原煤对带式输送机的冲击破坏和煤尘的扩散。

（4）起桥角度为10°，既保证了较小的爬坡阻力，又减小了悬空段长度。

（5）起桥段、悬空段中部槽为箱式结构，两侧开有观察孔，槽间由定位销定位，即提高了悬空段刚度，又便于转载机的维护和检修。

（6）落地段为整体焊接中部槽，由哑铃销柔性联接，可自动适应工作现场地面的起伏变化；落地段中部段有开天窗中部段，可以方便地检查刮板链。

（7）起桥段与破碎机输出槽柔性铰接，避免了由于底板不平和转载机移动时悬空段与落地段相互"较劲"。

（8）转载机刮板链、链轮轴组等易损件均与刮板输送机相同，便于用户使用、维护，又可减少备件储备。

4.11.4.6 PLM2000 型轮式破碎机

1. PLM2200 型破碎机的适用条件

PLM2200 型破碎机是宁夏西北奔牛实业集团公司与兖矿集团综合国内外同类产品的优点并结合我国煤矿的具体情况研制的，与桥式转载机配套使用。通过能力为 2000 t/h，装机功率为 160 kW；供电电压为 1140 V；入口粒度为 1000 mm × 900 mm；出口粒度小于或等于 300 mm，与工作面 SZZ800/200 型转载机配套使用。

2. 破碎机的结构组成

主要由动力部、破碎箱、破碎槽、破碎轴组、出口防尘帘等组成。

3. 破碎机的主要技术参数

型号	PLM2200
破碎能力（原煤含矸量小于或等于5%）	2000 t/h
最大入口断面	1000 mm × 900 mm
出口粒度	300 mm 以下
破碎轴转速	509 r/min
刀齿顶圆线速度	22.6 m/s
传动速比	1:3.15
电动机	
型号	KBY680 – 160B
功率	160 kW
转速	1475 r/min
电压	660/1140 V
喷雾水压	<6 MPa

4. 结构特点

（1）破碎机破碎槽采用整体焊接箱式结构，降低了整机高度。其最大高度仅为 1630 mm，适于布置在低矮的运输巷道内。

（2）动力传递系统由电动机—液力耦合器—皮带轮传动，实现了电动机的低（无）载启动，增加了设备运行的平稳性和耐冲击性。

（3）破碎粒度调节机构采用手压泵—千斤顶—垫块结构，可在不拆除破碎箱和不使用外部起重设备的情况下进行调节作业，操作方便、安全、可靠、省时、省力。

（4）破碎机的小皮带轮组采用储油箱稀油润滑，破碎轴组上的轴承采用手动干油站集中润滑，延长了加油周期，减少了加油工作量，且润滑可靠，消除了一些不安全因素。

4.11.4.7　带式输送机自移机尾

1. 带式输送机自移机尾的技术参数

型号	DY1000
自移最大拉力	333 kN
额定拉力	318 kN
行程	2700 mm
最大调高力	386 kN
额定调高力	245 kN
行程	220 mm
最大横向校直力	247 kN
额定横向校直力	157 kN
行程	±175 mm
泵站出口压力	31.5 MPa
本机液压系统工作压力	30 MPa

2. 带式输送机自移机尾的主要特点

（1）可与 SGZ-800/200 型转载机合理配套，满足较薄煤层开采要求。

（2）工作介质为乳化液，满足煤矿安全生产的要求。系统最大允许供液压力为 31.5 MPa，符合煤矿标准。

（3）抬高液压缸采用浮动液压缸。

（4）各抬高液压缸、浮动液压缸可独立工作，实现带式输送机机尾的调平、调偏。

（5）带式输送机机尾出端设计调整液压缸，适应输送带高度变化。

4.11.4.8　转载机自移系统

1. 转载机自移系统的技术参数

型号	MY800
自移最大推力（单缸）	989 kN
额定推力（单缸）	628 kN
自移行程	950 mm
最大调高力（单缸）	386 kN
额定调高力（单缸）	245 kN
调高行程	250 mm
泵站出口压力	31.5 MPa
本机液压系统工作压力	30 MPa

2. 转载机自移系统的结构特点

（1）工作介质为乳化液，满足煤矿安全生产的要求。系统最大允许供液压力 31.5 MPa，符合煤矿标准。

（2）自移系统与转载机、破碎机为可拆式联接，自清浮煤的倒"V"型滚动导轨。

（3）自移系统可与 DY1000 型带式输送机自移机尾协调作业，实现巷道输送设备的快速自主移动。

（4）大推力的自移缸，保证转载机在较大倾角下轻松移动。

4.11.5 配套设备试验应用

配套设备井下应用试验分为两个阶段。第一阶段为 2005 年 8 月 6 日—9 月 21 日为 93$_上$05 工作面正规生产阶段；第二阶段为 2006 年 2 月 1 日—3 月 18 日为 93$_上$08 工作面正规生产阶段。

配套设备井下工业试验应用证明，配套设备总体设计适应本工作面地质条件，能满足矿井生产工艺要求，在解决生产中的棘手问题方面，项目的关键技术发挥了巨大作用。在工业性试验期间，最高日产 5796 t，平均日产 3510 t；最高工效 105 t·工$^{-1}$，平均工效 64 t·工$^{-1}$；工作面采出率达 98%。生产区队记录表明，全套设备在试验期间各设备运行正常，可靠性高，状态良好，设备富裕能力较大，生产能力超过 1.5 Mt/a。工业性试验阶段各工作面主要技术经济指标见表 4 – 37。

表 4 – 37　较薄煤层综采工作面主要技术经济指标

时　间	产量/ 10^4 t	进尺/m	生产天数/d	日产/t		回采工效/(t·工$^{-1}$)		工作面
				平均	最高	平均	最高	
2005 – 08 – 06—2005 – 09 – 05	10.8	259	30	平均3600	最高4880	平均65.5	最高88.7	93$_上$05
2005 – 09 – 06—2005 – 09 – 21	6.0	188	16	平均3750	最高4780	平均68.2	最高86.9	
2006 – 02 – 01—2006 – 02 – 28	9.6	250	28	平均3429	最高5796	平均62.3	最高105.3	93$_上$08
2006 – 03 – 01—2006 – 03 – 18	5.9	212	18	平均3278	最高5708	平均59.6	最高103.8	

4.11.6 主要配套设备的评价

可以看出：该套设备总体选型、配套合理，关键设备——电液控制支架、刮板输送机、巷道输送设备、采煤机具有自动化程度高、适应性强、可靠性高等优点。

（1）研制并开发适合 1.2～2.2 m 煤层自动化开采高效、高可靠性、国内领先的成套综采装备。整套装备采用电液控制系统进行控制，具有支架自动跟踪采煤机移架，自动跟踪采煤机推移刮板输送机，以及成组自动移架、推移刮板输送机等功能，实现了较薄煤层自动化开采，开创了国产化薄煤层综采自动化开采的先例。

（2）该套装备既可用于 1.2 m 以上厚度的薄煤层开采，又可以用于 2.0 m 左右厚度的较薄煤层高效开采，整套装备具备 1.5 Mt 年生产能力。

（3）首次将国产大功率、矮机身薄煤层电牵引滚筒式采煤机用于 1.2 m 以下煤层高效开采，取得了国产薄煤层综机装备的重大突破。

（4）研制并开发了适合 1.2～2.2 m 厚度煤层高效开采的高可靠性电液控制液压支架。液压支架移架速度快，平均单架移架速度为 7 s，电液控制系统性能稳定可靠，无漏液、窜液现象，拉架、推移刮板输送机速度快；自动跟机移架、推移刮板输送机效果明显。

（5）MG2×125/566 – WD 型采煤机最大限度地降低了机身高度，正常过煤空间高达 298 mm，机面高度仅有 870 mm，是国内同等条件下装机功率最大、机身高度最低的较薄煤层采煤机。同时实现了遥控、中文显示、瓦斯自动报警。试验期间经历了煤层变薄、夹矸、断层等地质条件的考验，未出现重大机电故障。采煤机滚筒装煤效果十分明显。

（6）SGZ-800/2×315 型刮板输送机，通过优化设计，采用 ϕ34 mm×126 mm 紧凑型扁平链，使铲板槽帮高度由原来的 315 mm 降低到 275 mm，有效地解决了过煤空间不足的难题，输送能力达到 1200 t/h。

（7）工作面巷道设备首次在较薄煤层转载机使用自移装置，实现转载机快速移动。

4.12 1 m 以下含坚硬夹矸薄煤层综采成套装备

4.12.1 概述

兖州矿区是我国重要的产煤基地，20 世纪 90 年代以来，在中厚煤层综放开采方面取得了重大突破，工作面年产达到 6 Mt 以上，处于国内领先地位。与中厚以上煤层开采相比，薄煤层综采却是兖矿煤层开采的薄弱环节。目前，矿区薄煤层总可采储量约 1.53×10^8 t，占整个矿区煤炭可采储量的 21.79%，主要为石炭系太原组 16 和 17 层煤，煤层厚度 1 m 左右、结构极为复杂，普遍含有硫化铁结核体和坚硬夹矸（普氏系数可达 8~12，块度在 200 mm×100 mm 左右）。正是由于硫化铁结核体和坚硬夹矸的影响，多年来对 16 和 17 煤层的回采只能使用爆破落煤工艺，极大地制约了矿井的生产和发展。尤其是随着矿区厚煤层储量的逐渐减少，煤化工对高硫煤的需求量增加，16 和 17 煤层机械化开采已成为兖矿集团迫切需要解决的难题。为此，2007 年起兖矿集团组织煤炭生产企业、煤矿设备制造企业、高等院校进行了联合攻关，以薄煤层机械化、自动化、信息化安全高效开采为目标，运用计算机模拟仿真等先进技术手段，研究开发出薄煤层综合机械化安全高效开采的成套技术装备与生产工艺，并成功应用于 1 m 以下含坚硬夹矸薄煤层开采，解决了制约复杂结构薄煤层安全高效开采的多项技术难题，改变了四十多年来兖州矿区该条件下薄煤层爆破开采的落后局面，大幅度提高了复杂结构薄煤层开采的产量、效率和经济效益。

4.12.2 综采工作面参数

4.12.2.1 地质条件

2708 工作面走向长度为 412 m，倾斜长度为 155 m，可采储量为 8.18×10^4 t。煤层倾角为 3°~7°。全区稳定可采，以半亮煤为主，具条带状结构，层状构造，内生裂隙发育，煤质较好，煤层内不规则分布有少量的硫化铁结核，煤层厚度为 0.76~1.25 m，平均厚度为 0.95 m，煤层普氏系数 f=1.91，结核普氏系数 f=8.4。基本顶粉砂岩，具泥质结构，含丰富的植物根部和部分茎部化石，f=2.0~4.5，厚度为 2.20~2.74 m，平均为 2.41 m。直接顶为十一灰岩或粉砂岩，含均一密集的蜓科化石，下部有星点状、瘤状的黄铁矿，局部相变为粉砂岩，f=4.1~7.7，厚度为 0~1.26 m，平均为 0.84 m。直接底为铝质泥岩，部分含砂质，含有少量硅质结核，含植物根部化石，遇水易膨胀，f=1.5，厚度为 1.74~2.80 m，平均为 2.04 m。基本底粉砂岩，灰黑色，厚层状，含大量分散状的黄铁矿细粒，f=2.0~4.5，厚度为 1.05~2.74 m，平均为 2.20 m。

4.12.2.2 工作面参数确定

工作面采用走向长壁后退式采煤，全部垮落法控制顶板的综合机械化采煤方法。工作面内见顶见底一次采全高，当煤层厚度达不到 0.8 m 时，采煤机截割底板通过。回采主要工序为采煤、推移刮板输送机、移架、端头维护、设备维护等。工艺流程是割煤→移架→

推移刮板输送机铲装煤。采用端部斜切进刀、双向割煤、分组分段综合作业工艺。"三八"工作制，两班生产、一班检修，中、夜班为生产班，早班检修并试运转割煤。

4.12.3 综采工作面总体配套

复杂结构薄煤层开采，设备工作空间小，大功率电机布置困难，坚硬夹矸截割难度大，在配套方案上本着先进性与可靠性兼顾，优先考虑可靠性的原则。采煤机、刮板输送机设计安全系数高，采煤机滚筒采用重型强力滚筒；液压支架为高可靠性，满足欧洲 EN 1704 标准。在此基础上，保证各设备搭接型式、尺寸的合理性和优化配置，保证设备能发挥出各自的能力和性能，提高设备成套设备的可靠性、稳定性和协调性。

配套特点：

(1) 采煤机采用骑刮板输送机槽帮型式，无链牵引，齿轮销排传动，采煤机能够在刮板输送机上平稳行走至工作面两端部，滚筒的卧底量为 53 mm。

(2) 刮板输送机机头和机尾采用向下折弯的方式，机头和机尾通过托架放置于巷道中，采用端卸方式，电机、减速箱采用垂直布置方式，放置于工作面巷道采空区侧。刮板输送机卸载高度为 1292 mm，卸载点距转载机槽宽中心点 477 mm。

(3) 采煤机机面高度为 644 mm，刮板输送机槽帮高度为 200 mm，销排采用外挂式，液压支架顶梁前部采用单板型式。在 0.8 m 采高条件下，过机间隙为 106 mm。

(4) 在液压支架处于拉架后割煤前状态时，顶梁前端到工作面煤壁的空顶距为 420 mm，采煤机滚筒内侧与输送机铲煤板前端的侧向间隙为 179 mm，最小人行空间为 775 mm。

(5) 工作面巷道支护采用端头超前支护液压支架，端头架切顶线与工作面支架的切顶线相差 460 mm。

主要配套设备见表 4-38。

表 4-38　配套设备的组成

编号	名　称	型　号	数　量
1	中间支架	ZY2600/6.5/16	105 架
2	排头支架	ZT5600/16/26	2 架
3	采煤机	MG110/250 - BW	1 台
4	工作面前部刮板输送机	SGZ - 630/264	1 部
5	转载机	SZZ - 630/90	1 部
6	带式输送机	SSJ800	1 部
7	乳化液泵	MRB125/31.5	2 台

工作面设备总体布置如图 4-39 所示，下端头设备布置如图 4-40 所示，上端头设备布置如图 4-41 所示，中部设备配套断面图如图 4-42 所示。

4.12.4 工作面主要配套设备

4.12.4.1 ZY2600/6.5/16 型液压支架

兖州矿区 17 煤层工作面顶板分类为 I 级 2 类，底板属Ⅲb 类底板（较软）；16上煤层

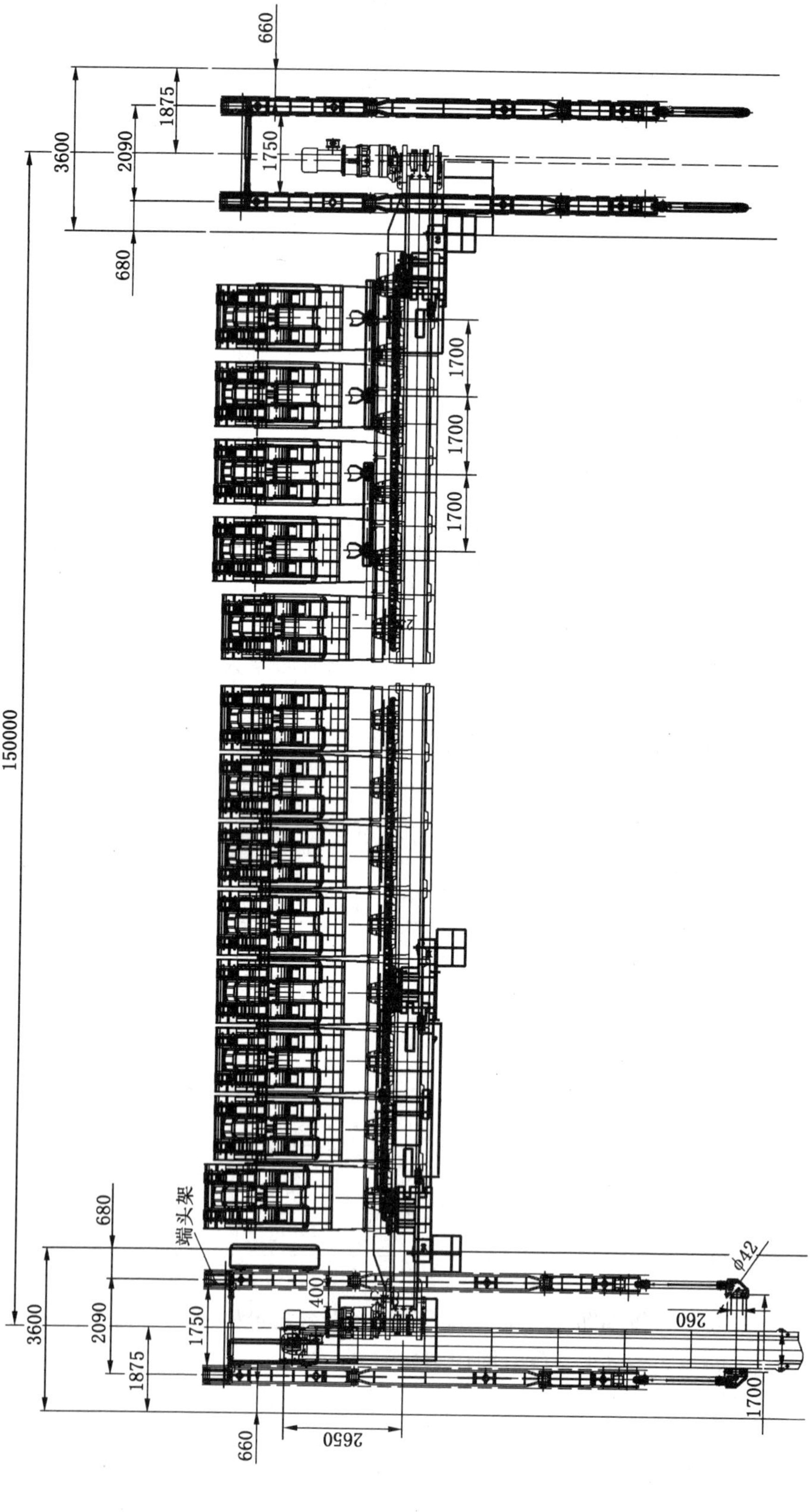

图 4－39　工作面设备总体布置

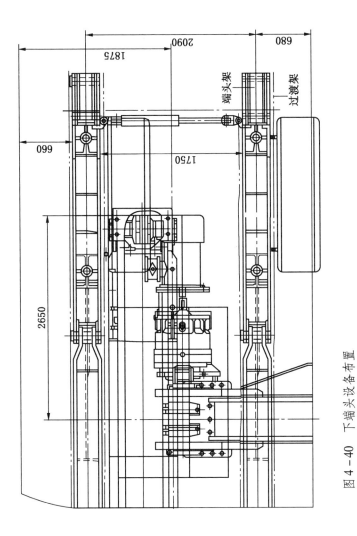

端头架
过渡架

图 4-40 下端头设备布置

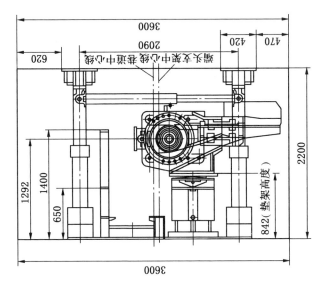

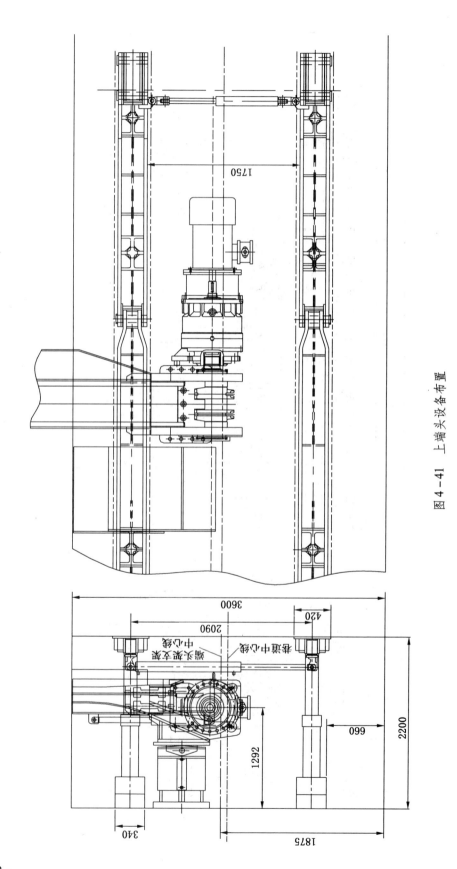

图 4 − 41　上端头设备布置

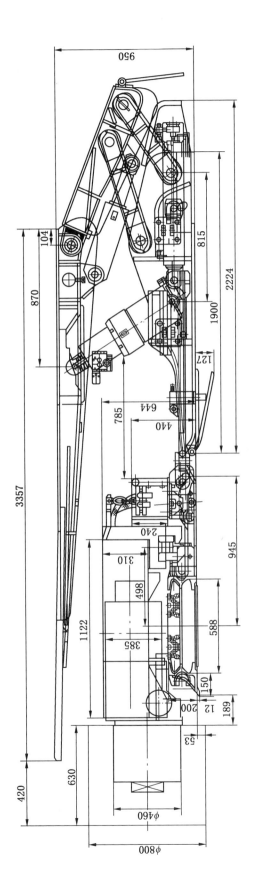

图 4-42 中部设备配套断面图

工作面顶板分类为Ⅱ级3类，工作面底板属Ⅲa类底板（较软）。依据中华人民共和国煤炭行业标准 MT 554—1996《缓倾斜煤层采煤工作面顶板分类》，该煤层围岩属易于控制的围岩组合类型。根据矿区薄煤层地质条件，在分析支撑掩护式和掩护式两种液压支架特点的基础上，从有利于改善支架与围岩的适应性出发，选用两柱掩护式液压支架。

1. 支架的适应条件

（1）一次采全高后退式走向长壁工作面。

（2）工作面煤层厚度为 0.70~1.55 m。

（3）符合或类似于兖矿集团 16、17 煤层及其他类似煤层赋存地质条件。

（4）适应煤层倾角小于或等于15°。

2. 支架的结构组成

ZY2600/6.5/16 型掩护式支架主要由金属结构件、液压系统两大部分组成。金属结构件有顶梁，掩护梁，底座，前、后连杆及推移杆等。液压系统包括立柱，各种千斤顶，液压控制元件（操纵阀、单向阀、安全阀等）及液压辅助元件（胶管、弯头、三通等）等。

3. ZY2600/6.5/16 型液压支架的主要技术参数

支架

型号   ZY2600/6.5/16

型式   两柱掩护式液压支架

顶梁型式   整体顶梁

高度   650~1600 mm

宽度   1470 mm

中心距   1500 mm

初撑力   2182 kN($p = 31.5$ MPa)

工作阻力   2600 kN($p = 37.5$ MPa)

支护强度   0.36~0.44 MPa

底板比压   平均0.77 MPa，尖端1.11 MPa

适应采高   0.70~1.55 m

适应煤层倾角   <15°

泵站压力   31.5 MPa

操纵方式   手动先导或电液控制

立柱

型式   双伸缩，2根

缸径   210/160 mm

柱径   190/130 mm

行程（液压+机械）   805（597+208）mm

初撑力   1091 kN

工作阻力   1300 kN

推移千斤顶

型式   普通差动，1个

缸径   125 mm

杆径   80 mm

行程   950 mm

推移刮板输送机力	158 kN
拉架力	228 kN
推移型式	直接或定量推进
平衡千斤顶	
型式	普通型式,1个
缸径	140 mm
杆径	80 mm
行程	287 mm
推力/拉力	484/327 kN
工作阻力($p = 37.5$ MPa)	576/389 kN
底调千斤顶	
型式	普通型式,1个
缸径	63 mm
杆径	45 mm
行程	170 mm
推力	98 kN
拉力	48 kN
抬底千斤顶	单作用,2个
缸径	63 mm
杆径	45 mm
行程	70 mm
推力	98 kN

4. 支架的技术特点

（1）支架满足 $16_上$、17 煤层高度变化,支架高度为 650 ~ 1600 mm,高度变化范围大,为提高支撑效率,采用双伸缩立柱再加加长段的型式。用于 17 煤层时,不加加长段,支架高度为 650 ~ 1360 mm,用于 $16_上$ 煤层时增加加长段,支架高度为 925 ~ 1600 mm。

（2）支架采用整体顶梁结构,顶梁前端采用整体高强板,在保证强度要求的前提下尽量降低厚度尺寸,有利于增加过机空间。同时推移框架在保证强度要求的前提下,也采用板式结构,最大限度减小构件厚度,增加了过人空间。

（3）推移千斤顶采用正装结构,最大行程为 950 mm,可定量分次推进,每次推进320 mm 或 460 mm,推三次或两次移架一次。

（4）采用成组定量推进系统,简化操作,保证每次等量推进,并可局部前后调整。

（5）底座为封底式刚性结构,底板比压小,底座前部（含中档）均有上翘量,利于移架。

（6）底座中档尺寸大（420 mm）,在高度空间很小的情况下具有一定的排煤效果。在底座上设有抬底装置,与支架的移架动作联动。抬底千斤顶体积小,大部分内嵌于底座内,基本不影响行人空间,有效解决了薄煤层封底式液压支架拉移时易啃底所造成的移架困难的难题。

（7）支架设有铰接式底调装置,调架力大,便于调架,可两侧灵活安装。

（8）支架设有可靠的平衡千斤顶机械限位装置和掩护梁最低高度限位装置。

（9）支架采用 1 个 $\phi140/80$ mm 的平衡千斤顶,布置在立柱中间位置,平衡千斤顶推力和拉力分别达到484 kN和327 kN，平衡千斤顶调节能力大，能较好地适应顶板合力作用点位置的变化。

（10）支架采取双前连杆、双后连杆结构，支架稳定性好，可靠性高。

（11）支架推杆采用Q690高强度钢板，其他主要结构件采用Q550高强板，减小支架部件高度尺寸，确保支架高可靠性。支架的质量约为6.5 t。

（12）液压系统主进液ϕ19 mm、主回液ϕ25 mm，采用邻架先导或电液控制，阀体及邻架管路外形体积小，实际工作流量大，操作安全。推进采用定量成组和单独控制相结合，灵活性高。

4.12.4.2 ZT5600/16/26型端头液压支架

针对兖矿的实际情况，充分借鉴国内同行的已有成果，设计了ZT5600/16/26型端头超前支护液压支架，实现了薄煤层工作面巷道支护的机械化。这种支架与单体支护相比较，具有移架迅速、支护安全等优点，降低了工人的劳动强度。对于提高整个工作面的机械化水平，提高工作面的整体推进速度有重要意义。

1. 支架的结构

ZT5600/16/26型端头超前支护液压支架主要由后部支架、中部支架、前部支架三大部分组成。前后依次连接，左右布置于两边，通过左右迈步实现快速移架。上述三部分均由金属结构件和液压系统两大系统组成。金属结构件包括后部支架、中部支架、前部支架等三大部分；液压元件主要由立柱、拉移千斤顶、调架千斤顶、侧护千斤顶和液压控制元件（主控阀、单向阀、安全阀等）、液压辅助元件（胶管、弯头、三通等）等组成。

2. ZTZ5600/16/26型支架的技术参数

型号	ZT5600/16/26型端头液压支架
型式	两架一组左右迈步式
高度	1600～2600 mm
支护面积	32 m²
初撑力	5064 kN(p=31.5 MPa)
工作阻力	5600 kN(p=35 MPa)
支护强度	0.18 MPa
底板比压	平均1.48 MPa
泵站压力	31.5 MPa
立柱数量	8个
立柱	
型式	单伸缩,8个
缸径	160 mm
柱径	150 mm
行程	996 mm
初撑力	633 kN
工作阻力	700 kN
推移千斤顶	普通,3个
缸径	40 mm
杆径	85 mm
行程	1000 mm

推移刮板输送机力	484 kN
拉架力	306 kN
调架千斤顶一	普通型式,3个
缸径	100 mm
杆径	70 mm
行程	400 mm
推力/拉力	247/126 kN
调架千斤顶二	普通型式,1个
缸径	100 mm
杆径	70 mm
行程	400 mm
推力	247 kN
拉力	126 kN
侧护千斤顶	普通型式,4 个
缸径	63 mm
杆径	45 mm
行程	280 mm
推力	98 kN
拉力	48 kN

3. ZT5600/16/26 型排头支架的技术特点

该支架结构简单,使用灵活;后部支架为成熟的支撑掩护式四连杆结构,结构稳定,中部架和前部架分别由立柱支撑铰接式顶梁,为提高抗扭能力,前部架设有摆杆。支架顶梁部分由 3 个调架千斤顶联接以提高稳定性。前部支架底座前部设有两件拉移千斤顶用于支架的拉移。另外前部支架后端设有一件拉移千斤顶,用于输送机机头的拉移。为提高支护能力,后部架设有两个侧护板,起到临时支护作用。

4.12.4.3 MG110/250 – BW 型采煤机

薄煤层要实现综合机械化高效开采,采煤机是关键设备之一,尤其是复杂结构的薄煤层,采煤机的性能成为决定性的因素。兖矿集团联合辽源煤矿机械制造有限责任公司、辽宁工程技术大学等单位协同攻关,建立了涵盖机械、液压等领域的薄煤层采煤机截割部及其相关部件刚—柔耦合多体系统的虚拟样机,通过对采煤机破煤过程进行模拟仿真,优化了采煤机截割部及其相关部件技术参数,提高了采煤机截割硬夹矸(硬结核体)的能力和采煤机的可靠性,成功研制了具有较强切割硬夹矸(硬结核体)能力的矮机身薄煤层采煤机。

1. 采煤机的适用条件

MG110/250 – BW 型液压牵引采煤机是一台由多电机驱动,电机横向布置的薄煤层无链液压牵引采煤机。该机适用于煤层厚度为 0.8 ~ 1.55 m,煤层倾角小于或等于15°,煤质中硬、煤层中含少量无规则分布的硫化铁硬结核体煤层的开采。

2. MG110/250 – BW 型采煤机的主要结构组成

采煤机各部分按用途可分为截割机构、牵引机构、液压机构、电气控制设备、电动机、冷却喷雾系统等。从采煤机的整体结构来看,它由左、右牵引减速箱,左、右摇臂和滚筒,电控箱,4 台主电机,1 台调高电机,液压传动箱,其他元部件,以及冷却喷雾系统等组成。

3. MG110/250 - BW 型采煤机的主要技术参数

适应煤层

采高范围	0.8 ~ 1.55 m
倾角	≤15°
煤质硬度	$f ≤ 3.5$

总体参数

机面高度	644 mm
摇臂回转中心距	4000 mm
导向轮中心距	3460 mm
摇臂水平中心距	6694 mm
装机功率	$(4 × 55 + 30) = 250$ kW

牵引部

牵引调整方式	液压无级调速
牵引行走型式	摆线轮销轨式无链牵引
牵引功率	30 kW
供电电压	660/1140 V
牵引力	160 kN
牵引速度	0 ~ 5 m/min

干式泵箱

牵引压力	18.8 MPa
背压	2.5 MPa
调高压力	20 MPa
主泵排量	56 mL/r
马达排量	56 mL/r

截割部

截割功率	$(2 × 55) = 110$ kW
供电电压	660/1140 V
滚筒直径	$\phi 800$ mm
滚筒截深	630 mm
滚筒转速	91.1 r/min
操纵方式	跟机、遥控

冷却喷雾系统

方式	电机水冷、内外喷雾
供水量	125 L/min
供水压力	6.3 MPa
机器重量	16000 kg

4. MG110/250 - BW 型采煤机的主要特点

（1）采用多电机驱动，截割电机横向布置在摇臂上，由采空区侧装入。摇臂与机身通过销轴铰接，没有动力传递，与纵向布置相比，取消了螺旋伞齿轮复杂传动结构。

（2）截割反力、调高液压缸支撑反力、牵引反力均由整体机壳承受主机身为整体铸造机壳，强度高、刚性好，无对节松动问题，简单可靠、装拆方便。

（3）采用变量泵—定量马达液压调速技术，实现牵引速度无级调速，有利于缩短机身长度，提高薄煤层采煤机的适应性。

（4）液压系统的泵箱为干式结构，主要液压元件均集成于主泵和马达之内，使泵箱结构大为简化，维护和调试工作量大大减少。

（5）采用液压比例换向阀，提高了液压控制灵敏度。

（6）摇臂为双电机布置，有利于增大截割功率、过煤高度和过煤间隙。

（7）采用无链牵引，安全可靠。

（8）支撑销轴取消注油孔，采用自润滑轴承套，提高可靠性，减少维护工作量。

（9）该机可跟机操作，也可离机无线电遥控。

（10）具有记忆截割、自动分段遥控等自动化功能。

4.12.4.4 SGZ-630/264 型刮板输送机

SGZ-630/264 型刮板输送机是综合国内外同类型刮板输送机的优点，并结合我国煤矿的实际情况，由兖矿集团与宁夏天地奔牛公司合作研制的一种新型薄煤层刮板输送机。该型刮板输送机在链道布置、机头尾结构、中部槽调斜及辅助装煤等方面，较普通型式刮板输送机均有着独到创新之处，是薄煤层综合机械化采煤理想的工作面输送设备。

1. 刮板输送机的适用条件

适用于薄煤层综采工作面，满足大运量、高强度、高寿命、高可靠性的要求。

2. 刮板输送机的主要结构组成

SGZ-630/264 型刮板输送机主要有机头、机尾、动力部、过渡段、中部槽、电缆槽、刮板链、齿轨、哑铃销、机头/尾挡板、中部槽调斜装置等组成。

3. 刮板输送机的主要技术参数

设计长度	200 m
输送能力	300 t/h
刮板链速	1 m/s
装机功率	2×132 kW
适应的工作面	横向倾角≤7°
	走向倾角≤±6°
传动方式	电动机+弹性盘+减速器
电机	
型号	DSB-132（抚顺）
功率	132 kW
电压	1140/660 V
传动方式	电动机+弹性盘+减速器
减速器	
型号	JX-250（47J）
型式	平行轴行星减速器
传动比	35.788:1
传递功率	132 kW（最大可至250 kW）
冷却方式	水冷,水压小于或等于3 MPa
中部槽	
型式	铸焊结构

尺寸(长×宽×高)	1500 mm × 630 mm × 200 mm
中板厚度	20 mm(NM360)
底板厚度	14 mm(16Mn)
中部联接方式	哑铃销
哑铃销联接强度	≥2000 kN
刮板链	
型式	边中双链
链条	ϕ26 mm×92 mm 扁平链
接链环	ϕ26 mm×92 mm(平环)
破断负荷	≥850 kN
链中心距	260 mm
刮板间距	1104 mm
输送机卸载方式	端卸
与采煤机牵引型式	齿轮—销轨
紧链方式	机械—闸盘紧链

4. SGZ-630/264 型刮板输送机的主要特点

(1) 在结构上首次采用在刮板输送机整个铺设长度内（其机头、机尾中板与中间段）中板处于同一高度。这种创新性的结构，突破了刮板输送机机头、机尾段中板向上翘的传统型式，减少了刮板输送机下链道拉回头煤的阻力，加大了刮板输送机机头卸载处过煤空间，减小了为工作面两端头割透三角煤而将机头、机尾外置到工作面巷道的伸出长度，降低了巷道的施工量。

(2) 采用边中双链刮板链形式和新的刮板链断面将刮板链中心距扩大，使其介于中双链与边双链之间，链条位于槽帮上沿外侧，在不增加刮板输送机中部槽高度的情况下加大了链条规格，为布置 150~200 m 工作面创造了条件。同时，链条中心距的有效增大，可使更大尺寸的块煤通过采煤机底托架。

(3) 在中部槽推移耳板中间加装液压缸、支撑机构，调节中部槽挡板侧高度，改变中部槽铲板对底板角度，加大铲板对底板比压和扎底力，解决了薄煤层综采工作面刮板输送机普遍存在的"飘溜"技术难题。

(4) 在机头端加装机头溜煤装置、机尾端加装机尾回煤装置，很好地解决了薄煤层采煤机截割至工作面两端部时，滚筒易将煤炭抛到巷道内需要人工清理的问题。

(5) 为适应工作面巷道沿顶破底的布置方式，机头、机尾处配置了可调节式垫架，解决了巷道与工作面高差变化和底板起伏不平的问题。

(6) 刮板输送机动力部采用垂直布置形式，为实现两端头的机械装煤留出了空间。并且工作面内两端部无须再配置特殊型号支架，也无需采取特殊的采煤工艺（即无须挑顶破底），减少了设备型号，简化了生产工艺。

4.12.4.5 SZZ630/90 型转载机

1. SZZ630/90 型桥式转载机的适用条件

SZZ630/90 型为桥式转载机，它与可伸缩式输送机互相配套组成采煤工作面回风巷输送系统，转载机头部搭接在伸缩带式输送机机尾部两侧轨道上，并可沿着整体移动，（最大移动距离为 12 m）在 12 m 移动距离内可不用伸缩带式输送机，也能保持采煤工作面连续推进。

2. SZZ630/90 型桥式转载机的主要结构组成

该装载机主要由机头传动部、中部槽、刮板链、落地段挡板、封顶板、机尾等部分组成。

机头传动部主要由链轮轴组、拨链器、机头架、护板、动力部等部件组成。

中部槽作为刮板运行导轨及物料载体，在不同部位具有不同功能，包括中部槽、凸、凹槽。

3. SZZ630/90 型桥式转载机的主要技术参数

设计长度	50 m
输送能力	500 t/h
刮板链速	1.82 m/s
装机功率	90 kW
中部槽	
型式	箱式结构
尺寸(长×宽×高)	悬空段 1500 mm × 588 mm(内宽) × 540 mm
	落地段 1500 mm × 588 mm(内宽) × 650 mm
中部联接方式	悬空段螺栓硬连接
	落地段哑铃销连接
哑铃销联接强度	≥2000 kN
刮板链	
型式	中双链
链条	$\phi26$ mm × 92 mm 扁平链
接链环	$\phi26$ mm × 92 mm
破断负荷	≥850 kN
配套输送机卸载方式	端卸
紧链方式	闸盘紧链和伸缩机头辅助紧链

4. SZZ630/90 型桥式转载机的主要特点

（1）机头架为前开口式结构，用不同厚度的高强度板材拼焊，经机加工成型，具有强度高、刚性好等特点。

（2）机头架前开口的圆弧端靠两侧板处设有链轮轴组的辅助支撑，以缩小链轮轴组的支撑跨距，提高链轮轴组的强度和刚性。

（3）配有伸缩槽，可便利地对刮板链进行调节。

（4）配有开天窗中部槽，槽体两侧均设有抽屉式活底板，便于解决底链断链问题。

4.12.5 试验应用

该项目于 2009 年 2 月至 7 月兖矿集团杨村煤矿 2708 工作面，2009 年 11 月至 12 月在兖矿集团杨村煤矿 4701 工作面进行了工业性试验。通过应用表明，整套装备选型先进、配套合理、运动关系协调、生产能力匹配、效率较高、安全性能好、质量可靠，能够适应工作面地质条件，满足矿井生产工艺要求。

（1）在 0.8 ~ 1.25 m 条件下，工作面各设备的能力配套合理，生产能力达到了 60.6 ×

10^4 t/a 的水平，工作面产量较爆破开采提高了 118%，工效提高 3.43 倍。

（2）采煤机、液压支架在 0.8 m 条件下，过机高度能满足要求，采煤机行走正常；采煤机与输送机之间过煤高度满足要求，煤流畅通；支架的移架速度与采煤机的牵引速度相适应，设备之间配套合理。

（3）采煤机挑顶、卧底量满足要求，两端采煤机能够行走至端头，解决了工作面端头截割三角煤和刮板输送机回煤的问题。

（4）工作面巷道超前支护液压支架与中间支架及转载机之间搭配合理，实现了工作面巷道超前支护的机械化，机尾调节架的设置，满足了工作面长度变化的要求。

（5）采煤工作面采出率达到了 99.12% 的水平，用人较爆破开采每天减少 57 人，减少了 51%，正规循环率达到 90%。

（6）安全上杜绝了重伤以上人身事故和重大机电事故。

在工业性试验过程中，MG110/250 – BW 型采煤机硬结核的破落有直接切割与剥落两种情形，其中剥落又分为截断剥落与整体剥落两种形式。大部分结核能够直接截断剥落，少部分整体剥落。在作业过程中，采煤机分段程序的运行稳定；现场通过检测，采煤机位置计数精确值误差在 10 mm 以内；发射机在工作面内具有唯一性；段位切换及时；段间没有存在操控盲点。自动分段遥控控制技术应用成功，大大降低了采煤工人的劳动强度。以每班割煤 8 刀，面长 135 m 计算，采用原生产方式，采煤机司机、液压支架工每班均要在低矮的空间下匍匐爬行 1080 m；而使用了该项技术后，每名职工每班只需行动 260 m 左右，不足原先的 1/4，使职工节省了体力消耗，提高了跟机速度，也增加了操作的安全性。采煤机在智能模式下运行，下滚筒（割底）能够按照示范刀截割轨迹进行工作，系统运行稳定。该技术的现场实用，降低采煤机司机劳动强度，减少了截齿消耗、设备故障，减少了煤炭的含矸量，保证了底板的平整性，提高了工作面自动化水平，提高了煤矿生产安全性。进一步降低了工人的劳动强度，提高了劳动生产率。

ZY2600/6.5/1.6 型掩护式液压支架使用新型抬底装置实现抬底与移架动作的联动，移架时自动抬底，避免了支架扎底的现象，有效解决了煤泥堵塞支架底座中间空当造成的移架困难和拉移不到位需人工清理的问题。

ZT5600/16/26 型巷道超前支护液压支架与巷道支护液压支架为两架一组，由四连杆机构稳定水平位移；两架顶梁间设置拉架千斤顶。该支架与工作面支架衔接良好、支护空间适应大断面变形，实现了与工作面设备的合理配套。巷道支护液压支架能够适应支护断面尺寸的变化，有效地维护工作面端头及工作面巷道的断面空间；支架切顶能力强，护帮、护巷效果好，能有效控制巷道变形，确保足够的行人和输送空间；支架动作灵活轻便，能够和工作面其他设备有效协调配合，拉移动作快速便捷，机械化程度高，操作简便，每班工作面巷道维护人员降到 1 人，整组支架移架时间为 3 min。加快了工作面推进速度，提高了综采工作面端头支护的效率，保障了安全。

SGZ – 630/264 型边中双链铸焊结构刮板输送机在使用过程中总体运行情况良好，采用底置式机头、机尾，上沿及中板为水平结构，采煤机可以一直行走到机头或机尾，解决了工作面端头截割三角煤和刮板输送机回煤的问题。

4.12.6 主要设备的评价

（1）该项目首次成功研发了适用于 1 m 以下含坚硬夹矸薄煤层的安全高效综合机械

化开采成套设备与技术。

（2）建立了涵盖机械、液压等领域的薄煤层采煤机截割部及其相关部件刚—柔耦合多体系统的虚拟样机，对采煤机的破煤过程进行模拟仿真，对采煤机截割部及其相关部件进行了技术参数优化，提高了单齿截割能力和采煤机工作的可靠性。

（3）研制了具有自动定位、自动分段遥控和记忆割煤功能的矮机身大功率薄煤层采煤机，具备较强的切割硬结核体和硬岩的能力。

（4）研制了具有抬底功能的大伸缩比高支撑效率薄煤层液压支架。

（5）研制了底置式防飘薄煤层边中链新型刮板输送机，解决了传统结构带来的过煤空间狭小、影响出煤及刮板输送机上飘技术难题，实现了端头机械化高效装煤，优化了槽高与链条直径、过煤空间之间的关系。

4.13 综放工作面端头及工作面巷道超前支护成套装备

4.13.1 概述

综采放顶煤技术已经成为我国高产高效矿井现代化建设、实现集约化生产的技术途径之一。但是，综（放）采工作面端头区乃至两工作面巷道超前区域的维护仍处在需要深化发展阶段，为了适应大功率、大配套重型设备发展及使用要求，需要提高工作面端头作业的机械化和安全性，才能更好地发挥成套装备的能力、保证高产高效。

综放（采）工作面端头区是指工作面与回采巷道的交汇处，是采运设备的交接点，设备布置密集，是行人、输煤的咽喉。端头管理和支护的好坏，是决定工作面能否正常运转和评价工作面安全程度的关键。

长期以来，综采技术得到了长足发展，但两工作面巷道支护大多采用单体支柱支护，综放（采）工作面端头及工作面巷道单体支柱支护时存在普遍问题，尤其是综放工作面沿空轨道巷端头及超前单体支柱支护时，因应力状态最复杂、巷道变形最为严重，致使支护难度大，在煤机端头进刀、推移刮板输送机、移架的过程中，工作面轨道巷出口的顶板支护工作非常烦琐，不但增加了工人的劳动强度，延长了煤机在工作面端头的停机等待时间，更严重的是增大了回料工作的危险性，给综放（采）工作面的高效推进和安全管理带来一定困难。因而，改善综采工作面端头的支护状况，实现综采工作面端头作业的机械化，是提高综采工作面安全程度的重要途径。

兖矿集团根据我国国情，充分分析了工作面端头及工作面巷道超前支护段的应力场规律，通过对综放（采）工作面两端头及工作面巷道超前段的支护设备进行合理造型和优化设计，研制适应我国大功率配套综放（采）工作面端头的支护设备，提高设备的可靠性和机械化性能，保证综放（采）工作面的安全生产和高产高效。

兖矿集团研制综放（采）工作面端头及两工作面巷道超前支护成套设备是由易到难逐步改进与完善的过程：首先研制了适用于简单条件的综放工作面实体煤运输巷端头液压支架，该支架为简易两架一组（前、后架型式）结构和前后迈步移架方式。之后研制支护强度提高、支护空间扩大的综放工作面实体煤运输巷端头液压支架，改进后仍为前后迈步移架方式。最终研制出综放工作面端头及沿空轨道巷超前液压支架，结构型式由三架型六组合过渡到四架型八组合，性能更趋完善，既提高了支护强度，又实现了左右交替迈步式自移。适用范围涵盖兖州矿区的工作面端头及综采运输巷、综采轨道巷、综放运输巷和综放沿空轨道巷超前支护。

综放工作面端头及工作面巷道超前支护成套装备的研制与应用，有效地解决了兖州矿区的工作面端头及工作面巷道超前支护问题，为集团公司的高产高效矿井现代化建设提供了有利支持，也为我国在综放（采）工作面大配套端头支护及工作面巷道超前支护方向探索出一条新路子。

4.13.2 ZT9800/16/30 型综放工作面实体煤运输巷端头液压支架

1. 支架的适用条件

适用于条件相对简单的实体煤运输巷端头支护，端头支架工作阻力为 9800 kN，支护长度为 14000 mm，前架高度为 1.8~3.5 m，后架高度为 1.6~3.0 m。

2. 支架的结构特点

（1）ZT9800/16/30 型综放工作面实体煤运输巷端头液压支架是两架一组（前、后架型式）的前后迈步端头支架，由前后两组单独支架组成。

（2）每架支架由四连杆机构稳定水平位移，最前方的顶梁带有铰接前梁，以适应前端顶板的变化。

（3）两架顶梁处设置四组拉架千斤顶，以防止支架拉移时歪斜。

（4）在前后架中的一架底座上设置调底千斤顶，以便调整底座。

3. 支架的主要技术参数

端头支架

型号	ZT9800/16/30
型式	二架一组
前架高度	1800~3500 mm
后架高度	1600~3000 mm
初撑力	7912 kN
工作阻力	9800 kN
支架面积	17.7 m²
支护强度	0.53 MPa
底板平均比压	0.9 MPa
泵站压力	31.5 MPa
立柱数量	8 根
前、中立柱	6 根
缸径/柱径/杆径	200/185/157 mm
行程（液压 + 机械）	(925 + 775)1700 mm
工作阻力	1225 kN(p = 39 MPa)
初撑力	989 kN
后立柱	2 根
缸径/柱径/杆径	200/185/157 mm
行程（液压 + 机械）	(780 + 635)1415 mm
工作阻力	1225 kN(p = 39 MPa)
初撑力	989 kN
推移千斤顶	2 根
缸径/杆径	200/105 mm

推力/拉力	989/717 kN
行程	1000 mm
前架防倒千斤顶	3 根
缸径/杆径	100/70 mm
推力/拉力	247/126 kN
行程	690 mm
后架防倒千斤顶	2 根
缸径/杆径	100/70 mm
推力/拉力	247/126 kN
行程	490 mm
底座侧推千斤顶	3 根
缸径/杆径	100/70 mm
推力/拉力	247/126 kN
行程	180 mm
前梁千斤顶	2 根
缸径/杆径	140/105 mm
推力/拉力	485/212 kN
行程	160 mm
工作阻力	539 kN($p = 35$ MPa)

4.13.3 ZT24500/18/35 型综放工作面实体煤运输巷超前液压支架

ZT24500/18/35 型综放工作面实体煤运输巷超前液压支架是在 ZT9800/16/30 型综放工作面实体煤运输巷端头液压支架基础上,通过改进其在应用过程中暴露出的问题,开发的实体煤运输巷超前液压支架。

广泛适用于工作阻力不超过 24500 kN,支护高度为 1.8~3.5 m,支护长度约为 32 m,其中超前支护长度约为 21.3 m 的综放工作面实体煤运输巷的端头及超前支护。

1. 支架的结构特点

(1) 支架的结构型式为两架型三组合,由超前支架、端头支架组成。

(2) 超前支架两架,为六柱两架一组结构;端头支架一架,为八柱两架一组结构,前带铰接前梁型式。

(3) 超前支架设计成六柱结构,结构紧凑,受力均匀,四连杆加单摆杆机构,确保了支架的稳定性。

(4) 顶梁配置与推移步距相适应的调架千斤顶,有效防止了左右倒架并确保顺利移架。

(5) 端头支架设计成八柱结构,顶梁亦配置了调架千斤顶,铰接顶梁带铰接前梁结构型式,提高了对顶板的适应能力和支撑能力。

ZT24500/18/35 型综放工作面实体煤运输巷超前液压支架结构图如图 4-43 所示。

2. 支架的主要技术参数

端头支架

型号	ZT24500/18/35
型式	两架一组
支架高度	1800~3500 mm

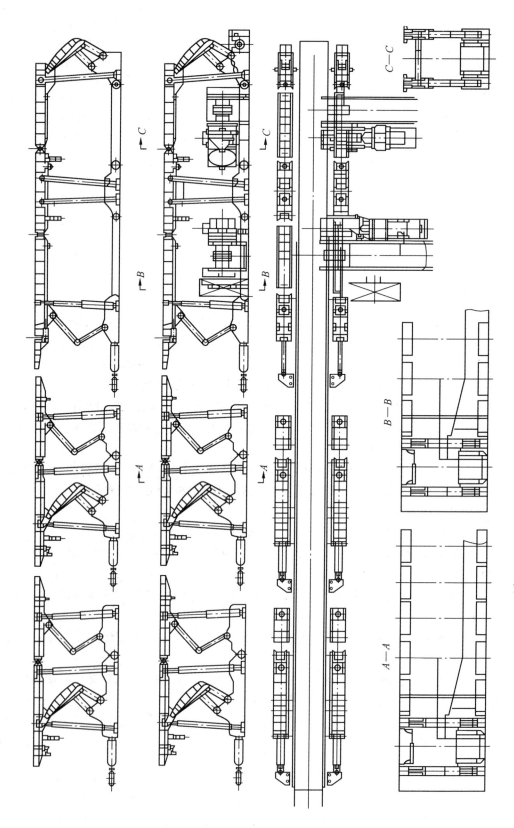

图 4－43　ZT24500/18/35 型综放工作面实体煤运输巷超前液压支架

初撑力	19780 kN
工作阻力	24500 kN
支架面积	49.4 m²
支护强度	0.495 MPa
底板平均比压	0.92 MPa
泵站压力	31.5 MPa
立柱数量	20 根
前、中立柱	20 根
缸径/柱径/杆径	200/185/130 mm
行程(一级 + 二级)	(840 + 845)1685 mm
工作阻力	12254 kN($p = 39$ MPa)
初撑力	989 kN
推移千斤顶	6 根
缸径/杆径	200/105 mm
推力/拉力	989/717 kN
行程	900 mm
前架防倒千斤顶	4 根
缸径/杆径	100/70 mm
推力/拉力	247/126 kN
行程	650 mm
前架调架千斤顶	4 根
缸径/杆径	100/70 mm
推力/拉力	247/126 kN
行程	690 mm
底座调架千斤顶	1 根
缸径/杆径	100/70 mm
推力/拉力	247/126 kN
行程	600 mm
前梁千斤顶	2 根
缸径/杆径	140/105 mm
推力/拉力	485/212 kN
行程	160 mm
工作阻力	539 kN($p = 35$ MPa)

4.13.4 ZT9800/16/30 型端头支架与 ZT24500/18/35 型超前支架的应用与评价

2004 年 12 月至 2005 年 2 月，进行了 ZT9800/16/30 型综放工作面实体煤运输巷端头液压支架的井下工业性试验；2005 年 7—10 月，进行了 ZT24500/18/35 型综放工作面实体煤运输巷超前液压支架的井下工业性试验。工业性试验期间，工作面煤炭开采平均日产 16000.8 t，最高日产 19056 t，平均月产 5.082×10^5 t，最高月产达 6.172×10^5 t。

试验证明该端头支架总体设计适应该工作面的地质条件和生产环境，满足生产工艺要求。整套支架体现了设计选型先进、运动关系协调、安全性能好和质量可靠的特点。

1. 保证端头支架有较大的无立柱空间

支架的使用保证了前后部输送机及转载机的正常运转和顺利前移，满足综采工作面端头设备复杂、体积庞大，特别是大功率设备正常维护所需的空间要求；支架与转载机联接，能够实现自身移架，支撑强度高，稳定性好，系统运动灵活、推拉力满足要求；支架结构简单，重量轻，支护面积大；支架具有护顶及护帮能力，可以实现自身移架与割煤平行作业，节约工作时间，降低了工人劳动强度，保证了安全，为安全高效生产提供了良好的基础条件。该工作面巷道及端头支架整体支护强度能够满足小煤柱综放工作面沿空侧巷道及端头矿压的要求，能够有效地控制巷道围岩变形，工作面出口高度达到了 2.5 m 以上；该工作面巷道及端头支架具有切顶能力强、护帮、护巷效果好，能有效控制沿空巷道变形，确保足够的行人和输送空间，人行道宽度达到要求。

2. 支架结构适于综放（采）工作面要求

该端头支架能够适应无煤柱开采工作面的支护要求，可以超前煤壁 60 m 进行强力支护，适应大功率、大运量、高可靠性的综放工作面沿空侧端头支护及轨道巷的超前支护要求；该端头支架具有强度高、稳定性好、结构简单可靠、抗侧压能力强、移架快速、安全可靠的特点，工作面端头支护的安全性比十字顶梁或一字梁有了明显提高；该套支架的超前支架为两架一组型式，端头第一架采用支撑掩护式支架，既满足了通风断面、行人和设备输送的要求，又满足了沿空巷道两帮移近量大的实际，与工作面输送机、过渡支架等配套合理；该端头支架采用长步距迈步自移结构型式，减少了支架前移时顶板暴露的面积和时间，有效控制了顶板的循环下沉量，能够保证巷道出口高度为 1.8 ~ 2.4 m；该端头支架切顶能力强，护帮、护巷效果好，能有效控制巷道变形，拉架轻便快捷、自动化程度高，操作简便、节约了劳动力，减轻了职工繁重的体力劳动，实现了工作面端头及巷道超前支护的机械化，为综放（采）工作面的高产高效创造了条件；支架采用锚固支架作生根支点实现全套支架的迈步自移，结构新颖，效果好。

3. 提高了支护效率

端头支架在井下试验过程中，各部操作正常，移架时不需要停机，可以实现平行作业，每班轨道巷端头维护人员由过去的平均 4 人降到了 1 人。对基本顶初次来压阶段等工作面开采最困难期间的沿空轨道巷侧端头顶底板移近量、巷帮移近量进行动态观测表明，该端头支架受力状态较好，支护能力大，端头顶板下沉和两帮移近量得到了有效的控制，满足生产要求。移架时单架平均移架速度为 35 s，最快为 25 s，整组支架同时移架时平均移架速度为 17.58 m/min。

4.13.5 ZT83200/19/35 型综放工作面轨道巷端头液压支架

ZT83200/19/35 型综放工作面轨道巷端头液压支架是兖州煤业股份有限公司鲍店煤矿和郑州煤矿机械集团公司在 ZT24500/18/35 型基础上共同完成。

1. 工作面地质条件、煤层赋存

1316 综放工作面回采煤层为 3 煤层，黑褐色，以亮煤为主，暗煤次之，属半暗半亮型煤，煤层厚度稳定，总厚为 8.18 ~ 8.74 m，平均厚度为 8.53 m。结构简单，具条带状结构，层状构造，$f = 3.1 ~ 3.9$。在工作面设计终采线附近的第 3 煤层底部发育一层厚 0.2 ~ 1.3 m 的硬质煤体。工作面内煤层呈一单斜构造，煤层产状变化不大，总体走向 SW，倾向 SE，煤层倾角为 4° ~ 11°/6.5°。

基本顶为中砂岩，厚度为 12.76 ~ 17.07 m，平均厚度为 14.58 m，灰白色，以中砂岩为主，夹细砂岩条带，主要成分为石英，次为长石，分选中等，硅钙质胶结，坚硬致密，结构完整，具水平层理，$f = 8 \sim 10$。

直接顶为粉砂岩，厚度为 $0.5 \sim 2.9$ m，平均厚度为 1.4 m，深灰色粉砂岩，富含植物茎叶部化石，泥质胶结，裂隙较发育，呈水平层理及缓波状层理，$f = 4 \sim 6$。伪顶不发育。

直接底为粉砂岩，厚度为 $0.5 \sim 7.5$ m，平均厚度为 3.75 m，深灰色，主要成分为石英，次为长石，泥钙质胶结，裂隙较发育，呈水平层理，富含植物根部化石，$f = 4 \sim 6$。

基本底为粉细砂岩互层，厚度为 $9.74 \sim 15.8$ m，平均厚度为 12.77 m，灰色，以细砂岩为主，夹薄层粉砂岩，成分主要为石英长石，含较多黄铁矿晶粒，泥钙质胶结，坚硬致密，发育水平及缓波状层理，$f = 6 \sim 8$。

2. 工作面巷道布置、回采方法

本端头支架所在的 1316 综放工作面位于一采区西部，是一采区第十二个区段的第 3 煤层工作面。北邻北风井保安煤柱，南邻 1314 综放工作面（该工作面已回采完毕）；西起开切眼，东至设计终采线，紧邻 1316 消火道。工作面可采推进长度为 543 m。工作面两巷道中线间平距是 174.2 m，面积为 92310 m^2。

1）工作面巷道布置

1316 工作面两巷道均沿第 3 煤层底板布置，其中南巷道为工作面轨道巷，沿 1314 采空区布置，靠工作面外侧布置移动电站；北巷道为工作面运输巷，为实体巷道，靠工作面外侧布置带式输送机。两巷道均与 1316 消火道相接，消火道靠工作面外侧布置带式输送机。前期采用两部输送带搭接，后期安设拐弯装置。

工作面设计终采线位于本区段东部，与 1314 工作面终采线停齐。

轨道巷操作为工作面的回风巷，断面形状呈矩形，巷道净宽为 4.1 m，巷道净高为 3.0 m，净断面为 12.3 m^2，支护型式为锚网支护。

2）回采工艺

本工作面采用综采放顶煤一次采全高的回煤工艺。

工艺过程为割煤→移架→推前部刮板输送机→割煤→移架→推前部刮板输送机→放煤→拉后部刮板输送机→割煤。工作面割煤方式为双滚筒采煤机割煤双向割煤，往返一次割两刀。端头斜切进刀，斜切进刀长度不小于 20 架，截深为 0.7 m。工作面煤厚一般为 8.53 m，割煤高度为 (3.0 ± 0.1) m，通过液压支架尾梁插板的伸缩、摆动放出顶煤，放煤高度为 5.53 m，采放比为 $1:1.84$。采用两刀一放，双轮顺序多头放煤，放煤步距为 0.8 m。初次放煤在支架推过开切眼后顶煤自然垮落时进行，两端头使用剪网插板将端头支架上铺联的金属网剪开将顶煤放出。

本工作面采用走向长壁顶板垮落采煤法。

3. 工作面主要配套设备及特征

1316 综放工作面主要配套设备：

基本型液压支架（四柱）	ZFS6200/18/35
过渡型液压支架	ZTF6500/19/32
端头支架	ZT83200/19/35
前部输送机	SGZ – 1000/1050
后部输送机	SGZ – 1000/1050
转载机	SZZ – 1000/375

4. 支架的结构特点

ZT83200/19/35 型综放工作面端头及沿空轨道巷超前液压支架实现了结构性能、移架方式、支护强度及适用范围上的重大突破。

支架主要由金属构件、执行液压缸和液压控制元件三大部分组成，结构型式为三架型六组合，包括端头第一架四柱支撑掩护式支架 1 架、端头第二架两架一组支架 1 架、端头第三架两架一组支架 3 架和端头四柱垛式锚固支架 1 架。支架支护强度较高，实现了左右交替迈步式自移，适宜于综放工作面端头及沿空轨道巷的超前支护。

1）端头支架第一架结构（1 架）

端头支架第一架结构型式为四柱支撑掩护式支架，顶梁为带铰接前梁的刚性结构。前梁的结构型式为整体前梁，通过两个前梁千斤顶使其能够上下摆动。掩护梁结构型式为整体刚性结构，掩护梁前端和顶梁铰接，后端与四连杆铰接，并通过四连杆和底座构成液压支架中不可缺少的四连杆机构。该机构使液压支架在作上下运动时，掩护梁与顶梁铰接中心点的运动轨迹形成一个近似直线的双纽线，从而满足液压支架具有一个合理、稳定的运动机构。底座结构型式为整体刚性结构，底座直接与底板接触，承受通过顶梁、立柱传递过来的顶板垂直压力，也承受由底板鼓起的向上作用力，以及四连杆传递的拉压、扭曲力。支架通过底座上的连接座与推移千斤顶连接，使支架前移。

2）端头支架第二架结构（1 架）

端头支架第二架为两架一组支架型式。两排支架结构分别为煤壁侧支架结构为两个刚性铰接顶梁，前顶梁带有铰接前梁，需要时顶梁后端可加上铰接前梁带伸缩梁结构，通过四连杆与两个刚性结构铰接底座连接，顶梁与底座之间由三根立柱支撑，并通过底座上的连接座与推移千斤顶连接，使支架前移。在两架顶梁之间设置两个调架千斤顶及时调架；支架底座设置调底座千斤顶，以保证支架前进方向和控制一定的运输行人空间。对应的另一支架结构为两个刚性结构铰接顶梁，前后顶梁各带有铰接前梁，通过四连杆与两个刚性结构铰接底座连接，顶梁与底座之间由三根立柱支撑，通过底座上的连接座与推移千斤顶连接，使支架前移。

3）端头支架第三架结构（3 架）

端头支架第三架为两架一组支架型式，两排支架结构一致、左右对称。每排支架结构为两个刚性结构铰接顶梁，前顶梁带有铰接前梁，通过四连杆和单连杆与两个刚性结构铰接底座连接，顶梁与底座之间由三根立柱支撑，并通过底座上的连接座与推移千斤顶连接，使支架前移。在两架顶梁之间设置两个调架千斤顶及时调架。

4）端头锚固支架结构（1 架）

端头锚固支架结构为四柱垛型式，顶梁结构型式为两个整体刚性结构，底座为一个整体刚性结构，底座分别通过两个立柱与顶梁相连，在底座下端分别与后架的推移千斤顶连接，使支架前移。

5）执行液压缸

包括立柱、推移千斤顶、前梁千斤顶、顶调千斤顶等。

6）液压控制元件

主要包括液压控制阀、操纵阀、单向锁、安全阀、截止阀及液压辅助载元件。

ZT83200/19/35 型综放工作面轨道巷端头液压支架现场布置图如图 4 - 44 所示。

5. 支架的主要技术参数

1）轨道巷（沿空）端头支架第一架技术参数（1 架）

型式	支撑掩护式
支架高度	1700 ~ 3300 mm
初撑力	10128 kN
工作阻力	11260 kN($p = 35$ MPa)
支护面积	19.5 m²
支护强度	0.58 MPa
底板平均比压	2.6 MPa
泵站压力	31.5 MPa
立柱	4 根,双伸缩
缸径/柱径/杆径	320/230/210 mm
行程	1600 mm
工作阻力	2815 kN($p = 35$ MPa)
初撑力	2532 kN($p = 31.5$ MPa)
推移千斤顶	1 根
缸径/杆径	230/105 mm
推力/拉力	1308/1036 kN
行程	1700 mm
前梁千斤顶	2 根
缸径/杆径	160/105 mm
推力/拉力	633/360 kN
行程	160 mm
工作阻力	703 kN($p = 35$ MPa)

2）轨道巷（沿空）端头支架第二架技术参数（1 架）

型式	两架一组
支架高度	1900 ~ 3500 mm
初撑力	15192 kN
工作阻力	16890 kN($p = 35$ MPa)
支护面积	34 m²
支护强度	0.49 MPa
底板平均比压	2.3 MPa
泵站压力	31.5 MPa
数量	1 组
立柱	6 根,双伸缩
缸径/柱径/杆径	320/230/210 mm
行程	1600 mm
工作阻力	2815 kN($p = 35$ MPa)
初撑力	2532 kN($p = 31.5$ MPa)
推移千斤顶	2 根
缸径/杆径	200/105 mm

推力/拉力	989/717 kN
行程	1700 mm
调架千斤顶	2 根
缸径/杆径	100/70 mm
推力/拉力	247/126 kN
行程	1015 mm
前梁千斤顶	4 根
缸径/杆径	160/105 mm
推力/拉力	633/360 kN
行程	160 mm
工作阻力	703 kN($p = 35$ MPa)
伸缩梁千斤顶	1 根
缸径/杆径	80/60 mm
推力/拉力	158/69 kN
行程	700 mm

3) 轨道巷（沿空）端头支架第三架技术参数（3 架）

型式	两架一组
支架高度	1900 ~ 3500 mm
初撑力	15192 kN
工作阻力	16890 kN($p = 35$ MPa)
支护面积	40 m²
支护强度	0.42 MPa
底板平均比压	1.6 MPa
泵站压力	31.5 MPa
数量	3 组
立柱	6 根/每架，双伸缩
缸径/柱径/杆径	320/230/210 mm
行程	1600 mm
工作阻力	2815 kN($p = 35$ MPa)
初撑力	2532 kN($p = 31.5$ MPa)
推移千斤顶	2 根/每架
缸径/杆径	200/105 mm
推力/拉力	989/717 kN
行程	1700 mm
调架千斤顶	3 根/每架
缸径/杆径	100/70 mm
推力/拉力	247/126 kN
行程	1015 mm
前梁千斤顶	2 根/每架
缸径/杆径	160/105 mm
推力/拉力	633/360 kN
行程	160 mm
工作阻力	703 kN($p = 35$ MPa)

4）轨道巷（沿空）端头锚固支架技术参数（1架）

型式	垛式支架
支架高度	2350 ~ 3500 mm
初撑力	3956 kN
工作阻力	4400 kN（$p=35$ MPa）
支护面积	5.3 m^2
支护强度	0.83 MPa
底板平均比压	1.7 MPa
泵站压力	31.5 MPa
数量	1组
立柱	4根/每架，单伸缩
缸径/柱径	200/185 mm
行程	1150 mm
工作阻力	1100 kN（$p=35$ MPa）
初撑力	989 kN（$p=31.5$ MPa）

4.13.6 ZT103500/22/38型轨道巷端头支架

ZT103500/22/38型轨道巷端头支架主要是针对兴隆庄煤矿1308工作面，4 m大采高综放工作面沿空的上宽4.6 m，下宽5 m，高3.5 m大断面轨道巷端头及平巷的超前支护设计的轨道巷端头支架。首次实现了综放工作面轨道巷（沿空）端头及超前支护范围内的机械化，全面、综合地解决了顶板压力大、巷道变形严重的沿空巷道及端头支护难题。

1. 支架的适用条件及配套设备

1）工作面煤层赋存条件

兴隆庄煤矿1308工作面西侧为1307综放工作面，东侧为设计1309综放工作面，东南侧至井田边界保护煤柱与东滩煤矿相邻，西北方向至1308F$_2$断层处为设计终采线。工作面标高为 −308 ~ −455 m，埋藏深度为354.7 ~ 503.5 m，工作面面积为532272 m^2。

本工作面所采煤层为下二叠统山西组底部之3煤层，煤层结构复杂，距顶板3.0 m夹一层0.03 m厚的炭质粉砂岩夹矸，在工作面下部距底板3.3 m夹有一层厚约0 ~ 1.1 m的炭质泥岩夹矸；本煤层为特厚煤层，煤层稳定；产状平缓，裂隙发育。以亮煤为主，次为镜煤及暗煤，属亮暗煤，高发热量，低灰分，低硫、磷，是良好的动力用煤和炼焦配煤。

地压主要应力表现为大地静力场型。原岩应力的大小和方向是影响巷道围岩和采场顶板稳定性的关键因素之一。最大主应力为9.4 ~ 15.3 MPa，方位角为114° ~ 125°；中间主应力大小为2.7 ~ 14.2 MPa，方位分布较分散；最小主应力大小为1.4 ~ 7.9 MPa，其方位分布不集中。实测的最小水平主应力值大小为6.75 ~ 6.52 MPa。地应力实测结果如下：

（1）地应力环境为中等至高应力区，最大水平应力方向大致为120°。

（2）总体上讲，水平应力大于垂直应力，最大水平主应力为垂直应力的1.2 ~ 1.4倍，对井下岩层的变形破坏方式及矿压显现规律会有很大的影响。

（3）实测的最大水平主应力为最小水平主应力的1.6 ~ 2.2倍，水平应力对巷道掘进的影响具有明显的方向性；工作面与巷道水平应力集中程度较高。

2）巷道布置、断面及支护

1308工作面回风巷与1307综放工作面巷中—中平距8.0 m平行布置，为沿空送巷。

总推进长度为2700 m，方位角为151.5°，均布置在煤层底部，沿3煤层底板掘进。工作面回风巷锚网巷道断面规格及支护参数为采用梯形断面，巷道上净宽4600 mm，下净宽5000 mm，净高3500 mm，锚网支护。支护参数为巷道顶部采用6条ϕ22 mm×2450 mm T型螺帽型单向左旋无纵筋螺纹钢树脂锚杆、金属菱形网配合4.6 m长梯型钢带；帮部均采用ϕ20 mm×1800 mm单向左旋无纵筋螺纹钢树脂锚杆、金属经纬网进行联合支护。锚杆排距均为900 mm；实体煤侧帮部从顶板往下布置4条锚杆依次为300、1200、2100、3000 mm，最下一棵锚杆距底板不得大于1.0 m；沿空侧帮部从顶板往下布置5条锚杆依次为300、1000、1700、2400、3100 mm，顶部锚杆设计锚固力150 kN，帮部锚杆设计锚固力100 kN；锚杆角度为顶部靠帮第一条锚杆与垂直线成20°，其他锚杆均与巷道顶帮轮廓线垂直布置，其最小角度不小于75°。顶板按2.7 m排距布置2条7.5 m长锚索（锚索长度依顶煤厚度调整，深入稳定岩层1.0 m以上）并与钢带连为一体，布置在钢带专用孔中，顶板压力大、过断层煤体破碎时加密锚索支护，执行每排两条锚索且紧跟掘进工作面。

工作面回风巷设计靠下帮布置移动变电站，靠上帮铺设铁路，作为进风、行人及辅助运输。

3）工作面回风巷沿空巷道围岩变形规律

超前影响范围：1308工作面回风巷受工作面超前支承压力及相邻采空区影响，超前影响距离为100～130 m，高峰区超前煤壁40 m内。

巷道围岩表面位移：受采动影响，巷道顶、底板移近量累计在900 mm左右，顶板下沉量大于底鼓量；两帮移近量一般在2.0～2.5 m，煤柱侧变形量小于实体煤侧变形量。

2. 支架的主要配套设备

ZT103500/22/38型轨道巷端头支架在1308工作面的主要配套设备见表4-39。

表4-39 ZT103500/22/38型轨道巷端头支架在1308工作面的主要配套设备

序号	设备名称	型 号	生产厂家	备 注
1	支架	ZFS7200/20/40	兖矿集团	
2	排头支架	ZTF7000/19/32	郑州煤机厂	
3	前部刮板输送机	SGZ-1000/1400	西北煤机厂	输送量2000 t/h
4	后部刮板输送机	SGZ-1000/1400	西北煤机厂	输送量2000 t/h
5	转载机	SZZ1200/525	张家口煤矿机厂	输送量3500 t/h
6	破碎机	PCM3500	张家口煤机械厂	破碎能力3500 t/h
7	带式输送机	SSJ1400/3×400	兖州煤机厂	输送量3500 t/h
8	采煤机	S1300	德国艾柯夫	牵引速度29.8 m/s
9	控制设备	CHP33/8	英国B&F	3300 V
10	泵站	GRB-400/31.5	南京六合	400/31.5 MP

3. 支架的总体结构

该支架的结构型式为四架型八组合，它由锚固支架、超前支架、端头支架Ⅰ、端头支架Ⅱ、端尾支架组成。

锚固支架：一架，四柱两架一组结构，前带铰接前梁型式。

超前支架：三架，八柱两架一组结构，前带铰接前梁型式。

端头支架Ⅰ：两架，四柱两架一组结构，前带铰接前梁型式。

端头支架Ⅱ：一架，四柱两架一组结构，前后均带铰接前梁型式。

端尾支架：一架，六柱支撑掩护式铰接顶梁加铰接前梁结构型式。

支架的锚固支架和端头支架Ⅰ架型一样，均为四柱支撑，结构简单，可以互换使用，并且可以根据工作面巷道的支护需要任意组合，调整超前支护的长度。

超前支架设计成八柱结构，受力均匀，四连杆加单摆杆机构，确保了支架的稳定性。锚固支架和超前支架的推移行程满足两个推移步距要求，减少了对顶板的反复支撑次数，且顶梁和底座都配置了与两个推移步距相适应的调架和调底千斤顶，有效防止左右倒架和底座内收，确保顺利移架和行人空间。

端头支架Ⅰ和端头支架Ⅱ推移行程满足一个推移步距要求，配合工作面及时移架，提高了工作效率，且顶梁和底座都配置了与一个推移步距相适应的调架和调底千斤顶，防止倒架和底座内收，确保顺利移架和行人空间。且端头支架Ⅱ的顶梁前后均带铰接前梁，靠近端尾三角区域的前梁，不用时可以拆掉，增加了端尾三角区域内对顶板的适应性。

端尾支架设计成六柱支架，铰接顶梁带铰接前梁结构型式，提高了对顶板的适应能力和支撑能力。

各组支架结构简单，安装方便，安全可靠，互换性高，除端尾支架四连杆机构外，其余支架四连杆及单摆杆机构通用互换，全部立柱与工作面过渡支架通用互换。

该支架由 46 棵立柱通过顶梁支护顶板，合计工作阻力为 103500 kN，支护高度为 2.2~3.8 m，支护长度约为 65.5 m，其中超前支护长度为 58.8 m。

4. 支架的主要技术参数

1）ZT103500/22/38 型支架锚固支架（1 架）

型式	两架一组
支架高度	2200~3800 mm
初撑力	7752 kN
工作阻力	9000 kN（$p=35$ MPa）
支护面积	35.54 m²
支护强度	0.5 MPa
底板平均比压	1.1 MPa
泵站压力	31.5 MPa
立柱数量	4 个
立柱	4 根/每架，双伸缩
一级缸径/二级缸径/柱径	280/220/185 mm
行程	1600 mm
工作阻力	2250 kN（$p=36.5$ MPa）
初撑力	19384kN（$p=31.5$ MPa）

调架千斤顶	2 根/每架
缸径/杆径	100/70 mm
推力/拉力	247/126 kN
行程	1100 mm
前梁千斤顶	2 根/每架
缸径/杆径	160/105 mm
推力/拉力	633/360 kN
行程	160 mm
工作阻力	703 kN($p = 35$ MPa)
调底座千斤顶	2 根/每架
缸径/杆径	100/75 mm
推力/拉力	247/126 kN
行程	850 mm

2）ZT103500/22/38 型支架超前支架（3 架）

型式	两架一组
支架高度	2200 ~ 3800 mm
初撑力	15504 kN
工作阻力	18000 kN($p = 35$ MPa)
支护面积	117.84 m^2
支护强度	0.6 MPa
底板平均比压	1.2 MPa
泵站压力	31.5 MPa
立柱数量	8 个
立柱	6 根/每架，双伸缩
一级缸径/二级缸径/柱径	280/220/185 mm
行程	1600 mm
工作阻力	2250 kN($p = 36.5$ MPa)
初撑力	1938 kN($p = 31.5$ MPa)
推移千斤顶	2 根/每架
缸径/杆径	200/120 mm
推力/拉力	989/633 kN
行程	1100 mm
前梁千斤顶	2 根/每架
缸径/杆径	160/105 mm
推力/拉力	633/360 kN
行程	160 mm
工作阻力	703 kN($p = 35$ MPa)
调底座千斤顶	2 根/每架
缸径/杆径	100/75 mm
推力/拉力	247/126 kN
行程	850 mm

3）ZT103500/22/38 型支架端头支架 Ⅰ（2 架）

型式	两架一组

支架高度	2200~3800 mm
初撑力	7752 kN
工作阻力	90004kN(p=35 MPa)
支护面积	35.54 m²
支护强度	0.5 MPa
底板平均比压	1.1 MPa
泵站压力	31.5 MPa
立柱数量	4个
立柱	4根/每架,双伸缩
一级缸径/二级缸径/柱径	280/220/185 mm
行程	1600 mm
工作阻力	2250 kN(p=36.5 MPa)
初撑力	1938 kN(p=31.5 MPa)
推移千斤顶	2根/每架
缸径/杆径	200/105 mm
推力/拉力	989/717 kN
行程	900 mm
调架千斤顶	2根/每架
缸径/杆径	100/70 mm
推力/拉力	247/126 kN
行程	850 mm
前梁千斤顶	2根/每架
缸径/杆径	160/105 mm
推力/拉力	633/360 kN
行程	160 mm
工作阻力	703 kN(p=35 MPa)
调底座千斤顶	2根/每架
缸径/杆径	100/70 mm
推力/拉力	247/126 kN
行程	650 mm

4) ZT103500/22/38 型支架端头支架Ⅱ（1架）

型式	两架一组
支架高度	2200~3800 mm
初撑力	7752 kN
工作阻力	9000 kN(p=35 MPa)
支护面积	35.54 m²
支护强度	0.5 MPa
底板平均比压	1.1 MPa
泵站压力	31.5 MPa
立柱数量	4个
立柱	4根/每架,双伸缩
一级缸径/二级缸径/柱径	280/220/185 mm
行程	1600 mm

工作阻力	2250 kN($p = 36.5$ MPa)
初撑力	1938 kN($p = 31.5$ MPa)
推移千斤顶	2 根/每架
缸径/杆径	200/105 mm
推力/拉力	989/717 kN
行程	900 mm
调架千斤顶	2 根/每架
缸径/杆径	100/70 mm
推力/拉力	247/126 kN
行程	850 mm
前梁千斤顶	2 根/每架
缸径/杆径	160/105 mm
推力/拉力	633/360 kN
行程	160 mm
工作阻力	703 kN($p = 35$ MPa)
调底座千斤顶	2 根/每架
缸径/杆径	100/70 mm
推力/拉力	247/126 kN
行程	650 mm

5）ZT103500/22/38 型支架端尾支架（1 架）

型式	两架一组
支架高度	2200 ~ 3800 mm
初撑力	11628 kN
工作阻力	13500 kN($p = 35$ MPa)
支护面积	9.1 m²
支护强度	1.5 MPa
底板平均比压	1.8 MPa
泵站压力	31.5 MPa
立柱数量	6 个
立柱	6 根/每架,双伸缩
一级缸径/二级缸径/柱径	280/220/185 mm
行程	1600 mm
工作阻力	2250 kN($p = 36.5$ MPa)
初撑力	1938 kN($p = 31.5$ MPa)
推移千斤顶	1 根/每架
缸径/杆径	200/120 mm
推力/拉力	989/633 kN
行程	1700 mm
前梁千斤顶	2 根/每架
缸径/杆径	160/105 mm
推力/拉力	633/360 kN
行程	160 mm
工作阻力	703 kN($p = 35$ MPa)

调底座千斤顶	2 根/每架
缸径/杆径	100/70 mm
推力/拉力	247/126 kN
行程	650 mm

5. 结构特点

（1）整套支架由端尾支架、端头支架、超前支架和锚固支架组成，支架支护总长度达 65.5 m，综放工作面煤壁超前支护为 58.8 m，跨越煤壁前端应力增高区，完全取代工作面端头及平巷的超前支护的密集支护方式。

（2）较高的支护强度，该轨道巷支架共由 46 棵立柱支撑，工作阻力达 103500 kN。

（3）架间有 1.65 m 人行、安全和输送设备空间，并配有电缆、水管及照明悬挂装置。

（4）创新设计轨道巷（沿空）端头支架自移牵引锚固支架，首次采用左右两架一组结构型式，且与端头支架Ⅰ四柱结构型式相同，结构简单，互换性强，可以实现迈步自移，适应性好。

（5）超前支架八柱结构型式采用四连杆与单摆杆相结合结构型式，控制升、降、移架过程中支架的水平移动，提高了支架的稳定性和抗侧压能力。

（6）轨道巷（沿空）端尾支架前移步距 1.7 m，能够保证综放工作面连续推进两刀后，轨道巷支架只需前移一次，减少了对巷道顶板反复支撑次数，且该支架首次用六柱支撑结构型式，顶梁采用铰接顶梁加铰接前梁结构，支护能力增强，保证了顶板的完整性和稳定性。

（7）输送机机尾端头支架顶梁左右对称，前梁可以互换，且前梁在不用时可以拆掉，增加了端尾三角区域内顶板的适应性。

（8）避免了综放工作面前后输送机上窜下滑对端头支架的影响。

（9）该端头支架可与多种大功率综放设备配套，使用广泛。

4.13.7 ZT83200/19/35 型和 ZT103500/22/38 型综放工作面端头及沿空轨道巷超前液压支架的应用与评价

2006 年 10 月至 2007 年 1 月，进行了 ZT83200/19/35 型综放工作面端头及沿空轨道巷超前液压支架的井下工业性试验；2007 年 2 月至 2007 年 6 月进行了 ZT103500/22/38 型综放工作面端头及沿空轨道巷超前液压支架的井下工业性试验。

工业性试验期间，工作面煤炭开采平均日产 16000.8 t，最高日产 19056 t，平均月产 5.082×10^5 t，最高月产达 6.172×10^5 t。

试验证明，该端头支架总体设计适应该工作面的地质条件和生产环境，满足生产工艺要求。整套支架体现了设计选型先进、运动关系协调、安全性能好和质量可靠的特点。

该端头及沿空轨道巷超前液压支架能够适应无煤柱开采工作面的支护要求，能够超前煤壁 40 m 进行强力支护，适应大功率、大运量、高可靠性的综放工作面沿空侧端头支护及轨道巷的超前支护要求，具体表现在以下几个方面：

（1）该端头及沿空轨道巷超前液压支架具有强度高、稳定性好、结构简单可靠、抗侧压能力强，移架快速、安全可靠的特点，工作面端头支护的安全性比十字顶梁或一字梁有了明显提高。

（2）该端头及沿空轨道巷超前液压支架的超前支架两架一组型式，而端头第一架采用支撑掩护式支架，既满足了通风断面、行人和设备输送的要求，又满足了沿空巷道两帮移近量大的实际，与工作面输送机、过渡支架等配套合理。

（3）该端头及沿空轨道巷超前液压支架采用长步距迈步自移结构型式，减少了支架前移时顶板暴露的面积和时间，有效控制了顶板循环的下沉量，能够保证巷道出口高度不低于 1.8 m。

（4）该端头及沿空轨道巷超前液压支架切顶能力强、护帮、护巷效果好、能有效控制巷道变形，拉架轻便快捷，自动化程度高，操作简便，节约了劳动力，减轻了职工繁重的体力劳动。

（5）该端头及沿空轨道巷超前液压支架采用锚固支架作生根支点实现全套支架的迈步自移，结构新颖，效果好。

ZT83200/18/35 型和 ZT103500/22/38 型端头支架支护能力强，完全满足工作面轨道巷沿空掘巷对端头支护要求，提高了职工操作的安全感，操作简单，动作灵活迅速，节约了劳动力，减轻了职工繁重的体力劳动，实现了工作面端头支护机械化，为综采（放）工作面的高产高效创造了条件。

5 兖矿综掘设备

5.1 S100 型掘进机

5.1.1 概述

1990 年以来，我国的悬臂式掘进机通过技术引进与合作、自主开发等途径得到了很大的发展，兖矿集团 20 世纪 90 年代选用了佳木斯煤机厂引进日本技术制造的 S100 型掘进机。S100 型掘进机是日本三井三池、三井物产株式会社 20 世纪 70 年代的技术和产品，1985 年由佳木斯煤机厂引进消化吸收并生产制造，于 1989 年 4 月制造出第 1 台产品，并于 1989 年 4 月能源部委托煤炭科学研究院进行了技术鉴定，转为正式批量生产，与 1990 年获得国家优质产品金质奖。除个别元部件采用进口件外，机器大部分部件基本上全部国产化。

5.1.2 技术特征

1. 整机参数

总体长度	约 8.3 m
总体高度	约 1.8 m
总体宽度	约 2.8 m
截割煤岩硬度	<98 MPa
适应巷道坡度	±15°
截割电机功率	100/60 kW
泵站电机功率	45 kW
总重	25 t

2. 截割范围

高度	约 2.3 ~ 4.5 m
宽度	约 2.5 ~ 5.1 m
面积	约 21 m²

3. 截割部

截割头形状	圆锥台形
截割头转数	23/46 r/min
截割头伸缩量	约 0.5 m
电动机	100/60 − 4/8 型双速切换
水冷方式	1 台
喷雾	截割头内、外喷雾方式

4. 铲板部

装载型式	扒爪式
装载宽度	2.8/2.4/2.05 m
耙爪转数	40 r/min

装载能力	3 m³/min
原动机	轴向柱塞式液压马达 1 台

5. 第一输送机

型式	采用 $\phi16$ mm 的圆环链,是双链刮板式
中部槽尺寸(宽×高)	0.5 m×0.4 m
速度	59 m/min
输送能力	4 m³/min
原动机	轴向柱塞式液压马达

6. 行走部

型式	履带式
履带宽度	0.45 m
制动方式	圆盘制动器
行走速度	8/4 m/min
爬坡能力	±15°
原动机	液压马达 2 台

7. 液压装置

三联泵(齿轮泵)	1 台

5.1.3 结构及特点

1. 结构

S100 型掘进机由截割头、铲板、输送机、行走部、后支承、本体、液压装置、电气装置及水系统组成,结构如图 5 - 1 所示。

1)截割头

截割头部由截割头、伸缩筒、减速机、截割电机及伸缩、升降、回转液压缸等组成。截割头为圆锥台形状,原设计截割头最大外径为 970 mm,在其圆周分布 42 把截齿。佳木斯煤机厂又设计了最大外径为 690 mm 的小截割头,其圆周分布 30 把截齿,两种截割头可以互换,但用小截割头要安装耐磨套。在截割头和减速机中间,有伸缩套筒部分,伸缩套筒是由保护筒、外筒、内筒、花键轴及花键套等组成。截割头在 4 个液压缸的作用下,能上下左右移动,因此能够截割出任意形状的断面。截割减速机是由第一级中心轮,3 个行星轮,1 个行星轮架、输出轴及内齿圈、轴承等组成。

2)铲板部

铲板部是指安装在 2 个偏心盘上互相转动的扒爪,把被截割下来的截割物耙装到输送机内的装置。铲板部是用液压马达驱动的,经过减速,带动圆盘回转。

3)第一输送机

该输送机位于机体中央上部,是双链刮板式输送机。该输送机是用液压马达驱动,经过减速带动驱动链轮工作。

4)本体部分

本体部分位于机体的中央处,是以厚钢板为主材焊制而成的。在本体的后部右侧,装有用于驱动液压系统的 45 kW 的电机,在前面上部装有截割头,在后部装有第二输送机,在其左右侧分别装有履带行走部。

5)行走部

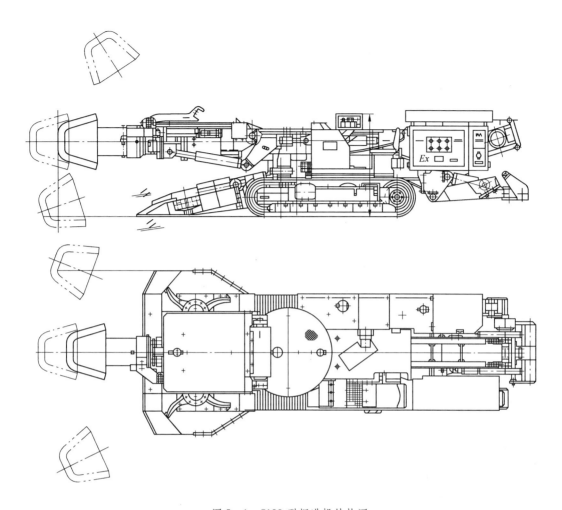

图 5 - 1　S100 型掘进机结构图

行走部是以液压马达驱动，通过行星减速机构实现行走。履带张紧装置有弹簧和液压缸组成。弹簧可以缓冲和吸收其冲击力，用液压缸调整履带的张紧程度。

6）液压系统

液压系统是由液压泵、换向阀、液压缸、液压马达、液压箱以及相互联接的配管组成。

液压系统的功能：机器的行走；截割头的上下、左右移动及伸缩；扒爪的转动；第一输送机的驱动；铲板的升降；后支承的升降；履带张紧。

7）后支承

后支承是用来减少在截割时机体的振动，以及防止机体的横向滑动。在后支承的两边分别装有升降支承器的液压缸，后支承的机架用螺栓与本体相联。

8）水系统

水系统由 3 个分路组成：第一分路是外喷雾，是将外来水直接喷出；第二分路是冷却切割电机和油冷却器；第三分路是内喷雾。内喷雾是通过柱塞式水泵增压后（3 MPa）喷出，起到灭尘和冷却截齿的作用。内喷雾的动力源是液压马达。

9）电气部分

电气部分由电机、控制装置等组成。

（1）电机参数见表 5-1。

表 5-1　电机参数表

用　途	输　出	启动方式
截割用	低速 60 kW 8P	直接启动
	高速 100 kW 4P	低→高速顺序启动
液压泵用	45 kW 4P	直接启动
第二输送机用	7.5 kW	直接启动

截割电机型号为 DEBO-100/60-4/8S。本电机为隔爆构造，具有充分的耐久性。壳体用厚钢板制作。电机为水冷却式。

（2）控制装置的电气开关箱为 MDK-100-1 型。电气开关箱为隔爆兼本安结构，位于本体部的左后方。该掘进机的主要电气元件，都装置在此开关箱内。在开关箱顶部设有接线箱。在本开关箱内，装有配线用的断路器、交流接触器、变流器、单相变压器、保险、辅助继电器、时间继电器、电机保护等电气元件。由此实现对电源的开关、液压泵和截割电机及第二输送机电机的控制。

操作箱为 MCZ2-100-1 型，操作箱为隔爆构造，位于司机席处。操作箱内分别配备有截割、液压泵、第二输送机的各电机开关及截割报警、信号、紧急停止开关、截割高低速切换开关、第二输送机单、联动切换开关和操作时所必需的指示灯（发光二极管）。

按钮开关为隔爆构造。紧急停止开关 SA1 位于机体右侧的液压箱前部；截割停止开关 SA4 位于机体左侧司机席前部，并附有锁紧装置（压下后向右转动），可始终保持停止状态。

蜂鸣器为隔爆构造，代号为 HO，位于机体右侧的液压箱前部。一经按动报警的按钮，蜂鸣器发出警报，5 s 后可启动截割电机，而当截割电机启动时，蜂鸣器自动停止。而操作箱内的信号与报警则不同，可任意操作，即按即响。在电气开关箱处预留了第二输送机信号用的接线端子（P24、P154）如将此接线端子与信号开关器相连接，也可以作为第二输送机的信号使用。

电磁阀为隔爆构造，代号为 YV，位于机体右侧的液压箱后部，当截割电机的负荷达到约 150% 设定值时，该电磁阀动作，使截割头进给运动停止，电机的负荷降低，降低负荷后 3 s，自动恢复原进给运动。

照明灯为隔爆构造，代号为 HL1~3，共 3 个，前部左右各一个，后部右侧一个。

联动开关为全密闭结构，位于司机席的下面。联动开关的作用是在正转的情况下，可以使第一和第二输送机联动。

第一、第二输送机的联、单动，是通过操作箱内的第二输送机的凸轮切换开关实现的。

该联动开关与电气开关箱内的本质安全装置（印刷电路板），构成本质安全回路的。

回路的额定值：开路电压 DC1.8 V，短路电流 3.2 MA。

（3）掘进机电源装置。电源容量为 200 kV·A 以上，有余量的电源装置。考虑到电源变压器二次侧的电压降，电源电压应比掘进机的额定电压高 5% ~ 10%。

2. 特点

（1）截割头可以伸缩。

（2）有提高机器稳定性的支撑装置。

（3）装运部、行走部等用液压驱动。

（4）截割功率显示，截割电机为双速电机，有热敏保护，内外喷雾。

（5）截割能力大。

（6）机器稳定性好，粉尘少。

（7）操作与维护方便，运行安全可靠。

3. 主要用途及适用范围

可以在煤巷或半煤岩巷道中使用。截割岩石最大矿压强度可达 98 MPa。可以在铁路、公路、上下水道等隧道中使用。

随着使用年限的增加和地质条件的改变，S100 型掘进机逐渐暴露出了许多缺点：行走部问题频出，履带副结构不合理，拆装困难且易损坏，驱动轮齿面易磨损；扒爪减速器故障率高，小齿轮损坏频繁，维护检修不便；内喷雾降尘系统结构不合理，磨损、锈蚀和堵塞较严重，喷雾降尘效果差；液压箱容积小，液压系统温升高，冷却不良；原液压系统油压接头设计用螺纹联接接头容易损坏，由于空间限制拆装费时费力；第一输送机链环直径小，抗拉强度低，经常出现断链现象；掘进机工作时伴有强烈的振动，尤其在半煤岩巷道掘进中，直接影响掘进机各部件工作的可靠性和整机的稳定性，截齿和截齿座磨损严重等。于是，兖矿集团与佳木斯煤机厂合作对 S100 型掘进机进行了改进。

现将 S100 改造型掘进机试验情况简要介绍如下。

（1）S100 改造型掘进机耙装能力显著提高。该机铲板部采用了低速大扭矩马达直接驱动星轮进行耙装，提高了耙装能力、减少了故障环节点。试验期间，杜绝了因运输能力不足，压耙装部的现象，并且维护简单。

（2）针对以往 S100 掘进机液压系统温升过高的现象，试验期间特别对 S100 改造型掘进机液压系统进行跟踪测试。该机由于采用钢制冷却器冷却面积加大，并且耐压程度高，避免了液压系统窜液进水。结果表明，液压系统温度始终保持在 40 ℃左右，最高温度达 42 ℃，这对使用的液压元件较为有利。

（3）行走履带由套筒滚子链改为链板销轴结构，使承载能力加强，同时驱动链轮的轮齿宽度加大，啮合稳定性增加，减少了冲击负荷，杜绝了断带的故障，基本做到了零故障。

（4）S100 改造型掘进机电控系统的可靠性显著提高。控制核心为可编程控制器，实现模块化控制、语音报警装置；信号采集采用电流互感器和电压变送器，将信号转化成数字信号；在显示上，采用液晶中英文显示器，电流、电压、工作时间及各种故障均可显示，并可以对电机额定电流、报警时间、启动时间进行整定，实现人机对话功能。

（5）S100 改造型掘进机配置了机载湿式液压除尘风机，除尘效果显著，大大改善了工人的劳动环境。

S100 改造型掘进机是在总结现有掘进机使用中的优点、克服故障点的基础上，同时借鉴国内外的先进技术进行改造的，确保了整机的可靠性、先进性、适用性等特点。

S100 改造型掘进机设计合理，性能可靠，适应性强，是具有使用维护简单、故障率低等优点的掘进机，具有较大的推广价值。

5.2 EBZ150（S150J）型掘进机

5.2.1 概述

2001 年，佳木斯煤机厂与兖矿集团合作研制出 EBZ150（S150J）型掘进机。EBZ150（S150J）型掘进机属 S100、S200M 的同系列机型，能够实现连续切割、装载和运输作业。广泛应用于煤巷、半煤岩巷、软岩巷道的掘进，也可在铁路、公路、水利工程等隧道中使用。

5.2.2 技术特征

1. 整机参数

总体

型号	EBZ150(S150J)/EBH150(S150H)
总体长度	9 m
总体宽度	2.9 m
总体高度	1.8 m
总重	40/44.5 t
挖底深度	260/190 mm
爬坡能力	±18°/±16°
截割硬度	≤80/65 MPa

截割范围

高度	4.8/4.3 m
宽度	5.0 m
面积	23/20 m²

截割部

截割头形状	圆锥台形
截割头转数	46/23 r/min[EBH150(S150H)型掘进机为 62.6 r/min]
截割头伸缩量	550 mm[EBH150(S150H)掘进机无伸缩部]—
电动机	150/80 kW－4/8P 隔爆，双速切换，水冷方式，1 台
喷雾方式	内外喷雾/外喷雾方式

铲板部

装载型式	三齿星轮式
装载宽度	2.8 m
扒爪转数	27 r/min

第一输送机

型式	双边链刮板式
中部槽断面尺寸（宽×高）	54 mm×35 mm
链速	56 m/min
输送能力	4 m³/min
原动机	液压马达 10 kW，2 台

行走部

型式	履带式
履带宽度	550 mm
制动方式	圆盘制动器
对地压强	0.14 MPa
行走速度	7.1/3.5 m/min(高/低)
原动机	液压马达 19 kW，2 台
液压系统	
二联泵（齿轮泵）	50/50 mL/r,1 台
三联泵（齿轮泵）	50/40/32 mL/r,1 台
液压马达	
行走部	304 mL/r,2 台
铲板部	1300 mL/r,2 台
第一输送机部	400 mL/r,2 台
液压箱容量	500 L
换向阀	
七联换向阀（液压缸用）	1 台
二联换向阀（行走用）	1 台
一联换向阀（铲板、第一输送机、喷雾）	各 1 台
油冷却器	
板翅式	1 台
蛇形管式	1 台
液压泵电动机	
隔爆空冷式	55 kW－4P，1 台
液压锚杆机接口	15.7 MPa
水系统	
水量	100 L/min
外喷雾水压	1.5 MPa
内喷雾泵	40 L/min
内喷雾水压	4.0 MPa

2. 电气部分

主回路	
额定电压	AC1140 V
控制回路	电控箱 AC220 V、AC127 V、AC100 V、AC24 V
	操作箱 DC24 V
额定电流	148 A
额定频率	50 Hz
输出分路数	4 路
额定功率	216 kW
截割电机	
型式	隔爆、风冷、双鼠笼异步电机
规格型号	YBUD－150/80－4/8
绝缘等级	H 级，连续工作制
额定电压	AC1140 V

额定电流	90/59 A
液压泵电机	
型式	隔爆、风冷、双鼠笼异步电机
规格型号	YBU－55
绝缘等级	H级，连续工作制
额定电压	AC1140 V
额定电流	35 A
第二输送机电机	
型式	电滚筒
规格型号	YB11－160－8050
额定电压	1140 V
额定电流	8 A
电控箱	
型式	矿用隔爆兼本质安全型
规格型号	KXJ2－1140E
主回路电压	AC1140 V
控制回路电压	AC220 V、AC127 V、AC100 V、AC24 V
输出分路数	4 路
操作箱	
型式	矿用隔爆兼本质安全型
规格型号	TJI－24E
控制回路电压	DC24 V
本安回路最大短路电流	1 A
急停按钮	
规格型号	AB－1 附带锁紧装置
额定电压	250 V
额定电流	5 A
用途	用于紧急停机
防爆电铃	
型式	矿用隔爆型
规格型号	BAL_1－127/150
额定电压	AC127 V
用途	开机信号,启动报警
照明灯	3 盏
型式	矿用隔爆型
规格型号	KBJ－60/24 V
额定电压	AC24 V
功率	60 W

5.2.3 结构及特点

1. 型号及含义

2. 结构

本掘进机由截割部、铲板部、第一输送机、本体部、行走部、后支承、液压系统、水

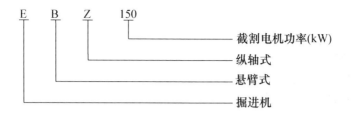

截割电机功率(kW)

纵轴式

悬臂式

掘进机

系统、润滑系统、电气系统构成,EBZ150 型总体结构图如图 5 - 2 所示。

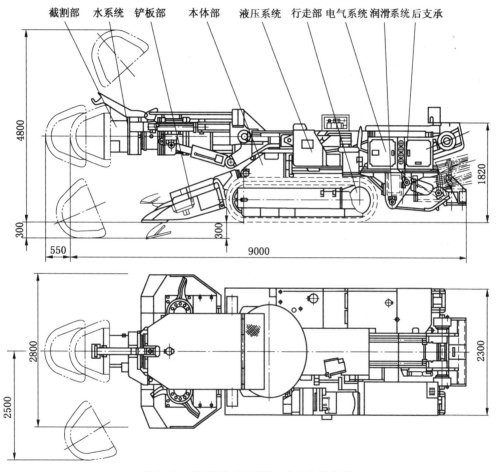

图 5 - 2　EBZ150(S150J)型系统结构图

1)截割部

截割部由截割头、伸缩部、截割减速机、截割电机组成。

截割头为圆锥台形,截割头最大外径为 1120 mm,长 925 mm,在其圆周分布 36 把镐形截齿,截割头通过花键套和 2 个 M30 的高强度螺栓与截割头轴相联。

伸缩部位于截割头和截割减速机中间,通过伸缩液压缸使截割头具有 550 mm 的伸缩行程。

截割减速机是两级行星齿轮传动,和伸缩部用 26 个 M24 的高强度螺栓相联。

截割电机为双速水冷电机,使截割头获得两种转数,它与截割减速机通过定位销和 25 个 M24 的高强度螺栓相联。

2）铲板部

铲板部是由主铲板、侧铲板、铲板驱动装置、从动轮装置等组成。通过两个液压马达驱动星轮，把截割下来的物料装到第一输送机内。

铲板宽度为 2.8 m，由主铲板、侧铲板组成，用 M24 高强度螺栓联接，铲板在液压缸作用下可向上抬起 340 mm，向下挖底 260 mm。

铲板驱动装置由两个控制阀分别控制左右液压马达，驱动弧形三齿星轮，并能够获得均衡的流量，确保星轮在平稳一致的条件下工作，提高工作效率，降低故障率，从动轮型式采用中双链轮结构。

3）第一输送机

第一输送机位于机体中部，是双边链刮板式输送机。输送机分前中部槽、后中部槽，用 M20 高强度螺栓联接。两个液压马达同时驱动链轮，通过 $\phi18$ mm $\times 64$ mm 矿用圆环链实现物料运输。

4）本体部

本体部位于机体的中部，是以厚钢板为主材焊接而成。本体的右侧装有液压系统的泵站，左侧装有操纵台，前面上部装有截割部，下面装有铲板部及第一输送机，在其左右侧下部分别装有行走部，后部装有后支承部。

5）行走部

行走部主要由两台液压马达驱动，通过行星减速机构驱动链轮及履带实现行走。

履带张紧装置是由弹簧和张紧液压缸组成，弹簧可以缓冲和吸收其冲击力，液压缸可调整履带的张紧程度。

履带架通过键及 M24 的高强度螺栓固定在本体两侧，在其侧面开有方槽，以便张紧液压缸的拆卸。行走减速机用高强度螺栓与履带架联接。

6）后支承

后支承用来减少在截割时机体的振动，以防止机体横向滑动。在后支承的两边分别装有升降支承器的液压缸，后支承的支架用 M24 的高强度螺栓、键与本体相联，后支承的后部与第二输送机联接。电控箱、泵站电机、分配齿轮箱都固定在后支承上。

7）液压系统

液压系统由泵站、操纵台、液压缸、液压马达、液压箱以及相互联接的配管所组成。液压系统的功能有：

（1）机器行走。

（2）截割头的上、下、左、右移动及伸缩。

（3）星轮的转动。

（4）第一输送机的驱动。

（5）喷雾泵的驱动。

（6）铲板的升降。

（7）后支承器的升降。

（8）履带的张紧。

（9）刮板链张紧。

（10）液压泵和液压马达。

泵站由 55 kW 电机驱动，通过分配齿轮箱、液压泵、液压箱，将压力油分别送到截割部、铲板部、第一输送机、行走部、后支承的各液压马达和液压缸。本机共有 13/12 个液压缸［EBH150（S150H）型掘进机无截割头伸缩液压缸］，其中截割头升降液压缸、铲板升降液压缸，后支承器的升降液压缸均设有安全型平衡阀。刮板张紧液压缸、履带张紧液压缸，安装了液压锁，液压系统还为液压锚杆钻机提供接口。

操纵台上装有各种换向阀，通过手柄完成各液压缸以及液压马达的动作，在其上还装有旋阀、压力表、压力式温度计。转动旋阀可观测各系统的压力值，压力式温度计可直接读出液压箱内的油温。

8）水系统

水系统由外喷雾和内喷雾两部分组成。外喷雾装置安装在截割部。

水系统的外来水经过滤器和球阀后分四条分路：第一分路是外喷雾将水直接喷出；第二分路经过减压阀到油冷却器和切割电机后进入外喷雾；第三分路经过减压阀（1.0 MPa）、冷却器后进入内喷雾系统，通过柱塞式水泵增压（4.0 MPa）后喷出，起到灭尘和冷却截齿的作用，内喷雾的动力源是液压马达；第四分路是外来水经过过滤器、球阀进入液压箱蛇形管后进入外喷雾。

3. 特点

（1）EBZ150（S150J）型截割头可以伸缩达到 550 mm。

（2）有提高机器稳定性的支撑装置。

（3）第一输送机和铲板部采用低速大扭矩液压马达直接驱动，减少故障环节。

（4）行走部采用液压马达驱动。

（5）履带与刮板链的张紧均采用弹簧与液压缸组合的张紧装置。

（6）截割电机为双速水冷电机，有热敏保护。

（7）为方便维修，在履带架侧面开小窗口，张紧液压缸从侧面取出。

（8）在液压系统为液压锚杆钻机留有液压接口。该机截割效率高，机器稳定性好，操作与维护方便，运行安全可靠。

4. 主要用途及适用范围

主要用于煤岩 f 小于或等于 8.0/6.5 的煤巷、半煤岩巷以及软岩的巷道、隧道掘进等。通过第二输送机，可与自卸车、梭车、带式输送机等配套，实现掘进、输送连续作业。能够实现连续截割、装载、输送作业。最大定位截割断面可达 23/20 m²，经济切割岩石的单向抗压强度小于或等于 80/65 MPa。纵向工作坡度小于或等于 ±18°/±16°。

执行标准：

（1）MT 238—1991《悬臂式掘进机通用技术条件》。

（2）Q/JC - 01—2002《EBZ150（S150J）掘进机产品标准》。

（3）Q/JC - 06—2006《EBH150（S150H）掘进机产品标准》。

5. 使用环境条件

（1）海拔不超过 2000 m。

（2）环境温度为 -20 ~ +40 ℃。

（3）周围空气相对湿度不大于 90%（+25 ℃）。

（4）在有瓦斯、煤尘或其他爆炸性气体环境中。

（5）与垂直的安装斜度不超过 18°/16°。

（6）无破坏绝缘的气体或蒸汽的环境中。

（7）无长期连续漏水的地方。

（8）污染等级：3 级。

（9）安装类别：Ⅲ类。

5.2.4 工业性试验与应用

1. 试验工作面的条件

1）工作面的基本概况

东滩煤矿 14302 - 2 东运输巷从与十四采东边界输送机运输巷的联络巷处开门，沿 S71°30′ W 方向掘进，掘至开切眼位置，全长约 2100 m。

巷道服务年限约 1.5 a。

本巷道开门后前 580 m 为实体煤掘进，580 m 后巷道沿 14303 工作面采空区掘进，且巷道顶部为原 14302 - 1 采空区，为顶空沿空送巷，本巷道进入终采线后巷道底板沿 $3_上$ 煤层底板掘进。

2）地质概况

巷道东部处于一背斜处，西部处于 C6 向斜的轴部，煤层波状起伏，伴生 5 条断层，落差最大 2.1 m，裂隙及小断层发育。

3）水文地质

影响本巷道掘进的主要充水水源为 14303、14302 - 1 采空区水和 $3_上$ 煤层顶板砂岩水。工作面最大涌水量约 20 m^3/h，正常约 4 m^3/h。

4）巷道断面及支护方式

巷道断面均为梯形。自开掘位置起前 160 m 范围内，巷道顶板沿 $3_上$ 煤层顶板掘进，采用锚网带支护；从 160 ~ 470 m 范围内，巷道下扎到 $3_上$ 煤层底板，巷道底板沿 $3_上$ 煤层底板掘进，采用锚网带结合锚索支护，巷道掘进毛断面面积为 14.62 m^2。巷道顶部铺联金属菱形网，按照 700 mm × 800 mm 间排距锚固 M 型钢带，每排布置 6 根 ϕ22 mm × 2400 mm 锚杆；帮部铺联金属菱形网，按照 900 mm × 800 mm 间排距每帮布置 4 根 ϕ20 mm × 1800 mm 锚杆。从 470 m 处至开切眼位置，巷道在二分层掘进，顶空沿空，巷道底板沿 $3_上$ 煤层底板掘进，采用 12 号矿工钢梯形棚结合帮部锚杆支护，掘进毛断面面积为 14.1 m^2。架棚段每循环架 1 棚，棚距为 600 mm ± 50 mm，顶部、帮部铺联金属菱形网，并且帮部每两架棚在两帮按照 1200 mm 排距各打 3 根 ϕ18 mm × 1800 mm 锚杆。

2. 试验效果与推广应用

S150J 型掘进机于 2002 年 12 月 4 日在东滩煤矿 14302 - 2 运输巷投入工业性试验。

试验期间该机运行正常，截割效率高，故障率低，巷道截割断面成形好，掘进巷道优良品率为 100%。截止到 2003 年 3 月 20 日，累计试验 90 个工作日，掘进进尺 1582.9 m，折合进尺 2256.1 m。其中，第二阶段、第三阶段实际月进尺分别为 573.3、657.6 m，折合进尺分别达 802.6、920.6 m。工业性应用试验表明，EBZ 150 型掘进机支护效果好，降低了工人的劳动强度，提高了掘进效率，掘进速度大幅度提高。

S150J 型悬臂式掘进机是在总结当时掘进机使用中的优点、克服故障点的基础上，同时借鉴国内外的先进技术设计制造，确保了整机的可靠性、先进性、适用性和互换性等特点。整机结构紧凑，布局合理，机重与截割功率匹配，接地比压小、地隙大，适应性强；电气控制系统采用可编程逻辑控制器（PLC），实现模块化控制、语音预警、故障自诊断采用大屏幕中英文液晶显示器；液压系统设计合理，配置恰当，能量损失少，系统过滤精度高；水系统经过滤器分四路兼顾整机冷却、内外喷雾，效果俱佳。通过井下工业性试验，进一步表明 S150J 型悬臂式掘进机设计合理，性能可靠，适应性强，是具有使用维护简单，故障率低等优点的高效掘进机。

目前，S150J 型悬臂式掘进机已经在兖州矿区成为主力机型，在国内许多矿区也得到了成功推广应用。

5.3　EBZ132TY 型掘进机

5.3.1　概述

综采生产能力的不断扩大，使得矿井对综采巷道的成巷速度要求越来越高，对掘进设备的依赖性日益增加，对其性能要求也越来越高。早期的掘进机产品具有功率偏小，推进速度低；难以实现定位切割；可靠性低，维修时间长；综掘配套性差，技术水平低和不能完全满足掘进速度需要的缺点。随着国内开采条件较好的煤层日益缺乏，厚度在 2 m 以下较薄煤层的快速开采成为必然，因此对应于该煤层条件下开采的、高性能、高可靠性的半煤岩掘进机的研制具有重要的现实意义。

EBZ132TY 型掘进机由煤炭科学研究总院太原分院与兖州煤业股份有限公司共同研制开发。根据兖州煤业股份有限公司煤矿的生产及地质条件，在总结国内外同类机型优缺点的基础上，开发研制了 EBZ132TY 型掘进机。在半煤岩条件下（60 MPa 以下岩石硬度、30% 以下岩石含量），达到月平均进尺 450 m（14 m^2 截割断面）以上的生产能力，主要元部件具有较高的可靠性。该机可用于兖州煤业股份有限公司煤矿井下煤及半煤岩巷掘进，同时也可满足我国其他矿井井下煤及半煤岩巷掘进的需要。

5.3.2　技术特征

1. 总体参数

机长	8.6 m
机宽	2.1 m
机高	1.55 m
地隙	250 mm
截割挖底深度	240 mm
接地比压	0.14 MPa
机重	38 t
总功率	222 kW
可经济截割煤岩硬度	≤60 MPa
可掘巷道断面	9~18 m^2
最大可掘高度	3.75 m
最大可掘宽度	5.0 m
适应巷道坡度	±16°
机器供电电压	1140 V

2. 截割部

电动机

　型号　　　　　　　　　　　　　　　　　　YBUS3 – 132

　功率　　　　　　　　　　　　　　　　　　132 kW

　转速　　　　　　　　　　　　　　　　　　1470 r/min

截割头

　转速　　　　　　　　　　　　　　　　　　55 r/min

　截齿　　　　　　　　　　　　　　　　　　镐形

　最大摆动角度　　　　　　　上为 42°,下为 31°,左右各 39°

3. 装载部

　装载型式　　　　　　　　　　　　　　　　三爪转盘

　装运能力　　　　　　　　　　　　　　　　220 m³/h

　铲板宽度　　　　　　　　　　　　　　　　2.8 m

　铲板挖底　　　　　　　　　　　　　　　　250 mm

　铲板抬起　　　　　　　　　　　　　　　　360 mm

　转盘转速　　　　　　　　　　　　　　　　35 r/min

4. 刮板输送机

　输送型式　　　　　　　　　　　　　　　　边双链刮板

　槽宽　　　　　　　　　　　　　　　　　　510 mm

　龙门高度　　　　　　　　　　　　　　　　350 mm

　链速　　　　　　　　　　　　　　　　　　1.0 m/s

　锚链规格　　　　　　　　　　　　　　　　18 mm×64 mm

　张紧型式　　　　　　　　　　　　　　　　黄油缸张紧

5. 行走部

　行走型式　　　　　　　　履带式(左、右液压马达分别驱动)

　行走速度　　　　　　　　工作为 3 m/min,调动为 7 m/min

　接地长度　　　　　　　　　　　　　　　　2.46 m

　制动型式　　　　　　　　　　　　　　　　摩擦离合器

　履带板宽度　　　　　　　　　　　　　　　500 mm

　张紧型式　　　　　　　　　　　　　　　　黄油缸张紧

6. 液压系统

　系统额定压力

　　液压缸回路　　　　　　　　　　　　　　16 MPa

　　行走回路　　　　　　　　　　　　　　　16 MPa

　　装载回路　　　　　　　　　　　　　　　14 MPa

　　输送机回路　　　　　　　　　　　　　　14 MPa

　　锚杆钻机回路　　　　　　　　　　　　　≤10 MPa

　系统总流量　　　　　　　　　　　　　　　450 L/min

　泵站电动机

　　型号　　　　　　　　　　　　　　　　　YB280M – 4

　　功率　　　　　　　　　　　　　　　　　75 kW

　　转速　　　　　　　　　　　　　　　　　1470 r/min

　泵站三联齿轮泵流量　　　　　　　　　　　63/40/40 mL/r

泵站双联齿轮泵流量	80/40 mL/r
锚杆泵站电动机	
型号	YB160L – 4
功率	15 kW
转速	1470 r/min
锚杆泵站双联齿轮泵流量	32/32 mL/r
液压箱	
有效容积	610 L
冷却方式	板翅式水冷却器
液压缸数量	8 个

7. 喷雾冷却系统

灭尘型式	内喷雾、外喷雾
供水压力	3 MPa
外喷雾压力	1.5 MPa
流量	80 L/min
冷却部件	切割电动机、液压箱

8. 电气系统

供电电压	1140 V
总功率	222 kW
隔爆型式	隔爆兼本质安全型
控制箱	本质安全型

5.3.3 结构及特点

1. 型号及含义

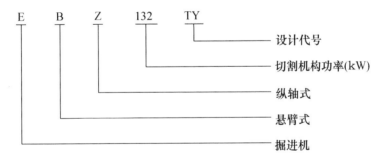

2. 结构

EBZ132TY 型掘进机为悬臂式部分断面掘进机，主要由截割部、装载部、刮板输送机、主机架、行走部、电气系统、液压系统及冷却喷雾系统八大部分组成，如图 5 – 3 所示。该机共有自制专用件 700 余种，其中齿轮类零件 40 余种(模数从 4 mm 到 7 mm，精度均为 6级)，液压零部件 100 余种，电器元部件 200 余种，并有其他外购件及各种标准件与之配套。

1) 截割部

截割部又称工作机构，主要由截割电机、叉形架、二级行星减速器、悬臂段、截割头等组成。截割部为二级行星齿轮传动。由 132 kW 的水冷电动机输入动力，传动至二级行星减速器，经悬臂段，将动力传给截割头，从而达到破碎煤岩的目的。截割头有两种，分别安装有 33 把和 27 把镐型截齿。整个截割部通过一个叉形框架、两个支承轴铰接于回转

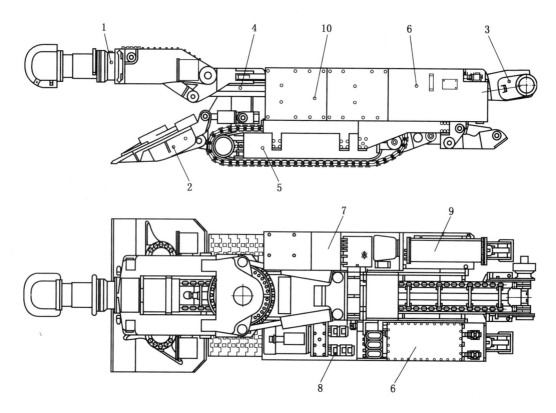

1—截割部；2—装载部；3—刮板输送机；4—机架和回转台；5—履带行走部；
6—油箱；7—操作台；8—泵站；9—电控箱；10—护板总成

图 5 – 3　EBZ132TY 型掘进机

台上。借助安装于截割部和回转台之间的两个升降液压缸，以及安装在回转台与机架之间的两个回转液压缸，实现整个截割部的升降和回转运动。

2）装载部

装载部由铲板及传动装置组成，传动装置为两台液压马达直接驱动左右转盘，直接由马达驱动左右执行件，从而实现装载煤岩的目的。装载部安装于机器的前端，通过一对销轴铰接于主机架上，在铲板液压缸的作用下，使铲板上、下摆动。

3）刮板输送机

刮板输送机位于机器中部，前端铰接于铲板上，后部托在机架上。刮板输送机为双边链刮板式。由双液压马达驱动，主要由机前部、机后部、驱动装置、脱链器等组成。链条张紧装置采用黄油缸张紧方式。

4）行走部

本机采用履带行走方式，左右两部分呈对称布置。左右行走机构由两台液压马达分别驱动，经三级圆柱齿轮传动和二级行星齿轮传动，将动力传给主动链轮。行走部工作行走速度为 3 m/min，调动行走速度为 7 m/min。履带链采用液压缸加锁片张紧装置。

5）机架和回转台

机架是整个机器的基础，在机器的组成中起着相当重要的作用，机器中的各部件均用螺栓或销轴与机架相联，同时它还承受着来自截割头的各种负载力及其他的作用力，是一个很重要的焊接件。回转台主要用于支承、联接并实现切割机构的升降和回转运动,回转台座在机架上,与机架用高强度螺栓相联。

6)液压系统

本机除截割头的旋转运动外,其余各部分的动作均采用液压传动,由一台75 kW的电动机驱动,通过齿轮分配器同时带动一台双联齿轮泵和一台三联齿轮泵,同时分别向液压缸回路、行走回路、装运回路及带式输送机转载回路供压力油,从而组成了五个独立的开式系统。

3. 特点

EBZ132TY型掘进机是在总结国内外同类机型优缺点的基础上开发的中型掘进机,从加工工艺性上看,整机的零部件结构具有以下三个特征:

(1) 关键机械传动零部件的几何尺寸精度等级、形位公差、表面粗糙度和热处理技术要求均较高。

(2) 铸钢件壁厚相对要求较薄,而且有些件的几何形状比较复杂。

(3) 焊接结构件的数量比重较大,大型焊接件结构较复杂、几何尺寸大,机械性能要求高。

该机的主要性能特点有:

(1) 结构紧凑、布置合理。现有机型结构布置松散落后,如AM50型掘进机无主机架,S100型掘进机行走减速器及马达拆装不便等。该机克服了它们在结构及布局上的不足,整机在整体结构上采用了主机架,主机架采用前后机架分体结构,便于井下运输。

(2) 机身低、适应性好。机身只有1.55 mm,比现有机型矮200 mm左右,而地隙是S100型的1.4倍,是AM50型的2倍,可适合于小断面巷道掘进,而最大切割断面与其他机型基本相同,通用性好、适应范围大。

(3) 机重大,重心低,工作稳定性好。该机机重达38 t,比现有机型重60%,且重心低,工作稳定性优于现有机型。

(4) 截割功率大,加强了破岩能力。为适应半煤岩巷的掘进,加大了截割功率,优化了截割头尺寸及截齿排列,提高了截割单刀力,单刀力达4850 N。同时加大了挖底深度,便于打柱窝及开水沟。

(5) 采用PLC控制及电气故障诊断技术。采用PLC加电子保护器控制的方式,控制可靠,保护齐全。故障显示采用了全中文显示屏,显示直观、清晰,可在不断电、不开盖的情况下,初步判断故障的出处。配有瓦斯断电仪,在瓦斯超限时报警并切断控制电源。元器件选用国内外优质产品,使系统可靠性得到提高。

(6) 简单可靠的液压系统。在满足功能的条件下尽量简化液压系统,采用集成液压回路,减少中间环节,加强冷却并加大油箱散热面积和容积,采用两级过滤系统,提高了系统的可靠性;且液压系统采用补油阀自动补油系统,避免了加油时对油液的污染;行走回路采用变量泵,行走速度随负荷变化可自动调节。

(7) 采用新型结构,提高元部件的可靠性。该机采用星轮装载机构,并采用双液压马达直接驱动执行元件方式,生产能力大,过载能力强,避免了现有机型扒爪机构和锥齿轮传动故障率高的弊端。

切割电机安装在叉形架中,且有托架支撑,避免了电机受力易损的故障。

履带板采用军工制造工艺和材料制造,为整体铸件,比套筒滚子组合履带板的可靠性大幅度提高。

（8）该机为锚杆钻机预留了接口，可供两台锚杆钻机同时工作，减少了锚杆钻机泵站。

4. 适用条件

巷道断面：矩形断面积为 $12 \sim 14 \ m^2$，宽度为 $4 \sim 4.2 \ m$，高度为 $3 \ m$。

巷道坡度：$\pm 14°$。

巷道：$3_{上}$ 煤层工作面巷道及采区集中巷道，$60 \ MPa$ 以下岩石硬度、30% 岩石含量的半煤岩巷道。

岩石硬度：正常 $f = 4 \sim 6$，遇断层或冲刷带时巷道内局部为全岩，$f = 2 \sim 13.5$。

支护型式：锚网支护，局部为架棚支护。

适用于具有爆炸性危险的气体（甲烷）和煤尘的矿井中。

5.3.4 试验应用

1. 试验工作面的条件

（1）巷道名称：$43_{上}03$ 运输顺。

（2）巷道位置：$43_{上}03$ 运输顺为南北走向，南与四采 $3_{上}$ 辅助运输巷、四采 $3_{上}$ 运输巷连接，北至 $43_{上}03$ 工作面开切眼，东距 $43_{上}03$ 辅助巷 $74 \ m$，工作面巷道位于 $43_{下}03$ 工作面采空区的上方。地面位置在工业广场的西北部。$43_{上}03$ 辅助巷自 2005 年 9 月 9 日开始已掘进 $280 \ m$ 左右，进入 $43_{下}03$ 工作面终采线以北 $260 \ m$。$43_{下}03$ 工作面自 2001 年 7 月 1 日开始回采，2002 年 5 月 6 日结束。$43_{下}03$ 终采线南距四采 $3_{上}$ 辅助运输巷 $140 \ m$。垮落带高度按 $3 \sim 5$ 倍采高（M）计算，取 $27 \ m$。根据济三煤矿"三带"观测结果，预计四采区 $3_{下}$ 煤层上部岩层裂隙带高度为 $55.8 \ m$，所以 $43_{上}03$ 运输在裂隙带下部煤（岩）层内掘进。

（3）井下位置及四邻采掘情况：该工作面井下位于四采区西部，$3_{上}$ 辅助运输巷的北侧。西临八里铺东断层，东临 $43_{上}02$ 工作面（未准备），南至设计终采线（$3_{上}$ 辅助运输巷以北 $140 \ m$ 为设计终采线），北至一号开切眼至预测冲刷边界。

（4）巷道用途：用于 $43_{上}03$ 工作面煤炭运输和回风。

（5）巷道设计长度及工程量：设计长度为 $930 \ m$，该巷道已普掘施工约 $120 \ m$，本次施工 $810 \ m$，掘进总工程量为 $8505 \ m^3$。

（6）施工坡度：按 $8°$ 上山找到 $3_{上}$ 煤层，平巷掘进 $20 \ m$ 后再沿 $3_{上}$ 煤层顶板施工，当直接顶较软时可以割除 $500 \ mm$ 以下的顶板岩石，过断层执行专项措施要求。

$3_{上}$ 煤层直接顶为泥岩及粉砂岩，厚度为 $0.16 \sim 8.20 \ m$，平均厚为 $2.80 \ m$，深灰色，富含植物根部化石，遇水易膨胀，局部发育粉砂岩，黑灰色，较致密，$f = 4 \sim 6$；煤层基本顶为粉砂岩及粉细砂岩互层，厚度为 $6.00 \sim 11.3 \ m$，平均厚为 $8.50 \ m$，深灰色，局部为灰白色细砂岩夹粉砂岩条带，较致密坚硬，遇水易风化，$f = 8 \sim 10$；煤层直接底为泥岩，厚度为 $0.51 \sim 3.0 \ m$，深灰色，富含植物根部化石，遇水易膨胀，$f = 4 \sim 6$；煤层基本底为粉砂岩，厚度为 $1.44 \sim 4.07 \ m$，深灰色，局部为细砂岩与粉砂岩互层，$f = 6 \sim 8$。

$3_{上}$ 煤层厚为 $0 \sim 2.07 \ m$，平均厚为 $1.23 \ m$，底部局部含夹矸。

该工作面 $3_{上}$ 煤层为单斜构造，东北高西南低。工作面中南部发育两条断层，产状分别为 SF29 NNE$\angle 45°H = 2.5 \sim 4.0 \ m$；SF30 SSW$\angle 38°H = 4.5 \sim 6.0 \ m$。$43_{上}03$ 运输、辅助巷靠近两断层及二号切眼辅助巷一侧均为应力集中区，煤岩破碎，裂隙发育。另外在一号开切眼、辅助巷东侧，受 SF36（$H=4.0$ m）掘进期间其断层影响，伴生小断层的可能性较大。施工过程中应引起高度重视，加强支护，并相应采取必要的防范措施。

本工作面主要的充水含水层为 $3_{\perp}$ 煤层顶板砂岩，岩性为深灰色，局部为灰白色细砂岩夹粉砂岩条带，厚为 6.0～11.3 m，均厚为 8.5 m，含裂隙水，富水性弱，补给条件差，以静储水为主，充水途径为裂隙。预计最大涌水量为 15 m³/h，预计施工过程中正常涌水量为 3～5 m³/h。本工作面不受封闭不良钻孔的影响。

主要防水措施：①安装排水系统，综排能力不小于 40 m³/h；②施工过程中应加强水情监测，及时进行预测预报。

济三煤矿属低瓦斯矿井，煤尘有爆炸危险性，爆炸指数为 41.35%，煤层有自然发火倾向，发火期为 3～6 个月。

2. 试验效果与推广应用

EBZ132TY 型掘进机于 2004 年 10 月完成了工作图设计，2005 年 8 月中旬完成样机试制，经出厂检验及切割假煤壁试验，各项性能指标达到了合同的要求，2005 年 9 月 10 日通过了中国煤炭工业协会组织的出厂验收，2005 年 9 月 18 日机器运抵济三煤矿，10 月 15 日机器井下安装调试，10 月 18 日开始截割。截至 2005 年 12 月 8 日，共生产 50 天，共进尺 460 m（折合标准巷道 604 m），最高日进 17 m，最高班进 7.2 m。使用期间，未发生较大的影响生产的机电事故。

试验期间，警铃损坏 2 个，更换；液压缸有漏油现象，得到处理，其他一切使用正常。

工业性试验表明：EBZ132TY 型掘进机具有机身矮、生产能力大、工作稳定性好，结构简单，故障率低、维修方便等特点，并具有以下突出优点。

（1）截割头小，给煤的接触面积小，有利于施工半煤岩巷道。

（2）装载机构使用液压马达直接驱动星轮，装载速度快，装载量大。

（3）行走机构采用 10 条高强度螺栓固定，紧固好，不易松动，履带链强度高，试验中没有发现断裂现象。

（4）液压系统主泵流量大，各运转部位速度快，施工速度加快，油管布置合理，并采用二级过滤，同时系统采用注油泵加油，提高了油液的清洁度。

（5）电控箱及操作箱体积小、质量轻，主控制器采用 CPU 控制继电器来完成控制各回路，操作方便，系统反应快，接点少，减少了事故率，保护器采用两个单独的综合保护器和漏电保护，有故障易判断。

5.4 ABM20S 型掘锚一体化机组

5.4.1 概述

兖矿集团在综掘设备的配套上，一直使用 S100 型掘进机及其配套设备，虽然多年以来，从技术、生产组织、生产工艺等多方面采取措施，想方设法提高工作面的综掘水平，例如掘进机升级换代，用 S150 型掘进机替代 S100 型掘进机，增加装机功率，提高生产效率等，综掘工作取得一定成绩和效果，但综掘工作面的自动化、机械化尚没有根本性的改变，依然存在职工劳动强度大，作业环境较差，工作效率不高等问题，掘进进尺仅维持在月进 500 m 左右的水平，没有实现飞跃性的突破，仍旧存在比较突出的采掘比例失调矛盾，与综采装备相比，与国际采矿掘进先进技术相比，存在着较大差距。风量 350～

450 m³/min的综掘机械化水平一直存在劳动强度大、作业环境差和工作效率低的问题,采掘比例失调矛盾比较突出,煤巷成巷速度慢已对工作面的正常接续产生了重大影响。因此,研制自动化程度高、生产能力强、劳动强度低、安全性能好的煤巷快速施工成套设备势在必行。

兖矿集团于2002年1月,组织了由生产部、综机管理中心等单位参与的考察团,到澳大利亚、奥地利等国家,对掘锚机组的设计、制造情况和机组在生产现场的使用情况进行了考察调研。通过这次考察,认为掘锚一体化技术代表当今世界采矿业综掘的最高水平和发展趋势,并确定用科研方式、采用掘锚机组来实现煤巷快速掘进这一重要的理念。该项目于2003年2月,在济南由国家经贸委正式立项。

兖矿集团引进澳钢联ABM20S型掘锚机为全断面巷道掘进机,并在分析现有生产工艺和流程的基础上,对照国际先进标准有针对性地进行了技术改造,井下试验和使用均取得了较好的效果。该机组使连续掘进与锚杆钻车合二为一,具有自动化程度高、掘锚平行作业、配置临时支护装置等特点,在解决截割、装运、行走、转载一体化的基础上,实现了掘进、锚杆支护同步作业,极大提高了掘进速度,月平均进尺达到1500 m,改善了巷道锚杆的支护效果,提高了锚杆支护作业的安全性,改善了工人的作业环境,降低了工人的劳动强度。

5.4.2 技术特征

1. ABM20S型掘锚机组的主要技术参数

总长	10130 mm
总宽(工作)	4500 mm
总重	84 t
最大截割高度	3800 mm
最小截割高度	2800 mm
总装机功率	440 kW(1140 V,50 Hz)
对地比压	行走0.236 MPa,截割0.168 MPa
卧底量	310 mm
截割功率	2×100 kW
截割滚筒收缩量	2×200 mm
截割滚筒直径	1000 mm
截割滚筒速度	1.6 m/s
最大掏槽深度	1000 mm
支护顶棚距工作面	1500 mm
顶板锚杆机距工作面	2350 mm(倾斜6°)
中间两根锚杆相距	≥850 mm
顶锚杆钻机数量	2 台
单进顶板锚杆长	2400 mm
侧帮锚杆钻机数量	2 台
单进侧帮锚杆长	1100 mm
顶棚临时支护承载能力	2×100 kN
装载能力	16 t/min
装载功率	2×36 kW
输送机宽度	600 mm
输送机链速	2.1 m/s

输送机功率	36 kW
行走速度	5.5/11.0 m/min
最大牵引力	2×300 kN
液压系统功率	132 kW
最大压力	25 MPa
油箱容量	450 L
电压	1140 V
操作方式	遥控

2. 后配套的可伸缩双向带式输送机

输送能力	500 t/h
设计输送长度	1000 m
提升高度	≤100 m
输送带宽度	1000 mm
带速	2.5 m/s

3. DZQ100/70/18.5 桥式转载机

输送能力	700 t/h
设计输送长度	18 m
与带式输送机搭接长度	12 m
输送带宽度	1000 mm
带速	2.5 m/s

4. 后配套装备的控制通信系统

采用 TK200 通信集中控制带式输送机、桥式转载机。

使用型号为 KSGZY - 1000/6.0/1.14 的变压器和型号为 MCPT3×120+1×50+2×2.5 的电缆来保证供电送电系统的正常运行。

5.4.3 结构及特点

1. 结构

ABM20S 型掘锚机是为了适应长壁开采工艺的需要，加快巷道掘进速度而设计的锚掘一体化快速掘进机。它的外形看似传统的煤层连续采煤机，但具有其独特设计和优点。锚杆机是掘锚机的重要组成部分。ABM20S 型掘锚机可以配装 2~4 台顶板锚杆机和台侧帮锚杆机。所有顶板锚杆机和两台侧帮锚杆机都布置在靠近截割滚筒后面。另外两台侧帮锚杆机布置在掘锚机的后部。这种设计使得掘锚机能同时进行掘进和打锚杆工作。

ABM20S 型掘锚机由截割装置、滑架、装载机构、链式输送机、履带机构、主机架、电气系统、液压系统、锚杆系统、冷却喷雾系统等部分组成。结构图如图 5-4 所示，总装图如图 5-5 所示。

1）截割装置

截割装置包括截割臂、电动机、减速机及截割滚筒。截割臂是整体钢结构件，它靠截割臂的升降液压缸进行操作。在截割臂上装有两台截割电机和两个截割齿轮箱。每个齿轮箱包括有两个斜齿轮和两个行星齿轮。截割滚筒端部可向每侧伸缩 250 mm。最大掘进深度为 1000 mm。在滚筒的后面，装有一个加压喷水系统，用来除尘和冲洗截刀。

截割齿轮箱包含两个正齿轮挡，一个带有中间齿轮的斜齿轮挡，以及每个传动端一个的两个行星轮挡。所有的配合表面，都用合适的密封胶（Loctite）密封，以防渗油，传动

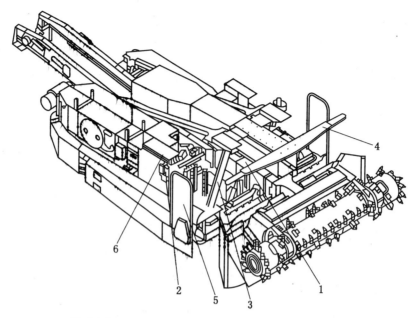

1—顶板锚杆机；2—侧帮锚杆机；3—双液压缸支撑架；4—支撑顶棚；
5—顶板锚杆机操作台；6—侧帮锚杆机操作台

图 5-4 ABM20S 型掘锚机结构图

轴承备有轴封垫片，**随动轴轴承**则采用旋转机械密封。

2）滑架（掘进）

这种水平滑架**允许**切割装置连同输送机一起推进，不受主机架的影响，这样使得截割和打锚杆能够同时进行。它装有黄铜衬套，以便在掘进导轨上滑动，导轨用螺栓固定到主架上。链式输送机与装载围板连接，输送机的滑动支承允许装载围板和链式输送机移动到最大掏槽深度约一半的距离。

掘进机架通过掘进液压缸移动，**液压缸与掘进架**和主架连接。

在掘进机架上装有动臂位置传感器，**它**把截割臂准确位置的数据通知微处理器。

3）装载机构

装载机构包括**前铲板、两台减速机**和两个星型集装臂。装载机构由两台电动机（每台 36 kW），通过**直齿轮** - 伞齿轮减速机提供动力。当截割滚筒前移掏槽时，装载机构随之前移，保证装载工作的有效进行。

装载机传动分左和右传动，各采用一个正齿轮与斜齿轮结合的齿轮箱，每端用一台电动机驱动。齿轮箱右端**的电动机**，必须是反时针方向旋转，左端的必须是顺时针方向旋转。

4）链式输送机

输送机由一台 36 kW **电动机**驱动，电动机和齿轮箱布置在输送机后端。采用一个液压缸完成垂直运动。链条是**标准链条**，3 英寸节距 × 29 英寸宽（1 英寸 = 0.0254 m）矿用连续刮板式链条。

输送机传动采用行星轮和斜齿轮相结合。齿轮箱用一台 36 kW 的电动机驱动。

5）履带机构

高强度、全封闭的履带行走机构以适应采矿的恶劣条件。每个履带机构都包含有张紧

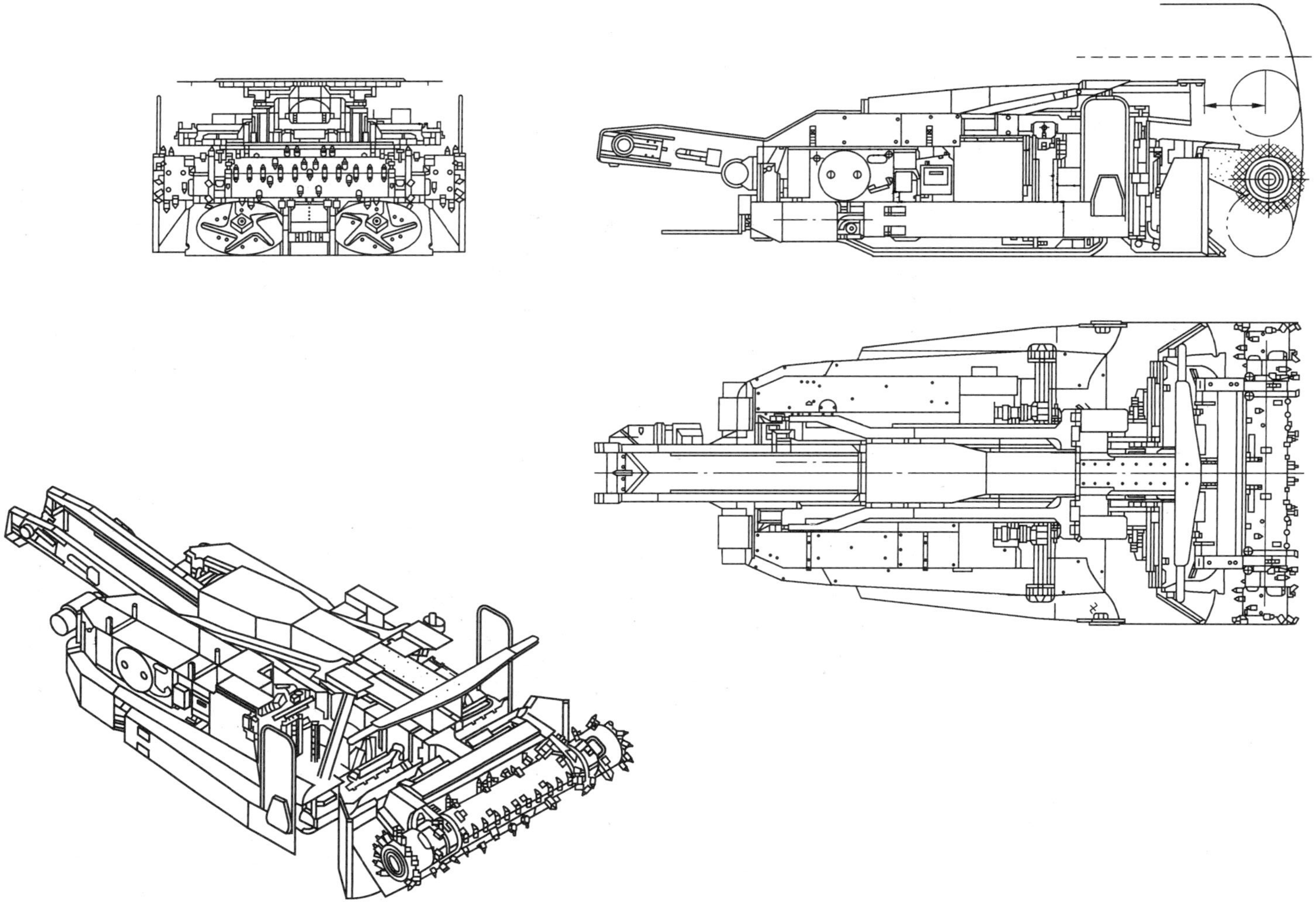

图 5 - 5 ABM20S 型掘锚机组总图

滑轮、张紧履带链轮、驱动链轮、驱动装置和履带板。履带机构底部的中心件，都是耐磨滑板。标准履带架是一个焊接钢结构，支承所有的总成部件。

履带系统采用 2 台液压马达驱动，它们带有多盘式制动器和液压松解装置。假如液压力下降，制动器就立即响应，将机器停住。

履带链通过液压缸调紧。

履带驱动液压马达直接用法兰盘装到齿轮箱。传动通过 2 个正齿轮和 2 个斜齿轮。

6）主机架

主机架由四部分钢结构组成，承载所有其他装置。为了方便运输，主机架可拆解成合适的尺寸。主机架四大部分由螺栓、键和销连接。

主机架的尾部装有两台液压稳定支撑架，它在机器切割过程中支承着机器，并防止它与其他车辆碰撞。左侧和右侧的支腿，都可以借助于液压缸单独升降。稳定支架液压缸伸缩量为 530 mm，地面以下最大限距为 330 mm。液压稳定支撑架的作用是把机器的重量传递到机器前端，帮助机器向下切入工作面。此外，它还能稳定地支承机器后部，不然机器在向下截割时容易下沉。

当维修履带时，液压稳定支撑架还可以抬起机身。

7）电气系统

ABM20S 型掘锚机采用 1140 V/50 Hz 工作电源。所有电气设备都采用漏电保护系统，电气系统中所有与人接触的部件都与漏电保护系统相接。控制系统始终处于被监视状态，以防接地漏电，一旦接地漏电，将断开控制回路。所有的开关都安置在防爆电控箱内，电机、前照明灯、螺线管、变频器、报警器和拖曳电缆都在电控箱内连接。

电气设备在自检系统，依据输出电流控制掏槽速度，截割断面控制系统，可选项的瓦斯监测方面采用了最新的技术。

掘锚机控制系统包括两部分：信号接受/监测装置、无线遥控发射器。

手持遥控器发出的无线编码信号经掘锚机上的微机，转变成合适的电磁信号，作用不同的继电器，随后控制掘锚机的各个功能。

控制系统监控安装在掘锚机各处的故障和位置传感器，操作人员通过液晶显示屏可以知道机器所处的状态。

无线遥控器具有以下功能：

（1）遥控器有 12 个控制开关。微机将随时处理来自控制开关的信号，将控制开关信号转换成数字信号，然后将数字信号通过电波发射到掘锚机上的信号接受/监测装置。

（2）遥控器外壳是硬塑料，上面带不锈钢表面，装在带背带的皮套里。

（3）遥控器带休眠功能。不使用超过 2 min，遥控器将自动进入休眠状态。

（4）如果操作人员与机器之间的无线信号中断或阻塞，掘锚机将自动停机。

（5）遥控器使用 7.2 V/1.2A·h 的镍电池，可连续工作 16 h。

8）液压系统

（1）组成及原理。奥钢联掘锚机的液压元件包含不加压的液压箱、柱塞泵组、控制系统、附件以及管道。液压系统采用开式回路系统，包括三个独立的液压回路。机器的三联泵由一台 132 kW 电动机通过弹性联轴节驱动。泵的抽入管可以用蝶阀单独关断，可以在不将液压油抽入油箱的情况下对泵作出改变。

液压控制阀通过直接安装的电操纵阀进行操作，负载压力反馈给控制阀，调整变量泵的输出量（负载感应系统），每台泵的开口量符合相应的流量。不同的压力反馈给变量泵，变量泵自动调节并提供所需要的工作流量。

在压力控制阀上可以调节最大允许压力。当达到最大系统允许压力时，泵将自动调整到零输出。

液压油的过滤发生在整个油路上，所有从控制阀来的回油都被收集到回油集管，并在进入液压箱之前经过换热器和回油过滤器。除此之外，两个操作回路都设有管内压力过滤器。一个电子式污染指示器（Contamination Indicator）负责监测回油过滤器处的回油压力（Back Pressure）。另外回油过滤器还安装有污染指示表。压力过滤器都有压差指示器，以监测过滤状态。

（2）液压油。液压油的选用符合表5-2。

表5-2　液压用液体

制 造 商	BP 公司	埃索公司	美孚公司	壳牌公司
产品	Energol HLP 46	Nuto H 46	D. T. E 25.	Hydrau HM-S
密度/(g·ml⁻¹)，在15℃时	0.878	0.875	0.879	0.877
运动黏度/(cSt)，在40℃时	46	45	44	32
闪点/℃	220	220	214	150
凝点/℃	-27	-33	-18	-42

液压油在首次使用400 h之后第一次换油，在此之后，每运行2000 h或每年更换新油。每运行1000 h应取样化验以确定其成分，确定是否应该换油。

9）锚杆系统

锚杆系统包含两台装在滑轨上的顶板锚杆机和两台安装在掘锚机前部的侧帮锚杆机。这样的结构布置使得截割、打顶板锚杆和打侧帮锚杆能同时进行，加快掘进速度。顶板锚杆机被铰接在底座上，使锚杆机能在更大的范围内打顶板锚杆。

传统的连续采煤机靠行走履带的推力进行掏槽，当遇到硬煤时，掏槽很困难。ABM20S型掘锚机是利用自身液压支撑架稳定住机身，靠液压缸的推力进行掏槽，液压支撑架同时保证操作人员安全。

顶板锚杆机能在滑杆上左右移动，并且能朝东西南北方向摆动；侧帮锚杆机安装在操作人员背后的工作平台，能上下摆动，在不同高度范围打锚杆。

10）冷却喷雾系统

ABM20S型掘锚机为开放式循环水冷却系统。冷却系统分为以下各回路：

（1）冷却液压总热交换器。

（2）冷却液压马达。

（3）冷却左侧装载机电机与右侧装载机电机。

（4）冷却输送机电机。

（5）冷却截割机。

冷却系统由液压操纵阀控制。

2. 特点

（1）同时进行掘进和打锚杆作业。

（2）大功率低转速截割滚筒，使截割过程中产生的粉尘降至最低。

（3）机载顶板、侧帮锚杆机。

（4）锚杆机工作平台完全处于液压顶棚安全保护之下，达到优化的人性设计。

（5）截割头掏槽和截割部由微机控制，使截割循环和电机工作负载工作最优化。

（6）除锚杆机之外，无线遥控掘锚机。

（7）数据存储系统为可选项。

（8）完整的水喷雾系统。

（9）对地比压低。

（10）利用液压缸推力掏槽，履带原地不动，因此不破坏底板。

（11）在截割滚筒之后液压支撑架对顶板及时支护，保护操作人员。

（12）全自动油脂润滑系统，减小维修工作量。

全断面巷道掘进机工作机构沿整个工作面同时进行破碎煤岩并连续推进，主要用于掘进岩石巷道，目前在煤矿上还没得到广泛的应用。公司引进奥钢联 ABM20S 型掘锚机为全断面巷道掘进机，该机组使连续掘进与锚杆钻车合二为一，在解决截割、装运、行走、转载一体化的基础上，实现掘进、锚杆支护同步作业，极大提高了掘进速度，月平均进尺达到 1500 m。

3. 适用条件

顶板要求：顶板条件好，允许有 5～10 m 的空顶距。

使用 ABM20S 型掘锚机来完成割煤和装煤及临时支护、永久支护工序，破碎机破碎、转运。

5.4.4　试验应用

1. 试验工作面条件

试验的地点在山东兖州煤业股份有限公司鲍店煤矿，选择走向长度近 2500 m，地质状况较稳定的 5305 运输巷作为 AMB20（S）型掘锚机一体化机组工业性试验场地。

该工作面煤层为山西组 3 煤层，煤层厚度稳定，结构简单，平均厚度为 8.62 m，$f=$ 3.5 左右。巷道断面为矩形，掘进宽度为 4500 mm（净宽度为 4300 mm），掘进高度为 3100 mm（净高度为 2900 mm）。巷道整体锚网支护，锚杆间排距为 800 mm × 1000 mm。顶锚杆采用 6 根高强度锚杆，杆体直径为 22 mm，杆体长度为 2400 mm，帮锚杆左右各 2 根，直径为 20 mm，锚杆长度为 1600 mm，底角锚杆左右各 1 根，长度为 1100 mm，顶板网采用加筋点焊金属网，规格为 4500 mm × 1080 mm，侧网则用钢筋梯，规格为 2600 mm × 1080 mm。

2. 试验效果与推广应用

掘锚机组的试验自 2005 年 6 月 6 日正式开始，至 2005 年 9 月 10 日，共掘进巷道长度为 2647 m，并在 7 月份创出最高班进 21 m，日进 53 m，月进 1100 m 的国内一流水平。

在这次工业性试验中，掘锚机组运转正常，工作可靠，但仍存在一些小问题，归纳如下：

（1）左侧顶锚杆滑架出现变形，导致滑槽内链子断裂，影响生产。

（2）液压系统中的电磁阀压力调整不合适，引起截割部伸缩液压缸有一段时间伸不出。

（3）油箱内油位传感器接触不良，起不到保护作用。

（4）电气箱内保险丝易掉，导致输送机多次停转。

（5）喷雾出水量大，遇到向下掘进时，工作面积水，排水较困难。

掘锚机组在兖州矿区的试验与应用取得了成功，由于机器体积庞大，对巷道条件有一定的适用范围要求。

5.5　EBZ220 型掘进机

5.5.1　概述

EBZ220 型掘进机是集切割、装运和行走于一体的综合掘进设备，属于悬臂式纵向切割的部分断面掘进机，可切割任意断面形状的井下巷道。定位切割时，其最大切割高度为 5.28 m，最大切割底宽为 6.7 m，定位切割断面面积为 10~33 m²，移动机器可切割更宽的巷道。该机采用了电机和液压混合驱动方式，操作简便、可靠、运转平稳。机器配有内外**喷雾**，可有效地抑制切割产生的粉尘，提高工作环境的安全性，可在坡度不大于 ±16° 的煤及半煤岩巷道中工作，可以切割最大单向抗压强度小于或等于 100 MPa 的煤或半煤岩。

5.5.2　技术特征

1. 整机参数

1）总体

最大掘进高度	5.28 m
最大定位掘进宽度	6.7 m
掘进断面形状	任意
定位切割断面面积	10~33 m²
爬坡能力	±16°
切割煤岩最大单向抗压强度	≤100 MPa
机器外形尺寸（长×宽×高）	10.86 m×3.60 m×1.97 m
铲板宽	3.6 m
机器地隙	298 mm
最大挖底深度	365 mm
牵引力	≥310 kN
装机功率（含二运）	321 kW
整机质量	52 t

2）截割部

电机	
型号	YBUD – 220/132 – 4/8P
功率	220/132 kW
电压	1140 V
转速	1475/725 r/min
截割头	
尺寸（直径×长度）	φ1143 mm×959 mm
转速	46/23 r/min
截割头最大摆动角度	
上	43°
下	20°

左右　　　　　　　　　　　　　　　　　　　　　　　　±33°

　　3）装运部

　　　　铲板顶尖抬起　　　　　　　　　　　　　　469 mm

　　　　铲板顶尖挖底　　　　　　　　　　　　　　354 mm

　　　　装载型式　　　　　　　　　　　　　　　　星轮式

　　　　星轮转速　　　　　　　　　　　　　　　31 r/min

　　　　星轮扭矩（单个）　　　　　　　　　　4874 N·m

　　　　输送机型式　　　　　　　　　　边双圆环链刮板式

　　　　链速　　　　　　　　　　　　　　　　0.8 m/s

　　　　刮板链尺寸　　　　　　　　$\phi18$ mm $\times 64$ mm $-$ C 圆环链

　　　　输送机槽宽　　　　　　　　　　　　　　618 mm

　　　　输送能力　　　　　　　　　　　　310 m³/h

　　4）行走部

　　　　行走型式　　　　　　　　　　　　　　　履带式

　　　　行走速度　　　　　　　　　　　3.5/7.9 m/min

　　　　平均接地比压　　　　　　　　　　　0.14 MPa

　　　　履带板宽度　　　　　　　　　　　　　0.6 m

　　　　履带中心距　　　　　　　　　　　　　1.9 m

　　　　张紧型式　　　　　　　　液压和弹簧张紧复合方式

　　　　制动方式　　　　　　　　　　摩擦片式自动制动

　　5）液压系统

　　　　泵站功率　　　　　　　　　　　　　　90 kW

　　　　系统压力

　　　　　行走回路　　　　　　　　　　　　　19 MPa

　　　　　装运回路　　　　　　　　　　　　　20 MPa

　　　　　液压缸回路　　　　　　　　　　　　20 MPa

　　　　行走马达

　　　　　型号　　　　　　　　　　　　　　A2FE125

　　　　　额定压力　　　　　　　　　　　　　35 MPa

　　　　　排量　　　　　　　　　　　　　125 mL/r

　　　　　转速　　　　　　　　　　　　4000 r/min

　　　　　功率　　　　　　　　　　　　　　27 kW

　　　　装载马达

　　　　　型号　　　　　　　　　　　　NHM16 - 1600

　　　　　额定压力　　　　　　　　　　　　20 MPa

　　　　　排量　　　　　　　　　　　　1648 mL/r

　　　　　转速　　　　　　　　　　　2×400 r/min

　　　　　功率　　　　　　　　　　　　　　20 kW

　　　　输送马达

　　　　　型号　　　　　　　　　　　　　NHM8 - 700

　　　　　额定压力　　　　　　　　　　　　25 MPa

　　　　　排量　　　　　　　　　　　　710 mL/r

转速	4 × 400 r/min
功率	39 kW
齿轮泵 I	
型号	CBY3063/2032/3020 – 3FL
额定压力	20 MPa
排量	63/32/10 mL/r
转速	2000 r/min
功率	32.5/16.5/1.2 kW
齿轮泵 II	
型号	CBY3080/3063/3050 – 3FL
额定压力	20 MPa
排量	80/63/50 mL/r
转速	2000 r/min
功率	41.3/29/26 kW
全负载反馈多路换向阀	
型号	QF28 – 3 – 51
额定压力	210 MPa
多路换向阀 I	
型号	DC20G2 – YU – L
额定压力	25 MPa
多路换向阀 II	
型号	DC20G2 – 2(YU).020U.3(YU) – L
额定压力	25 MPa
多路换向阀 III	
型号	DC32F2 – 2(YU)
额定压力	20 MPa
DCV20/6 手动换向阀	
型号	DCV20/6 – E7(50) – 2S4C1A1 – 4S4C1A2 – U2G06
额定压力	35 MPa
先导阀	
型号	B2 – 4(DTM)
额定压力	5 MPa
挖机比例先导阀	
型号	WBF – DTM – R
额定压力	5 MPa
多路换向阀 IV	
型号	DC20E1 – YU – L
额定压力	16 MPa

6) 喷雾冷却系统

喷雾型式	内、外喷雾
内喷雾	≥3.5 MPa
外喷雾	≥1.5 MPa
总流量	60 ~ 80 L/min

外部供水压力	2~5 MPa

2. 电气系统

供电电压	1140 V
总功率（含二运）	321 kW
操作箱	
产品型号	ExibI
电压	12VDC
电流	500 mA
电容	5.7 μF
电感	0.4 mH
控制箱	
产品型号	Exib［ib］I
功率	421 kW
额定电压	AC1140 V
电压	DC14/12V
电流	860/1000 mA
电容	10/5.7 μF
电感	22/0.4 mH
截割电机	
型式	ExdI,水冷式,三相异步
规格型号	YBUD – 160/80 – 4/8
绝缘等级	H 级
额定电压	AC1140 V
功率	220/132 kW
转速	1481/735 r/min
电流	130.2/97.6A
液压泵电机	
型式	ExdI,水冷式,三相异步
绝缘等级	H 级
功率	90 kW
额定电压	AC1140 V
电流	56 A
转速	1475 r/min
电铃	
型式	ExdI
额定电压	AC127 V
额定电流	0.35 A
功率	0.045 kW
按钮	
型式	ExdI
额定电压	DC24 V
额定电流	0.5 A
功率	0.015 kW

照明灯	3 盏
型式	ExdI
额定电压	AC24 V
功率	0.015 kW
甲烷传感器	
型式	ExibdI
电压	DC22 V
电流	60 mA

5.5.3 结构及特点

1. 型号及含义

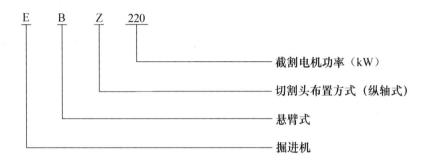

2. 结构

本机主要由截割、行走、装运三大机构和液压、水路、转载及电气四大系统组成，如图 5 - 6 所示，由液压执行元件和机械传动机构实现所规定的动作，进而完成机器的作业过程。

1）截割部

截割部又称为截割机构，其作用是破落煤岩。截割部由截割头、截割臂、减速箱、推进液压缸和截割电机组成。

截割头呈锥形，其上装有 30 个镐形截齿、25 个喷嘴，截齿呈螺旋线排列，用螺栓将截割头与截割臂联接在一起。

截割臂由主轴、伸缩筒和保护筒等组成，伸缩外筒和花键筒支承主轴和承受弯矩，主轴传递旋转运动和扭矩。主轴的前端通过花键与截割头联接，后端通过花键筒与减速箱的输出轴相联。

减速箱是二级行星齿轮减速箱，传动比为 31.03∶1。箱体为支承负载件，内部装有齿轮组，前端与伸缩外筒相联，后端与截割电机相联。

截割电机为 YBUD - 220/132 - 4/8P 水冷电机，额定转速为 1475/725 r/min，其外壳与减速箱相联，输出轴通过花键与减速箱输入轴套相联。电机的旋转经减速箱减速后，带动主轴及截割头以转速 46/23 r/min 旋转。

整个截割部通过升降液压缸和截割电机安装在转座上，在回转和升降液压缸的作用下，可使整个截割部作向上 43°、向下 20°、向左 33°和向右 33°的摆动，配合截割头的旋转，从而完成割落煤岩的动作，截割出所需的任意形状断面的巷道。

2）装运部

装运部又称为装运机构，其作用是将截割部破落下来的煤岩装运到掘进机后部的转载机上。装运部由装载机构和刮板输送机组成，装载机构采用星轮式装载型式。

装载机构由主铲板、左、右星轮组成。星轮靠液压马达直接驱动，完成物料的装载。液压马达及传动装置安装在主铲板内，左右两组星轮分别传动。

刮板输送机为边双链刮板式，主要由机架、从动轮、刮板链、主动轮、液压马达等组成。刮板链条的松紧可通过张紧装置调整。

装载机采用分装分运型式，装载星轮采用 2 台 NHM16 - 1600 型液压马达直接驱动，取消了装载减速器，使装载部结构紧凑，布置方便，减少故障。刮板输送机的动力来自 2 台 NHM8 - 700 型液压马达直接驱动主动链轮，减少了输送机的功率，使刮板输送机运转平稳、均衡，结构更紧凑。装载机构位于机器的前端，通过一对销轴铰接于主机架上，刮板输送机通过一对销轴联接在装载机构上，前端从动轮嵌于主铲板内，后部通过连接板与后架相连。在铲板液压缸作用下，装载部可绕销轴上下转动。当机器截割煤岩时，应使主铲板前沿紧贴巷道底板，增加机器的截割稳定性。

3）行走部

行走部又称行走机构由左右两个结构相同、完全对称的行走机构组成，行走型式为履带式，主要由导向轮、履带、支重轮、张紧装置、减速机、液压马达及链轮等组成。

左右行走机构通过销轴、行走架凹凸槽口与主机架平面联接在一起。行走架与主机架用 40 只 M24 螺栓固紧，其力矩值应达到 917 N·m，保证行走机构与主机架成为一体。

行走机构采用双速，正常工作速度为 3.5 m/min，为提高效率，通过液压回路合流，可实现调动速度为 7.9 m/min。

行走部传动采用国际知名品牌液压马达 - 减速器系统，最大输出扭矩为 80000 N·m，其质量可靠，安装方便，减速器内含制动系统，防止了掘进机在有坡度的工作面上下滑，增加了安全性。

履带的松紧可由张紧装置调整。张紧履带时，用黄油枪通过快速接头往腔室内诸如钙基润滑脂，使张紧液压缸受力运动，从而推动导向轮向外移动，履带随之张紧。

该机器的防滑制动是通过摩擦片制动器来实现的，该制动器为液压开启、湿式运转的多片式制动器，内装于减速器中，是一种停车制动器，其开启压力为 1.8 MPa。在非行走、移动状态下，由于弹簧张紧作用，制动器闭合，减速器处于闭锁制动状态，可保证机器不会因为重力或外力的作用而自行滑移。当机器需要行走或移动时，在手动换向阀动作的同时，制动器开启油路接通，在油压力作用下，制动器开启，减速器便可正常运转。

4）主机架

主机架为掘进机的骨架，截割部、装运部、行走部等其他部件均装于其上。

主机架主要由转座、回转轴承、回转液压缸、主架等组成。在两个回转液压缸作用下，转座可相对于主架左右摆动 33°。

主机架采用钢板焊接结构，保证了主机架有足够的强度与刚度。

5）后架组件

后架组件通过螺栓与主机架固结在一起。在支架液压缸的作用下，左右支腿可绕铰点上下摆动，与装载部同时向下运动时，可将机器抬起。当掘进煤岩较硬时，可将左右支腿

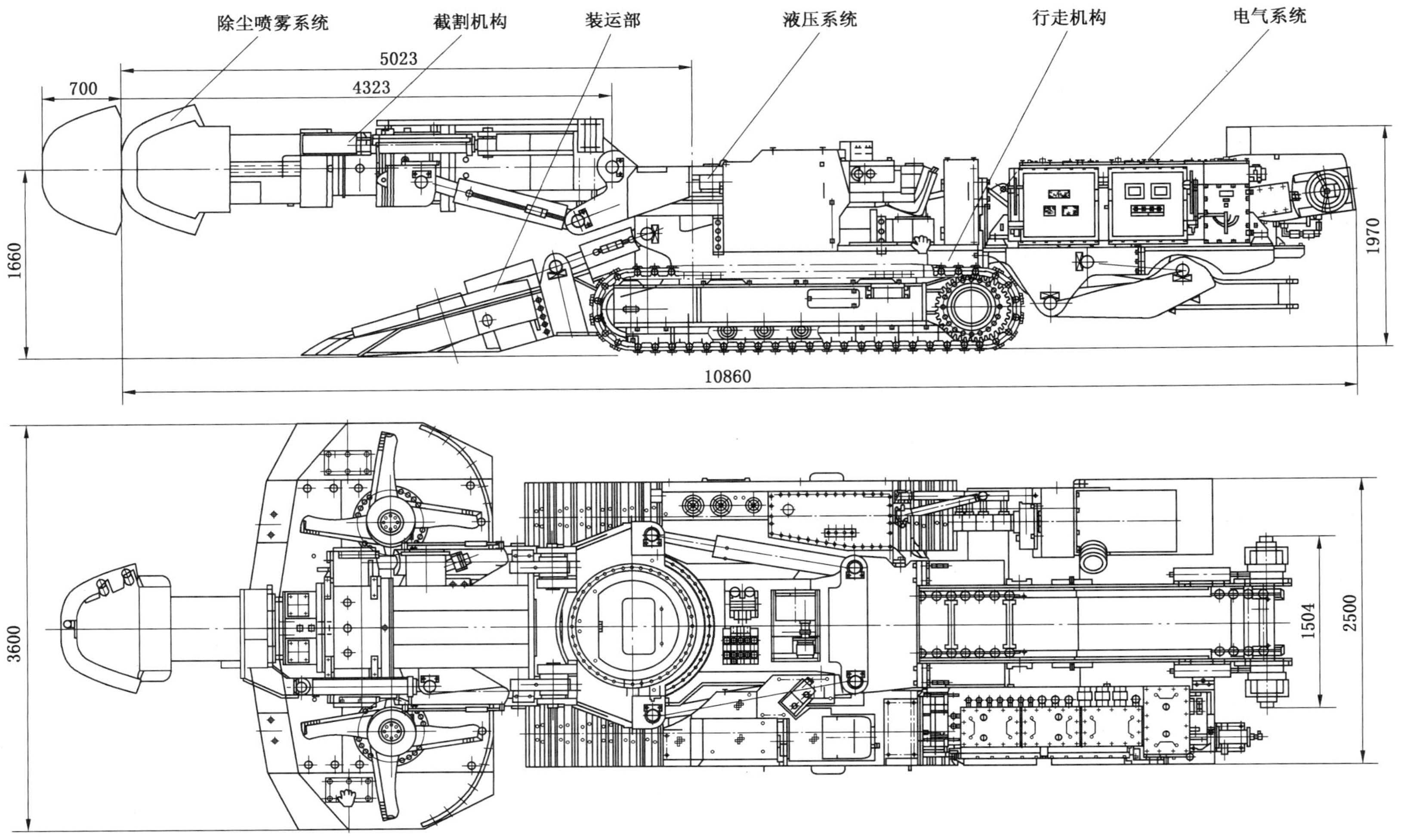

电气系统

行走机构

液压系统

装运部

截割机构

除尘喷雾系统

1970

10860

5023

4323

700

1660

2500

1504

3600

图 5 – 6 EBZ220 型结构图

撑至底板，以防止机器横移，增加机器的截割稳定性。

通过回转销轴将后配套转载机与掘进机联接，使其与掘进机的相对位置得到固定，并能相对掘进机作上下左右移动。

6）液压系统

本机截割头的旋转运动及转载机传动采用电机传动外，其余各动作均采用液压传动。

液压系统动力由一台 90 kW 电机供给，通过泵站传动部驱动两台 CBY63/32/10 型和 CBY80/63/50 型三联齿轮泵，分别向 6 个独立的液压回路（液压缸、左右装载、左右行走、刮板机）供油。

本液压系统操纵部分采用集成块设计，由液压缸换向阀、操作箱面板、比例先导阀、先导阀、六点压力表开关、手动换向多路阀、水路压力表、行走换向阀、一运换向阀、水路换向阀等部件组成。所有控制阀均采用板式联接，集中管理，方便拆装、故障检查及维修。

（1）装运回路。动力为 CBY63/32/10 型及 CBY80/63/50 型两台三联齿轮泵供给，其中 63 液压泵供给刮板输送机两台 NHM8 - 700 液压马达，80 液压泵则供给装载部左右星轮的两台 NHM16 -1600 液压马达，调定压力均为 20 MPa。

装运机构换向阀的主要部件是装在三联阀 QF28 - 3 - 51，其换向由手动先导控制阀控制。

装载部左右星轮两台液压马达不工作时，其油液经手动换向阀直接向行走回路供油，实现掘进机的快速行走。

（2）行走回路。动力为三联齿轮泵中的一台 63 液压泵供给，齿轮泵输出的油通过 DC32 - 2 - 62 液控二联换向阀控制左右行走机构的两台斜轴式液压马达分别运转，调定压力为 19 MPa。

行走液压马达的换向主要由 DC32 - 2 - 62 液控二联换向阀控制，其先导控制油路由手动先导换向阀控制。

当掘进机正常掘进时，行走回路仅由 63 液压泵供油，掘进机慢速行走，当掘进机不掘进单独行走时，此时装载部不工作，其液压油通过 QF28 - 3 - 51 装载三联换向阀向行走回路供油。行走回路由一台 80 液压泵及一台 63 液压泵共同供油，实现掘进机快速行走，达到掘进机快速调动要求。

行走回路中的制动器油路，其压力为 1.8～5.0 MPa。本机采用平衡法和减压阀叠加型式，行走回路高压油经减压后给制动器产生压力 1.8～5.0 MPa 的控制油，保证能顺利打开制动器。

行走部传动装置采用国际知名品牌马达 - 减速器系统，其质量可靠，安装方便，减速器内含防滑制动系统，该机器的防滑制动是通过摩擦片式制动器来实现的，该制动器为液压开启、湿式运转的多片式制动器，内装于减速器中，是一种停车制动器，其开启压力为 1.8 MPa。在非行走、移动状态下，由于弹簧张紧作用，制动器闭合，减速器处于闭锁制动状态，可保证机器不会因为重力或外力作用而自行滑移。当机器需要行走或移动时，在手动换向阀动作的同时，制动器开启油路接通，在油压力作用下，制动器开启，减速器便可正常运转。当行走液压回路停止工作时减速器中摩擦片实施制动，保证了掘进机不工作时在坡道上不会下滑，增加了安全性。

（3）液压缸回路。动力为三联齿轮泵的 50 液压泵供油，齿轮泵输出的油通过手动阀组控制的液压缸换向阀控制回转、升降、铲板、支撑和伸缩五组液压液压缸，调定压力为 20 MPa。

为使运动平稳，克服重力作用，在升降液压缸、支撑液压缸、铲板液压缸上各装设了两个 A–VBDE/FL2/NV120 平衡阀；在回转液压缸回路上设置了一组 A–VBDE/NF–120 平衡阀。前者安装在升降液压缸体、支撑液压缸体、铲板液压缸体上，后者安装在主机架上。

7）喷雾冷却系统

喷雾冷却系统分为内喷雾系统及冷却、外喷雾系统。

（1）内喷雾系统。在截割头截齿座旁边设有 25 只直射型喷嘴，当井下压力水在 2～5 MPa 时，内喷雾水经过反冲洗组件、水压控制组件、冷却器、电机、水泵组件，由高压水封进入截割头内由喷嘴喷出。当水泵出水口压力达到 3.6 MPa 时，内喷雾安全阀动作，内喷雾压力卸荷。

（2）冷却、外喷雾系统。在截割臂上装有 8 只引射型喷嘴，管路按先冷却后喷雾的顺序布置，先冷却液压油和截割电机，再供给截割臂上的喷嘴喷雾。外喷雾冷却水通过水压控制组件，减压阀调定水压为 1.5 MPa。当外喷雾冷却被堵，水压超过安全阀调定压力 1.6 MPa 时，安全阀动作，截割电机和冷却器不会因水压过高而损坏。

3. 特点

（1）整机结构紧凑、高度低；总体布置合理，强度高、刚性好，内部维护操作空间大；工作臂长，摆动角度大，适应范围广；整机重，重心低，切割稳定性好；整机卧底量、抬高量及地隙大，变坡能力强，调动灵活方便。

（2）截割部采用 220/132 kW 双速电动机，对中硬岩隧道也可充分发挥截割能力。截割头具有高低两种转速，可非常方便地转换，适应不同地质条件下使用。

（3）截割头采用日本三井三池公司先进成熟的设计理论，为产品提供了强有力的保证。

（4）高压水喷雾指向截齿尖端，能抑制粉尘及火花的产生，同时起到冷却截齿的作用。

（5）由于截割头具备 700 mm 的伸缩机构，可极大地减少履带调动的次数，提高工作效率。

（6）行走机构转矩大（80000 N·m），寿命长（大于 10000 h），便于使用和维护。

（7）实现分装分运，马达直接驱动星轮和刮板链，减少中间环节，降低了故障率，刮板机采用边双链驱动，避免卡链现象，提高了运输效率和使用寿命。

（8）铲板采用了分体式，方便井下运输。

（9）采用 PLC 控制技术，减少了电气故障率，设置故障显示功能，实现人机对话。

4. 主要用途及适用范围

EBZ220 型悬臂式掘进机适合在有瓦斯、煤尘或其他爆炸性混合气体的巷道中作业，也适用于其他工程隧道施工。

5. 使用环境条件

（1）海拔高度不超过 2000 m。

（2）周围环境温度为 −5～+40℃。

（3）周围空气相对湿度不大于 95%（+25℃）。

（4）在有沼气等爆炸性混合物的矿井中。

（5）能承受掘进机的振动。

（6）与水平面的倾斜度在 ±16°以下的环境内。

（7）无破坏绝缘的气体或蒸汽的环境中。

（8）能防止水或其他液体侵入电气装置内部。

（9）污染等级：3 级。

（10）安装类别：Ⅲ类。

5.6 EBZ160 型掘进机

5.6.1 概述

兖矿集团机电设备制造厂在 2007 年 2 月开始着手掘进机的方案设计，在充分借鉴、吸收国内外先进机型的基础上，集中优势研发力量，加强与上海煤炭科学研究院等高等院校合作交流，采用三维动态模拟设计，经过半年多的紧张研制工作，成功研制出了具有自主知识产权的山东省第一台 EBZ160 型掘进机，EBZ160 型掘进机项目研发是集团公司建设山东省煤机制造基地的重要组成部分。

EBZ160 型全煤岩掘进机，已形成专业化、批量化生产。EBZ132 型掘进机破岩过断层能力强，具有内外喷雾功能，可有效抑制粉尘；采用了弧形线星轮转载，大大减少回煤，提高了转载效率。EBZ160 型掘进机用于煤岩硬度 $f \leqslant 7.5$ 的煤巷、半煤岩以及软岩的巷道、隧道快速掘进，最大定位截割断面积 24 m²，最大截割硬度小于或等于 75 MPa，纵向工作坡度为 ±16°。在产品研发过程中，对现行掘进机喷雾冷却系统进行创新，首次适应加强型内喷雾切割头和防堵喷嘴技术，解决了"内置喷嘴容易堵塞"的世界性难题，这两项技术均获得国家专利。

5.6.2 技术特征

1. 整机参数

型号	EBZ160
总体长度	9.30 m
总体宽度	2.90 m
总体高度	1.65 m
总重	43 t
截割挖底深度	0.22 m
地隙	0.22 m
龙门高度	0.45 m
爬坡能力	±18°
截割抗压强度	≤75 MPa
牵引力	≥220 kN
供电电压	AC1140/660 V
截割范围	
高度	4.8 m
宽度	5.5 m
面积	24 m²
截割部	
截割头形状	圆锥台形

截割头转速	46/23 r/min
电动机	YBUD – 160/80 – 4/8 隔爆水冷型,1 台
伸缩量	0.55 m
喷雾	内外喷雾方式
截齿型式	镐型截齿
截齿数量	41 把

铲板部

装载型式	三齿星轮式
装载宽度	2.90 m
星轮转数	33 r/min
装载能力(最大)	4.2 m^3/min
原动机	液压马达,10 kW/台,2 台

第一输送机

型式	边双链刮板式
中部槽断面尺寸(宽×高)	0.54 m×0.37 m
链速	61 m/min
链条规格	ϕ18 mm×64 mm
刮板间距	0.512 m
张紧型式	弹簧、丝杠张紧
输送能力	6.0 m^3/min
原动机	液压马达,10 kW/台,2 台

行走部

型式	履带式
履带板宽度	0.52 m
制动方式	一体式多片制动器(减速机内置)
接地比压	0.14 MPa
行走速度	0～6 m/min
张紧型式	油缸张紧、卡板锁紧
原动机	液压马达＋减速机18 kW/台,各2 台

液压系统

系统压力	18 MPa
柱塞变量双泵	A11 VO130/130,1 台
液压马达	
行走部	A2FE125,2 台
铲板部	IAM1200H4,2 台
第一输送机部	IAM400H2,2 台
油箱容量	500 L
油泵电动机	YBU – 75 隔爆风冷,1 台
换向阀	手动式,2 组
油冷却器	内、外置水冷却式,各 1 台

水系统

外来水量	100 L/min
外来水压	≥1.5 MPa

外喷雾水压	≥1.5 MPa
内喷雾水压	≥3.0 MPa

2. 电气部分

主回路	
额定电压	AC1140/660 V
额定电流	≤300 A
额定频率	50 Hz
输出分路数	4 路
总功率	235 kW
截割电机	
型式	掘进机用隔爆型三相异步电动机,水冷式
规格型号	YBUD - 160/80 - 4/8
绝缘等级	H 级
工作方式	S1
额定电压	AC1140/660 V,双速 Y/△
额定电流	
高速	95/165 A
低速	62/108 A
油泵电机	
型式	掘进机用隔爆型三相异步电动机,水冷式
规格型号	YBU - 75
绝缘等级	H 级
工作方式	S1
额定电压	AC1140/660 V,Y/△
额定电流	46/80 A
截割急停、总急停按钮	
型式	矿用隔爆型
规格型号	BZJA2 - 5/127,附带锁紧装置
额定电压	127 V
额定电流	5 A,内部按钮为常开
用途	
总急停按钮	用于紧急停机
截割急停按钮	用于截割电机停止
电铃	
型式	矿用隔爆型
规格型号	BAL1 - 36/127 - 150
额定电压	AC127 V
额定电流	0.35 A
用途	开机信号,启动报警
照明灯	3 盏
型式	矿用隔爆型
规格型号	DGY35/24B
额定电压	AC24 V

额定电流	3 A
操作箱	
产品名称	矿用隔爆兼本质安全型掘进机用操作箱
产品型号	TJ1－24E
型式	隔爆兼本质安全型
工作电压	DC24 V
本安工作电压	DC15 V
工作电流	≤100 mA
电控箱	
产品名称	矿用隔爆兼本质安全型掘进机用电控箱
产品型号	KXJZ－148/1140E
型式	隔爆兼本质安全型
供电电压	AC1140 V
额定电流	148 A
电压	DC15.5 V
电流	1 A
电容	2.2 μF
电感	0.1 mH
控制回路电压	AC220 V、AC120 V、AC100 V、AC24 V、DC15 V
电源	
本安电源名称	输出本质安全型电源
型式	本质安全型
规格型号	CSTI－Ⅰ
电源电压	AC127～220 V
额定电压	15 V
额定电流	1 A
甲烷检测报警仪	
产品名称	甲烷检测报警仪
产品型号	JCB4(B)
型式	矿用隔爆兼本质安全型
电压	4 V
电流	3.6 A

5.6.3 结构及特点

1. 型号及含义

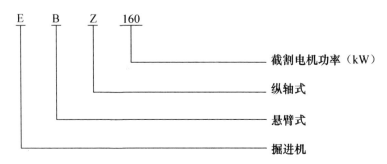

2. 结构

EBZ160 型掘进机由截割部、铲板部、第一输送机、本体部、行走部、后支承、液压系统、水系统、润滑系统、电气系统构成，如图 5-7a 和图 5-7b 所示。

1）截割部

截割部由截割头、伸缩部、截割减速机、截割电机组成。

截割头为圆锥台形，截割头最大外径为 1120 mm，长 925 mm，在其圆周分布 42 把镐形截齿，截割头通过花键套和 2 个 M30 的高强度螺栓与截割头轴相联。

伸缩部位于截割头和截割减速机中间，通过伸缩液压缸使截割头具有 550 mm 的伸缩行程。

截割减速机是两级行星齿轮传动，它和伸缩部用 26 个 M24 的高强度螺栓相联。

截割电机为双速水冷电机，使截割头获得两种转数，它与截割减速机通过定位销和 25 个 M24 的高强度螺栓相联。

2）铲板部

铲板部是由主铲板、侧铲板、铲板驱动装置和从动轮装置等组成。通过两个液压马达驱动星轮，把截割下来的物料装到第一输送机内。

铲板宽度为 2.9 m，由侧铲板、铲板本体组成，用 M24 高强度螺栓联接，铲板在液压缸作用下可向上抬起 342 mm，向下挖底 356 mm。

铲板驱动装置由星轮、马达座、旋转盘、马达等组成，通过同一油路下的两个控制阀各自控制一个液压马达，对弧形三齿星轮进行驱动，并能够获得均衡的流量，确保星轮在平稳一致的条件下工作，提高工作效率，降低故障率。

3）第一输送机

第一输送机位于机体中部，是双边链刮板式输送机。输送机分前中部槽、后中部槽，用 M20 高强度螺栓联接，输送机前端通过插口与铲板和本体销相连，后端通过高强度螺栓固定在本体上。采用两个液压马达同时驱动链轮，带动刮板链组运动实现物料运输。张紧装置采用丝杠加弹簧缓冲的结构，对刮板链的松紧程度进行调整。

4）本体部

本体部位于机体的中部，是以厚钢板为主材焊接而成。本体的右侧装有液压系统的泵站，左侧装有操纵台，前面上部装有截割部，下面装有铲板部及第一输送机，在其左右侧下部分别装有行走部，后部装有后支承部。

5）行走部

行走部主要由定量液压马达、减速机、履带链、张紧轮组、张紧液压缸、履带架等各部分组成。用两台液压马达驱动，每个马达拖动行走行星减速机，行星减速带动链轮及履带实现行走。控制阀在中位时（即静止状态），制动器（在减速机内部）液压缸不进油，在弹簧的作用下制动器处于制动状态，可实现有效驻车，当控制阀工作时（即行走状态），制动器制动液压缸进油，活塞克服弹簧力，使制动器脱离制动状态（离合），马达可以转动。

行走减速机用高强度螺栓与履带架联接。履带架采用挂钩及一个竖平键与本体相联，用 12 个 M30 高强度螺栓紧固在本体的两侧。

6）后架

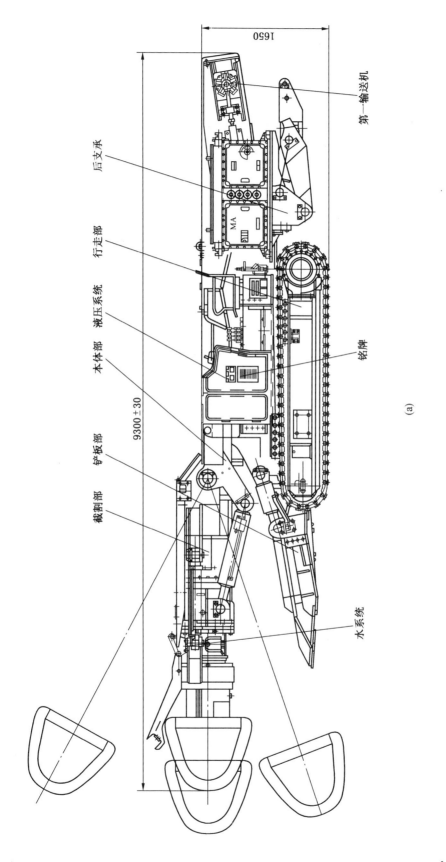

第一输送机

后支承

行走部

液压系统

本体部

铲板部

截割部

水系统

铭牌

MA

1650

9300±30

(a)

· 337 ·

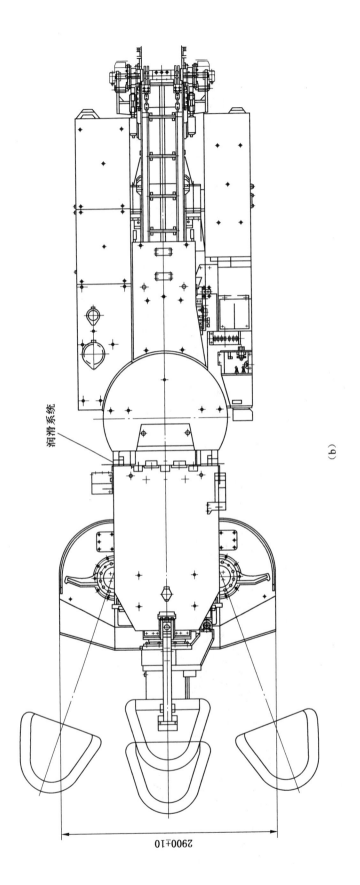

润滑系统

2900±10

(b)

图 5 – 7　EBZ160 型掘进机结构图

后架的作用是减少在截割时集体的振动，提高工作稳定性并防止机体横向滑动。在后架架体两边分别装有升降支承器，利用液压缸实现支承。后架架体用 M24 的高强度螺栓通过键与本体相联，后架的后部与第二输送机联接。电控箱、泵站都固定在后架支架上。

7）液压系统

液压系统是一个开式回路系统，系统工作介质为 N68 号抗磨液压油，系统工作压力为 18 MPa。

液压系统是由泵站、操纵台、液压缸（包括截割头升降液压缸、截割头回转液压缸、截割头伸缩液压缸、铲板液压缸、后支承液压缸、履带张紧液压缸）、液压马达（包括行走、运输和内喷雾马达）、油箱以及相互联接的配管所组成。液压系统的功能：①行走马达驱动；②星轮马达驱动；③第一输送机马达驱动；④内喷雾泵马达驱动；⑤截割头的上、下、左、右、前、后移动；⑥铲板的升降；⑦后支撑起器升降；⑧履带的张紧；⑨为锚杆机提供两个动力接口。

8）操纵台

操纵台上装有各种换向阀，通过手柄完成各液压缸及液压马达的动作，在其上还装有六点压力表、压力式温度计。转动六点压力表可观测各系统的压力值，压力式温度计可直接读出油箱内的油温。

9）水系统

水系统由外喷雾和内喷雾两部分组成。外喷雾装置安装在截割部。

水系统的外来水经过滤器和球阀后分三条分路：第一分路经过减压阀（1.5 MPa）到油冷却器，由冷却器出口三通分二路，一路经切割电机后进入环形喷雾，一路经三通分别接到侧外喷；第二分路经减压阀（3 MPa）后进入内喷雾系统，内外喷起到灭尘和冷却截齿的作用。

3. 特点

EBZ160 型掘进机是一种中型掘进机，整机具有以下特点：

（1）截割部可伸缩，伸缩行程为 550 mm。

（2）具有内、外喷雾，外喷雾前置，合理设计喷嘴位置，强化外喷雾效果。

（3）铲板底部大倾角，整机地隙大，爬坡能力强。

（4）中间输送机平直结构，与铲板搭接顺畅，龙门高、运输通畅。

（5）本体、后支承箱体型式焊接结构，刚性好，可靠性高。

（6）液压系统采用恒功率、压力切断、负载敏感控制。

（7）电气系统采用新型综保，模块化设计，具有液晶汉字动态显示功能。

（8）重心低，机器稳定性好。

4. 主要用途及适用范围

该机主要用于煤岩硬度 $f \leqslant 7.5$ 的煤巷、半煤岩巷以及软岩的巷道、隧道快速掘进，能够实现连续截割、装载、运输作业。最大定位截割断面为 24 m²，最大截割硬度小于或等于 90 MPa，纵向工作坡度为 ±18°。

执行标准：MT/T　238.3—2006《悬臂式掘进机 第3部分：通用技术条件》。

Q/YZK 120—2008《EBZ160 悬臂式采煤机》。

5. 使用环境条件

EBZ160 型在下列条件下可正常工作：

（1）海拔高度小于或等于 2000 m。

（2）环境温度：－20～＋40 ℃。

（3）周围空气相对湿度小于或等于90%（＋25 ℃）。

（4）在有瓦斯、煤尘或其他爆炸性气体环境矿井中。

（5）与垂直面的安装斜度不超过18°。

（6）在无强烈震动的环境中。

（7）在无破坏绝缘的气体或蒸汽集中的环境中。

（8）在无长期连续淋水的地方。

（9）污染等级：3 级。

（10）安装类别：Ⅲ类。

5.6.4　试验应用

EBZ160 型掘进机于 2008 年 4 月 28 日在济三煤矿一次试车成功，2008 年 8 月 20 日在济三煤矿井下开始工业性试验，73 个工作日共掘进巷道 930 m，其中半煤岩巷道 133 m，掘进巷道优良率为 100%。

工业性试验结果表明，EBZ160 型掘进机技术成熟，具有较高的先进性、适应性和通用性，整机运行良好，具备推广使用价值；截割效率高、故障率低，巷道截割断面成形好。

6 国内外综机装备现状与发展趋势

6.1 综采工作面装备现状与发展趋势

新一代高产高效综采设备已发展到日益成熟阶段，世界上先进采煤国家以美国、澳大利亚为代表，已广泛使用新一代高产高效综采设备，基本实现了采煤工作面半自动化，正向全自动化方向发展。工作面单产和工效正在大幅度提高，呈现日新月异，不断刷新世界纪录的新局面。从 1975—1997 年的 22 年时间里，高产高效综采工作面从无到有，从小到大发生了巨大变化。若 1975 年南非西格马矿创日产 11000 t 纪录作为萌芽，则 1986 年美国木梯基矿创年平均日产 10800 t 的纪录则是高产高效综采工作面形成阶段。此后，高产高效综采工作面生产水平飞速提高，到 2009 年仅 20 年多一点的时间，工作面月平均日产就接近 6×10^4 t。随着产量和工效的提高，吨煤成本大幅度下降，澳大利亚和美国高产高效工作面吨煤成本一般降低 11.4% ~ 19.8 %，个别矿井甚至降低 27.2 %，经济效益很好，市场竞争能力较强，矿井安全生产状况也得到明显改善，美国和澳大利亚高产高效矿井百万吨死亡率均接近于零。我国的高产高效矿井建设，是在发展综合机械化采煤技术的基础上发展起来的。1970 年我国第一套综采设备在大同煤峪口矿试验成功以来，就开始了综采技术的探索、研制和试验工作。1974—1979 年，我国成套引进 43 套综采设备，进入了对外国先进综采技术进行消化和吸收阶段。在熟悉掌握引进综采设备的性能后，开滦唐山煤矿综采队于 1975 年创造了月产 125393 t 的好成绩，1977 年又创造了日产 13446 t 的新纪录。1979—1987 年我国先后引进了 100 多套综采设备，并和先进产煤国家进行了广泛的技术交流，加速了我国综采生产的发展。

高产高效综采工作面的破煤、装煤、运煤、支护等生产过程是一个系统工程，整个系统的先进性和可靠性不但取决于单个设备的先进性和可靠性，而且同设备的合理配套密切相关。国内外高产高效综采工作面设备选型配套，一般以生产能力和可靠性协调配套为主。一般来说，采煤机、工作面刮板输送机、平巷转载机和平巷带式输送机的生产能力应该后者比前者大 10% ~ 20%，以保证工作面稳定持续高产。我国高产高效工作面设备选型配套基本上有三种形式：第一种是全套国产设备装备的高产工作面，其产量可以稳定在7000 t/d 左右；第二种是部分引进设备和部分国产设备装备的高产高效工作面，其产量可以达到 7000 ~ 10000 t/d，但引进设备的效能难以充分发挥；第三种是引进的大功率、高可靠性的电牵引采煤机、重型刮板输送机、转载机、破碎机及长距离大运量带式输送机等设备和电液控制液压支架装备的高产高效工作面，其产量可达 1×10^4 t/d 以上。

6.1.1 双滚筒采煤机

以电牵引取代液压牵引，向多电动机、大功率、机电一体化方向发展，既提高了截割牵引速度和截深，大幅度提高单产，又增强了运行可靠性，且操作简易安全，维修方便。因而电牵引采煤机已被先进产煤国家大量选用。

电牵引采煤机采用多电动机的设计方案已为各国制造公司所选用,多电动机的主要优点是截割电动机横向布置,除省去圆弧锥齿轮外,还大量减少了传动齿轮副,简化了机械、传动系统,提高传动效率,并为大幅度提高采煤机装机总功率创造了有利条件。装机总功率增大,截割煤速度和生产能力就大大增加(截割牵引速度一般为 10 ~ 15 m/min,产量为 40 ~ 75 t/min),是液压牵引采煤机的 3 ~ 4 倍。电牵引采煤机一般布置 6 ~ 7 台电动机,左右截割电动机各 1 台,功率 2 × (375 ~ 600) kW;左右牵引电动机各 1 台,功率 2 × (40 ~ 100) kW;液压泵电动机 1 ~ 2 台,功率 1 × 40 kW 或 2 × 30 kW;破碎机电动机 1 台,60 ~ 110 kW。例如,美国久益公司生产的 6LS – 5 型电牵引采煤机装机总功率已达 1530 kW(其中,截割电动机为 2 × 610 kW,牵引电动机为 2 × 70 kW,液压泵电动机为 2 × 30 kW,破碎机电动机为 110 kW)。又如朗艾道公司安德森生产的 ELEC – TRA3000 型电牵引采煤机(在美国科罗拉多州 20 mile 矿使用)装机总功率为 1426 kW(其中截割电动机为 2 × 600 kW,牵引电动机为 2 × 100 kW,液压泵电动机为 26 kW),牵引速度为 45.9 m/min。大功率电牵引采煤机还有德国艾柯夫公司生产的 EDW – 450/1000L 型(总功率为 1080 kW)、SL – 500 型(总功率为 1228 kW)、SL – 750 型(总功率为 1474 kW)和日本三井三池公司生产的 MCLE600 – DR102102 型(总功率为 680 kW)。

电牵引采煤机的另一主要特点是装备了以微型电子计算机为核心的电控系统,该系统采用先进的信息处理技术和传感技术,实现机电一体化。该系统对采煤机的运行工况及各种技术参数信息进行采集、处理、显示、存储和传输,并通过编程软件对采煤机进行全面控制、监测和保护(如过载、过热、漏电、供水水压和流量、误操作等),以及实现采煤机电气系统的自动调节,截割电动机功率自动平衡和机械故障自动查询诊断等多种功能。

6.1.2 液压支架

改手动操作为电液控制系统,大大加快了工作面推进速度,并向掩护式、支护强度高、工作阻力大、中心距宽、稳定性好和整机质量轻、使用寿命长等方向发展。由于掩护式液压支架对煤层顶板适应性较强,防止矸石进入工作面的密封性能好,世界上先进采煤国家已普遍使用掩护式液压支架。美国和德国主要采用两柱掩护式液压支架,英国和澳大利亚则较多选用四柱掩护式液压支架。为了满足中厚煤层一次采全高的需要,支架的支撑高度、支护强度和工作阻力不断加大,支撑高度已增加到 6 ~ 7 m,支护强度一般为 0.80 ~ 0.95 MPa,最大已达 1.5 MPa;工作阻力一般为 6000 ~ 8000 kN,最高已达 15000 kN。为了改善支撑高度加大后的稳定性,液压支架的宽度(两支架的中心距)已由 1.5 m 增加到 1.75 m,正向 2.05 m 发展。随着支架支撑高度、宽度和工作阻力的加大,对支架的结构设计和钢材的选用也提出了更高要求,目前 STE700 级以上高强度钢板(屈服极限 δ = 690 MPa,抗拉强度极限 δ_b = 700 ~ 930 MPa)的使用量已超过 70%。支架的结构设计更加合理,样架耐久性加载试验项目齐全,实际应用中加载循环已达到 30000 ~ 60000 次,从而获得质量相对轻、使用寿命长的良好效果。

目前,液压支架的另一主要特点是采用了电液控制系统,实现了液压支架双向邻架自动顺序控制和成组顺序控制,并能够按照采煤机运行位置和方向实现全工作面液压支架的自动控制,从而大大提高了移架速度。目前一般移架速度为 6 ~ 8 s/架,有的移架速度已达到 3 s/架以下,如美国 20 mile 矿的液压支架的移架速度平均为 3 s/架左右。使用电液控制系统的另一主要优点是可使支架对煤层顶板的支护经常处于稳定状态,实现定压移架,避免对顶板和支架产生冲击载荷，既较好地控制顶板，减少顶板事故发生，又使支架受力平稳，延长支架使用寿命。

6.1.3 工作面可弯曲刮板输送机

采用交叉侧卸式机头，配备大功率双速电动机，大大提高了运煤转载效率，并向大运量、软启动、高强度、重型化、坚固耐用方向发展。工作面刮板输送机采用交叉侧卸机头的优点，主要是转载效率高，卸煤高度低，节省输送功率。目前刮板输送机的输送能力同端卸式相比有较大幅度提高，一般为 2000 ~ 3000 t/h。德国 DBT 公司生产的 MTA - 42 - 3 × 1000 型可弯曲刮板输送机，其输送能力已达到 4500 t/h。国内刮板输送机的装机总功率也不断增加，一般为 1050 kW（2 × 525 kW 或 3 × 375 kW）~ 1400 kW（2 × 700 kW），目前已知为 3 × (750 ~ 1600) kW。刮板输送机中部槽的内宽已普遍加大到 1000 mm，目前已发展到 1400 mm；中部槽的结构，除传统的轧制槽帮钢焊接中板外，还发展了整铸槽帮焊接中板，且普遍增加了封底板，中板和底板厚度分别为 40 mm 和 30 mm，最厚的已达 50 mm 和 35 mm；中板普遍采用高耐磨合金钢（如 ARQ360、St75Mn 或 HAR - DOX400 牌号等），使用寿命可保证过煤量达到 $600 × 10^4$ t 以上，实际使用寿命已超过 1200 t；中部槽的长度逐步在向 1.75 m 或 2.05 m 方向发展。中部槽联接销强度普遍达到 3000 kN，有的已超过 4400 kN。刮板链较多选用中双链，链环直径一般为 $2 × \phi$ (34 ~ 38) mm，最大已达 $2 × \phi56$ mm。链环断面已由传统圆断面改为椭圆断面或扇形断面，以增加链环耐磨强度和降低中部槽的高度。刮板链的张紧方式，除传统机械张紧装置外，有的还增加了机尾自动液压张紧装置，驱动装置的减速器较多地采用两级行星齿轮减速器，以缩小机头、机尾的体积。其与电动机的联接方式，已选用调速型液力耦合器、CST 系统和变频软启动等方式，以实现刮板输送机的软启动。

同刮板输送机配套的转载机和破碎机也正向大运量、大功率、重型化、高强度方向发展，能力比刮板输送机大 10% ~ 20%，装机功率一般为 200 ~ 300 kW，部分已实现 700 kW 以上。转载机的长度，为便于自动推移，却趋向于缩短，目前已从传统的 45 m 缩短到 25 ~ 28 m。转载机头和可伸缩带式输送机机尾已实现整体自动推移，减少了非生产时间。整体自动推移装置，目前使用较多的有"MATILDA"装置、履带自行装置和迈步式自移装置。

6.1.4 工作面运输巷的煤流运输

普遍选用长距离、大运量、大功率的可伸缩带式输送机，以保证大煤流的运输畅通。可伸缩带式输送机正向单点多电动机、软启动和监测监控保护系统齐全、自动化程度高的方向发展。可伸缩带式输送机的铺设长度逐步增大到 2000 ~ 3000 m，最长的已超过 5000 m；输送能力一般为 2000 ~ 3000 t/h，最大已超过 5000 t/h；输送带宽度一般为 1.2 ~ 1.4 m，最宽已达 2.1 m；带速一般为 3.5 ~ 4 m/s，最高接近 5 m/s。输送带和接头的强度不断增高，目前使用较多的是纤维编织整芯 10 级输送带，其抗拉强度为 1850N/mm。美国杜邦公司开发的芳纶纤维编织输送带，其抗拉强度可达 4000N/mm；接头带扣强度一般为 1800N/mm，最大已达 2500N/mm。带式输送机的装机总功率一般为 2 × 400 kW 或 3 × 315 kW，最大为 3 × 630 kW 或 3 × 750 kW。随着带式输送机运距、运量和装机功率的增大，为了避免启动和停机过程中较大的加减速度对输送带和输送机的运行及寿命造成巨大影响，普通采取合理控制加速度的方法，达到平稳启动和停机的效果，实现软启动、软停车。目前广泛应用的软启动装置有美国道奇公司的 CST 系统，德国福依特（Voith）公司的 TVVS 系统和英国 FSW 公司的 SCR – 25W 系统，其他类型的可控软启动系统也正在研制和试用。由于可伸缩带式输送机输送距离很长，因而监测、监控和安全保护系统非常重要，目前已广泛应用了自动顺序开停机，全机分段通信和紧急停机；保护装置有防输送带跑偏、打滑、断裂、堵塞和自动洒水降尘等，还有滚筒和主要轴承的温度监测系统，驱动装置的油位、油温监测系统，烟雾报警及消防灭火装置，输送带纵向撕裂及接头强度监控系统等。以上监测监控系统和驱动电动机的功率平衡及软启动系统等，均通过微型电子计算机进行数据采集、处理、显示、存储、传输，形成一套包括故障寻查和诊断功能的完整的自动监测监控系统，实现带式输送机自动化。

6.1.5　工作面电气设备

采用了高电压、大容量的干式变压器和组合式自动调节控制开关。主要电动机的供电电压等级已由 1140 V 上升到 3.3 kV 或 4.16 kV，有的甚至达到 5 kV。移动变电站容量一般为 2×1500 kV·A + 1×1250 kV·A，最大为 2×2500 kV·A + 1×1500 kV·A，一次电压为 6 ~ 10 kV，二次电压一般为 1.1 ~ 3.3 kV，也有 1.1 ~ 4.16 kV 或 1.1 ~ 5 kV，各类设备均装备有功能齐全的工况参数监测监控系统，正向半自动化和自动化发展。

6.2　综放工作面综机装备现状与发展趋势

放顶煤开采技术的发展进程可大致分为以下三个阶段：第一阶段为探索试验阶段（1982—1990 年底）。我国从 1982 年开始研究引进综放开采技术，并于 1984 年 6 月在沈阳蒲河煤矿开始试验，以后又在窑街二矿、辽源梅河口煤矿、乌鲁木齐六道湾煤矿、平庄古山二、三号井进行过综采放顶煤试验。1987 年平顶山一矿引进匈牙利 VHP – 732 型开天窗放顶煤支架试验获得成功。1988 年 12 月，阳泉矿务局一矿开始试验掩护梁开天窗综采放顶煤工艺，取得了工作面月产 58524 t、效率 25.1 t/工的好成绩。到 1990 年下半年，该煤矿 8603 工作面月产突破 14×10^4 t，比该矿分层综采工作面产量和效率高 1 倍以上，工作面煤炭采出率超过 80%。它证明了综放开采确实能实现高产高效，并为放顶煤技术的发展打下了良好的基础。第二阶段是成熟阶段（1990—1995 年）。它标志着我国综放开采技术走上了成熟的独立发展道路，不仅超过了分层综采的技术经济指标，并且在装备上特别是在放顶煤支架的研制上摆脱了完全靠引进国外技术的模式，取得了创新性的进展。1991 年研制出新一代低位放顶煤支架，实现了综放技术的重大突破，使综放技术在全国许多矿区开始推开使用。同时"三软"煤层、倾斜煤层、高瓦斯煤层等难采煤层实现了长壁放顶煤开采，年产量也大幅提高。第三阶段从 1995 年到现在，是完善提高阶段。这一阶段综放开采巨大的技术优势引起了广大煤矿企业的高度重视；对"三软"、"两硬"、"大倾角"、"高瓦斯"、"易燃"、"较薄厚煤层"等难采煤层的放顶煤开采技术有了长足的发展，并形成了各自开采特色。兖州、潞安、阳泉等矿区的一批综放工作面的生产指标已超过国外，处于世界领先水平。随着综放单产水平的提高，我国的综放支架也在不断趋于完善，由最初的低位、中位、高位放煤，单、双输送机运煤的多种型式综放支架，逐渐统一到适合我国的以低位放煤为主的综放架型系列，工作阻力为 2000 ~ 30000 kN/架的轻型综放支架近年来也有长足发展。在放煤工艺上也由原来的二刀、三刀单轮多轮顺序间隔等多种方式逐渐趋向于加大截深、一刀一放、多轮顺序的单一方式，使顶煤放出率达到了

80%以上。

6.2.1 综放技术现状

自20世纪80年代初开始引进国外并不成熟的放顶煤技术，经过近20年的生产实践与理论研究，使综放开采技术日渐成熟。

1. 实现了低投入、高产出的高产高效

综放工作面实现高产高效是煤矿开采十几年来最突出的成就，它集中体现了综放开采在技术和经济方面的巨大优势，对促进我国煤炭工业的发展起了重要作用。其主要特点如下：

（1）不断创造和保持着我国长壁工作面高产高效的最高纪录。

（2）综放工作面能实现高产高效是带有普遍性的规律，与同等条件下的综采分层工作面相比，绝大多数综放工作面的产量和效率都可提高1~3倍；而工作面直接成本可降低30%~50%。

（3）有利于减少工作面数量，减少和简化生产环节，减少井上下辅助工人数，使矿井处在减人提效的良性循环中，有利于矿井实现集中化生产。

（4）在实现高产高效的同时，降低了资源的浪费和巷道掘进率，全面减少了材料、动力、人力的消耗，也不需要大幅度增加设备的投入。

（5）综放开采的低投入、高产出充分体现了我国煤炭工业技术进步的特色。

2. 研制成功了适应综采放顶煤的系列架型

在综放开采技术发展的最初阶段，我国的放顶煤支架架型繁多，大多是模仿产品。其中既有仿制东欧的高位放煤支架，也有仿制西欧的多种类型中位及低位放煤支架。由于这些类型的支架存在一些重要的缺陷，在我国都没有得到发展。只是当潞安矿务局和郑州煤机厂在我国铺底网支架基础上研制出的新一代低位放顶煤支架得到应用，并取得很好的效果后，放顶煤支架架型才逐渐统一定型。以后又陆续研究出了几种新的低位放煤支架架型，形成了我国放顶煤支架自己的，也是国内外最好的支架系列。如 ZFP5200/17/32 型低位放顶煤支架1998年在兖州矿务局创出了平均月产 45×10^4 t、年产 501×10^4 t的世界纪录。目前这类支架已成为我国放顶煤的主要使用架型，特别在中硬煤、硬煤中已广泛应用。

3. 提高了放顶煤采出率

煤矿开采保持较高的煤炭采出率是衡量开采技术先进性的重要指标。根据统计，我国放顶煤开采工作面的采出率平均达到81%~83%，并呈现增长的趋势；区段之间不留护巷煤柱，采区采出率可以达到75%以上，符合国家要求。应当指出，尽管我国在提高放顶煤开采采出率方面做了大量工作，也取得了一些成绩，但部分工作面采出率仍然不高，进一步提高采出率的潜力仍很大。因此，还需在理论和实践方面不断探索和加强。

4. 建立了综放的安全保障体系

随着矿井生产集中化、大型化、系列化的实现，因煤炭自燃、煤矿粉尘及矿井瓦斯带来的安全隐患尤为突出，做好矿井瓦斯、煤矿粉尘和自然发火的防治工作就尤为重要。我国在放顶煤开采的瓦斯、煤矿粉尘及自然发火的防治方面取得了以下可喜的成果。

（1）在瓦斯防治方面采取的有效措施有：合理选择工作面通风系统和风量、稳定风量、区域均压、沿空巷道喷涂堵漏、采空区密闭、瓦斯检查与检测、消灭失爆现象和一切引爆火源、防尘与隔爆、处理回风隅角瓦斯超限等。

（2）在防治放顶煤开采自燃火灾方面采取了以下有效的技术措施：向采空区灌注黄泥浆或胶体泥浆；向高冒区压注凝胶防火材料；向采空区注惰性气体（注氮）；加固巷道围岩（煤）、巷道支架壁后充填，用阻燃物质喷涂巷道表面或向巷道松动圈内灌注阻燃物质；沿空巷道一侧灌浆（阻燃物质）封隔采空区；向工作面终采线上方顶煤预注阻燃物质；降低供风量和风压差，采取均压通风。

（3）不断发展完善了放顶煤工作面防尘技术，主要表现在：喷雾降尘自动化（随动）装置的普遍采用；工作面吸尘装置研究取得进展；降尘机理及降尘添加剂的研究取得进展；提高预注水降尘的技术有了进展。

应该指出，我国放顶煤工作面尽管采取了防尘措施，但实际效果与一般长壁工作面一样远远达不到国家工业卫生标准的要求，仍有大量工作需要开展。

5. 综放开采的基础理论研究工作取得很大成绩

十几年来综放开采生产技术有了很大发展，生产技术的发展带动了技术研究和基础理论研究工作的发展，最主要成果有放顶煤开采工艺、放顶煤工作面矿山压力及岩层控制、顶煤运移和顶煤破坏规律、顶煤和直接顶垮落后的散体煤岩运动规律、顶煤可放性评价标准、放顶煤开采瓦斯运移特点等。

6.2.2　发展趋势

综采放顶煤开采是特厚煤层采煤方法的新发展，具有技术先进、投入少、消耗少、效率高、安全性好的特点，是开采缓倾斜、急倾斜特厚煤层的发展方向之一。随着科学技术的进步，厚煤层现代开采体系必将逐步发展和完善。总的发展趋势如下：

（1）采放工艺科学化。通过继续优化工艺参数，合理加大工作面长度，提高装备的自动化程度，使工作面单产水平继续提高。从综放技术的潜力分析，将工作面的年产量提高到 $600 \times 10^4 \sim 800 \times 10^4$ t 是完全有可能的。

（2）两柱掩护式综采放顶煤液压支架具有结构上及自动化控制方式的优势，其配套设备与工艺的试验应用已经取得成功，将作为世界采煤业中关键技术装备而得到推广和应用。

（3）设备能力大型化。为满足矿井大规模集中化生产的需要，大功率、高性能的设备是必不可少的。为推动大型矿井技术进步和生产发展，"十五"期间兖矿集团将在兴隆庄煤矿率先实施高效洁净示范矿井项目"年产 600×10^4 t 的综放工作面成套装备与技术研究"的攻关。最新科研成果的推广和应用，将大幅度提高技术与装备的生产能力、可靠性和自动化程度。

（4）提高设备可靠性和寿命。随着综放技术的发展，工作面单产不断提高，矿井生产日益集中化，因而，综放设备的适应性和可靠性显得尤为重要。近几年，通过技术引进、消化、吸收，我国已开发出了一些大型设备，但是一些主要元件的制造还没有过关，体积大、重量大、性能差的问题仍然比较突出，还必须在这些方面下工夫。

（5）安全措施标准化、系列化以及解决由于综放开采带来的一系列理论和实际问题。必须树立"大安全"观念，积极推行 ISO 9000 系列标准和"一通三防"的先进管理方法，建立健全安全管理体系，提高矿井防范事故的能力。安全技术的研究是健康地发展综采放顶煤开采最根本的保证。多年来我国综采放顶煤开采安全技术研究取得很大成绩，初步摸清了放顶煤开采安全问题的特征，特别是工作面岩层控制与瓦斯、自燃的防治技术措施等方面取得了明显的成绩。必须继续加大工作力度，在传统长壁开采方法已有安全技术体系基础上，根据放顶煤开采特点建立与之相应的安全技术体系。

厚煤层综采放顶煤开采的采动影响在很多方面与厚煤层分层开采及单一煤层开采有很大不同，放顶煤开采的高速发展给基础理论提出了大量需要回答的课题，在上覆岩层运动及破坏、顶煤破坏、基本顶岩层平衡、放煤、巷道矿压、瓦斯、自燃、工作面煤尘等方面也需要开展广泛的研究。

6.3 掘进机械发展趋势

随着新一代高产高效综采设备的发展，综采工作面的推进速度不断加快。为了保证综采工作面的正常接续，对工作面运输巷和回风巷的快速掘进提出了较高要求，日产万吨的综采工作面一般要求掘进速度为 $30 \sim 50 \, \text{m/d}$，日产 $2 \times 10^4 \, \text{t}$ 则要求掘进速度为 $60 \sim 100 \, \text{m/d}$（按双巷制计算）。这样的速度，部分断面掘进机是很难达到的，掘进机械的改革势在必行，迫在眉睫。目前除对部分断面掘进机加以改进，增加装机功率（截割电动机由 $100 \, \text{kW}$ 增至 $200 \, \text{kW}$），提高掘进速度外，还开发了新的掘锚联合机组，如奥钢联公司开发的 ABM20 型和 ABM30 型掘锚联合机组，在澳大利亚博斯杰斯普鲁特矿 $3.2 \, \text{m} \times 5.2 \, \text{m}$ 煤巷中（顶板稳定，每进 $2 \, \text{m}$ 打 2 根锚杆）创造了班进 $105 \, \text{m}$ 的世界纪录，平均班进 $35 \, \text{m}$ 以上，是部分断面掘进机的 $3 \sim 4$ 倍。高产高效工作面由于产量大，通风量也就大，运输巷和回风巷势必采取双巷制或三巷制，这就为应用连续采煤机提供了条件，所以先进产煤国家中，多数矿井都应用连续采煤机进行运输巷和回风巷的掘进。连续采煤机的掘进速度是很高的，在美国开掘 $2.5 \, \text{m} \times 6 \, \text{m}$ 的煤巷，平均日进 $80 \sim 100 \, \text{m}$，是部分断面掘进机的 $6 \sim 8$ 倍，最高达到班进 $210 \, \text{m}$，所以连续采煤机是高产高效工作面接续的最佳掘进机械之一。

综上所述，掘进机械发展新趋势如下：

（1）开掘半煤岩或全岩巷道则应选用大功率部分断面掘进机。

（2）开掘长距离单头煤巷则宜使用掘锚联合机组。

（3）双巷或三巷制的工作面运输巷和回风巷的掘进，则以应用连续采煤机为好。

总之，在煤巷的快速掘进中，已展现出掘锚联合机组和连续采煤机取代部分断面掘进机的趋势。

附录 A 煤矿科技术语

第 10 部分：采掘机械
GB/T15663.10—2008
Terms relating to coal mining —
Part10：Winning machinery and developing machinery

1 范围

GB/T 15663 的本部分规定了一般术语，采煤机械，掘进机械和液压支架等术语。

本部分适用于与采掘机械和液压支架有关的所有文件、标准、规程、规划、书刊、教材和手册等。

2 一般术语

2.1
采掘机械 winning machinery and developing machinery
采煤机械和掘进机械的总称。

2.2
截割部 cutting unit
截煤部（拒用）
采掘机械截割机构及其传动或驱动装置和附属装置的总称。

2.3
截割机构 cutting mechanism
采掘机械上直接实现截割功能的构件组成。

2.4
行走部 travel unit；traction unit
采掘机械行走机构及行走驱动装置的总称，实现采掘机械移动的功能。

2.5
行走机构 travel mechanism；traction mechanism
牵引机构 haulage mechanism
采掘机械行走部的执行机构。

2.6
行走驱动装置 travel driving unit
采掘机械行走部的调速装置和传动装置的总称。

2.7
行走力 tractive force；pull force
牵引力 haulage force；haulage pull

驱动采掘机械行走的力。

2.8

行走速度 travel speed

牵引速度 haulage speed

采掘机械沿工作面长度方向的移动速度值。

2.9

液压调速 hydraulic adjustable speed

液压牵引 hydraulic haulage

采用液压技术的调速方式。

2.10

机械调速 mechanical adjustable speed

机械牵引 mechanical haulage

采用机械技术的调速方式。

2.11

电气调速 electrical adjustable speed

电气牵引 electrical haulage

采用电气技术的调速方式。如变频调速、开关磁阻调速、电磁调速、直流调速等。

2.12

截齿 pick；bit

切割刀具（拒用）

刀齿（拒用）

切削刀具（拒用）

采掘机械截割煤和岩石的刀具。

2.13

扁截齿 flat pick

刀形截齿（拒用）

齿头呈扁平状的截齿。

2.14

锥形截齿 conical pick

镐形截齿（拒用）

齿头呈圆锥状的截齿。

2.15

齿座 pick seat

用以安装和固定截齿的座体。

2.16

截齿配置 lacing pattern；pick lacing；pick arrangement

采掘机械截割机构上截齿的选配和布置。

2.17

截线 line of cut

截齿齿尖的运动轨迹。

2.18

切槽 cutting groove

截齿工作时在煤体或岩体上形成的槽。

2.19

截割速度 cutting speed

截齿齿尖运动的线速度值。

2.20

截割高度 cutting height

截高

采高（拒用）

采掘机械截割机构工作时在机器（采煤机为配套输送机）底面以上形成的空间高度。

2.21

下切深度 dinting depth；undercut depth

卧底深度（拒用）

采掘机械截割机构下切至机器底面（采煤机至配套刮板输送机底面）以下的深度。

2.22

切削深度 cutting depth

切屑厚度

截齿工作时，每次切入煤体或岩体内的深度。

2.23

截深 web；web depth；cut depth

采掘机械截割机构切入煤体或岩体的设计深度。

2.24

截齿损耗率 consumption rate of picks

截割单位质量（单位实体体积）煤岩损耗截齿的数量。

2.25

截割比能耗 specific energy of cutting

截割单位体积煤或岩石所消耗的能量。

2.26

上漂 climbing

采掘机械向上偏离正常工作面底板或底面的现象。

2.27

下扎 dipping

采掘机械向下切入工作面底板或底面的现象。

2.28

进刀 feeding

采掘机械向垂直于煤壁或岩壁的方向推进，进入下一截深截割的作业，如推入进刀、正切进刀和斜切进刀等。

2.29

喷雾系统 water – spraying system

喷水除尘系统（拒用）

将压力水雾化，喷到采掘工作面以降低机械截割、装载煤（岩）时所产生粉尘的系统。

2.30

外喷雾 outer – water – spraying； external spraying

喷嘴设于截割机构外部的喷雾方式。

2.31

内喷雾 inner – water – spraying； internal spraying

喷嘴设于截割机构内部的喷雾方式。

3 采煤机械术语

3.1

采煤机械 coal winning machinery； coal getting machinery

用于采煤工作面，具有截煤（破煤）和装煤等全部或部分功能的机械。

3.2

采煤联动机 coal winning aggregate

采煤工作面中协调地完成采煤、运煤、支护等工艺，运动上相互关联，而在结构上又组成一体的采煤设备。

3.3

风镐 air pick； pneumatic pick

用压缩空气驱动的、冲击破落煤及其他矿体或物体的手持机具。

3.4

煤电钻 electric coal drill

电煤钻（拒用）

用于煤体钻孔的电动机具。

3.5

截煤机 coal cutter

用于煤层内掏槽的采煤机械。

3.6

机面高度 machine height

自采煤工作面底板至采煤机机身上表面的高度。

3.7

过煤面积 underneath clearance； passage height under machine

采煤机与配套输送机中部槽间的过煤断面面积。

3.8

调高 vertical steering

采煤机截割高度的调整。

3.9

调斜 roll steering

采煤机横向倾斜角度的调整。

3.10

［滚筒］采煤机 shearer； shearer loader

以截割滚筒为截割机构的采煤机械。

3.11

爬底板采煤机 floor – based shearer； floorbased in – web shearer

额面试采煤机（拒用）

机身偏置于采煤工作面输送机煤壁侧，沿底板工作的滚筒采煤机。

3.12

骑槽式采煤机 conveyor – mounted shearer

骑溜式采煤机（拒用）

机身骑于采煤工作面输送机中部槽上方工作的滚筒采煤机。

3.13

钻削式采煤机 trepanner； trepan shearer

却盘纳采煤机（拒用）

以钻削头为主要截割机构的采煤机械。

3.14

钻削头 trepanning wheel

截冠（拒用）

端部装截齿以钻削方式工作的环形截割机构。

3.15

钻孔采煤机 coal auger； auger machine；auger miner

以大直径螺旋钻头为截割机构的采煤机械。

3.16

连续采煤机 continuous miner

掘采机

用正面切削式截割机构采煤或掘进的机械。

3.17

内牵引 integral haulage

行走驱动力源于采煤机身内的牵引方式。

3.18

外牵引 independent haulage

行走驱动力源于采煤机身外的牵引方式。

3.19

链牵引 chain haulage

用两端通过张紧装置固定于刮本输送机机头架和机尾架、中部悬置的圆环链使采煤机行走的方式。

3.20

无链牵引 chainless haulage

不用链牵引而采用其他行走机构的采煤机行走方式。如销轨啮合式行走、油缸迈步式行走、履带式行走等。

3.21

截割滚筒 cutting drum

装有截齿或其他破煤工具的圆筒形截割机构。

3.22

［螺旋］滚筒 helical vane drum；drum；helical drum；screw drum

采煤滚筒（拒用）

具有螺旋形装载叶片的截割滚筒。

3.23

摇臂 ranging arm

安装并传动或驱动截割滚筒，靠上、下摆动调整截割滚筒位置高低的部件。

3.24

挡煤板 cowl

配合截割滚筒装煤的弧形板。

3.25

拖缆装置 cable handler；cable carrier

电缆夹（拒用）

电缆拖移装置（拒用）

采煤机械上用于拖拽电缆和水管的装置。

3.26

刨煤机 plough；coal plough；plow；coal planer

以刨削方式破煤，并具有装煤和运煤功能的采煤机械。

3.27

静力刨［煤机］static plough

刨头借助于刨链的拉力工作的刨煤机。

3.28

动力刨［煤机］dynamic plough；activated plough

冲击式刨煤机（拒用）

刨头借助于振动装置的冲击力和刨链的拉力工作的刨煤机。

3.29

刮斗刨［煤机］scraper plough

以刮斗刨煤和运煤的刨煤机。

3.30

拖钩刨［煤机］drag – hook plough

刨链通过托板拖动刨头工作的刨煤机。

3.31

滑行刨［煤机］sliding plough

刨头以滑架为导轨，刨链在滑架内拖动刨头工作的刨煤机。

3.32

滑行拖钩刨［煤机］sliding drag – hook plough

刨头以滑架为导轨，刨链通过托板拖动刨头工作的刨煤机。

3.33

刨削深度 ploughing depth

刨刀工作时切入煤壁内的深度。

3.34

刨削阻力 ploughing resistance

刨刀工作时煤体对刨刀的抗力。

3.35

刨削速度 ploughing speed

刨刀工作时的线速度值。

3.36

高速刨煤 rapid ploughing； high – speed ploughing

刨链速度高于输送机刮板链速度的刨煤方式。

3.37

低速刨煤 slow – speed ploughing

刨链速度低于输送机刮板链速度的刨煤方式。

3.38

双速刨煤 dual – speed ploughing

刨头上行和下行采用不同刨削速度的刨煤方式。

3.39

刨头 plough head

煤刨（拒用）

由刨体、刀架、刨刀等组成的刨煤机构。

3.40

拖板 articulated bottom plate； base plate

掌板（拒用）

位于输送机中部槽下面，连接抛头和刨链的板状部件。

3.41

滑架 sliding guide； plough guide

供刨头滑行的导向架。

3.42

定压控制 constant pressure control； fixed – pressure control

推进缸以恒定的压力将刨煤机推向煤壁的控制方式。

3.43

定距控制 constant distance control； fixed – distance control

推进缸以恒定的步距将刨煤机推向煤壁的控制方式。

4 掘进机械术语

4.1

掘进机械 developing machinery；road heading machinery；tunneling machinery
用于掘进工作面，具有钻孔、破落煤岩和装载等全部或部分功能的机械。

4.2

[巷道] 掘进机 roadheader；heading machine；roadway ripping machine
用于巷道掘进的机械设备，具有破落、装、转运等功能。

4.3

全断面掘进机 full – section tunneling machine；full – face tunneling machine
隧道掘进机（拒用）
工作机构旋转并连续推进，破落巷道整个断面的掘进机。

4.4

部分断面掘进机 selective roadheader；partial – size tunneling machine
工作机构通过摆动，顺序破落巷道部分断面的岩石或煤，最终完成全断面切割的巷道掘进机。

4.5

悬臂式掘进机 boom – type roadheader；boom roadheader；boom miner
用悬臂来承载截割机构的掘进机。

4.6

横轴式掘进机 transverse cutting – type roadheader
截割头旋转轴线垂直于悬臂轴线的悬臂式掘进机。

4.7

纵轴式掘进机 longitudinal cutting – type roadheader
截割头旋转轴线平行于悬臂轴线的悬臂式掘进机。

4.8

掘锚机 [组] bolter – miner
具有掘进和锚杆钻孔安装功能的机械设备。

4.9

掘进转载机 transship conveyor for developing
适用于掘进机械与后配套运输设备之间的转载设备。

4.10

掘进工作面除尘设备 special dust – collector for developing
适用于掘进工作面，与压入式通风配套使用的除尘设备。

4.11

截割头 cutting head；cutter – head
切割头
破碎头（拒用）

掘进机上直接截割、破碎煤和岩石的构件。

4.12

回转台 turret

实现截割部水平摆动的支承装置。

4.13

托梁装置 bearing bai unit

托起支护顶梁的装置。

4.14

龙门高 gantry height

中间输送机中板上表面与龙门机架之间的最小垂直高度。

4.15

装运部 load – conveying unit

装载和中间输送机的总称，具有将掘进机械破落下的物料收集、装载并输送到后配套输送设备的功能。

4.16

装载机构 loading mechanism

将掘进机截割下的物料收集、装载到输送机上的机构。

4.17

拨盘 spinner disc

星轮 loader star

利用旋转的拨盘（星轮），将截割下的物料装载到输送机上的构件。

4.18

悬臂 boom；gib arm

安装和驱动截割头，并能上下左右摆动的臂状部件。

4.19

铲板 apron

铲装板

以铲入方式集装松散煤或岩石的箕状构件。

4.20

附着力 track adhesion

履带与工作面底板（地板）支承面之间无相对位移时行走力的极限值。

4.21

可爬行坡度 passable gradient；climbable gradient

适应掘进机工作的巷道坡度范围。

4.22

最小转弯半径 minimum turn radius

掘进机在适应最大宽度巷道中转弯时，可通过巷道中心线最小半径。

4.23

离地间隙 ground clearance

地隙

机架最低部位距巷道底板或机架支承面的距离。

4.24

装载机械 loader

将散料装至连续设备上的机械。

4.25

装岩机 rock loader； muck loader

转载松散岩石的装载机械。

4.26

装煤机 coal loader

装载煤炭的装载机械。

4.27

扒爪装载机 gathering – arm loader； collecting – arm type loader

集爪装载机（拒用）

蟹爪装载机（拒用）

用扒爪作为工作机构的装载机械。

4.28

扒爪 gathering – arm；collecting – arm

蟹爪（拒用）

沿封闭曲线运动，扒集松散煤或岩石进行装载的爪状装载机构。

4.29

铲斗装载机 bucket loader

铲式装载机（拒用）

翻斗装载机（拒用）

用铲斗作为工作机构的装载机械。

4.30

铲斗 bucket

以向前推进方式铲取松散煤或岩石进行装载的斗状构件。

4.31

铲入力 bucket thrust force；thrust force

使铲斗插入待装散料堆的水平推力。

4.32

耙斗装载机 scraper loader

耙矸机（禁用）

用耙斗作为工作机构的装载机械。

4.33

耙斗 scraper bucket；scraper

用矿用绞车牵引作往复运动，直接扒取松散岩石或煤的斗状构件。

4. 34

侧卸式装载机 side discharge loader

具有侧面卸载功能的装载机械。

4. 35

抓岩机 grab；loading grab

立井掘进中抓取岩石装入吊桶的装载机械。

4. 36

抓斗 grab

以开合方式抓取岩石的弧形构件，是抓岩机的装载机构。

4. 37

钻头 bit；bore bit

安装在钻杆前端，回转破碎煤或岩石的刀具。

4. 38

钎头 stem bit；bore bit

安装在钎杆前端，冲击回转钻凿岩孔的刀具。

4. 39

一字钎头 chisel bit

钎刃成"一"字形的钎头。

4. 40

十字钎头 cruciform bit；cross bit

钎刃成"十"字形的钎头。

4. 41

活钎头 interchangeable bit；detachable bit

可以从钎杆上拆下的钎头。

4. 42

钻杆 drill rod

向钻头传递动力，随同钻头进入煤体或岩体内钻孔的杆状或管状构件。

4. 43

钎杆 stem

向钎头传递动力，随同钎头进入岩体内钻孔的杆状或管状构件。

4. 44

钎尾 shank；bit shank；drill shank；drill steel shank

钎杆的尾端。

4. 45

凿岩机 hammer drill；percussive rock drill

以冲击回转方式在岩体上钻孔的机具，包括气动凿岩机、液压凿岩机和电动凿岩机等。

4. 46

气腿 airleg

用气缸支承和推进凿岩机的装置。

4.47

凿岩台车 jumbo；drill jumbo；drilling jumbo；drill carriage

钻车

支承、推进和移动一台或多台凿岩机并具有自移功能的车辆。

4.48

推进器 feed；drill feed；feeder

在凿岩台车、锚杆钻车上沿导轨推进凿岩机、锚杆钻机的装置。

4.49

岩石电钻 electric rock drill

用于岩体钻孔的电动机具。

4.50

钻孔机械 drilling machine；boring machine

钻机

矿山钻孔作业用的机械。

4.51

潜孔钻机 down-hole percussive drill；down-hole drill；down-hole drilling machine

把钻头和潜孔冲击器一起放入孔内的钻孔机械。

4.52

潜孔冲击器 down hole hammer；down-hole hammer

和钻头一起潜入孔内产生冲击作用的装置。

4.53

探钻装置 probe drilling system

用于巷道掘进工程中钻探勘察水、煤层气等情况的装置。

4.54

锚杆钻机 roofbolter

锚杆打眼安装机（拒用）

具有钻孔并安装锚杆功能的钻机。

4.55

锚杆钻车 jumbolter；bolter jumbo

支承、推进一台或多台锚杆钻机并具有自移功能的车辆。

4.56

牙轮钻机 rotary drilling machine；rotary drilling rig

采用牙轮钻头进行破碎岩石的钻孔机械。

4.57

牙轮钻头 rolling cutter bit；roller cone bit；cone rock bit

牙轮刀具绕钻杆轴线公转和绕自身轴线自转的钻头。

4.58

钻巷机 drift boring machine

穿孔机

用钻削方式钻进通道的钻孔机械。

4.59

钻井机 shaft boring machine； shafe borer

立井钻机

从地面用大直径钻头钻出立井井筒的机器。

4.60

反井钻机 raise boring machine； raise – drilling machine

天井钻机

钻出导孔后，再自下而上扩孔钻凿立井或斜井的钻孔机械。

4.61

钻装机 drill loader； jumbo loader

能完成钻孔和装载作业的机械。

4.62

伞形钻机 drill cyclics

具有可收放伞形工作臂，实现多台凿岩机同时凿岩的钻机。

5 液压支架术语

5.1

液压支架 hydraulic support； powered support

支架 support

机械化支架（拒用）

自移支架（拒用）

动力支架（拒用）

以液压为动力实现升降和自推移等动作，进行顶板支护的设备。

5.2

支撑式支架 chock／frame type support

有顶梁而没有掩护梁的液压支架。

5.3

垛式支架 chock – type powered support； chock support；chock

具有带复位装置的箱式底座，整体移动的支撑式支架。

5.4

节式支架 frame – type support； frame support

由两个以上机械连接的架节组成，各相邻架节互为支点依次移动的支撑式支架。

5.5

架节 support unit； support section

相对独立且彼此结构相似的节式支架的组成单元。

5.6

迈步式支架 walking support

移架时，后、前立柱交互提、伸行走的节式液压支架。

5. 7

掩护式支架 shield – type powered support； shield support；shield

具有顶梁和掩护梁，有一排立柱的液压支架。

5. 8

支撑掩护式支架 chock – shield – type support； chock – shield support

具有顶梁和掩护梁，有两排立柱的液压支架。

5. 9

锚固支架 anchor support

起锚固作用的液压支架。

5. 10

放顶煤支架 caving mining support

用于放顶煤工作面具有放煤功能的液压支架。

5. 11

铺网支架 meshlying support

具有铺网装置和功能的液压支架。

5. 12

履带行走式支架 pedrail powered support

带有履带行走装置的液压支架。

5. 13

支架最大高度 maximum support height

最大高度

最大伸出高度（拒用）

立柱处于完全伸出、顶梁处于水平状态下的支架高度。

5. 14

支架最小高度 minimum support height

最小高度

最小收缩高度（拒用）

立柱处于完全收缩、顶梁处于水平状态下的支架高度。

5. 15

最大工作高度 maximum working height

最大支撑高度（拒用）

液压支架允许使用的最大高度。

5. 16

最小工作高度 minimum working height

最小支撑高度（拒用）

液压支架允许使用的最小高度。

5. 17

支架伸缩比 extension ratio of support

伸缩系数

液压支架最大高度与最小高度的比值。

5.18

本架控制 local control

操作者在液压支架内操纵本支架的控制方式。

5.19

邻架控制 adjacent control

操作者在液压支架内操纵相邻支架的控制方式。

5.20

顺序控制 sequential control

沿工作面按一定顺序移动液压支架的控制方式。

5.21

成组控制 batch control；bank control

沿工作面以若干架为一组顺序移动支架的控制方式。

5.22

电液控制 electrohydraulic control

用电液系统控制液压支架的技术。

5.23

立柱 leg

在液压支架底座与顶梁或掩护梁之间提供支撑力的液压缸。

5.24

顶梁 canopy

在立柱上方，与顶板接触，支撑顶板的构件。

5.25

掩护梁 debris shield；caving shield；gob shield；waste shield

连接顶梁和底座，承受支架水平力和垮落顶板岩石压力，防止岩石进入支架内的构件。

5.26

前梁 fore – pole

正悬梁（拒用）

铰接在顶梁前方以支护无立柱空间顶板的构件。

5.27

伸缩梁 extensible canopy

伸缩前梁

可以向前滑动伸出，临时支护工作面新暴露顶板的构件。

5.28

护帮板 face guard；sheet guard；guard board

在液压支架前方顶住煤壁，以防止片帮的板状构件。

5. 29

底座 base

液压支架接触底板的承载构件。

5. 30

四连杆机构 lemniscate linkage；four bar linkage

掩护梁与底座之间用前、后连杆连接形成的四连杆机构。支架升降时，顶梁上各点沿双纽线移动，使端面距变化较小。

5. 31

防滑装置 non – skid device；antiskid device

防止液压支架移动时下滑的装置。

5. 32

防倒装置 tilting prevention

防止液压支架倾倒的装置。

5. 33

推移千斤顶 advancing ram

推拉液压支架和输送机的千斤顶。

5. 34

乳化液泵站 emulsion power pack；emulsion pump station

向工作面设备提供带压乳化液的设备。

附录 B 常用单位换算表

表 B1 长度单位换算系数

单 位	m	in	ft	yd	市尺	km	mile	市里	UK n mile	n mile
1 m 米 =	1	3.937×10	3.281	1.094	3	10^{-3}	6.2137×10^{-4}	2×10^{-3}	5.3961×10^{-4}	5.3996×10^{-4}
1 in 英寸 =	2.54×10^{-2}	1	8.3337×10^{-2}	2.778×10^{-2}	7.62×10^{-2}	2.54×10^{-5}	1.5783×10^{-5}	5.08×10^{-5}	1.3706×10^{-5}	1.3715×10^{-5}
1 ft 英尺 =	3.048×10^{-1}	12	1	3.3345×10^{-1}	9.144×10^{-1}	3.048×10^{-4}	1.8939×10^{-4}	6.096×10^{-4}	1.6447×10^{-4}	1.6458×10^{-4}
1 yd 码 =	9.144×10^{-1}	36	3	1	2.7432	9.144×10^{-4}	5.6818×10^{-4}	1.8288×10^{-3}	4.9342×10^{-4}	4.9374×10^{-4}
1 市尺 =	3.3333×10^{-1}	1.31232×10	1.0936	3.646×10^{-1}	1	3.3333×10^{-4}	2.07121×10^{-4}	6.6667×10^{-4}	1.7987×10^{-4}	1.7999×10^{-4}
1 km 千米(公里) =	10^{3}	3.937×10^{4}	3.281×10^{3}	1.094×10^{3}	3×10^{3}	1	6.2137×10^{-1}	2	5.396×10^{-1}	5.3996×10^{-1}
1 mile 英里 =	1.60934×10^{3}	6.336×10^{4}	5.28×10^{3}	1.76×10^{3}	4.828×10^{3}	1.60934	1	3.2187	8.6842×10^{-1}	8.690×10^{-1}
1 市里 =	5×10^{2}	1.9685×10^{4}	1.64×10^{3}	5.47×10^{2}	1.5×10^{3}	0.5	3.10685×10^{-1}	1	2.6981×10^{-1}	2.6998×10^{-1}
1 UK n mile 英海里 =	1.85318×10^{3}	7.296×10^{4}	6.08×10^{3}	2.0273×10^{3}	5.55954×10^{3}	1.8532	1.15151	3.70636	1	1.00064
1 n mile 国际海里 =	1.852×10^{3}	7.29132×10^{4}	6.0764×10^{3}	2.0261×10^{3}	5.556×10^{3}	1.852	1.15078	3.704	0.99936	1

表 B2　面积单位换算系数

单位	m^2 平方米	in^2 平方英寸	ft^2 平方英尺	yd^2 平方码	平方市尺	市亩	acre 英亩	$mile^2$ 平方英里	km^2 平方公里	平方市里	a 公亩	ha 公顷
1 m^2 平方米 =	1	1.55×10^3	1.0764×10	1.196	9	1.5×10^{-3}	2.471×10^{-4}	3.8610×10^{-7}	10^{-6}	4×10^{-6}	10^{-2}	10^{-4}
1 in^2 平方英寸 =	6.4516×10^{-4}	1	6.9445×10^{-3}	7.7161×10^{-4}	5.8064×10^{-3}	9.6774×10^{-7}	1.5942×10^{-7}	2.4910×10^{-10}	6.4516×10^{-10}	2.5806×10^{-9}	6.4516×10^{-6}	6.4516×10^{-8}
1 ft^2 平方英尺 =	9.2903×10^{-2}	1.44×10^2	1	1.1111×10^{-1}	8.3613×10^{-1}	1.3936×10^{-4}	2.2956×10^{-5}	3.5870×10^{-8}	9.2903×10^{-8}	3.7161×10^{-7}	9.2903×10^{-4}	9.2903×10^{-6}
1 yd^2 平方码 =	8.3613×10^{-1}	1.296×10^3	9	1	7.5252	1.2542×10^{-3}	2.0661×10^{-4}	3.2283×10^{-7}	8.3613×10^{-7}	3.3445×10^{-6}	8.3613×10^{-3}	8.3613×10^{-5}
1 平方市尺 =	1.1111×10^{-1}	1.7222×10^2	1.1960	1.3289×10^{-1}	1	1.6665×10^{-4}	2.7455×10^{-5}	4.29×10^{-8}	1.1111×10^{-7}	4.4444×10^{-7}	1.1111×10^{-3}	1.1111×10^{-5}
1 市亩 =	6.6667×10^2	1.0333×10^6	7.1760×10^3	7.9734×10^2	6×10^3	1	1.6473×10^{-1}	2.574×10^{-4}	6.6667×10^{-4}	2.6667×10^{-3}	6.6667	6.6667×10^{-2}
1 acre 英亩 =	4.0469×10^3	6.2727×10^6	4.356×10^4	4.840×10^3	3.6422×10^4	6.0704	1	1.5625×10^{-3}	4.0469×10^{-3}	1.6188×10^{-2}	4.0469×10	4.0469×10^{-1}
1 $mile^2$ 平方英里 =	2.590×10^6	4.0145×10^9	2.7879×10^7	3.0976×10^6	2.331×10^7	3.885×10^3	6.4×10^2	1	2.590	1.036×10	2.590×10^4	2.590×10^2
1 km^2 平方公里 =	10^6	1.55×10^9	1.0764×10^7	1.1960×10^6	9×10^6	1.5×10^3	2.471×10^2	3.861×10^{-1}	1	4	10^4	10^2
1 平方市里 =	2.5×10^5	3.875×10^8	2.691×10^6	2.99×10^5	2.25×10^6	3.75×10^2	6.1776×10	9.6525×10^{-2}	0.25	1	2.5×10^3	2.5×10
1 a 公亩 =	10^2	1.55×10^5	1.0764×10^3	1.196×10^2	9×10^2	1.5×10^{-1}	2.471×10^{-2}	3.861×10^{-5}	10^{-4}	4×10^{-4}	1	10^{-2}
1 ha 公顷 =	10^4	1.55×10^7	1.0764×10^5	1.196×10^4	9×10^4	1.5×10	2.471	3.861×10^{-3}	10^{-2}	4×10^{-2}	10^2	1

表 B3 体积、容积单位换算系数

单 位	m³	L	立方市尺	in³	ft³	yd³	UK bu	US dry pt	US bu	UK pt	UK gal	US liq pt	US gal
1 m³ 立方米 =	1	10^3	27	6.1024×10^4	3.5314×10	1.3080	2.7496×10	1.8162×10^3	2.8378×10	1.7598×10^3	2.1997×10^2	2.1134×10^3	2.6417×10^2
1 L 升 =	10^{-3}	1	2.7×10^{-2}	6.1024×10	3.5314×10^{-2}	1.3080×10^{-3}	2.7496×10^{-2}	1.8162	2.8378×10^{-2}	1.7598	2.1997×10^{-1}	2.1134	2.6417×10^{-1}
1 立方市尺 =	3.7026×10^{-2}	3.7026×10	1	2.2595×10^3	1.3080	4.843×10^{-2}	1.0181	6.7247×10	1.0510	6.5158×10	8.145	7.8251×10	9.7812
1 in³ 立方英寸 =	1.6387×10^{-5}	1.6387×10^{-2}	4.4245×10^{-4}	1	5.7870×10^{-4}	2.1434×10^{-5}	4.5058×10^{-4}	2.9762×10^{-2}	4.6503×10^{-4}	2.8838×10^{-2}	3.60465×10^{-3}	3.4632×10^{-2}	4.329×10^{-3}
1 ft³ 立方英尺 =	2.8317×10^{-2}	2.8317×10	7.6456×10^{-1}	1.728×10^3	1	3.7039×10^{-2}	7.7860×10^{-1}	5.1429×10	8.0358×10^{-1}	4.9832×10	6.2289	5.9845×10	7.4805
1 yd³ 立方码 =	7.6455×10^{-1}	7.6455×10^2	2.0643×10	4.6656×10^4	27	1	2.1022×10	1.3886×10^3	2.1696×10	1.3455×10^3	1.6818×10^2	1.6158×10^3	2.0197×10^2
1 UK bu 英蒲式耳 =	3.6369×10^{-2}	3.6369×10	9.8196×10^{-1}	2.2194×10^3	1.2843	4.7571×10^{-2}	1	6.6053×10	1.0321	9.6896×10	8	7.6862×10	9.6076
1 US dry pt 美干品脱 =	5.5061×10^{-4}	5.5061×10^{-1}	1.4866×10^{-2}	3.3600×10	1.9444×10^{-2}	7.2020×10^{-4}	1.5140×10^{-2}	1	1.5625×10^{-2}	9.6896×10^{-1}	1.2112×10^{-1}	1.1637	1.4545×10^{-1}
1 US bu 美蒲式耳 =	3.5239×10^{-2}	3.5239×10	9.5145×10^{-1}	2.1504×10^3	1.2444	4.6093×10^{-2}	9.6893×10^{-1}	64	1	6.2014×10	7.7515	7.4474×10	9.3091
1 UK pt 英品脱 =	5.6826×10^{-4}	5.6826×10^{-1}	1.5343×10^{-2}	3.4677×10	2.0068×10^{-2}	7.4328×10^{-4}	1.5625×10^{-2}	1.0321	1.6126×10^{-2}	1	1.25×10^{-1}	1.2010	1.5012×10^{-1}
1 UK gal 英加仑 =	4.5461×10^{-3}	4.5461	1.2274×10^{-1}	2.7742×10^2	1.6054×10^{-1}	5.9463×10^{-3}	1.250×10^{-1}	8.2566	1.290×10^{-1}	8	1	9.6077	12×10^{-1}
1 UK liq pt 美液品脱 =	4.7318×10^{-4}	4.7318×10^{-1}	1.2776×10^{-2}	2.8875×10	1.6710×10^{-2}	6.1892×10^{-4}	1.3011×10^{-2}	8.5939×10^{-1}	1.3428×10^{-2}	8.3270×10^{-1}	1.0409×10^{-1}	1	1.25×10^{-1}
1 US gal 美加仑 =	3.7854×10^{-3}	3.7854	1.022×10^{-1}	2.31×10^2	1.3368×10^{-1}	4.95134×10^{-3}	1.0408×10^{-1}	6.875	1.0742×10^{-1}	6.6615	8.3267×10^{-1}	8	1

表 B4 质量单位换算系数

单位	kg 千克	g 克	市两	oz	市斤	lb 磅	slug	cwt	sh cwt	t	UK ton	US ton	米制克拉	gr	dr	dr (US)	ozap
1 kg = 千克	1	10^3	2×10	3.5274×10	2	2.20459	6.8521×10^{-2}	1.9684×10^{-2}	2.2046×10^{-2}	10^{-3}	9.843×10^{-4}	1.1023×10^{-3}	5×10^3	1.5432×10^4	5.644×10^2	2.5720×10^2	3.2150×10
1 g = 克	10^{-3}	1	2×10^{-2}	3.5274×10^{-2}	2×10^{-3}	2.20459×10^{-3}	6.8521×10^{-5}	1.9684×10^{-5}	2.2046×10^{-5}	10^{-6}	9.843×10^{-7}	1.1023×10^{-6}	5	1.5432×10	5.644×10^{-1}	2.5720×10^{-1}	3.2150×10^{-2}
1 市两 =	5×10^{-2}	5×10	1	1.7637	1×10^{-1}	1.1023×10^{-1}	3.4261×10^{-3}	9.842×10^{-4}	1.1023×10^{-3}	5×10^{-5}	4.9215×10^{-5}	5.5115×10^{-5}	2.5×10^2	7.716×10^2	2.822×10	1.286×10	1.6075
1 oz = 盎司	2.83495×10^{-2}	2.83495×10	5.670×10^{-1}	1	5.670×10^{-2}	6.25×10^{-2}	1.9425×10^{-3}	5.5803×10^{-4}	6.25×10^{-4}	2.835×10^{-5}	2.7904×10^{-5}	3.125×10^{-5}	1.4175×10^2	4.375×10^2	1.6×10	7.2915	9.11436×10^{-1}
1 市斤 =	5×10^{-1}	5×10^2	10	1.7637×10	1	1.1023	3.4261×10^{-2}	9.842×10^{-3}	1.1023×10^{-2}	5×10^{-4}	4.9215×10^{-4}	5.5115×10^{-4}	2.5×10^3	7.716×10^3	2.822×10^2	1.286×10^2	1.6075×10
1 lb = 磅	4.536×10^{-1}	4.536×10^2	9.072	1.6×10	9.072×10^{-1}	1	3.1081×10^{-2}	8.9287×10^{-3}	10^{-2}	4.536×10^{-4}	4.4648×10^{-4}	5×10^{-4}	2.268×10^3	7.0×10^3	2.56×10^2	1.1667×10^2	1.4583
1 slug = 斯拉格	1.4594×10	1.4594×10^4	2.9188×10^2	5.1479×10^2	2.9188×10	3.2174×10	1	2.873×10^{-1}	3.217×10^{-1}	1.4594×10^{-2}	1.43649×10^{-2}	1.6087×10^{-2}	7.297×10^4	2.2521×10^5	8.237×10^3	3.7536×10^3	4.5920
1 cwt = 英担	5.0802×10	5.0802×10^4	1.0160×10^3	1.792×10^3	1.016×10^2	1.12×10^2	3.481	1	1.12	5.0802×10^{-2}	5×10^{-2}	5.6×10^{-2}	2.5401×10^5	7.8398×10^5	2.8673×10^4	1.3066×10^4	1.6333×10^3
1 sh cwt = 美担	4.536×10	4.536×10^4	9.072×10^2	1.6×10^3	9.072×10	10^2	3.108	8.9287×10^{-1}	1	4.536×10^{-2}	4.4648×10^{-2}	5×10^{-2}	2.268×10^5	7.0×10^5	2.56×10^4	1.1667×10^4	1.4583×10^3

表 B4（续）

单位	kg	g	市两	oz	市斤	lb	slug	cwt	sh cwt	t	UK ton	US ton	米制克拉	gr	dr	dr(US)	ozap
1 t 吨 =	10^3	10^6	2×10^4	3.5274×10^4	2×10^3	2.2046×10^3	6.8521×10	1.9684×10	2.2046×10	1	9.843×10^{-1}	1.1023	5×10^3	1.5432×10^7	5.644×10^5	2.5720×10^5	3.2150×10^4
1 UK ton 英吨 =	1.0160×10^3	1.0160×10^6	2.032×10^4	3.584×10^4	2.032×10^3	2.24×10^3	6.96173×10	2×10	2.24×10	1.0160	1	1.12	5.08×10^6	1.5679×10^7	5.7343×10^5	2.6132×10^5	3.2664×10^4
1 US ton 美吨 =	9.0718×10^2	9.0718×10^5	1.8144×10^4	3.2×10^4	1.8144×10^3	2×10^3	6.2161×10	1.7857×10	2×10	9.0718×10^{-1}	8.9294×10^{-1}	1	4.5359×10^6	1.40×10^7	5.1201×10^5	2.3333×10^5	2.9166×10^4
1 米制克拉 =	2×10^{-4}	2×10^{-1}	4×10^{-3}	7.0548×10^{-3}	4×10^{-4}	4.41×10^{-4}	1.37×10^{-5}	3.937×10^{-6}	4.4092×10^{-6}	2×10^{-7}	1.9686×10^{-7}	2.2046×10^{-7}	1	3.0864	1.1288×10^{-1}	5.144×10^{-2}	6.43×10^{-3}
1 gr 格令 =	6.4799×10^{-5}	6.4799×10^{-2}	1.296×10^{-3}	2.2857×10^{-3}	1.296×10^{-4}	1.429×10^{-4}	4.44×10^{-6}	1.2755×10^{-6}	1.4286×10^{-6}	6.4799×10^{-8}	6.3782×10^{-8}	7.1428×10^{-8}	3.2400×10^{-1}	1	3.65726×10^{-2}	1.6666×10^{-2}	2.08329×10^{-3}
1 dr 打兰 =	1.7719×10^{-3}	1.77185	3.5438×10^{-2}	6.25×10^{-2}	3.5438×10^{-3}	3.91×10^{-3}	1.214×10^{-4}	3.4878×10^{-5}	3.9062×10^{-5}	1.7719×10^{-6}	1.744×10^{-6}	1.9532×10^{-6}	8.8595	2.73440×10	1	4.55733×10^{-1}	5.69666×10^{-2}
1 dr(US)（药打兰） =	3.8880×10^{-3}	3.88793	7.7759×10^{-2}	1.3714×10^{-1}	7.7759×10^{-3}	8.5713×10^{-3}	2.664×10^{-4}	7.653×10^{-5}	8.5713×10^{-5}	3.8880×10^{-6}	3.8269×10^{-6}	4.2857×10^{-6}	1.9440×10	6×10	2.19435	1	1.25×10^{-1}
1 oz ap 药衡盎司(金衡) =	3.1104×10^{-2}	3.1104×10	6.2208×10^{-1}	1.0972	6.2208×10^{-2}	6.8512×10^{-2}	2.131×10^{-3}	6.1225×10^{-4}	6.8572×10^{-4}	3.1104×10^{-5}	3.0616×10^{-5}	3.4286×10^{-5}	1.5552×10^2	4.8×10^2	1.75551×10	8	1

表 B5　密 度 单 位 换 算 系 数

单　位	kg/m^3	$g/mL(g/cm^3)$	lb/in^3	lb/ft^3	$UK\ ton/yd^3$	$lb/US\ gal$	$slug/ft^3$	oz/in^3
1 kg/m^3 千克每立方米 =	1	10^{-3}	3.6127×10^{-5}	6.24274×10^{-2}	7.52508×10^{-4}	8.34523×10^{-3}	1.94032×10^{-3}	5.78035×10^{-4}
1 $g/mL(g/cm^3)$ 克每毫升 =	1×10^3	1	3.6127×10^{-2}	6.24274×10	7.52508×10^{-1}	8.34523	1.94032	5.78035×10^{-1}
1 lb/in^3 磅每立方英寸 =	2.76805×10^4	2.7681×10	1	1.728×10^3	2.0830×10	2.31×10^2	5.3709×10	1.6×10
1 lb/ft^3 磅每立方英尺 =	1.60186×10	1.6019×10^{-2}	5.7870×10^{-4}	1	1.2054×10^{-2}	1.3368×10^{-1}	3.1081×10^{-2}	9.2593×10^{-3}
1 $UK\ ton/yd^3$ 英吨每立方码 =	1.32889×10^3	1.3289	4.8010×10^{-2}	8.2960×10	1	1.1090×10	2.5785	7.68145×10^{-1}
1 $lb/US\ gal$ 磅每美加仑 =	1.19829×10^2	1.19829×10^{-1}	4.3291×10^{-3}	7.4805	9.0172×10^{-2}	1	2.3251×10^{-1}	6.9265×10^{-2}
1 $slug/ft^3$ 斯拉格每立方英尺 =	5.15379×10^2	5.15379×10^{-1}	1.8619×10^{-2}	3.2174×10	3.8783×10^{-1}	4.3	1	2.9791×10^{-1}
1 oz/in^3 盎司每立方英寸 =	1.73×10^3	1.73	6.250×10^{-2}	1.08×10^2	1.3018	1.4437×10	3.3568	1

表 B6 平 面 角 单 位 换 算 系 数

单　位	rad	L	(°)	(′)	(″)	gon	tour
1 rad 弧度 =	1	6.3662×10^{-1}	5.7296×10	3.4377×10^3	2.0626×10^5	6.3662×10	1.59155×10^{-1}
1 L 直角 =	1.5708	1	90	5400	3.24×10^5	10^2	0.25
1 (°) 度 =	1.7453×10^{-2}	1.1111×10^{-2}	1	60	3.6×10^3	1.1111	2.7778×10^{-3}
1 (′) 分 =	2.9089×10^{-4}	1.8519×10^{-4}	1.6667×10^{-2}	1	60	1.8519×10^{-2}	4.62963×10^{-5}
1 (″) 秒 =	4.8481×10^{-6}	3.0865×10^{-6}	2.7778×10^{-4}	1.6667×10^{-2}	1	3.0864×10^{-4}	7.71605×10^{-7}
1 gon 冈 =	1.5708×10^{-2}	10^{-2}	0.9	54	3.24×10^3	1	2.5×10^{-3}
1 tour 圆周 =	6.2832	4	360	21600	1.296×10^6	400	1

表 B7 时间单位换算系数

单 位	s	min	h	d	week	month	a
1 s = 秒	1	1.6667×10^{-2}	2.77778×10^{-4}	1.15741×10^{-5}	1.65344×10^{-6}	2.642483×10^{-9}	3.1709792×10^{-8}
1 min = 分钟	60	1	1.66667×10^{-2}	6.94444×10^{-4}	9.9206×10^{-5}	1.58549×10^{-7}	1.902588×10^{-6}
1 h = 小时	3.6×10^{3}	60	1	4.1667×10^{-2}	5.95238×10^{-3}	9.51294×10^{-6}	1.141553×10^{-4}
1 d = 日	8.64×10^{4}	1.44×10^{3}	24	1	1.42857×10^{-1}	2.28311×10^{-4} (2.27687×10^{-4})*	2.739726×10^{-3} (2.73224×10^{-3})**
1 week = 周	6.048×10^{5}	1.008×10^{4}	1.68×10^{2}	7	1	—	—
1 month = 月	2.592×10^{6}	4.32×10^{4}	720	30 (31)	—	1	2.5×10^{-3}
1 a = 年	3.1536×10^{7}	5.256×10^{5}	8.76×10^{3}	365 (366)	—	12	1
备注	大月为31天，小月为30天，平年为365天，闰年为366天； * 为按大约计算得来；** 为按闰年计算得来						

表B8 速度单位换算系数

单 位	m/s	cm/s	km/h	ft/min	ft/s	in/s	mile/h	UK kn	市里/h	kn
1 m/s 米每秒 =	1	10^2	3.6	1.9685×10^2	3.2808	3.9370×10	2.2369	1.9426	7.2	1.9439
1 cm/s 厘米每秒 =	10^{-2}	1	3.6×10^{-2}	1.9685	3.2808×10^{-2}	3.9370×10^{-1}	2.2369×10^{-2}	1.9426×10^{-2}	7.2×10^{-2}	1.9439×10^{-2}
1 km/h 千米(公里)每小时 =	2.7778×10^{-1}	2.7778×10	1	5.4681×10	9.1134×10^{-1}	1.0936×10	6.2137×10^{-1}	5.3962×10^{-1}	2	5.3998×10^{-1}
1 ft/min 英尺每分 =	5.08×10^{-3}	5.08×10^{-1}	1.8288×10^{-2}	1	1.6666×10^{-2}	2×10^{-1}	1.1363×10^{-2}	9.8684×10^{-3}	3.6576×10^{-3}	9.8750×10^{-3}
1 ft/s 英尺每秒 =	3.048×10^{-1}	3.048×10	1.0973	6×10	1	1.2×10	6.8181×10^{-1}	5.9210×10^{-1}	2.1946	5.9250×10^{-1}
1 in/s 英寸每秒 =	2.54×10^{-2}	2.54	9.144×10^{-2}	5	8.3332×10^{-2}	1	5.6817×10^{-2}	4.9342×10^{-2}	1.8288×10^{-1}	4.9375×10^{-2}
1 mile/h 英里每小时 =	4.4704×10^{-1}	4.4704×10	1.60934	8.8×10	1.4666	1.76×10	1	8.6842×10^{-1}	3.21870	8.6900×10^{-1}
1 UK kn 英海里每小时(英节) =	5.1477×10^{-1}	5.1477×10	1.8532	1.0133×10^2	1.6889	2.0266×10	1.1515	1	3.7063	1.00066
1 市里/h 市里每小时 =	1.3889×10^{-1}	1.3889×10	5×10^{-1}	2.7340×10	4.5567×10^{-1}	5.4681	3.1068×10^{-1}	2.6981×10^{-1}	1	2.6999×10^{-1}
1 kn 公制海里每小时(节) =	5.1444×10^{-1}	5.1444×10	1.852	1.0127×10^2	1.6878	2.0254×10	1.1508	9.9935×10^{-1}	3.704	1

表 B9 角速度单位换算系数

单位	rad/s	rad/min	r/s	r/min	(°)/s	(°)/min	gon/s	gon/min
1 rad/s 弧度每秒 =	1	6×10	1.5916×10^{-1}	9.5496	5.7297×10	3.4378×10^3	6.3663×10	3.8198×10^3
1 rad/min 弧度每分 =	1.6667×10^{-2}	1	2.6527×10^{-3}	1.5916×10^{-1}	9.5497×10^{-1}	5.7298×10	1.0611	6.3665×10
1 r/s 转每秒 =	6.2830	3.7698×10^2	1	6×10	3.6×10^2	2.16×10^4	4×10^2	2.4×10^4
1 r/min 转每分 =	1.0472×10^{-1}	6.2832	1.6667×10^{-2}	1	6	3.6×10^2	6.6667	4×10^2
1 (°)/s 度每秒 =	1.7453×10^{-2}	1.0472	2.7778×10^{-3}	1.6667×10^{-1}	1	6×10	1.1111	6.6667×10
1 (°)/min 度每分 =	2.9088×10^{-4}	1.7453×10^{-2}	4.6296×10^{-5}	2.7778×10^{-3}	1.6667×10^{-2}	1	1.85183×10^{-2}	1.1111
1 gon/s 冈每秒 =	1.5708×10^{-2}	9.4248×10^{-1}	2.5×10^{-3}	1.5×10^{-1}	9×10^{-1}	5.4×10	1	6×10
1 gon/min 冈每分 =	2.618×10^{-4}	1.5708×10^{-2}	4.1668×10^{-5}	2.5×10^{-3}	1.5×10^{-2}	9×10^{-1}	1.6667×10^{-2}	1

表 B10 加速度单位换算系数

单 位	m/s^2	ft/s^2	g	ft/min^2	in/s^2
1 米每二次方秒 m/s^2 =	1	3.28084	0.101972	1.1811×10^4	3.937×10^{-1}
1 英尺每二次方秒 ft/s^2 =	0.3048	1	3.1081×10^{-2}	3.6×10^3	1.2
1 标准重力加速度 g =	9.80665	3.2174×10	1	1.15826×10^5	3.86088
1 英尺每二次方分 ft/min^2 =	8.46667×10^{-5}	2.77778×10^{-4}	8.63363×10^{-6}	1	3.33333×10^{-5}
1 英寸每二次方秒 in/s^2 =	2.54×10^{-2}	8.3333×10^{-2}	2.5901×10^{-3}	3×10^2	1

表 B11 压力、应力、压强单位换算系数

单位	Pa (N/m²) 帕斯卡	MPa (N/mm²) 兆帕	bar 巴	kgf/cm² (工程大气压)	lbf/in²	tonf/ft²	atm	Torr (mmHg)	inHg	inH₂O	ftH₂O
1 Pa (N/m²) 帕斯卡 =	1	10^{-6}	10^{-5}	1.0197×10^{-5}	1.4504×10^{-4}	9.32401×10^{-6}	9.86923×10^{-6}	7.50064×10^{-3}	2.9530×10^{-4}	4.0147×10^{-3}	3.3456×10^{-4}
1 MPa (N/mm²) 兆帕 =	10^{6}	1	10	1.0197×10	1.4504×10^{2}	9.32401	9.86923	7.50064×10^{3}	2.9530×10^{2}	4.0147×10^{3}	3.3456×10^{2}
1 bar 巴 =	10^{5}	10^{-1}	1	1.01972	1.4504×10	9.32385×10^{-1}	9.86923×10^{-1}	7.50064×10^{2}	2.9530×10	4.0147×10^{2}	3.3456×10
1 kgf/cm² 千克力每平方厘米 =	9.80665×10^{4}	9.80665×10^{-2}	9.80665×10^{-1}	1	1.42236×10	9.1438×10^{-1}	9.6784×10^{-1}	7.3556×10^{2}	2.8959×10	3.9371×10^{2}	3.2809×10
1 lbf/in² 磅力每平方英寸 =	6.8948×10^{3}	6.8948×10^{-3}	6.8948×10^{-2}	7.0306×10^{-2}	1	6.4287×10^{-2}	6.8046×10^{-2}	5.1715×10	2.03603	2.7681×10	2.30672
1 tonf/ft² 英吨力每平方英尺 =	1.0725×10^{5}	1.0725×10^{-1}	1.0725	1.09363	1.5556×10	1	1.0585	8.0444×10^{2}	3.1671×10	4.3058×10^{2}	3.5881×10
1 atm 标准大气压 =	1.01325×10^{5}	1.01325×10^{-1}	1.01325	1.03321	1.46962×10	9.4476×10^{-1}	1	7.60×10^{2}	2.9921×10	4.0679×10^{2}	3.3899×10
1 Torr (mmHg) 托（毫米汞柱） =	1.33322×10^{2}	1.33322×10^{-4}	1.33322×10^{-3}	1.3595×10^{-3}	1.9337×10^{-2}	1.2431×10^{-3}	1.3158×10^{-3}	1	3.9370×10^{-2}	5.3525×10^{-1}	4.46×10^{-2}
1 inHg 英寸汞柱 =	3.3864×10^{3}	3.3864×10^{-3}	3.3864×10^{-2}	3.4531×10^{-2}	4.9116×10^{-1}	3.1575×10^{-2}	3.3421×10^{-2}	2.540×10	1	1.3595×10	1.13295
1 inH₂O 英寸水柱 =	2.49082×10^{2}	2.49082×10^{-4}	2.49082×10^{-3}	2.5400×10^{-3}	3.6127×10^{-2}	2.3224×10^{-3}	2.4582×10^{-3}	1.8683	7.3554×10^{-2}	1	8.3333×10^{-2}
1 ftH₂O 英尺水柱 =	2.98898×10^{3}	2.98898×10^{-3}	2.98898×10^{-2}	3.0479×10^{-2}	4.3352×10^{-1}	2.7870×10^{-2}	2.9500×10^{-2}	2.2419×10	8.8265×10^{-1}	1.2×10	1

表 B12　功、能及热量单位换算系数

单位	J	erg	kW·h	kgf·m	m³·atm	L·atm	ft²·atm	ft·lbf	马力（米制）小时	hp·h	eV	cal	Btu	CHU
1 J 焦耳	1	10^{7}	2.77778×10^{-7}	1.01972×10^{-1}	9.86923×10^{-6}	9.86923×10^{-3}	3.4853×10^{-4}	7.376×10^{-1}	3.77673×10^{-7}	3.72506×10^{-7}	6.24150×10^{18}	2.3890×10^{-1}	9.47817×10^{-4}	5.26562×10^{-4}
1 erg 尔格	10^{-7}	1	2.77778×10^{-14}	1.01972×10^{-8}	9.86923×10^{-13}	9.86923×10^{-10}	3.4853×10^{-11}	7.376×10^{-8}	3.77673×10^{-14}	3.72506×10^{-14}	6.24150×10^{11}	2.3890×10^{-8}	9.47817×10^{-11}	5.26562×10^{-11}
1 kW·h 千瓦时	3.6×10^{6}	3.6×10^{13}	1	3.67099×10^{5}	3.55292×10	3.55292×10^{4}	1.2547×10^{3}	2.65536×10^{6}	1.35962	1.34102	2.24694×10^{23}	8.6004×10^{5}	3.41214×10^{3}	1.89562×10^{3}
1 kgf·m 千克力米	9.80661	9.80661×10^{7}	2.72406×10^{-6}	1	9.67837×10^{-5}	9.67837×10^{-2}	3.4179×10^{-3}	7.23336	3.70370×10^{-6}	3.65302×10^{-6}	6.12087×10^{19}	2.3428	9.29487×10^{-3}	5.16379×10^{-3}
1 m³·atm 立方米标准大气压	1.01325×10^{5}	1.01325×10^{12}	2.81459×10^{-2}	1.03323×10^{4}	1	10^{3}	3.53148×10	7.47373×10^{4}	3.82677×10^{-2}	3.77442×10^{-2}	6.32420×10^{23}	2.42065×10^{4}	9.60376×10	5.33539×10
1 L·atm 升标准大气压	1.01325×10^{2}	1.01325×10^{9}	2.81459×10^{-5}	1.03323×10	10^{-3}	1	3.53148×10^{-2}	7.47373×10	3.82677×10^{-5}	3.77442×10^{-5}	6.32146×10^{20}	2.42065×10	9.60376×10^{-2}	5.33539×10^{-2}
1 ft²·atm 立方英尺标准大气压	2.86920×10^{3}	2.86920×10^{10}	7.97001×10^{-4}	2.92578×10^{2}	2.83168×10^{-2}	2.83168×10	1	2.11632×10^{3}	1.08362×10^{-3}	1.06879×10^{-3}	1.7908×10^{22}	6.85452×10^{2}	2.71948	1.51081
1 ft·lbf 英尺磅力	1.35575	1.35575×10^{7}	3.7660×10^{-7}	1.38249×10^{-1}	1.33802×10^{-5}	1.33802×10^{-2}	4.72520×10^{-4}	1	5.12030×10^{-7}	5.05025×10^{-7}	8.4619×10^{18}	3.23889×10^{-1}	1.285×10^{-3}	7.13886×10^{-4}
1 马力（米制）小时	2.64779×10^{6}	2.64779×10^{13}	7.355×10^{-1}	2.7×10^{5}	2.61316×10	2.61316×10^{4}	9.2283×10^{2}	1.953×10^{6}	1	9.86318×10^{-1}	1.65261×10^{25}	6.32557×10^{5}	2.50962×10^{3}	1.39423×10^{3}
1 hp·h 英马力小时	2.68452×10^{6}	2.68452×10^{13}	7.457×10^{-1}	2.73746×10^{5}	2.64941×10	2.64941×10^{4}	9.3564×10^{2}	1.98×10^{6}	1.01387	1	1.67554×10^{25}	6.41332×10^{5}	2.54443×10^{3}	1.41357×10^{3}
1 eV 电子伏（特）	1.60218×10^{-19}	1.60218×10^{-12}	4.45051×10^{-26}	1.63377×10^{-20}	1.58123×10^{-24}	1.58123×10^{-21}	5.5841×10^{-23}	1.18177×10^{-19}	6.0510×10^{-26}	5.96822×10^{-26}	1	3.82761×10^{-20}	1.51857×10^{-22}	8.43647×10^{-23}
1 cal 卡	4.1868	4.1868×10^{7}	1.163×10^{-6}	4.26936×10^{-1}	4.13205×10^{-5}	4.13205×10^{-2}	1.4592×10^{-3}	3.08818	1.58124×10^{-6}	1.55961×10^{-6}	2.61319×10^{19}	1	3.96832×10^{-3}	2.20461×10^{-3}
1 Btu 英热单位	1.05506×10^{3}	1.05506×10^{10}	2.9307×10^{-4}	1.07587×10^{2}	1.04126×10^{-2}	1.04126×10	3.6772×10^{-1}	7.78212×10^{2}	3.98468×10^{-4}	3.93016×10^{-4}	6.58516×10^{21}	2.52054×10^{2}	1	5.55555×10^{-1}
1 CHU 摄氏度热单位	1.89911×10^{3}	1.89911×10^{10}	5.27531×10^{-4}	1.93656×10^{2}	1.87428×10^{-2}	1.87428×10	6.61897×10^{-1}	1.40078×10^{3}	7.17243×10^{-4}	7.07430×10^{-4}	1.18532×10^{-14}	4.5370×10^{2}	1.8	1

表 B13 质量流量单位换算系数

单位	kg/s	g/s	t/h	kg/h	kg/min	ton/h	US ton/h	lb/h	lb/s
1 kg/s 千克每秒 =	1	10^3	3.6	3.6×10^3	6×10	3.5432	3.9683	7.9366×10^3	2.2046
1 g/s 克每秒 =	10^{-3}	1	3.6×10^{-3}	3.6	6×10^{-2}	3.5432×10^{-3}	3.9683×10^{-3}	7.9366	2.2046×10^{-3}
1 t/h 吨每小时 =	2.7778×10^{-1}	2.7778×10^2	1	10^3	1.6667×10	9.8423×10^{-1}	1.1023	2.2046×10^3	6.12394×10^{-1}
1 kg/h 千克每小时 =	2.7778×10^{-4}	2.7778×10^{-1}	10^{-3}	1	1.6667×10^{-2}	9.8423×10^{-4}	1.1023×10^{-3}	2.2046	6.12394×10^{-4}
1 kg/min 千克每分 =	1.6667×10^{-2}	1.6667×10	6×10^{-2}	6×10	1	5.9055×10^{-2}	6.6140×10^{-2}	1.3228×10^2	3.6744×10^{-2}
1 ton/h 英吨每小时 =	2.8223×10^{-1}	2.8223×10^2	1.0160	1.0160×10^3	1.6934×10	1	1.12	2.24×10^3	6.2220×10^{-1}
1 US ton/h 美吨每小时 =	2.520×10^{-1}	2.520×10^2	9.072×10^{-1}	9.072×10^2	1.512×10	8.9289×10^{-1}	1	2×10^3	5.5556×10^{-1}
1 lb/h 磅每小时 =	1.260×10^{-4}	1.260×10^{-1}	4.536×10^{-4}	4.536×10^{-1}	7.56×10^{-3}	4.4644×10^{-4}	5×10^{-4}	1	2.7778×10^{-4}
1 lb/s 磅每秒 =	4.5360×10^{-1}	4.5360×10^2	1.6330	1.6330×10^3	2.7216×10	1.6072	1.8	3.6×10^3	1

表 B14　体积流量单位换算系数

单位	m^3/s	m^3/h	cm^3/s	L/min	ft^3/s	ft^3/min	yd^3/h	UK gal/s	UK gal/min	UK gal/h	US gal/s	US gal/min	US gal/h
1 m^3/s 立方米每秒 =	1	3.6×10^3	10^6	6×10^4	3.5315×10	2.1189×10^3	4.7086×10^3	2.1997×10^2	1.3198×10^4	7.9188×10^5	2.6417×10^2	1.5850×10^4	9.5101×10^5
1 m^3/h 立方米每小时 =	2.7778×10^{-4}	1	2.7778×10^2	1.6667×10	9.8098×10^{-3}	5.8859×10^{-1}	1.30795	6.1103×10^{-2}	3.6661	2.1997×10^2	7.3381×10^{-2}	4.4028	2.64172×10^2
1 cm^3/s 立方厘米每秒 =	10^{-6}	3.6×10^{-3}	1	6×10^{-2}	3.5315×10^{-5}	2.1189×10^{-3}	4.7086×10^{-3}	2.1997×10^{-4}	1.3198×10^{-2}	7.9188×10^{-1}	2.6417×10^{-4}	1.5850×10^{-2}	9.5101×10^{-1}
1 L/min 升每分 =	1.6667×10^{-5}	6×10^{-2}	1.6667×10	1	5.8860×10^{-4}	3.5316×10^{-2}	7.8478×10^{-2}	3.6662×10^{-3}	2.1997×10^{-1}	1.31983×10	4.40292×10^{-3}	2.6417×10^{-1}	1.585×10
1 ft^3/s 立方英尺每秒 =	2.8317×10^{-2}	1.0194×10^2	2.8317×10^4	1.699×10^3	1	6×10	1.3333×10^2	6.2289	3.7373×10^2	2.2424×10^4	7.4805	4.4882×10^2	2.6930×10^4
1 ft^3/min 立方英尺每分 =	4.71943×10^{-4}	1.699	4.71943×10^2	2.8317×10	1.6667×10^{-2}	1	2.2222	1.03813×10^{-1}	6.2287	3.7372×10^2	1.2467×10^{-1}	7.4803	4.4882×10^2
1 yd^3/h 立方码每小时 =	2.12377×10^{-4}	7.645572×10^{-1}	2.12377×10^2	1.2743×10	7.5×10^{-3}	4.5×10^{-1}	1	4.6717×10^{-2}	2.803	1.6818×10^2	5.6104×10^{-2}	3.3662×10	2.01917×10^2
1 UK gal/s 英加仑每秒 =	4.5461×10^{-3}	1.6366×10	4.5461×10^3	2.7277×10^2	1.60546×10^{-1}	9.6327	2.1406×10	1	6×10	3.6×10^3	1.2010	7.2056×10	4.3234×10^3
1 UK gal/min 英加仑每分 =	7.5769×10^{-5}	2.72768×10^{-1}	7.5769×10	4.54614	2.6758×10^{-3}	1.60547×10^{-1}	3.5677×10^{-1}	1.6667×10^{-2}	1	6×10	2.00159×10^{-2}	1.2010	7.2057×10
1 UK gal/h 英加仑每小时 =	1.2628×10^{-6}	4.54608×10^{-3}	1.2628	7.5768×10^{-2}	4.4596×10^{-5}	2.6757×10^{-3}	5.946×10^{-3}	2.7778×10^{-4}	1.6666×10^{-2}	1	3.336×10^{-4}	2.0015×10^{-2}	1.2010
1 US gal/s 美加仑每秒 =	3.7854×10^{-3}	1.3627×10	3.7854×10^3	2.27124×10^2	1.3368×10^{-1}	8.0209	1.7824×10	8.3267×10^{-1}	4.996×10	2.9976×10^3	1	6×10	3.6×10^3
1 US gal/min 美加仑每分 =	6.309×10^{-5}	2.2712×10^{-1}	6.309×10	3.7854	2.2280×10^{-3}	1.3368×10^{-1}	2.9707×10^{-1}	1.3878×10^{-2}	8.3266×10^{-1}	4.996×10	1.6666×10^{-2}	1	6×10
1 US gal/h 美加仑每小时 =	1.0515×10^{-6}	3.7854×10^{-3}	1.0515	6.309×10^{-2}	3.7134×10^{-5}	2.2280×10^{-3}	4.9511×10^{-3}	2.3130×10^{-4}	1.3878×10^{-2}	8.3266×10^{-1}	2.7777×10^{-4}	1.6666×10^{-2}	1

表 B15　力 的 单 位 换 算 系 数

单 位	N	dyn	lbf	pdl	ozf	tf	tonf	US tonf	kgf	gf
1 N 牛顿 =	1	10^5	2.2481×10^{-1}	7.2330	3.59694	1.01972×10^{-4}	1.00361×10^{-4}	1.12405×10^{-4}	1.01972×10^{-1}	1.01972×10^2
1 dyn 达因 =	10^{-5}	1	2.2481×10^{-6}	7.2330×10^{-5}	3.59694×10^{-5}	1.01972×10^{-9}	1.00361×10^{-9}	1.12405×10^{-9}	1.01972×10^{-6}	1.01972×10^{-3}
1 lbf 磅力 =	4.44822	4.44822×10^5	1	3.2174×10	1.6×10	4.5359×10^{-4}	4.4643×10^{-4}	5×10^{-4}	4.5359×10^{-1}	4.5359×10^2
1 pdl 磅达 =	1.38255×10^{-1}	1.38255×10^4	3.1081×10^{-2}	1	4.9730×10^{-1}	1.4098×10^{-5}	1.3875×10^{-5}	1.5541×10^{-5}	1.4098×10^{-2}	1.4098×10
1 ozf 盎司力 =	2.78014×10^{-1}	2.78014×10^4	6.25×10^{-2}	2.0109	1	2.8350×10^{-5}	2.7902×10^{-5}	3.1250×10^{-5}	2.8350×10^{-2}	2.8350×10
1 tf 吨力 =	9.80665×10^3	9.80665×10^8	2.2046×10^3	7.0931×10^4	3.5274×10^4	1	9.8421×10^{-1}	1.1023	10^3	10^6
1 tonf 英吨力 =	9.96402×10^3	9.96402×10^8	2.240×10^3	7.2070×10^4	3.584×10^4	1.0161	1	1.12	1.0161×10^3	1.0161×10^6
1 US tonf 美吨力 =	8.89644×10^3	8.89644×10^8	2×10^3	6.4348×10^4	3.20×10^4	9.07188×10^{-1}	8.9286×10^{-1}	1	9.0719×10^2	9.0719×10^5
1 kgf 千克力 =	9.80665	9.80665×10^5	2.2046	7.0931×10	3.5274×10	10^{-3}	9.8421×10^{-4}	1.1023×10^{-3}	1	10^3
1 gf 克力 =	9.80665×10^{-3}	9.80665×10^2	2.2046×10^{-3}	7.0931×10^{-2}	3.5274×10^{-2}	10^{-6}	9.8421×10^{-7}	1.1023×10^{-6}	10^{-3}	1

表 B16 力矩单位换算系数

单 位	N·m	kgf·m	pdl·ft	lbf·ft	lbf·in	ozf·in	tonf·ft	US tonf·ft	tf·m
1 N·m 牛（顿）米 =	1	1.01972×10^{-1}	2.37304×10	7.37562×10^{-1}	8.85075	1.41611×10^{2}	3.2927×10^{-4}	3.6878×10^{-4}	1.01972×10^{-4}
1 kgf·m 千克力米 =	9.80665	1	2.3272×10^{2}	7.2330	8.6796×10	1.3887×10^{3}	3.2290×10^{-3}	3.6165×10^{-3}	1×10^{-3}
1 pdl·ft 磅达英尺 =	4.2140×10^{-2}	4.2971×10^{-3}	1	3.1081×10^{-2}	3.7297×10^{-1}	5.9675	1.3875×10^{-5}	1.5540×10^{-5}	4.2971×10^{-6}
1 lbf·ft 磅力英尺 =	1.35582	1.38255×10^{-1}	3.2174×10	1	12	1.9200×10^{2}	4.4643×10^{-4}	5.00×10^{-4}	1.38256×10^{-4}
1 lbf·in 磅力英寸 =	1.12985×10^{-1}	1.1521×10^{-2}	2.6812	8.3333×10^{-2}	1	1.6×10	3.7202×10^{-5}	4.1666×10^{-5}	1.1521×10^{-5}
1 ozf·in 盎司力英寸 =	7.0616×10^{-3}	7.2009×10^{-4}	1.6757×10^{-1}	5.2084×10^{-3}	6.250×10^{-2}	1	2.3252×10^{-6}	2.6042×10^{-6}	7.2009×10^{-7}
1 tonf·ft 英吨力英尺 =	3.03703×10^{3}	3.0969×10^{2}	7.2070×10^{4}	2.240×10^{3}	2.6880×10^{4}	4.3008×10^{5}	1	1.12	3.0969×10^{-1}
1 US tonf·ft 美吨力英尺 =	2.71163×10^{3}	2.7651×10^{2}	6.4348×10^{4}	2.00×10^{3}	2.400×10^{4}	3.8400×10^{5}	8.9286×10^{-1}	1	2.7651×10^{-1}
1 tf·m 吨力米 =	9.80665×10^{3}	10^{3}	2.3272×10^{5}	7.2330×10^{3}	8.6796×10^{4}	1.3887×10^{6}	3.2290	3.6165	1

表 B17 功率单位换算系数

单位	W(J/s)(焦耳每秒)	kW 千瓦[特]	kgf·m/s 千克力米每秒	马力(米制)	ft·lbf/s 英尺磅力每秒	hp 英制马力	cal/s 卡每秒	kcal/h 千卡每小时	Btu/h 英热单位每小时	CHU/h 摄氏度热单位每小时	L·atm/s 升标准大气压每秒	L·at/s 升工程大气压每秒
1 瓦[特](焦耳每秒) =	1	10^{-3}	1.0197×10^{-1}	1.3596×10^{-3}	7.3756×10^{-1}	1.3410×10^{-3}	2.3885×10^{-1}	8.5985×10^{-1}	3.41214	1.8956	9.8692×10^{-3}	1.0197×10^{-2}
1 千瓦[特] =	10^{3}	1	1.0197×10^{2}	1.3596	7.3756×10^{2}	1.3410	2.3885×10^{2}	8.5985×10^{2}	3.41214×10^{3}	1.8956×10^{3}	9.8692	1.0197×10
1 千克力米每秒 =	9.80665	9.80665×10^{-3}	1	1.33333×10^{-2}	7.2330	1.3151×10^{-2}	2.3423	8.4322	3.3462×10	1.8589×10	9.6784×10^{-2}	1.0197×10^{-1}
1 马力(米制) =	7.35499×10^{2}	7.3550×10^{-1}	7.5×10	1	5.4248×10^{2}	9.8632×10^{-1}	1.7567×10^{2}	6.3242×10^{2}	2.5096×10^{3}	1.3942×10^{3}	7.259	7.5
1 英尺磅力每秒 =	1.35582	1.3558×10^{-3}	1.3825×10^{-1}	1.8434×10^{-3}	1	1.8182×10^{-3}	3.2384×10^{-1}	1.1658	4.6262	2.5701	1.3381×10^{-2}	1.3825
1 英制马力 =	7.45700×10^{2}	7.457×10^{-1}	7.604×10	1.0139	5.50×10^{2}	1	1.7811×10^{2}	6.4119×10^{2}	2.5444×10^{3}	1.4135×10^{3}	7.3595	7.6040
1 卡每秒 =	4.1868	4.1868×10^{-3}	4.2684×10^{-1}	5.6925×10^{-3}	3.088	5.6146×10^{-3}	1	3.6	1.4286×10	7.9365	4.1320×10^{-2}	4.2693×10^{-2}
1 千卡每小时 =	1.163	1.163×10^{-3}	1.1859×10^{-1}	1.58124×10^{-3}	8.5779×10^{-1}	1.5596×10^{-3}	2.7778×10^{-1}	1	3.9683	2.2046	1.1478×10^{-2}	1.1859×10^{-2}
1 英热单位每小时 =	2.93071×10^{-1}	2.9307×10^{-4}	2.9885×10^{-2}	3.9847×10^{-4}	2.1616×10^{-1}	3.9302×10^{-4}	6.9999×10^{-2}	2.520×10^{-1}	1	5.5556×10^{-1}	2.8923×10^{-3}	2.9885×10^{-3}
1 摄氏度热单位每小时 =	5.2753×10^{-1}	5.2753×10^{-4}	5.3793×10^{-2}	7.1725×10^{-4}	3.8909×10^{-1}	7.0744×10^{-4}	1.260×10^{-1}	4.5360×10^{-1}	1.8	1	5.2061×10^{-3}	5.3793×10^{-3}
1 升标准大气压每秒 =	1.01325×10^{2}	1.01325×10^{-1}	1.0332×10	1.3776×10^{-1}	7.4733×10	1.3588×10^{-1}	2.4201×10	8.7124×10	3.4574×10^{2}	1.9207×10^{2}	1	1.0332
1 升工程大气压每秒 =	9.80665×10	9.80665×10^{-2}	10	1.33333×10^{-1}	7.2330×10	1.3151×10^{-1}	2.3423×10	8.4322×10	3.3462×10^{2}	1.8590×10^{2}	9.6784×10^{-1}	1

表 B18 动力黏度单位换算系数

单位	$Pa \cdot s$	cP	$kgf \cdot s/m^2$	$pdl \cdot s/ft^2$	$lbf \cdot s/ft^2$	$lbf \cdot h/ft^2$	$kg/(m \cdot h)$
1 $Pa \cdot s$ 帕斯卡秒 =	1	10^3	1.0197×10^{-1}	6.7197×10^{-1}	2.0885×10^{-2}	5.8015×10^{-6}	3.6×10^3
1 cP 厘泊 =	10^{-3}	1	1.0197×10^{-4}	6.7197×10^{-4}	2.0885×10^{-5}	5.8015×10^{-9}	3.6
1 $kgf \cdot s/m^2$ 千克力秒每平方米 =	9.80665	9.80665×10^3	1	6.5898	2.0482×10^{-1}	5.6893×10^{-5}	3.530×10^4
1 $pdl \cdot s/ft^2$ 磅达秒每平方英尺 =	1.4882	1.4882×10^3	1.5175×10^{-1}	1	3.1081×10^{-2}	8.6336×10^{-6}	5.3575×10^3
1 $lbf \cdot s/ft^2$ 磅力秒每平方英尺 =	4.7880×10	4.7880×10^4	4.8824	3.2174×10	1	2.7778×10^{-4}	1.72368×10^5
1 $lbf \cdot h/ft^2$ 磅力小时每平方英尺 =	1.7237×10^5	1.7237×10^8	1.7577×10^4	1.1583×10^5	3.6×10^3	1	6.2053×10^8
1 $kg/(m \cdot h)$ 千克每米每小时 =	2.7778×10^{-4}	2.7778×10^{-1}	2.833×10^{-5}	1.8666×10^{-4}	5.8014×10^{-6}	1.6115×10^{-9}	1

表 B19 比能单位换算系数

单 位	J/kg	kcal/kg	L·atm/kg	hp·h/lb	Btu/lb	lbf·ft/lb	kgf·m/kg
1 J/kg 焦耳每千克 =	1	2.3885×10^{-4}	9.8692×10^{-3}	1.6897×10^{-7}	4.2992×10^{-4}	3.3455×10^{-1}	1.01972×10^{-1}
1 kcal/kg 千卡每千克 =	4.1868×10^{3}	1	4.1320×10	7.0744×10^{-4}	1.8	1.4007×10^{3}	4.2694×10^{2}
1 L·atm/kg 升标准大气压每千克 =	1.01325×10^{2}	2.4201×10^{-2}	1	1.7121×10^{-5}	4.3562×10^{-2}	3.3898×10	1.0332×10
1 hp·h/lb 英马力小时每磅 =	5.91835×10^{6}	1.4136×10^{3}	5.8410×10^{4}	1	2.5444×10^{3}	1.980×10^{6}	6.03506×10^{5}
1 Btu/lb 英热单位每磅 =	2.326×10^{3}	5.5557×10^{-1}	2.2956×10	3.9302×10^{-4}	1	7.7816×10^{2}	2.3719×10^{2}
1 lbf·ft/lb 磅力英尺每磅 =	2.98907	7.1394×10^{-4}	2.9500×10^{-2}	5.0506×10^{-7}	1.2851×10^{-3}	1	3.048×10^{-1}
1 kgf·m/kg 千克力米每千克 =	9.80665	2.3423×10^{-3}	9.6784×10^{-2}	1.6570×10^{-6}	4.2161×10^{-3}	3.2808	1

表B20 货 柜 体 积 表

项　目	L 长	W 宽	H 高	Cu ft³ 立方英尺	Cu m³ 立方公尺	
货柜规格	20 英分	8 英寸	8 英寸6 英分			20 ft
货　柜	19 英寸41/4 英分	7 英寸8 英分 – 5/8 英分	7 英寸10 英分	1170 × 1000		
	5.899 m	2.352 m	2.386 m		33.1 × 28	

项　目	L 长	W 宽	H 高	Cu ft³ 立方英尺	Cu m³ 立方公尺	
货柜规格	35 英分	8 英寸	8 英寸6 英分			35 ft
货　柜	34 英寸7 英分	7 英寸8 英分 – 2/1 英分	7 英寸10 英分	2088 × 1800		
	10.54 m	2.34 m	2.39 m		58.9 × 50	

项　目	L 长	W 宽	H 高	Cu ft³ 立方英尺	Cu m³ 立方公尺	
货柜规格	40 英分	8 英寸	8 英寸6 英分			40 ft
货　柜	39.5 英分 – 3/8 英分	7 英寸8 英分 – 5/8 英分	7 英寸10 英分	2383 × 2000		
	12.02 m	2.35 m	2.38 m		67.5 × 57	

表B21 温 度 单 位 换 算 系 数

℃摄氏	℉华氏	℃摄氏	℉华氏	℃摄氏	℉华氏	℃摄氏	℉华氏	℃摄氏	℉华氏	℃摄氏	℉华氏
340	644	190	374	70	158	31	87.8	16	60.8	1	33.8
330	626	180	356	65	149	30	86	15	59	0	32
320	608	170	338	60	140	29	84.2	14	57.2	-1	30.2
310	590	160	320	55	131	28	82.4	13	55.4	-2	28.4
300	572	150	302	50	122	27	80.6	12	53.6	-3	26.6
290	554	140	284	45	113	26	78.8	11	51.8	-4	24.8
280	536	130	266	40	104	25	77	10	50	-5	23
270	518	120	248	39	102.2	24	75.2	9	48.2	-6	21.2
260	500	110	230	38	100.4	23	73.4	8	46.4	-7	19.4
250	482	100	212	37	98.6	22	71.6	7	44.6	-8	17.6
240	464	95	203	36	96.8	21	69.8	6	42.8	-9	15.8
230	446	90	194	35	95	20	68	5	41	-10	14
220	428	85	185	34	93.2	19	66.2	4	39.2		
210	410	80	176	33	91.4	18	64.4	3	37.4		
200	392	75	167	32	89.6	17	62.6	2	35.6		

参 考 文 献

[1] 赵宏珠，钱建钢．我国综合机械化采煤发展 30 年回顾［J］．煤矿开采，2009（4）．

[2] 丁绍南．采煤工作面液压支架设计［M］．北京：世界图书出版公司，1992．

[3] 范维唐，胡省三，成玉琪．采煤史上一场深刻的革命—我国综合机械化采煤 30 年发展述评［J］．
    煤矿机电，2000（5）．

[4] 杨振复．放顶煤矿开采技术与放顶煤液压支架［M］．北京：煤炭工业出版社，1995．

[5] 顾文卿．新编煤矿常用机械设备选型设计实用手册．徐州：中国矿业大学出版社，2006．

[6] 李星宇．煤矿综采新工艺新技术与机械设备选型实用手册［M］．北京：中国知识出版社，2005．

[7] 王国法．液压支架技术［M］．北京：煤炭工业出版社，1999．

[8] 陶驰东．综采设备选型配套讲座之第一讲综采设备选型配套的原则和方法［J］．煤矿机电，1996，
    1．

[9] 武同振．综采综掘高档普采设备选型配套图集［M］．徐州：中国矿业大学出版社，1993．

[10] 综采技术手册编委会．综采技术手册［M］．北京：煤炭工业出版社，2001．

[11] 邢福康．煤矿支护手册［M］．北京：煤炭工业出版社，1993．

[12] 吴则智．兖州矿区综合机械化放顶煤开采的实践与认识［M］．北京：煤炭工业出版社，1997．

[13] 黄福昌．兖州矿区综放开采技术与成套设备［M］．北京：煤炭工业出版社，2002．

[14] 马维绪．伊常德．液压支架［M］．北京：煤炭工业出版社，1984．

[15] 陈引亮．中国刨煤机采煤技术［M］．北京：煤炭工业出版社，2000．

[16] 全国煤炭技工教材编审委员会．采煤机［M］．北京：煤炭工业出版社，2000．

[17] 山东省地方煤炭工业局，煤炭部地方煤矿华东情报分站．地方煤矿主要设备选型［M］．北京：煤
    炭工业出版社，1983．

[18] 孙庆超．刮板输送机的使用与维护［M］．北京：煤炭工业出版社，1985．

[19] 陈楠．钟郁铭．综采工作面设备配套选型专家系统［J］．煤炭科学技术，1999，27（7）：8 - 11．

[20] 许迎．浅谈综采采煤机械设备的"三机"配套［J］．甘肃科技，2006，6（6）：125 - 126．

[21] 张荣立．何国纬，李铎．采矿工程设计手册［M］．北京：煤炭工业出版社，2005．

[22] 陶驰东．综采设备选型配套讲座之第三讲液压支架选型［J］．煤矿机电，1996：34 - 37．

[23] 杨旗平．工作面刮板输送机选型原则［J］．煤矿开采，2006，8．

[24] 王金华．我国高效综采成套技术的发展与现状．煤炭科学技术 2003，1．

[25] 陈力新．综放工作面设备选型设计［J］．煤矿机械，2001（4）．

[26] 刘振洲．综采工作面"三机"正确选型及合理配套的探讨［J］．煤矿安全，2006，1．

[27] 中国煤矿专用设备成套服务公司．采煤机械化成套设备参考手册［M］．北京：煤炭部　煤矿机械
    部，1984．

[28] 综采生产管理手册编委会．综采生产管理手册［M］．北京：煤炭工业出版社，1994．

图书在版编目（CIP）数据

兖州矿区综机装备配套技术及应用/黄福昌，倪兴
华，李政主编 . －－北京：煤炭工业出版社，2011
ISBN 978 － 7 － 5020 － 3886 － 1

Ⅰ . ①兖… Ⅱ . ①黄… ②倪… ③李… Ⅲ . ①采煤
综合机组—研究 Ⅳ . ①TD421.8

中国版本图书馆 CIP 数据核字（2011）第 129009 号

煤炭工业出版社 出版
（北京市朝阳区芍药居 35 号 100029）
网址：www.cciph.com.cn
煤炭工业出版社印刷厂 印刷
新华书店北京发行所 发行

*

开本 787mm × 1092mm$^1/_{16}$ 印张 24$^3/_4$ 插页 1
字数 586 千字 印数 1—1 200
2011 年 11 月第 1 版 2011 年 11 月第 1 次印刷
社内编号 6696 定价 68.00 元

图书在版编目（CIP）数据

兖州矿区综机装备配套技术及应用/黄福昌，倪兴
华，李政主编．--北京：煤炭工业出版社，2011
ISBN 978 - 7 - 5020 - 3886 - 1

Ⅰ．①兖…　Ⅱ．①黄…　②倪…　③李…　Ⅲ．①采煤
综合机组—研究　Ⅳ．①TD421.8

中国版本图书馆 CIP 数据核字（2011）第 129009 号

煤炭工业出版社　出版
（北京市朝阳区芍药居 35 号　100029）
网址：www. cciph. com. cn
煤炭工业出版社印刷厂　印刷
新华书店北京发行所　发行
＊
开本 787mm×1092mm$^1/_{16}$　印张 24$^3/_4$　插页 1
字数 586 千字　印数 1—1 200
2011 年 11 月第 1 版　2011 年 11 月第 1 次印刷
社内编号 6696　定价 68.00 元